自然哲学的
数学原理

[英] 艾萨克·牛顿◎著　高宇◎译

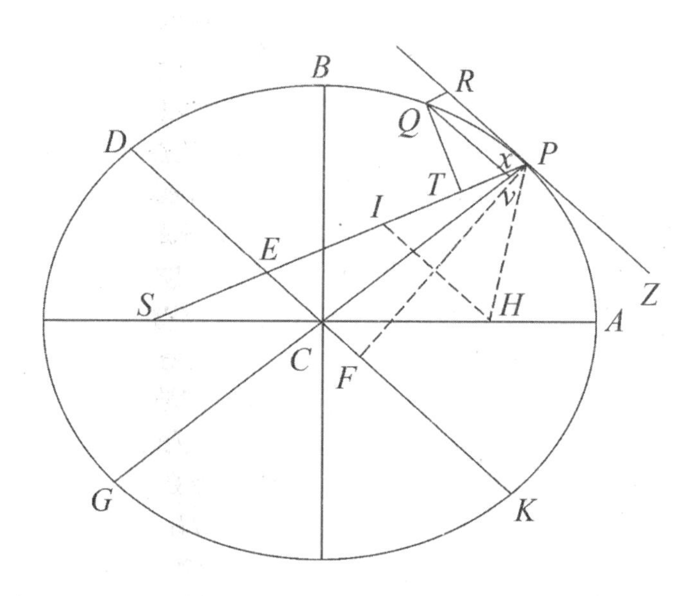

吉林科学技术出版社

译者序

艾萨克·牛顿的《自然哲学的数学原理》是人类历史上最具影响力的科学著作之一。本书于1687年首次出版，为始于一百多年前哥白尼发起的科学革命竖起了一座新的里程碑。

从哥白尼到牛顿的进步是科学史上的巨大飞跃。在牛顿发表《自然哲学的数学原理》一书30年之前，另一位杰出的科学家勒内·笛卡尔提出了一个新的物理宇宙体系，并发表了《哲学原理》。在这部著作中，笛卡尔对他的哲学进行了总结和系统化。然而，笛卡尔的物理全是定性分析，而非定量分析——他没有提供运动方程。尽管笛卡尔的猜想没有根据，但它对牛顿产生了深远的影响。从本书的书名上也能看出牛顿影射笛卡尔的猜想：法国哲学家笛卡尔提供了原理，而牛顿提供了数学原理。

《自然哲学的数学原理》一书自成体系。书中牛顿的成就多到数不胜数，最明显的例子就是牛顿运动定律，这一定律至今仍然传授于世界各地。牛顿为微积分提供了概念基础，尽管他在书中没有明确使用微积分，但精通数学的读者可能会猜测牛顿正在使用一种新技术。至关重要的是，牛顿从他的平方反比定律推导出了开普勒三定律。他证明了开普勒方程没有代数解，并提供了计算方法。

考虑到行星与太阳质量的悬殊，牛顿将此类系统作为一系列二体问题来解决——太阳决定所有行星的运动，行星决定其卫星的运动。但牛顿意识到，如果万有引力普遍存在，那么所有的行星都必定相互施加作用力，这启迪他发现了扰动理论，使他能够计算出由于接近木星而引起的土星轨道的扰动。同时，牛顿计算了行星的相对大小和密度，并计算了气态巨行星和太阳之间的重心位于何处。牛顿还意识到太阳和月亮的引力效应是导致地球潮汐的原因，并计算了它们的影响。

牛顿意识到行星的旋转会导致其产生形变，使赤道直径略大于两级直径，并随后意识到地球这种轻微的变形会导致月球的潮汐。地球的轻微变形也是造成春分日出的位置相对于黄道十二宫的位置变化的原因。这种变化最早自托勒密以来就已为人所知，托勒密对变化率进行了估计，但无法对这种现象提供任何解释。

牛顿描述了他如何通过将钟摆放入水槽中来测试阻力的影响。他还进行了从圣保罗大教堂顶部掉落物体的实验。更重要的是，牛顿使用数学论证来证明在涡旋中旋转的物体遵循与距离的平方成正比的周期性定律。在谈到彗星时，牛顿假设彗尾是由靠近太阳释放的气体引起的，他还假设这种气体是地球上有水的原因。

在牛顿这部划时代伟大的著作中，读者更能欣赏到他在物理学之外的卓越成就。正如科林·帕斯克所指出的，牛顿在本书中的只言片语，如今也将被成千上万的作者呈现在无数论文中，这是科学的胜利。牛顿不仅解决了长期以来如何求证行星轨道的难题，而且还用他的理论解释了很长时间里独立且无法解释的现象：潮汐、岁差、月球的轨道、单摆模型和彗星的出现。在本书中，牛顿证明了现代科学的标志是什么——将尽可能多种不同的现象统一在一个单一的解释下。

除了为未来的欧拉、达朗贝尔、拉格朗日、拉普拉斯和哈密尔顿等人发展和完善的动力学奠定基础之外，牛顿还在此书中提供了科学研究的模式，该模式对任何领域的从业者都具有深远的启发意义。

前　言

前人在研究自然事物的过程中，对力学极为重视（正如帕普斯告诉我们的）。现代人则将实体形式和隐秘性质搁置一边，致力于使自然现象服从于数学定律。在本书中，我发展出有哲学性质的数学。古人从两个方面考虑力学问题：（1）理性层面，通过精确证明；（2）实践层面。所有手工技术均属于应用力学，"力学"这个名词也来源于此。然而，因为工匠们的工作并非精准无误，使得力学与几何学产生了极大区别。完全精确的被称为几何，不是很精确的被称为力学。但是，误差的来源并非是技术，而是工匠。从事不精确工作精准性差的是有缺陷的工匠；如果说有人能工作精确无误的话，一定是所有工匠中最完美的那位；因为，几何学的基础是作直线和圆，这属于力学。几何学不教我们画这些图形，却要求这些图形被画出来；因为学生在学习几何学之前，首先需要学会精确作图；随后，几何学便开始展示如何通过作图来求解问题。作直线和圆是难题，却不是几何上的难题。这些难题的解需要从力学中求得；当难题解决后，可以通过几何方式展示出来；几何学的伟大之处在于，通过极少量的公理就可以推导出很多结论。因此，几何学构建于力学实践之上，只是通用力学的一部分。通用力学提出并展示如何精确度量事物。但是，由于手工劳动主要涉及物体运动，因此几何学一般用来描述物体的量级，而力学则描述物体的运动。在这个意义上，强调理性的力学是关于运动的科学，运动来源于各种力的作用。力学同时也是关于力的科学，力产生运动，而力学则对此提出命题并给予论证。对于这部分力学，前人已有所研究，并将其分为五大类，都与手工劳动相关。本书的目的不在技艺，而在哲学；本书的研究对象并非人力，而是自然力。本书主要考察与重力、浮力、弹力、流体阻力等各种力（无论是引力还是冲击力）相关的事物。因此，我们贡献的这项工作作为"哲学的数学原理"。因为哲学上最困难的问题便在于此，从运动现象到研究自然界中的力，然后从这些力来论证其他现象。本书第一卷和第二卷中所提出的一般命题，便意在达成上述目的。在第三卷中，我用了一个例子来阐释宇宙的体系结构：通过在前两卷中提出并论证的数学命题，第三卷考察了太空中的现象——引力让天体趋向于太阳和几大行星。从这些引力作用出发，通过其他数学命题，本书随后推导了行星、彗星、月球等天体，以及潮汐的运动规律。我希望能够通过使用与力学原理同样的推理来论证其他自然现象。基于多种原因，我怀疑它们可能都依赖于物体的粒子所受的某种力。由于一些迄今为止未知的原因，它们或者相互推动，以规则的图形相互联系，或者相互排斥而互相远离。由于这种力量是未知的，哲学家们迄今为止试图探索自然都是徒劳无功的。但我希望这里列出的原则能够为这一点或更真实的哲学方法提供一些启示。

在本书付梓过程中，最热切和最博学的埃德蒙·哈雷（Edmund Halley）先生不但协助我辛苦审校文字，并照顾出版计划，而且也是在他的鼓励下本书才得以出版。当他看到我对天体轨道图形的演示后，他不断敦促我向皇家学会提交论文，之后皇家学会也鼓励我出版，才使得我考虑出版本书。但是，在我开始考虑月球的不均衡运动后，我意识到一些别的有关重力的定律和度量的事物，以及其他力；根据既定定律被吸引的物体所描述的图形；几个物体相互移动的运动；物体在阻力介质中的运动；介质的力、密度和运动；彗星的轨道……诸如此类。于是，我推迟了本书的出版时间，直到我对上述问题作了研究，让本书能够以完整的形式呈现为止。我已经把所有与月球运动相关的内容（因为并不完整）放在命题66中，以避免不得不用一种比主题本身更冗长的方法来提出和清楚地说明其中一些内容，也是为了不破坏与其他命题间的关联性。还有一些之后发现的内容，我选择穿插放在书中一些并不太合适的位置，并没有更改命题和引用的序号。我衷心希望读者能够公正阅读本书的内容。并且鉴于本书所讨论的内容如此之难，其中谬误与其说受到批判，不如说受到善意的补充，并由读者对这些谬误加以斧正。

艾萨克·牛顿
剑桥，三一学院，1686年5月8日

目录
Contents

定　义

定义1

质量是表示物质的密度和体积的关系的一种度量。(注:质量=密度×体积)

如果空气的密度是原来的两倍,体积也是原来的两倍,那么空气的质量就是原来的四倍;如果体积变为原来的三倍,那么空气的质量就是原来的六倍。该解释同时适用于压缩或液化的雪花或者粉末,也可以用来解释在任何情况下用各种方式去压缩任何物体所造成的密度与体积的变化。在这里,我没有考虑任何其他的介质,这些介质可以自由存在于物体间隙之间。此外,在本书中当我使用“物体”或者“质量”时,都是在代指质量。该量可以通过测量物体的重量而得到,而我通过一个非常精确的钟摆实验得到了质量与重量之间的比例关系,具体将在本书后面的部分详述。

定义2

运动的量是表示质量和速度的关系的一种度量。(注:动量=质量×速度)

一个物体的整体运动可以看作是它各个独立部分的运动的总和,因此如果物体的质量是原来的两倍而运动速度不变,那么物体的运动的量就会是原来的两倍,如果速度再变为原来的两倍,那么此时物体的运动的量就会是原来的四倍。

定义3

物体的内在力是一种存在于物体内各个部分的力,该力用于抵抗它的状态的改变,使物体继续保持静止状态或者做匀速向前的运动。(注:惯性定律)

该力与物体的质量成正比,它与物体的惯性几乎相同,只是构思思路不同。物体的惯性是指物体改变静止或者运动状态的难易。因此,物体的内在力也可用物体的惯性力这一著名称谓来称呼它。此外,物体只有在状态改变时才会受到内在力的作用,物体运动状态的改变会受到外来力的作用,根据不同的情况,物体的内在力既可以是阻力也可以是动力。当物体要维持自身的状态时,该内在力表现为阻力用以阻止外力造成的状态的改变;对于物体表现出要抵抗障碍物带来的改变时,该内在力表现为动力帮助物体去抵抗障碍物带来的改变。对于静止以及被推动的物体而言,内在力一般表现为阻力。对于物体的运动与静止,在通常所认为的情况下,只是相对于不同的观察而言的静止或运动,物体通常被认为是静止的,但其实并不是真正意义上的静止。

定义4

外力是由外部施加于物体的力,以改变物体的静止状态或者匀速直线向前运动的状态。

外力仅当作用于物体时才存在,当作用消失时外力也随即消失。惯性使物体继续保持受外力改变之后的新的状态。此外,外力的来源有很多,如击打、压缩或向心力。

定义5

向心力是使物体被拖向、推向或以其他方式趋于某一中心点的力。

重力是向心力的一种,它使物体趋向于地球的中心;磁力也是一种向心力,它使铁趋向于磁石;还有一种力也是向心力,它不断地改变行星的直线运动状态,使行星绕曲线轨道运行。在用手旋转投石器使石块脱离之前,投石器会被尽可能地拉伸,这样可以使它旋转得更快、更猛烈,当投石器被释放时,石块就会同时飞离投石器。与投石器被拉伸相反方向的力,不断地使投石器将石块拖向手所在位置并使它保持在一个轨道上运动,我称该力为向心力,这个力指向手即轨道的中心位置。这同样适用于其他任何绕轨道运行的物体。绕轨道运行的物体都会有远离它们的轨道中心的趋势,除非有一个与此趋势方向相反的力去阻止它们远离轨道,并将它们限制在轨道上运行,因此这样的力被我称为是向心的,否则它们会脱离轨道做匀速直线运动。当一个抛射体不受引力作用且不考虑空气阻力的情况下,会沿直线运动飞入天空,而不会掉回地球。抛射体会由于引力作用而偏离原来的直线运动被拉向地球,偏离情况的大小与该物体的重力和抛射时的速度成正比。物体的引力与它的质量之比越小,抛射时的速度越大,那么它偏离直线轨道的程度就越小,它就可以落在更远的地方。如果一个铅弹从山顶处在火药所给的力的作用下，以一定的速度沿水平方向从炮筒射出，运行轨迹为曲线，落在了两英里之外；在忽略空气阻力的情况下，如果同样的炮弹被以原先速度的两倍射出，则落点距离也会是原来的两倍，十倍速度射出亦是同理。当抛射速度增大时，抛射距离也会随之增大，而运行的轨迹曲线弧度会减小。通过这样的方式，我们可以使炮弹最终落在轨道偏离度为10°、30°和90°的地方，甚至使它绕地球运行一周，或者最终离开地球飞入太空之中继续以它原来的运动状态运动下去。同理，抛射物也可以由于引力的作用，偏离原来的轨道而绕地球运行，就像月球那样，是否是由于重力的原因——如果它有重力的话，或者受其他朝向地球的力的作用，使月球被该力拉向地球而偏离原来的直线运动而绕地球的轨道运行；没有这样的力，月球不会保持在它现在的轨道上。如果这个力太小，它不能使月球足够偏离原来的直线运动；如果这个力太大，那么就会使月球偏离过多而离开现在的轨道落向地球。事实上，这个力的大小必须刚好，这需要数学家在已知速度的情况下找出在某一轨道运行时向心力的大小；或者在对于已知初始速度和位置的物体由于受力而引起的轨道偏移，找出偏移的路径。向心力的量可以分为三种：绝对的量、加速的量以及运动的量。

定义6

向心力的绝对的量是指该力的大小与导致物体从中心传播到周围区域的功效成正比。

例如，磁力，在一块磁铁上很大，另一块上很小，这与磁铁的尺寸以及力量强度相关。

定义7

向心力的加速的量是指该力与在给定的时间内所产生的速度成正比。

例如，磁石的强度，对于一个给定的磁石，在距离近时磁力就强，距离远时磁力就弱。又例如，地球的引力，在山谷时引力就大，在山顶时引力就小，同样的（在后面会详细讨论）当物体离地球越远所受引力就越小，但是不论在任何方向只要物体与地球的距离相等，其受到的引力大小就相同，因为在不考虑空气阻力的情况下，由地球引力造成的加速度相同，不论物体或轻或重，或大或小。

定义8

向心力的运动的量是指该力与在给定时间内产生的运动的量成正比。

例如,重量,对于质量大的物体重量就大,质量小的物体重量就小;对于同一物体而言,靠近地球重量就大,远离地球重量就小。这个量是向心的,或者说有向中心的倾向,或我会说,重量大小总可以通过测量阻止物体下落的与向心力方向相反而大小相等的力得出。

这些力的相关量,为简明起见,可以另称为动量力、加速力和绝对力;为了区别起见,这些力分别与物体寻找的中心、物体的位置以及力的中心相对应,即动量力使物体整体倾向于中心,它由物体各部分的倾向集合而成;加速力以一定的效力从中心扩散到有物体的位置周围,以驱动在这些位置上的物体;绝对力是存在于中心的力产生效果的原因,没有它动量力就不会传播通过周围区域,不论产生效果的原因来源于中心物体(例如,位于磁场力中心的磁石或者地球中心的力用于产生引力)还是来源于其他不明的事物。这里的论述只是纯粹的数学上的,不考虑物理学上的原因和力的根源。

因此,加速力对于动量力而言就如速度之于动量。动量是表示质量和速度的关系的一种度量。物体各个部分的加速力的总和就等于整个物体的动量力。由此可知,在地球表面的加速力产生的引力或者说加速引力,对于所有的物体都相同,动量力产生的引力或者说重量与物体的质量相当,但是在高海拔地区加速力产生的引力会变小,重量也会成正比的减小,但总是与物体的质量和加速力产生的引力相关联。因此,在某区域加速力产生的引力只有原来的一半,且物体的质量只有原来的一半或者三分之一时,该物体的重量将变为原来的四分之一或者六分之一。

此外,我所说的吸引和排斥与加速力和动量表示相同的含义,而且我会无区别地交换使用吸引、推动或者任何种类的描述趋向于一个中心点的动词,这是考虑到这些力并不是来源于物理上而是数学上的观点。因此,当我说这个中心点有引力或这个中心点有力存在时,请读者不要认为我通过使用这类词句去定义运动的种类或运动的方式,或物理上的原因和解释,或我会将力归于一个物理意义上真实存在的点(这个点只是数学概念上的点)。

附注

至此,我已对本书中出现的鲜为人知的术语进行了定义,并对它们的意义做出了解释。对于时间、空间、位置和运动这些每个人都非常熟悉的概念,我并没有给出定义。但是必须注意,普通人正是通过它们的感官来感知和了解这些量,因此也会产生一定的偏差。为了消除这一偏差,我们需要将时间、空间、位置和运动这些概念的每一个解释为绝对的、相对的、真实的、表象的、数学的和普通的这几种情况。

I.绝对的、真实的和数学上的时间,是由时间本身的特性所决定,它均匀地流逝并与外界任何事物都没有关系,这又被称为持续时间;相对的、表象的、普通的时间是可以被感知并被外界通过运动的持续性而度量(不论是否精确均匀),通常被用以取代真实的时间,如一小时、一天、一月、一年。

Ⅱ.绝对的空间,有它自己的属性,与一切外界事物无关且始终相同、不可运动。相对的空间是可以运动的量或者可以用以测量绝对的空间的度量;我们通过它和物体的相对位置来感知它,且经常被人用来代指不可移动的空间:如地表下的空间、空气或天空的空间都是通过它们与地球间的关系来确定的。绝对的空间和相对的空间在种类和大小上是一样的,但在数值上并不一定保持一致。例如,地球运动时,我们的空气的空间,它相对于地球的空间总保持相同,而相对于绝对空间,空气在某个时间将通过它的某一部分,而另一个时间又将会通过另一部分,因此在绝对空间中空气的空间是在不断地变化着。

Ⅲ.位置是空间的一部分,它由物体占据并依赖于空间,可以是绝对的或相对的。我会说,它是一部分的空间,而不是物体表面的延伸或物体的位置。同等的固体所占的位置是相同的,但是它们的表面由于不同的形状而存在差异。位置应该没有量去度量,与其说是位置不如说是位置的一部分。整个物体的运动等同于物体各部分运动的总和;也就是说,整个物体所在位置的变换等同于物体各个部分的所在位置的变换之和;由此可得,整体的位置可以看作是各个部分的位置之和,所以位置是内部的,在整个物体内部。

Ⅳ.绝对的运动是物体从一个绝对的位置移动到另一个绝对的位置,相对运动是物体从一个相对的位置移动到另一个相对的位置。在航行的船上,相对的位置就是一个物体在船上所占据船的部分,或者说这部分空着的空间被物体所填充,因此该物体与船一起运动:那么相对于船或者说船被占据的空间,该物体是相对持续静止的。但是实际上,绝对的静止是指物体停留在不可运动空间的同一位置,而船本身、所处空间以及它所包含的一切都是在运动的。因此,即使地球是静止不动的,该物体相对于船是静止的,但是也会相对于地球而言有与船相同的速度而绝对的运动。但是如果地球也在运动,则此物体的真实的和绝对的运动部分来源于地球在不动的空间中的真实的运动,部分来源于船在地球上的相对运动;如果该物体在船上也有相对运动,则它的真实的运动,部分来源于地球在不动的空间中的真实运动,部分来源于船在地球上相对的运动和物体在船上的相对运动;由于这些相对的运动造成了物体在地球上的相对运动。如果在地球的某处,当船以10010个单位的速度向东真实的运动,船扬帆受到强风以10个单位的速度向西驶去,船上的一个水手以1个单位的速度向东走,那么水手在不动的空间中以10001个单位的真实的和绝对的速度向东移动,且在地球上以9个单位的相对速度向西运动。

在天文学上,通过表象时间的均值或纠正值来区分绝对时间和相对时间。自然日一般认为是相等的,并以此来测量时间,但是事实上并不相等。天文学家校正这一不等值,是为了用更精确的时间去测量天体的运动。如果有真正的匀速运动,那么时间就可以被精确测量,但这种运动并不存在。所有的运动都存在加速或减速的情况,但绝对的时间的流逝永远是稳定而不可改变的。无论事物的运动迅速、缓慢还是静止,事物都持续地存在且保持不变。因此,这种持续性与只可以依靠感官感知的时间区分开,在此我们用天文学中的均值将它推算出来。此外,该均值的必要性体现在预测现象何时出现之中,这已经被钟摆实验以及木星月食现象所验证。

正如时间的各部分顺序是不可改变的,空间的各部分顺序也是不可改变的。假设空间中的一些部分被移出,则它们也会被(如果可以这样说的话)从它们自己中移出。因为时间和空间现在是,以前也是它们以及其他一切事物的地方。宇宙万物,在时间中有先后的次序,在空间中有相应的位置。对于空间最重要的就是放置的位置,这个最初的位置如果可以移动的话是很荒谬的。因此,这个位置就是绝对的位置,只有相对于这个位置的变换被看作是绝对运动。

但是,这一部分的空间是无法被看到的,也无法通过感觉来区分,我们用可以感觉到的测量来取代它。从物体的位置到被看作是不可动的移动距离中,我们以此来定义万物的地方。然后相对于前述的地方,我们可以测算出物体的运动,并据此推理出物体从一些位置迁移到了其他位置。因此,我们一般使用相对空间和相对运动,而非绝对空间和绝对运动,这在日常生活中是极其便利的,但在哲学探讨中应通过感觉将它们抽象,思考它们的本质并区分哪些是仅通过感知测量得到的。因为没有真正静止的事物存在,可作为其他地方和运动的参照物。

但是,我们可以通过事物的属性、原因和效应将其彼此间的静止和运动、绝对和相对区分开来。静止的特性是,该物体处于静止并相对于另一个静止的物体也是静止的。所以,在有恒星的某个遥远区域,或者更遥远的区域,存在绝对的静止;但是我们所在的区域中,我们不可能通过物体间的相互位置来发现这个世界里的物体是否与那个遥远区域的物体保持着相同的位置。也就是说,在我们的世界中我们无法确定出绝对的静止。

运动的性质是,物体的部分会保持相对于整体的一个位置,而参与整体的运动。在旋转的物体中,物体每部分都有离开旋转轴的趋势,向前运动的物体的冲力来源于物体各个部分的向前的冲力。因此,周围的物体在运动,那些在它们内部相对静止的部分也会参与到运动当中。真实和绝对的运动不能通过转换邻近物体的位置来确定,这些物体被视为是静止的。因为外部的物体不仅被看作是静止的,而且是真正地静止的。否则,所有被包含的物体,除了离开邻近物体的迁移,也参与它们的真实的运动;如果没有这样的位置的改变,则不会是真正的静止,而只是被视作为静止。因为周围的物体对于被包围在内的物体,如同一个物体的外部之于内部,或者说是壳之于核。那么当壳在运动时,核也会随之运动,作为整体的一部分,核与壳之间的部分没有任何移动。

与以上所说相关的另一个特性是,当一个位置在运动时,位于该位置的物体也会随之一起运动,所以一个物体从一个位置离开,那么这个位置也会参与到这一运动当中。综上所述,所有的运动在离开原位置时,只是全部的和绝对的运动的一部分,一个完整的运动包括了物体离开原来的位置,以及由此引发的运动空间离开原来的位置直到原位置的空间静止为止,正如前文提到的航船的例子。因此,完整的绝对的运动只可以通过不动的位置来定义,正如我前面所述绝对运动对应于不可移动的位置,相对运动对应于可移动的位置。此外,唯一可以称之为不可移动的位置,需要包含已经给定的位置和与之相关的所有位置,从无穷多的位置到无穷多的位置,因此它总可以保持不动,这样所构成的空间我称之为不可移动空间。

将真实的运动和相对运动区分开的关键是力作用于物体上而产生的运动。真实的运动既不被产生也不会被改变,除非有力作用于移动的物体上,但是相对运动的产生和改变并不需要力作用于物体上。因为力施加于另一物体上,而相对的物体只需要保持与这一物体的相对运动关系,当另一物体运动状态改变时,相对的物体的运动状态会随之改变成静止或运动的。所以说,真实的运动的改变总是需要有力施加于运动的物体上,但是相对运动的改变则不一定需要这样的力。如果有相同的力施加于一个运动着的物体和另一个与该物体相关的物体之上,使最后两个物体的相对位置保持不变。那么在保持真实的运动不变的情况下,可以改变相对的运动,因此真实的运动绝不会由此类关系构成。

将绝对运动和相对运动区分开来的效应是圆周运动中力会退离旋转轴。在纯粹的相对圆周运动中这样的力是不存在的,然而在真的绝对的圆周运动中该力的大小与运动的量成正比。将一个桶悬挂在一条足够长的绳子上,不断地旋转桶使绳子扭曲变紧;给桶中装满水,将桶释放,由于一个突然出现的力,使桶与里面的水开始绕当初旋转桶的相反的方向旋转,随着绳子的松弛,这一运动会持续一定的时间;最开始水面保持水平,与水桶刚开始运动前水的状态一致。此后水桶施加于水的力逐渐增大,使水开始旋转;水开始逐渐远离旋转轴心,且在水桶壁上开始升高,呈凹面状(如我曾实验过的那样),伴随着运动的增快,水沿桶壁上升的越高,直到水与水桶在做同样的旋转,使它和水桶保持相对的静止。水沿桶壁上升揭示出了水在努力从运动的轴中退离,从这一过程中我们可以找出并测量水的真正的绝对的圆周运动,这里它与相对运动的方向正好相反。在最开始,水的相对运动最大,水的运动不会有任何趋势去远离运动轴心,水没有寻求沿水桶壁升高,而是保持水平,因此它的真实的圆周运动尚未开始。后来,当水的相对运动减小,它开始沿水桶壁升高从而揭示出了它在退离运动轴的趋势,这一努力证明水真正的圆周运动开始增大,最终当水和水桶保持相对静止时水的圆周运动达到最大。因此,这种趋势不依赖于水的位置相对于周围物体的变化,也就是说真正的圆周运动不能由位置的改变而确定。对于旋转体而言,只有一个真实的圆周运动,对应的只有一个退离运动轴的趋势作为它特有且适当的效应,而相对的运动物体与外部的关系是不计其数的;和其他关系一样,相对的运动缺乏真实的效应,除非它们可能参与到真实的唯一的运动中。因此,对于我们的宇宙,有人认为,我们的星空是在恒星之下旋转运行的,并带着行星与它们一起旋转;这些星空的某些部分,以及相关的行星的确相对于它们的星空是静止的,但是其实它们也在运动。因为它们的位置会发生变化(对于真正静止的物体这是不会发生的),这些行星与它们对应的星空一起参与到运动之中,作为整体的旋转运动的一部分,这些行星在努力远离这旋转轴中心。

所以,相对的量并不是物理量本身,而是可被感知的量(无论精确与否),通常被人们用来代替被测量的量。如果词的意思由它们的用法所定义,那么如时间、空间、地方和运动,它们的测量可以被恰当地理解;如果测量的量本身是有意义的,那么它们的表达方式就会非比寻常且是纯数学的。因此,那些把这些词解释为被测量的量的人,他们歪曲了这些词的本意。那些把真正的量与它们的关系和普通的测量相混淆的人,是对数学和哲学的玷污。

对于找出单个物体的真实运动并把它从表面上的运动中区分出来是极其困难的,因为在不可移动空间中的部分,物体的真实移动是无从感知的。然而,这并不是完全无望的。我们可以从表面上的运动找到部分真实运动的证据,即与真实运动的差异之处;通过力我们也可以找到一部分真实运动的信息,因为力是真实运动的原因和效果。例如,用一根绳子将两个球相连,并使两球保持一定的距离,使两球绕它们的引力中心旋转,球要努力远离它们的旋转轴中心的运动可从绳子的拉伸而获知,由此可以计算出圆周运动的量。然后,如果有相同的两个力同时分别作用于两个小球的交替面上,使它们的圆周运动增大或减小;圆周运动的增大或减小,可以通过绳子张力的增大和减小而得到;且因此,可以发现当力作用于球的哪一面时运动会得到一个极大的增强,这就是球的后半面,或者说是在圆周运动时背朝运动方向的那一面。一旦我们知道了背朝运动的面,那么朝向运动的面也就知道了,由此我们也就可以找到运动的方向。通过这种方式,我们可以找出在无限真空中的圆周运动的量和方向,在真空中没有外在的和可以感知的存在可以与球相比较。现在,如果在该空间中放置一些相距遥远的物体并保持它们之间的给定的位置,就如天空的区域中固定的恒星;当球的相对位置发生变化时,我们无法得知造成这一变化的运动是来源于球本身或是其他物体。但是,如果去检查绳子,并发现绳子产生了新的张力符合球运动所需,那么我们就可以得出当球做运动时物体静止的结论,且通过球在物体间的移动可以推断出这个运动的方向。关于如何从它们的原因、效应以及表面上的差推断出真实的运动,以及反之,如何从真实的或者表面上的运动推断出它们的原因和效应,我会在后文详述。这也正是我撰写本书的目的所在。

公理或运动定律

定律1

任何物体都会保持自己的状态，静止或沿直线做匀速运动，除非有外力作用于物体从而迫使它们改变原来的状态。

抛射物会保持它们自身的运动，除非受到空气阻力而迟滞，或由于引力而向下推进。一个转轮，受它自身的内聚力不断地把它的一部分拉离直线运动，如果没有空气阻力去减弱它的运动，它会一直旋转下去。对于更大的物体——行星和彗星——则可以保持它们自身的前行运动和圆周运动更长时间，因为它们所处的空间阻力更小。

定律2

运动的改变与施加的外力成正比，并且发生在沿外力施加的直线上。

如果任何力产生了一个运动量，那么两倍的力就会产生两倍的运动量，三倍的力就会产生三倍的运动量，不论这个力是一次全部施加，或逐渐相继施加。而且产生的运动（总是与施加的力的方向相同），当物体受力前在运动时，如果原运动方向与施力方向相同，则前运动与新产生的运动相加；如果原运动方向与施力方向相反，则两运动相减。如果原运动与施力方向倾斜（注：不在一条直线），则两运动倾斜地相加。所以，新的运动由两者共同决定。

定律3

每一个作用都对应一个方向相反且等大的反作用，或者说两个物体之间的相互作用大小总是相等的而方向相反。

无论压或拉一个物体，施力物体也会被压缩或者被拉伸。例如，用手指去压一块石头，手指也会感受到石块给的压力。如果马去拉系在绳子上的石头，那么（也可以说）马也会被同等的力拉向石头。对于被拉伸的绳子，它会倾向于恢复到原来的松弛状态，因此它的收缩会把马拉向石头，同等的也会把石头拉向马，绳子对一个过程的阻碍等同于它对另一个过程的推进。如果一个物体撞击另一个物体，该物体产生的力会改变另一个物体的运动，该物体（由于相等且共有的压力）的运动也会受到相同的改变，改变方向与被撞物体相反。如果这两个物体没有受到其他物体的阻碍，那么这两个物体运动的量的改变大小相同，这里运动的量不是指物体速度的变化量而是指它们动量的变化量相同（注：动量的变化量相同）。由于两物体动量的变化量相同，两物体速度的变化方向相反且与它们各自的质量成正比。该定律对于物体相互吸引亦成立，这会在下面的推论中进行证明。

推论1

当物体受到两个力的共同作用时，可以把这两个力看作是平行四边形的两条邻边，两力的合力可看作是该平行四边形的对角线。

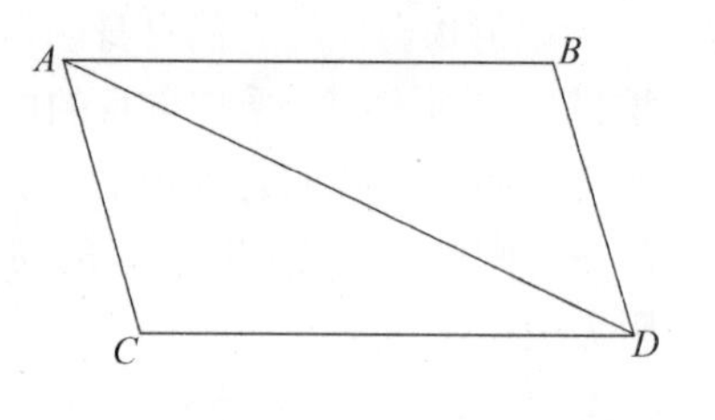

如果时间一定，一个物体在A点受到力M的作用后，物体从A点匀速运动到B点；该物体在A点受到力N的作用后，从A点匀速运动到C点；作平行四边形$ABCD$；如果物体在A点同时受到力M和力N的作用，则它会沿对角线从A点匀速运动到D点。由于力N作用的方向为从A到C，与从B到D平行；那么力N（根据定律2）不会对由力M产生的速度造成影响，而力M使物体朝向线BD运动；不论是否有力N的作用，物体都会在相同的时间内到达线BD上，因此最终物体会在线BD上的某处被找到。同理，不论是否有力M的作用，物体最终都会落在线CD的某处。因此，物体在力M和力N的合力作用下会落在线BD和CD的交点D处，但是根据定律1，它会由点A沿直线运动到点D。

推论2

显然，直线力AD可以由任意倾斜的力AC和CD合成，反之，直线力AD也可以分解成任意倾斜的力AC和CD。这种力的合成与分解已经在力学中得到了充分的验证。

例如：以任意轮子的中心O为圆心，作两个不相等的半径OM和ON，有两个重

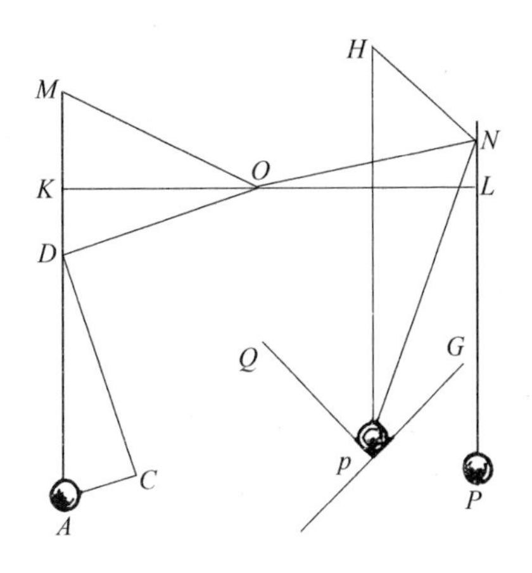

物A和P分别系在绳子MA和NP上，求使轮子旋转所需的力。过点O作直线KOL，分别与绳子垂直相交于点K和L，且OL大于OK，以O为圆心，OL长为半径作圆与MA相交于点D，连接OD，作AC平行于OD，且令DC垂直于OD并与AC相交于C点。因为绳上的点K、L、D不论是否与轮子在同一个平面内，挂重物的绳子无论系在点K和L或者D和L处，所产生的效果相同。如果现在将物体A的重力表示为力AD，我们可以把力AD分解为力CD和力AC，力AC拉轮辐OD直接作用于圆心O处，对轮子的运动没有任何作用，力DC是垂直地在拉轮辐OD，这与它去垂直地拉OL（与OD相等）的作用效果相同；也就是说，力DC产生的效果与重物P相同，如果令重物P与重物A的比等于力DC与力DA的比，亦即（因为三角形ADC与三角形DOK相似），如同OK比OD或者OL。所以，重物A与重物P与水平直线上的半径OK和OL成反比时，它们的作用效果相同，因此会使轮子处于平衡状态，这是众所周知的关于平衡的一个性质，如天平、杠杆和绞盘。如果任一重物的重量大于该比值，那么它使轮子转动的力也会同等地大于该值。

如果令重量p等于重量P，悬挂于绳子Np，并落在斜面pG上，作直线pH垂直于水平线，NH垂直于斜面pG；那么，如果重物p向下运动的趋势所代表的力表示为pH，可以将其分解为力pN和力HN。如果有一平面pQ与线pN垂直，且截另一平面pG平行于水平线的一条直线，那么重物p就仅由平面pQ和pG支撑，p对这两个面的压力是垂直的，分别为力pN和HN——即对于平面pQ压力为力pN，对于平面pG压力为力HN。因此，如果撤去平面pQ，则重量p使绳子拉紧，因为，绳子现在代替平面pQ承受了p的重量，所以作用于绳子的力为力pN。因此，斜线pN的张力与垂线PN的张力之比等于线段pN与线段pH之比。如果重量p与重量A之比等于从轮中心到直线pN和直线AM的最短距离的反比与pH和pN之比的乘积，那么重量p和重量A对于移动车轮所产生的作用是等同的，并且它们相互制约对方转动车轮，正如任何人都可以通过试验得出这一结论。

重量p由两个斜面支撑，可以看作是楔子嵌在被劈开的一个物体的内表面上；由此可以确定楔子以及木槌的力，由重物p在直线pH方向受到的向下的力，这个力不论是来源于重物p自身的重力还是木槌敲击产生的压力，和重物p对斜面pQ的压力之比等于线段pH与线段pN之比，重物p对斜面pQ的压力与它对另一斜面pG的压力之比等于线段pN和线段NH之比。此外，螺丝受到的力也可以由类似的力分解得到，螺丝可以看作是由杠杆推动的楔子。所以，这一推论的应用领域非常广泛，它的真实性也在各种用途中被证实，由不同作者所著的力学著述中也阐述了该推论在整个力学中的不同应用，而这些应用都是由前述内容所决定的。由此可以很容易地导出机械力，它们通常由轮子、滚筒、杠杆、绷紧的弦，竖直或者倾斜着向上运动的重物，以及其他的力学的动力构成，还有使动物骨骼移动的肌腱的力。

推论3

运动的量，当运动方向相同时相加，运动方向相反时相减，两物体之间的相互作用不改变总的运动的量。

由定律3可知作用力与反作用力等大反向，又由定律2可知作用力与反作用力产生的动量大小相等方向相反。因此，如果碰撞后的两物体在同一方向上运动，那么第一个物体（即前面的物体）所加的动量就等于后一个物体（即追击的物体）所减去的动量，由此可知，两个物体总的动量保持不变。但如果是两个物体对撞，那么两个物体减去的动量相同，因此相反方向的两个动量差相等。

例如，假设球体A是球体B质量的3倍，有2个单位的速度，令球体B以10个单位的速度沿直线追击球体A；那么球体A与球体B的动量之比为6∶10。那么分别设球体A和球体B的动量为6和10个单位。当两球相撞，如果球体A获得了3或4或5个单位的动量，那么球体B就会损失相应单位的动量，因此碰撞之后，球体A会变为9或10或11个单位的动量，球体B会变为7或6或5个单位的动量，两个球体总的动量与碰撞前永远保持一致为16个单位。如果球体A在碰撞后，获得了9或10或11或12个单位的动量，并继续向前以15或16或17或18个单位的动量运动，那么球体B在碰撞之后就会失去等同于球体A获得的动量；碰撞后的球B，或者失去9个单位的动量后以1个单位的动量向前运动，或者失去10个单位的动量而保持静止，或者失去它的全部动量并（如果我可以这样说的话）多失去1个单位的动量而以1个单位的动量向后运动，或者失去向前的12个单位的动量而以2个单位的动量向后运动。因此它们的动量之和，15+1或者16+0表示碰撞前后两物体同向运动，而它们的动量之差，17-1和18-2表示碰撞前后两物体反向运动，最终它们碰撞前后的动量都是16个单位。由此可以得出，碰撞后反弹的物体的动量，从而可以求出它的速度，在此碰撞前后的速度之比等于碰撞前后的动量之比。例如，在最后一个例子中，物体A碰撞前后的动量分别是6和18个单位，碰撞前它的速度是2个单位，碰撞后它的速度将会是6个单位，这是因为碰撞前6个单位的动量与碰撞后的18个单位的动量之比等于碰撞前2个单位的速度与碰撞后6个单位的速度之比。

如果两个物体都不是球体或者它们沿不同的直线运动并倾斜地碰撞，那么得到它们的碰撞之后的动量就要求找到它们碰撞前在平面上的位置，以及碰撞点所在位置。那么（根据推论2）每个物体的动量必须看作两个分动量的和，一个分动量垂直于平面，另一个分动量平行于平面。由于两物体沿垂直于这个平面的直线相互作用，所以平行的动量分量碰撞前后必须保持相同；那么等量反向的动量变化量必须按照同向相加、反向相减的原则分配给垂直的动量分量，以此保证碰撞前后两物体总的动量不变。物体绕圆心做圆周运动也可以按照上述方法得出它的动量。但是在下面我将不再考虑此类情况，因为这一问题的各个方面的证明过于烦琐。

推论 4

两个或多个物体的公共重心，不会由于物体间的相互作用而改变它的静止状态或者运动状态。因此，当多个物体的公共重心与其中的物体相互作用时（除去外部的作用以及阻碍），该重心要么保持静止，要么做匀速直线运动。

如果两个点沿直线做匀速运动，可将两点之间的距离按一定比例切割，那么切割点要么保持静止，要么沿直线做匀速运动，如果多个点的运动发生在同一平面上，可用后文中的引理23及其推论证明并得出与两点情况相同的结论，同样的论证也可以适用于多个点的运动不在同一平面上的情况。因此，当任意数量的物体沿直线匀速运动时，其中任意两个物体的公共重心要么处于静止状态，要么沿直线做匀速运动，因为连接两物体的直线都会穿过它们的重心——它们都沿直线做匀速运动——两物体间的线段可以被该公共重心按一定比例切割。同样的任意两个物体的重心和第三个物体组成的公共重心，要么处于静止状态，要么沿直线做匀速运动，因此两物体的重心和第三个物体的重心之间的距离可以被三者的公共重心按一定比例切割；同理，三个物体的公共重心与任意第四个物体的公共重心，要么处于静止状态，要么沿直线做匀速运动，因此三物体的重心和第四个物体的重心之间的距离，可以被四者的公共重心按一定比例切割，重复这一步骤以至无穷。所以，在一个多物体系统中，各物体可自由与其他物体相互作用，且其他的作用都是通过外部施加给它们的，每个物体都沿着某一方向做匀速直线运动，那么所有物体的公共重心要么保持静止状态，要么沿直线做匀速运动。

此外，在两个物体相互作用的系统中，由于它们的公共重心与物体之间的距离和物体的质量成反比，这些物体的相对运动，要么是靠近公共重心，要么是远离公共重心，则它们的动量都相等。因此，由两个相互作用的物体可知，它们的动量的变化量等大反向，同样可知相互作用的两个物体的公共重心，既不会被加速也不会被减速，它的运动状态不会发生改变，或保持静止状态。在由几个物体构成的系统中，其中任意两个相互作用的物体的公共重心的状态，不会因为它们的相互作用而改变，则系统剩余物体的公共重心（不与前面两物体的相互作用相关）不受两物体相互作用的影响；那么这两个重心之间的距离被所有物体的公共重心按一定比例切割且它们与此重心的距离与它们的质量成反比，由于这两个重心都是保持原来的运动状态或静止，所以所有物体的公共重心也保持原来的状态。基于以上的原因，两个物体间的相互作用绝对不会改变所有物体的公共重心的运动或静止的状态。此外，在此系统中所有两物体间的相互作用或混合的相互作用都不会改变所有物体的公共重心的运动或静止的状态。因此，既然该重心要么静止，要么沿直线匀速运动，当所有的物体都不与其他物体发生相互作用时，该重心不论是否与其他物体有相互作用，都将继续保持静止状态或者沿直线做匀速运动，除非它受到系统以外的力而使其状态发生改变。所以，使多体系统或者单体保持静止状态或者做匀速直线运动，对于多体系统和单体而言遵循的定律是一样的。无论是单体还是多体系统，都应通过重心来测算它们前行的运动。

推论 5

在封闭空间内，当空间保持静止或者做匀速直线运动且没有圆周运动时，空间内各物体之间的运动关系保持不变。

对于运动趋势相同的情况求空间运动前后的动量差，运动趋势相反的情况求动量和（假设开始时动量差与动量和相等），在这些和与差之中包含物体相互之间碰撞和冲击产生的动量。因此根据定律2，碰撞产生的动量在两种情况下都相同，即运动趋势相同的情况下，物体间的动量的相对变化量与运动趋势相反的情况下物体间的动量的相对变化量相同。这可以通过以下实验明确地得到：在船上，无论船是静止还是沿直线匀速运动，船上的物体相互之间的动量变化量保持不变。

推论 6

无论两物体如何相对地运动，两物体受到平行且相等的加速力作用，它们之间的相互运动保持不变。

因为这些力的作用相等（按照被移动的物体的量），且在两条平行的直线上，（根据定律2）所有物体将做相同的运动（即速度相同），因此它们不会改变两物体之间的相对位置和运动。

附注

迄今为止，我所陈述的原理已被数学家们接受，且被大量的实验所验证。由前两个定律和前两个推论，伽利略发现物体下落的距离与时间的平方成正比，以及抛射体的运行轨迹是曲线；实验验证了伽利略的这两个发现，这要求这些运动几乎不受空气阻力造成的阻滞。当一个物体自由下落时，受均匀的引力作用，物体在相同的时间内受到相同的力的作用且速度的增量相同；因此在整个下落时间中，物体受到一个总的力且由此产生的总速度增量与时间成正比。在成正比的时间内画出的距离等于速度与时间的乘积，也就是说距离与时间的平方成正比。当一个物体竖直向上抛出，均匀的引力作用于物体上，在相同的时间对物体速度的减量相同；当物体的速度被减至零时物体达到最高点，这些高度等于速度和时间的乘积，或者等于速度的平方。当物体沿任意直线被抛出时，它动量的增加量来源于由引力造成的分动量的增加量。例如，令物体 A 仅受水平抛射沿直线 AB 运动，在给定的时间内运动至 B 点，当 A 仅受引力作用沿垂线 AC 运动，在给定的时间内运动至 C 点；做平行四边形 $ABDC$，由物体的合运动可知物体在给定的时间会运动至 D 点；曲线 AED 为物体的运行轨迹（即抛物线），直线 AB 与该抛物线相切于点 A，该抛物线的纵坐标 BD 与 AB 的平方成正比。单摆的振动也由同样的前两个定律和前两个推论所决定，这由单摆的日常经验所支持。依据同样的定律和推论以及定律3，克里斯托弗·雷恩爵士、约翰·沃利斯博士和克里斯蒂安·惠更斯这几位当代著名的几何学家，分别独立地发现了硬物碰撞和反弹的定律，并几乎同时报告给了皇家学会，他们关于这些定律的观点完全一致；沃利斯博士的确更早发表了他的发现，然后依次是克里斯托弗·雷恩爵士和惠更斯先生。不过，是雷恩爵士用单摆的实验向皇家学会证明了这些定律，这促使马略特先生意识到可以用一篇完全关于该主题的论文来进行阐述。但是，为使该实验结果与理论精确一致，必须同时移除由空气阻力和物体碰撞时的弹性力这两者造成的影响。将球 A 和球 B 分别通过绳子悬挂于点 C 和点 D，令两绳 AC 和 BD 长度相等且平行。分别以 C 和 D 为圆心，AC 和 BD 为半径做半圆 EAF 和 GBH，且两半圆分别被半径 CA 和 DB 均分。拿走球 B，将球 A 移至弧 EAF 的某一点 R 处并将它释放，令球 A 完成一个周期后回到点 V 处。RV 就是由于空气阻力造成的迟滞。令 ST 等于 RV 的四分之一并使它落在 RV 之间的位置，所以 RS 与 TV 相等，RS 比 ST 等于3比2。那么，ST 就约等于由 S 处释放球 A 所产生的迟滞。将球 B 装回它的原位置，令球 A 由 S 点释放，它在碰撞点 A 处的速度，在排除误差的情况下，等于由 T 点在真空中释放运动至 A 点时的速度。因此，用弧 TA 的弦表示该速度。在几何学家中，经常主张用单摆下落轨迹的弧的弦长来表示它在最低点时的速度。碰撞之

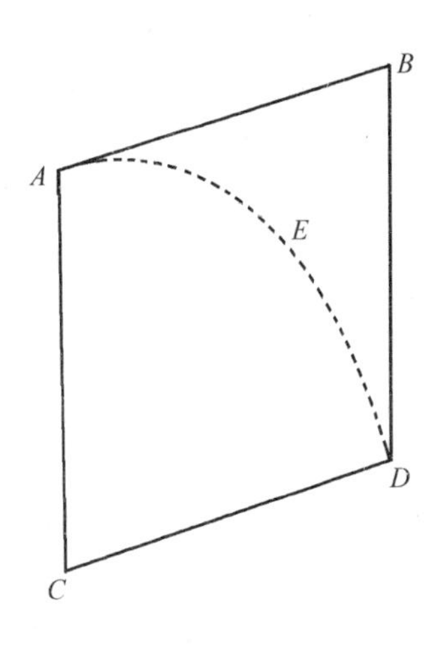

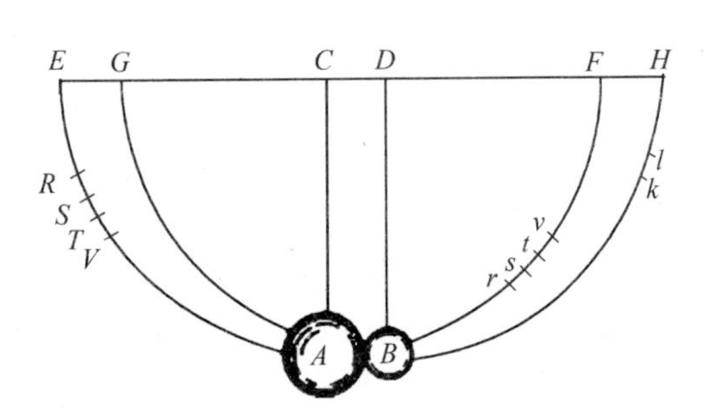

后球A被反弹至s点，球B运行至k点处。移除球B，令球A由v处下落并回至r处，st是rv的四分之一并落在rv的正中间，所以rs与tv相等；用弧tA的弦表示球A在A点碰撞后即刻返回的速度。t点即球A在排除空气阻力造成的迟滞之后的修正位置。将同样的方法用在k点处，由于球B受到空气阻力的迟滞，l点即表示该修正位置。经过这些修正之后可以将我们的实验视作是在真空中进行的，最终球A的质量必须乘以弧TA的弦长（也就是它的速度），由此可以得到反弹前球A的动量，球A的质量乘以弧tA的弦长可以得到反弹后它在A点时的动量。由此球B的质量乘以弧Bl的弦长可以得到反弹后它的即时动量。用同样的方法可得，当两球从不同的位置同时释放时，必须分别求出两球碰撞前后的动量，然后对比这些动量值由此得出碰撞的效应。用上述实验方法进行如下测试，取10英尺长的摆，用质量相等以及不等的球，将两球分开足够远的距离，如8或者12或者16英尺，我总可以得到——测量误差小于3英寸——当两物体正面相撞，两物体动量的改变量等大反向，且作用力与反作用力总是相等。例如，如果球A以9个单位的动量与静止的球B发生碰撞，失去7个单位的动量，碰撞后继续以2个单位的动量向前运动，球B则以那7个单位的动量被反弹出去。如果两球正面相撞，球A有12个单位的动量，球B有6个单位的动量，当球A碰撞反弹之后的动量为2个单位时，那么球B就会以8个单位的动量被反弹回去，每个球都被减去了14个单位的动量。减去12个单位的动量之后球A不再有动量，再减去2个单位的动量，那么球A就会有方向相反的2个单位的动量；同样的，从球B的6个单位的动量中减去14个单位的动量，球B就会有方向相反的8个单位的动量。如果两个球是沿相同方向在运动，球A有14个单位的动量且运动得快一些，球B有5个单位的动量且运动得慢一些，碰撞后，球A以5个单位的动量运动，球B以14个单位的动量运动，9个单位的动量由球A传递给了球B。以此类推可以得出其他的运动情况。对于发生碰撞的物体，动量的大小由同向相加，反向相减得到，碰撞前后两物体的总动量永远不变。由于测量过程中很难保证每一步都足够精确，我将由此产生的误差设定在1~2英寸。测量中的困难一方面在于很难做到同时释放两个小球而导致它们不是在最低点AB处发生碰撞，另一方面在于标记物体碰撞之后上升的位置s和k。另外，由于球本身的密度不均，由其他原因造成的形状不规则也会引起误差。

此外，为了防止有人质疑此定律，该实验是为证明它而发明的，而要求球体绝对的坚硬或至少有完美的弹性，这些都是无法在现实中实现的；我在此加以补充，该实验使用软质的球体和硬质的球体都可以得到相同的结论，球体的硬度对于实验结果不造成任何影响。如果该定律使用硬度不高的球来验证，那么就需要减去由弹性力造成的回弹距离。在雷恩和惠更斯的理论中，绝对硬度的物体相撞之后回弹速度等于碰撞前的速度大小。用完全弹性的物体可以更确切地证实此结论。对于非完全弹性碰撞，反弹速度必然由于弹性力而减小（除非碰撞部分受损，或者受到某种补充如锤击)，该力是固定的且可以被得出(就目前而言)并使物体反弹的相对速度与碰撞前的相对速度成正比。我用下述实验对此进行了检验，用羊毛线紧缠做成毛线球，首先释放两球并测出它们的反弹位置，由此找出它们间弹性力的值；由该力找出其他情况下碰撞之后两球的反弹位置，实验数据与计算数据相符合。球碰撞后反弹的相对速度与碰撞前的相对速度之比约等于5比9。钢球碰撞前后速度不变，软木球碰撞后速度稍微变小一点，玻璃球碰撞前后速度之比约为15比16。所以，将定律3运用到撞击和碰撞时，理论与实验结果相符而被证明。

我将定律3关于物体间的吸引概述如下，假设物体*A*和物体*B*相互吸引，在两物体之间放置任意阻碍物以阻止它们合并。如果物体*A*受到物体*B*的引力大于物体*B*受到物体*A*的引力，则障碍物受到物体*A*的压力大于物体*B*的压力，因此障碍物不能保持平衡状态。较大的压力就会使两个物体以及障碍物构成的系统沿*A*到*B*的方向做直线运动，在纯粹空间中，该系统将必然不断地加速运动下去，这是荒谬的而且也违背了运动的定律1。由定律1可知，系统将保持静止状态或者做匀速直线运动，因此两个物体对障碍物的压力相等，两物体之间的相互引力相等。我用磁石和磁铁对这一结论进行了验证。如果把它们放在靠近的不同容器中，并排漂浮在静水中，两者都不会带着另一个向前运动，但是由于它们相互之间的引力相同，它们将维持它们共同向对方运动的努力，从而由于平衡而保持静止状态。

同理，地球与它的部分之间的引力也是相互的。将地球*FI*通过平面*EG*切成*EGF*和*EGI*两个部分，那么它们相互间的引力相等。将较大的部分*EGI*通过与*EG*平行的平面*HK*，切成*EGKH*和*HKI*两个部分，则*HKI*与*EFG*相等。很明显的中间部分*EGKH*不会有向任一部分运动的趋势，也就是说，它将悬在其他两部分的中间且由于平衡而保持静止状态。此外，外部分*HKI*将会对中间部分产生等同于它重量的压力将它推向*EGF*部分，因此*EGI*产生的力，是*HKI*部分产生的力和*EGKH*部分产生的力之和，指向第三部分*EGF*并等于*HKI*部分的重量，也即等于第三部分*EGF*的重量。因此*EGI*部分和*EGF*部分的重量相等，且互相指向对方，正如我之前所要证明的那样。如果这两个重量不相等，那么整个地球，漂浮在无阻力的以太之中，它将分离出重量大的部分且与它的距离无限地拉远。

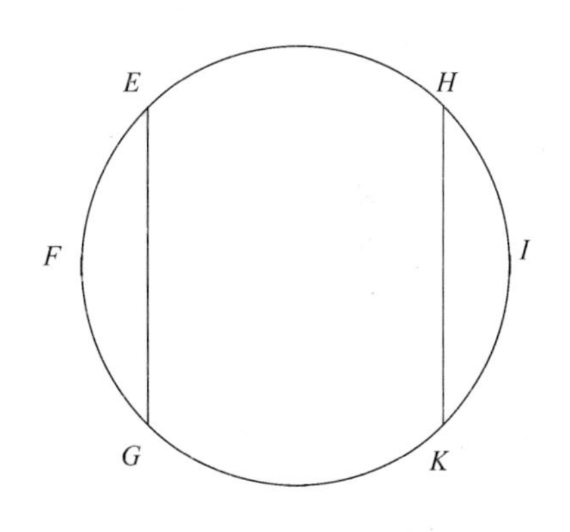

如果物体的速度反比于它们的惯性力，则物体在撞击和反弹中的作用效果相同，所以在使用机械仪器时，施力物体的作用效果相同，与受力物体相互作用并受到相反方向的压力，它们的速度由力的大小决定，且与力成反比。

因此，天平两端重物对天平臂产生移动的力是等大的，在使用天平时这些力是相互的并与重物向上和向下的速度成反比；也就是说，如果是直线上升或下降，这些重量产生的力相等，且与天平轴上的它们悬挂点之间的距离成反比，或者其他的物体，使天平倾斜地上升或下降，这些物体的作用效果相同，与它们相对于竖直方向的高度产生上升或下降距离成反比；这是因为引力的作用是竖直向下的。

同样的道理，对于滑轮或滑轮组，用手竖直地拉绳子抬升重物，对于重物而言，不论是竖直上升或者倾斜上升，重物在竖直方向的上升速度与手拉绳子的速度成正比。

在由齿轮构造的钟表或类似的仪器中，驱动或阻碍齿轮运动的方向相反的两个力，如果与它们产生的齿轮速度成反比，则它们相互支持对方。

螺丝对物体的压力和手拧螺丝使其旋转的力之比，与螺丝旋转速度和螺丝压入物体的速度之比相同。

楔子使木头分裂开的横向力与木槌敲击楔子的竖向力之比，与木槌敲击楔子使它下移的运动速度和木头向垂直于楔子两边方向上的分裂的速度之比相等。在所有机械中，我们都可以得到与此一致的解释。

机械的功效与实用性仅取决于我们通过减小速度而增大力，反之增大速度而减小力的能力。所有机械的用途都可以看作是解决这一问题：用给定的力去移动给定的重物，或者说用给定的力去克服任何已知的阻力。如果有机械中施力物体与受力物体的速度与受到的力成反比，施力物体用以维持阻力，当速度差足够大时可以克服阻力。所以，如果速度差足够大就可以克服所有的阻力，这些阻力通常来源于相互接触的物体之间的滑动而产生的摩擦力，或者是相互接触的物体被分开而产生的聚合力，或者重物被抬起时的重力，克服阻力之后，超出的力会被保留用以产生与它自身成正比的加速度。我在此著述的目的不是为了讨论力学。通过这些例子，我仅希望说明运动学定律3的广适性和正确性。如果我们通过施力物体的力与速度的乘积去估计它的作用效果，那同样的对于阻碍物我们通过它各个部分的速度以及与之相关的来自于摩擦、分离、抬升和加速度在对应的部分产生的阻力、相应的速度与阻力的乘积，就可以估算它的反作用效果。在所有使用的机械中，我们可以由上述过程得出：作用与反作用相等。只要施力物体通过机械的各种内部装置将作用效果最终传递给受力物体，那么最终的作用方向总是与反作用方向相反。

卷一　论物体的运动

第1章　初始量以及最终量之比的方法，用于本书后续证明

引理1

量及其比，在给定的时间内，令它们逐渐趋于相等，那么在时间结束前两个量逐渐接近，它们的差小于任意可以给定的值，那么这两个量最终相等。

如果对此有疑问，那么假设它们最终不相等，并让它们的最终差值为D。那么在它们趋近于相等时无法令它们的差小于D，这与给定的假设不符。

引理2

任意图形$AacE$，由直线Aa和AE以及曲线acE围成，任意数量的平行四边形Ab、Bc、Cd……内切于该图形且它们的底AB、BC、CD……都相等，它们的边Bb、Cc、Dd……都与边Aa平行；构造平行四边形$aKbl$、$bLcm$、$cMdn$……；随着这些平行四边形数量无限地增多，则它们的底边长度无限地减小，那么最终，内接图形$AKbLcMdD$，外接图形$AalbmcndoE$，以及原图形$AabcdE$，这三者面积的极限之比为1。

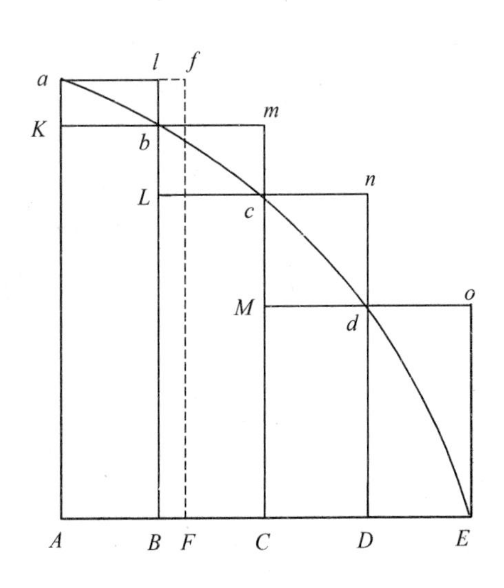

内接图形与外接图形的面积差等于平行四边形Kl、Lm、Mn和Do的面积总和，由于这些平行四边形的底都相等，取它们中的一个底Kb作底，以高度Aa（等于这些平行四边形所有高度之和）作矩形$ABla$，由于它的底AB会无限地减小，因此它的面积小于任何给定的矩形面积。所以（根据引理1）内接图形和外接图形以及它们之间的曲线图形最终都相等，由此得证。

引理3

当构成的平行四边形的底AB、BC、CD……不相等时，随着它们无限地减小，极限之比同样为1。

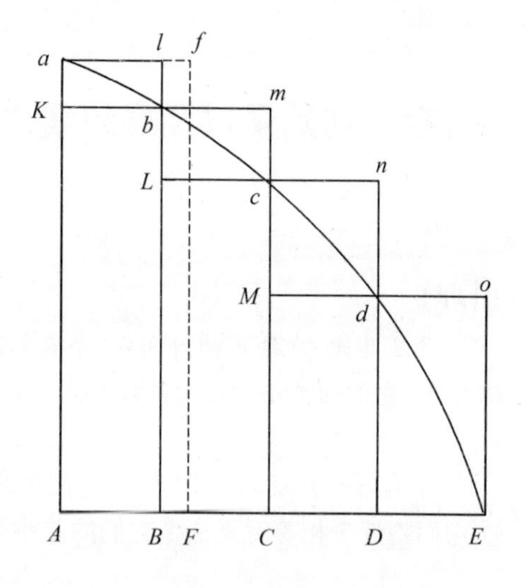

令AF等于这些底中长度最大的，做平行四边形$FAaf$。那么，该平行四边形的面积大于内接图形面积和外接图形的面积差；如果它的宽度AF无限地减小，那么该平行四边形的面积将小于任何可以给出的平行四边形的面积，由此得证。

推论1 所有消失的平行四边形都与曲线的相应部分重合。

推论2 此外，每个矩形中的弧ab，bc，cd……的弦最终都与原图形的曲线重合。

推论3 同理，外接图形中这些弧的切线最终也都与原图形的曲线重合。

推论4 因此，这些内接和外接图形（相对于原图形acE）最终不是由直线构成，而是由极限趋近于曲线的直线构成。

引理4

如果两个图形$AacE$和$PprT$，内部有一系列的内切平行四边形，且数量相等。如果这些平行四边形的底边长度无限地减小时，一个图形中的任意平行四边形面积与另一个图形中对应的平行四边形的面积之比恒定，那么我可以说两个图形$AacE$和$PprT$的面积之比与该比值相等。

对于一个图形中的单个平行四边形面积与另一个图形中对应的平行四边形面积之比，等于该图形中所有的平行四边形的面积和与另一个平行四边形的面积和之比，由引理3可知，第一个图形的面积与它内部所有平行四边形的面积和相等，第

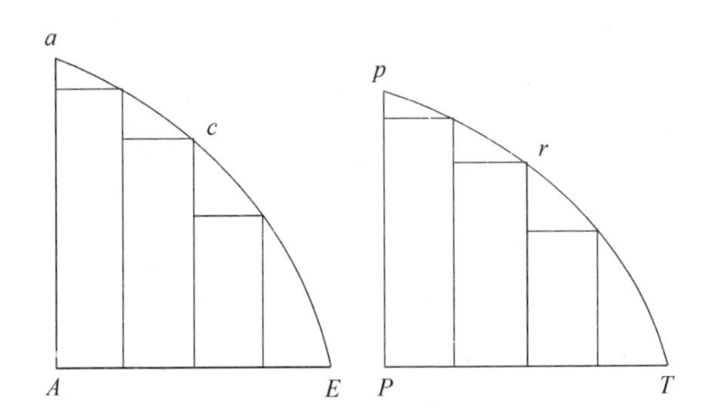

二个图形也是如此，因此两个图形的面积之比等于它们内部平行四边形的面积和之比，由此得证。

推论　因此，如果任意类型的两个量可以被任意分为相同数量的分量，那么每一分量随着它们数量的增多，将无限地减小，对应的两分量之间的比为定值，即第一个量的第一分量与第二个量的第一分量之比，第一个量的第二分量与第二个量的第二分量之比，以此类推，那么两个量整体的比值也等于该定值。将本引理图形中的平行四边形按一定比例取部分面积看作是上述的分量，那么分量的和与平行四边形面积的和成正比，随着分量数量的增多即平行四边形数量的增多，分量的值和平行四边形的面积无限地减小，根据假设，一个平行四边形的面积与对应的平行四边形的面积的最终比等于它们各自分量之和的最终比，即分量的极限比。

引理5

两相似图形，对应的边不论曲线还是直线都成正比，两图形的面积比等于它们对应边的平方比。

引理6

如果给定位置的弧ACB所对应的弦为AB，点A位于连续曲率中间，沿两个方向延伸的直线AD与弧相切，如果点A和点B相互接近并重合，那么由弦和切线组成的角BAD将无限地减小并最终消失。

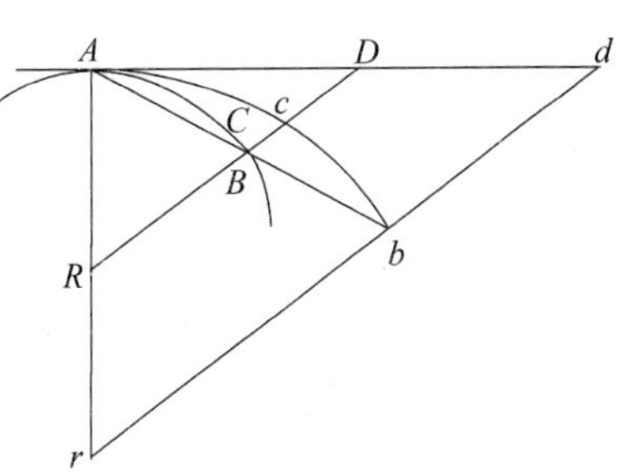

如果该角不消失，由弧ACB和切线AD构成的角即为直角，则在A点处曲率不再连续，这与假设矛盾。

引理7

同上一引理的假设，可得弧、弦以及切线三者中任意两个的最终比为1。

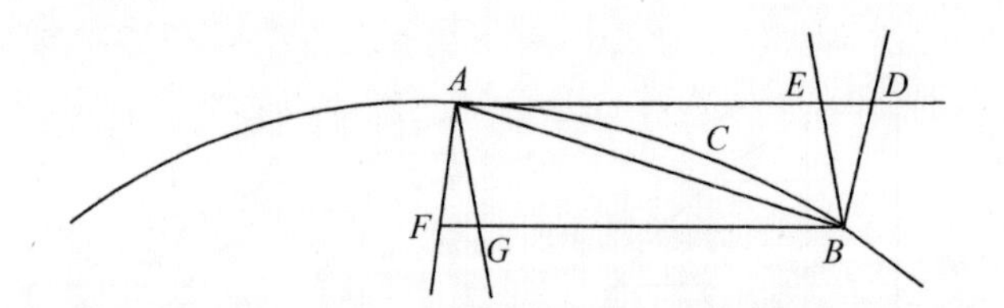

在点B靠近点A时，分别作AB和AD的延长线至点b和点d，作bd平行于BD，令弧Acb与弧ACB总保持相似。当点A与点B重合时，角dAb（根据引理6）消失，因此直线Ab和Ad（总是有限的）以及它们之间的弧Acb都将重合，所以它们都相等。由此可知直线AB和AD以及它们之间的弧ACB（它们恒正比于前者）也都会重合，它们中任意两个的最终比为1，由此得证。

推论1 因此，过B点作切线的平行线BF与过A点的任意直线相交于点F，那么BF与消失的弧ACB的最终比为1，因为补全平行四边形$AFBD$，则BF与AD相等。

推论2 过点B和点A另作直线BE、BD、AF和AG分别与切线AD以及它的平行线BF相交，那么所有这些线段AD、AE、BF和BG，弦AB和弧AB中任意两个的最终比为1。

推论3 因此，在关于最终比的论证中，这些线段可以任意相互替换。

引理8

由给定的直线AR和BR，它们之间的弧ACB，弦AB及切线AD构成了三个三角形RAB、$RACB$和RAD，当点A和点B相互接近时，我可以得出它们在消失前，它们最终相互相似，且它们面积的最终比为1。

当点B接近点A时，令AB、AD和AR分别来源于更远处的点b、d和r，作rbd平行于RD；令弧Acb总是与弧ACB相似。那么当点A与点B重合时，角bAd将消失，则三个三角形rAb、$rAcb$和rAd，总是有限的，因此它们将重合且相似相等。因此由于三角形RAB、$RACB$和RAD与前述三个三角形分别相似且成正比，则它们最终相似且最终比为1，由此得证。

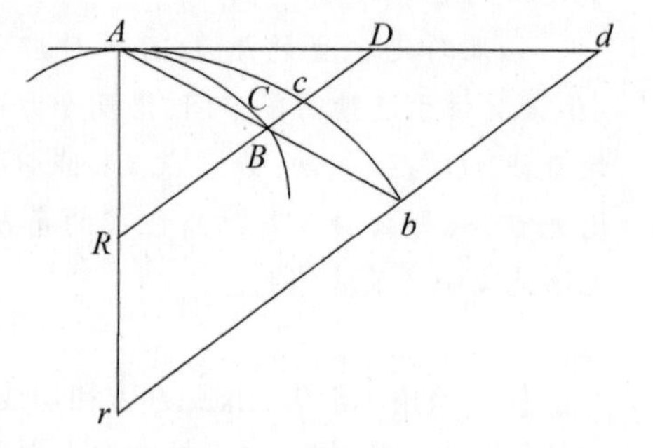

推论 因此，在关于最终比的论证中，这些三角形可以任意相互替换。

引理9

给定直线AE和曲线ABC，它们之间的角A为给定值，作BD和CE垂直于AE，与弧线分别相交于点B和点C且夹角为给定值，如果点B和点C同时趋近于点A，那么三角形ABD和三角形ACE的面积比最终等于它们的边长的平方比。

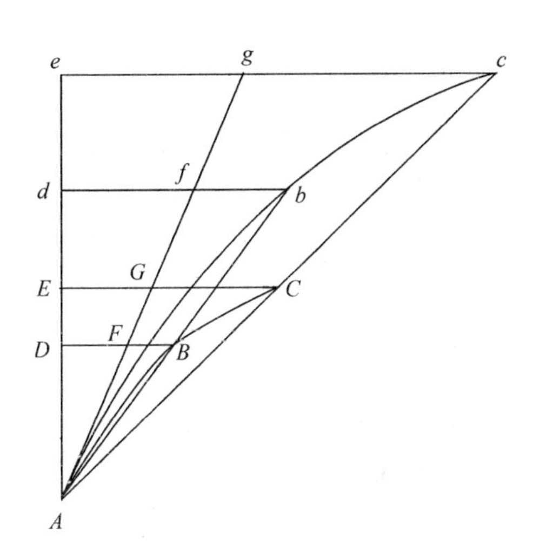

当点B和点C靠近点A时，令点d和点e位于AD的延长线上，且Ad和Ae分别与AD和AE成正比，作Ae的垂线db和ec平行于DB和EC，分别与AB和AC相交于点b和点c。作弧Abc与弧ABC相似，作直线Ag与两弧都相切于点A，与直线DB、EC、db和ec相切于点F、G、f和g。那么令Ae保持不变，使点B和点C靠近点A；当角cAg消失时，曲线面积Abd和Ace与直线面积Afd和Age重合，因此（根据引理5）它们的面积之比等于边Ad和Ae的平方比。且三角形ABD和三角形ACE的面积总是与上述面积成正比，边AD和AE也与相应的边成正比。那么可得三角形ABD和三角形ACE的面积之比等于边AD和AE的平方比，由此得证。

引理10

当物体受到任何有限的力作用，不论这个力是确定的或不变的，或者持续增大或持续减小的，在运动刚开始时它的运动距离与时间的平方成正比。

用直线AD和AE表示时间，直线DB和EC表示与此时间对应的速度；那么由这些速度产生的距离分别为图形ABD和ACE的面积，也就是说，在运动刚开始时，运动距离（根据引理9）之比等于时间AD和AE的平方比，由此得证。

推论1 因此容易推得，在给定的时间内物体由来自相似图形的相似部分产生的误差，可以通过测量产生误差的力作用于该部分时和无该力作用时，在给定的时间内物体产生的距离差而得出，该距离与时间的平方成正比。

推论2 产生的误差由给定的力产生，作用于物体的相似形状的相似部分处，效果与力和时间的平方的乘积成正比。

推论3 同样可以知道物体在任意力作用下所运动的距离，在运动刚开始时，运动距离与力和运动时间的平方的乘积成正比。

推论4 因此，当物体刚开始运动时，力与运动距离成正比，和时间的平方成反比。

推论5 同理,时间的平方和运动距离成正比,和力成反比。

附注

对于不同种类的不定量相互比较,某一个量与另一个量成正比时,该量增大或减小,另一个量按照相同的比例增大或减小,反比时则按照比例的倒数减小或增大。当某个量与另外的几个量成正比或者反比时,该量增大或减小,其他几个量的合量按照相同的比例或者比例的倒数增大或者减小。例如,如果说A与B和C成正比,与D成反比,就是说A增大或者减小的比例与$B\times C\times\frac{1}{D}$相同,也就是说$A$和$\frac{BC}{D}$彼此的比为定比。

引理11

在切点具有有限曲率的所有曲线中,弦切角趋近于0时,最终它的对边与弦的平方成正比。

情形1 设弧AB的切线为AD,弦切角的对边BD垂直于AD,弦长为AB。作AG垂直于AD、BG垂直于AB,两直线相交于点G;令点D、B和G分别趋近于点d、b和g,当点D和点B最终到达点A时,点J为直线BG、AG的最终交点。显然线段GJ的长度小于任意给定的距离。由(圆上的点A和B以及圆心G,圆上的点A和b以及圆心g可知),$AB^2=AG\times BD$和$Ab^2=Ag\times bd$;因此AB^2与Ab^2之比等于AG比Ag乘以BD比bd。且GJ假设小于任意给定长度,AG与Ag的比值与1的差将小于任意给定的值;因此AB^2与Ab^2之比与BD和bd之比的差小于任意给定的值。由此根据引理1,AB^2与Ab^2的最终之比等于BD与bd的最终之比,由此得证。

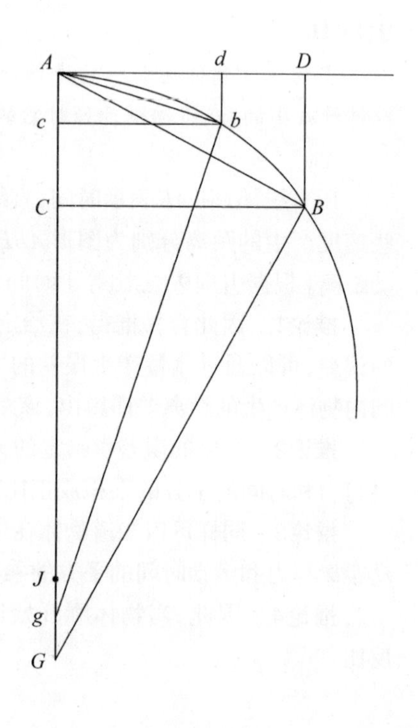

情形2 令BD和AD之间的夹角为任意值,BD和bd的最终之比与前述情况相同,因此AB^2与Ab^2的最终之比不变,由此得证。

情形3 如果令角D大小可变,直线BD最终收敛于一个点,或由其他因素决定它的大小,那么角D和角d,都会由相同的法则来决定其大小,两角的比值趋近于1,且两角无限靠近时,它们比值与1的差值小于任意给定的值;根据引理1,可得这两个角最终相等,那么BD与bd的最终之比将与前述情况相同,由此得证。

推论1　由此，切线AD和Ad，弧AB和Ab，以及弧所对应的垂弦BC和bc，它们的最终之比等于弦AB和Ab的最终之比，由此它们最终之比的平方等于BD与bd的最终之比。

推论2　这些切线、弧以及垂弦的平方的最终之比等于弧的弓形高之比，弓形高将弦等分为二，且趋于一个定点。两弧的弓形高的平方的最终之比等于BD和bd的最终之比。

推论3　将弧长看作是物体运动时给定的速度，那么弓形高则与时间的平方成正比。

推论4　最终之比：

$$\triangle ADB:\triangle Adb=AD^3:Ad^3=DB^{\frac{3}{2}}:db^{\frac{3}{2}}$$

由此可得：

$$\triangle ADB:\triangle Adb=AD\times DB:Ad\times db$$

由最终之比：

$$AD^2:Ad^2=DB:db$$

由此可得：

$$\triangle ABC:\triangle Abc=BC^3:bc^3$$

推论5　由于最终BD平行于bd，且它们的最终之比等于AD和Ad的最终之比的平方，外接曲线ADB和Adb的最终面积之比等于三角形ADB和Adb的最终面积之比的三分之二次方。线段AB和Ab的最终之比为两三角形的最终面积之比的三分之一次方。因此，这些面积和线段的立方的比，可以是切线AD和Ad的立方比，也可以是弧或者弦AB和Ab的立方比。

附注

我们假设弦切角的大小既不会无限大于也不会无限小于由圆和它的切线所构成的夹角，也就是说，A点的曲率既不会无限大也不会无限小，也即直线AJ的长度有限。对于DB与AD^3成正比，则过点A且穿过切线AD和弧AB之间的圆不存在，因此切角无限小于圆的切角。由类似的论证，如果DB分别与AD^4、AD^5、AD^6、AD^7……成正比，那么就会对应产生一系列的趋于无穷的弦切角，且后一个角总是小于前一个角。如果令DB分别与AD^2、$AD^{\frac{3}{2}}$、$AD^{\frac{4}{3}}$、$AD^{\frac{5}{4}}$、$AD^{\frac{6}{5}}$、$AD^{\frac{7}{6}}$……成正比，那么就会对应产生另一系列的趋于无穷的弦切角，第一个弦切角等于由圆产生的弦切角，第二个角大于第一个角，且后一个角总是大于前一个角。此外，任意两角之间有一系列的之间角，这些角无限趋于原来的两个角，这些角之间可以插入任意角，使得前一个角总是大于或者小于后一个角。例如：在AD^2和AD^3之间可以插入$AD^{\frac{13}{6}}$、$AD^{\frac{11}{5}}$、$AD^{\frac{9}{4}}$、$AD^{\frac{7}{3}}$、$AD^{\frac{5}{2}}$、$AD^{\frac{8}{3}}$、$AD^{\frac{11}{4}}$、$AD^{\frac{14}{5}}$、$AD^{\frac{17}{6}}$……另外，任意两角之间总可以插入新的一系列的角，两角之间的差值可以无限小。由此可知，这样的过程是无穷的。

在此关于曲线和它所围成平面图形的证明可通过简单地推导而适用于曲面图形和它所构造的几何体。在任何情况下,我在这些命题之前给出了它们的引理,是为了避免按照古代几何学家的方式,由归谬法导出冗长的证明。确实,通过不可分割法去证明会更加简洁。但是不可分割的假设是存在疑问的,而且这样做缺少几何直观。我更倾向于用如前所述的那些初量和终量之间所有新产生的量之和以及比值,也就是这些量的最终之和与最终之比来进行证明,从而给出尽可能简洁的证明。由不可分割法也可以得到相同的结论,现在这些原理已被证明,我们可以放心地去使用它们。在后述内容中提到由极小部分构成的量,由极小直线构成的曲线,并不意味着它们是不可再分的,而是可无限小、趋于消失的量,它们的和与比不是由确定的不可再分的部分构成,而是最终之和与最终之比;关于力的相关证明总是取决于前述的引理。

或许有人会认为趋于消失的量不存在最终之比,因为在量消失之前它们的比不是最终之比,消失之后它们不存在比值。但是同样的论证,我们可以说,当一个物体到达并停在某一位置,没有最终的速度;因为在物体抵达该位置前,它的速度不是该位置上的最终速度;当它抵达后,则没有速度。关于此论证的解释很简单:我们将最终速度理解为物体在运动时,既不是它抵达最终位置而运动停止之前的速度,也不是停止之后的速度,而是它抵达时的速度,即物体刚抵达最终位置且运动停止时的速度。同样的消失量的最终之比既不是量消失前的比值,也不是量消失后的比值,而是它们正好消失时的比值。同理,刚产生的量的最初比值是指它们刚产生时的比值。最初与最终的和是指这些量刚产生时和刚消失时(或者说增加或减小前后)的和。运动结束时物体可以有一个不可超越的极限速度。这一极限速度是确实存在的,那么它的大小可以通过几何关系导出。在确定和证明其他类似的几何学问题时,我们可以合理地应用几何学中的一切定律。

也可能有人认为,趋于消失的量的最终比给定,那么它们最终的大小也将给定,因此所有的量都是由不可分量构成,这与欧几里得在《几何原本》第十卷给出的关于不可通约量的证明相违背。这一反对意见是建立在一个错误的假设之上,消失量的最终之比并不是最终量的比值,而是量无限地趋近于无穷小,以至于两个量之间的差值小于任何可以给定的数值时的比值,但是它们在趋于无穷小时永远不可能相等。这可以通过两个量趋于无穷大时的情况,而被更好地理解。如果两个量的差给定并无限地增大,它们最终之比将给定,也就是说它们的比恒定,因此最终或者最大的比而不可由此给出。由此,为使后面的内容便于理解,我所说的极小的量或趋于消失的量或最终的量,不可被当作是有一定大小的量,而是趋于无穷小的量。

第2章　论求向心力

命题1　定理1

做圆周运动的物体，在静止平面上由指向静止圆心的力的半径扫过的面积与所用时间成正比。

将时间分割成相等的几段，物体在第一段时间内依靠惯性运动，运动的直线路径为AB。在第二段时间内，如果没有障碍物，物体沿直线Bc运动至c处，Bc与AB相等，根据定理1，连接中心S，作半径AS、BS、cS，可构成全等三角形ASB和BSc。但当物体抵达B点时，如果向心力产生作用，使它偏离直线Bc，而沿着直线BC运动。作直线cC平行于BS，与BC相交于点C，在第二段时间的最后一刻，根据推论1，物体将位于点C，与三角形ASB处于同一平面内。连接SC，由于SB和Cc平行，则三角形SBC与三角形SBc面积相等，也与三角形SAB面积相等。同理可得，当向心力作用于点C、D、E时，使物体在每个单一时间间隔内沿直线CD、DE、EF等运动，那么它们将位于同一平面内，而且三角形SCD、三角形SBC、三角形SDE、三角形SEF面积都相等。因此，在相同的时间间隔内，相等的面积都在同一平面上，则这些面积的和$SADS$、$SAFS$，彼此的比值与物体经过它们所用的时间成正比。如果三角形的数目增加，并且宽度无限减小，根据引理3推论4，它们的最终边界ADF会成为一条曲线，而向心力会不断对物体发挥作用，让它不会沿着曲线切线方向运动。所以，物体运动时任意扫过的面积$SADS$、$SAFS$与它所使用的时间成正比，由此得证。

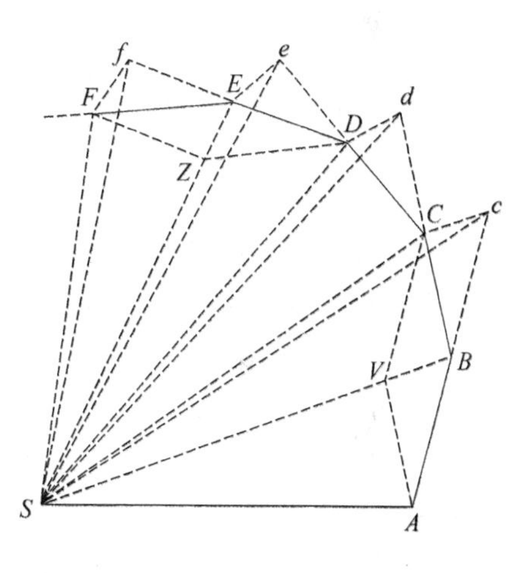

推论1　物体受静止中心吸引，在无阻力空间中运动，它的速度与轨道切线中点作的垂线长度成反比，物体在点A、B、C、D、E的速度可以视作全等三角形的底边AB、BC、CD、DE和EF，这些底边与它们的垂线长度成反比。

推论2 在无阻力空间中，在相等时间内，如果同一个物体依次经过两条弧弦*AB*和*BC*，并以此作平行四边形*ABCV*，那么平行四边形的对角线*BV*最终将在弧弦趋于无穷小时向两边延伸并过中心点*S*。

推论3 在无阻力空间中，相等的时间内，如果物体经过弧弦*AB*、*BC*、*DE*和*EF*，可作平行四边形*ABCV*和*DEFZ*。其中，当弧无限小时，力在点*B*和点*E*的比是对角线*BV*和*EZ*的最终比值。根据定律1的推论1，物体沿*BC*和*EF*运动，是沿*Bc*、*BV*和*Ef*、*EZ*运动的组合，而在此，*BV*和*EZ*分别与*Cc*和*Ff*相等，它们是点*B*和点*E*在向心力推动下产生的，并与推力成正比。

推论4 在无阻力空间中，使物体从直线运动转向曲线轨道做曲线运动的力，和在相等时间内经过的弧的矢成正比，当弧无限减小时，矢在力的中心作用下，将弦等分为两段，因为矢的长度等于对角线的一半。

推论5 因此，这些力和重力的比，等于所提到的矢与垂直于地平线的抛物线上的矢的比，这些抛物线是抛出的物体在相同时间内运动的轨迹。

推论6 在物体运动的平面上，平面中心的力并非处于静止状态，而是做匀速直线运动（根据定律中的推论5，相关结论仍然成立）。

命题2 定理2

在平面上沿任意曲线运动的物体，经由运动半径被拉向一个点时，该点或静止，或做匀速直线运动，运动扫过的面积与时间成正比，物体受到指向该点的向心力的作用。

情形1 根据定律1，所有做曲线运动的物体，是受到了施加在其上的某种力的影响而偏离原来的直线轨道。这个使物体偏离直线轨道的力，在相等的时间内使物体结果相等且极小的三角形*SAB*、*SBC*和*SCD*等，这个力指向不动点*S*（根据欧几里得《几何原本》卷一中的命题40和定律2），在点*B*处发挥作用，方向和直线*cC*平行，也就是直线*BS*的方向；在点*C*处，是沿着直线*dD*的平行方向，即沿直线*CS*的方向发挥作用。所以，力的作用方向总是指向不动点*S*，由此得证。

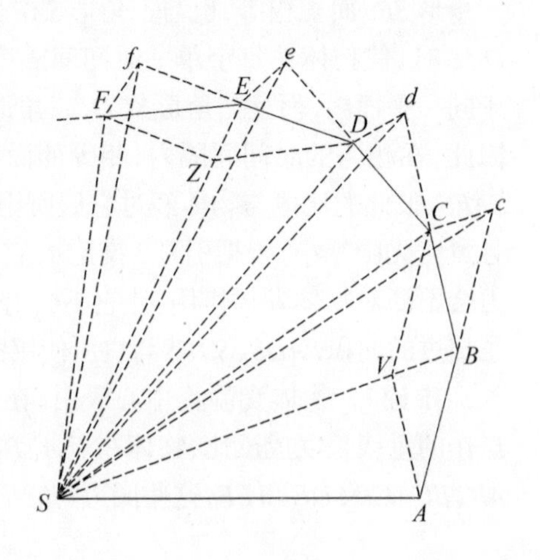

情形2 根据定律中的推论5，无论物体运动所在的曲线图形的表面是静止的，还是和物体同时运动，都不会影响到结果，因为物体所在图形及图形中的点*S*都是做匀速运动。

推论1 在无阻力的空间或介质中，如果面积和时间不成正比，那么力就不会指向半径经过的那个交点。如果物体运动时是加速的，则力的方向和物体运动的方向形成锐角；如果物体运动在减速，则力的方向和运动的方向形成了钝角。

推论2 在有阻力的介质中，如果物体的运动是加速状态，那么力的方向会偏离物体的运动方向，物体将向静止点移动。

附注

物体可能受到多个力，它们合成了向心力。因此，该命题是指所有力的合力指向S点。但是，如果力的方向是沿垂直于所经过表面的直线方向，那么这些力的合成作用会使物体偏离运动平面，但不会改变经过表面的量，因此在力的组合中可以对此忽略。

命题3 定理3

任何物体，经由运动半径被拉向另一个做任意运动的物体中心，所扫过的面积与时间成正比，且该物体受到趋向另一物体的向心力和另一物体受到加速力的合力的作用。

设L代表一个物体，T代表另一物体，根据定律的推论6，如果两个物体在平行方向受到一个新力的作用（该力与第二个物体受到的力大小相等，方向相反），那么，第一个物体L，和从前一样，围绕物体T运动，扫过相等的面积，但施加在物体T上的力则被一个大小相等，方向相反的力抵消。根据定律1，物体T不再受力的作用，将静止或做匀速直线运动。而物体L受力的差的影响，即受到剩余的力的作用，会继续绕T旋转，且扫过的面积与时间成正比。因此，根据定理2，这些力的差趋向作为运动中心的物体T。由此得证。

推论1 如果物体L受力向物体T移动，运动扫过的面积与时间成正比，则物体L受到的力（无论是简单力还是定律中推论2所说的合力），根据推论2，减去施加在物体T上的全部加速力，将得到作用在物体L上的剩余力，将物体L拉往作为中心的物体T。

推论2 如果这些面积与时间的比接近正比，那么，剩余的力也逐渐趋向物体T。

推论3 反之亦然，如果剩余的力逐渐趋向物体T，那么，这些面积与时间的比也趋向正比。

推论4 如果物体L经半径向物体T移动，运动扫过的面积与时间的比是不等的，而且物体T静止或做匀速直线运动，那么指向物体T的向心力的作用已消失，或与其他力复合，而其他力发挥了更强的作用，这些合力将指向另一个不动或可移动的中心。而当指向物体T的向心力被取代，剩下的力作用于物体T，促使物体T受任意运动影响移动时，也可得到相同的结论，倘若向心力被取为减去作用在另一物体T

上的力之后的剩余力。

附注

如果物体运动时扫过的面积是相等的,则意味着有运动中心和向心力存在,向心力将物体从直线运动中拉回,使物体保持在运动轨道上,那么在后续篇章中,我们何不效仿,将物体做向心圆周运动时扫过了相等的面积作为前提,去证明这些运动是在自由空间中进行的呢?

命题4 定理4

沿不同圆周做匀速运动的几个物体,其向心力指向圆周的中心,并且分别在相等的时间内和划过的弧长的平方除以圆周半径的值成正比。

根据命题2和命题1的推论2,这些力指向圆周的中心,它们的比值等于在极短的相同时间内画出的弧的矢的比,等于弧的半径的平方除以圆周的半径(根据引理7);这些弧的比等于任意相等时间内物体运动划过的弧的比,而直径的比等于半径的比,因此,力和相同时间内运动划过的任意弧长的平方除以圆周半径的值成正比。由此得证。

推论1 由于这些弧长与物体的速度成正比,所以向心力与半径除以速度的平方成正比。

推论2 由于周期和半径成正比,和速度成反比,所以向心力与周期的平方除以半径成正比。

推论3 如周期相等,那么速度与半径成正比,向心力也和半径成正比,反之亦然。

推论4 如果周期和速度都和半径的平方根成正比,那么不同运动的向心力相等,反之亦然。

推论5 如果周期和半径成正比,则速度相等,向心力和半径成反比,反之亦然。

推论6 如果周期和半径的$\frac{3}{2}$次方成正比,那么速度、向心力分别和半径的平方根成反比,反之亦然。

推论7 通常,如果周期与半径R的任意次方R^n成正比,则速度与半径的R^{n-1}次方成反比,向心力与半径的R^{2n-1}次方成反比,反之亦然。

推论8 物体经过任意相似图形的相似部分,且图形都处于相似的位置,有各自的中心,则只需运用已证明的前例,任何关乎时间、速度和力的结论都满足以上论证。这种应用并不复杂,只要将经过相等的面积代替相等运动,用物体到中心的距离代替运动半径即可。

推论9 同理可证:任意时间内,在给定向心力作用下物体做匀速圆周运动时,它所经过的弧长等于圆周直径和相同的物体在相同时间内受到相同的力作用下坠落距离的比例中项。

附注

克里斯托弗·雷恩爵士、胡克博士和哈雷博士各自曾经观测到推论6的情形发生在天体运动中，所以，在后续内容中，我会对向心力在物体到运动中心距离的平方减少时也随之减小的问题进行详细阐述。

并且，根据前一命题和它的推论，我们得到了向心力和任意已知力的比。如果物体受重力的作用，围绕以地心为圆心的圆周旋转，那么重力这时就是物体的向心力。物体下落时，绕完圆周一周的时间，以及指定时间内走过的弧长，都是可知的（根据本命题的推论9）。惠更斯先生在他的杰作《论摆钟》中，对重力和做旋转运动的物体受到的向心力进行了比较分析。

前一命题可用以下方法证明。设在任意圆周中，有一个有任意条边的多边形和它相切，如果一个物体以给定速度沿多边形的边运动，物体在多个角上会受到圆的影响，在圆的每个切点上的力与速度成正比，即是，在给定时间内，力的总和将和速度与到达切点的次数的乘积成正比；如果多边形是指定的，那么它又与给定时间内经过的长度成正比，并随着同一长度和圆周半径之比增减；它和长度的平方除以半径成正比。并且，如果多边形的边无限减小，与圆周重合，它就和给定时间内运动划过的弧的平方除半径的值成正比，这是物体施加在圆周上的向心力。反作用力与该力相等，同时导致圆周不断将物体推向圆心。

命题5 问题1

在任何场所，物体受到指向公共中心的力的影响，它会以给定速度运动并画出给定的图形，求这个公共中心。

设PT、TQV和VR三条直线与图形相切于点P、Q、R，相交于点T和V。

在切线上作垂线PA、QB和RC，让它们和物体在点P、Q、R的速度成反比，并通过垂线PA、QB、RC向外扩展。那么，PA与QB的比值等于物体在点Q的速度和在点P的速度之比，同时，QB与RC的比值等于物体在点R的速度和在点Q的速度之比。过垂线端点A、B、C作直线AD、DBE和EC，让它们垂直于这些垂线，彼此交于点D和点E，再作直线TD和VE，两条线交于点S，它就是所求的中心。

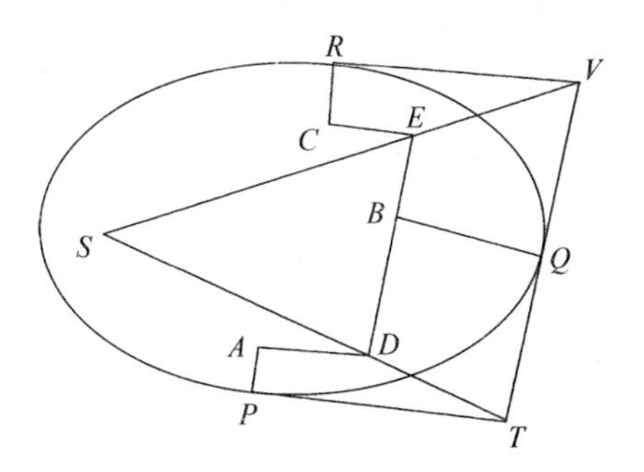

垂线从中心点S落到切线PT、QT上，并与物体在点P和点Q的速度成反比（根据命题1的推论1），所以，它与垂线AP和BQ成正比，与从点D落到切线上的垂线成正比。由此可得，点S、D和T位于同一直线，同理，还能推出点S、E和V也在同一条直线上，而中心点S是直线TD和VE的交点。由此得证。

命题6 定理5

在无阻力空间中，如果有一物体沿任意轨道围绕一个静止的中心点做旋转，且在最短的时间内划过任意一条短弧，设该弧的矢等分对应的弦经过力的中心，那么，弧中间的向心力和矢成正比，与时间的平方成反比。

在已知时间内，矢与向心力成正比（根据命题1的推论4），而弧与时间会随一个相同的比值增大，矢也会随那个比值的平方增大（根据引理11的推论2和3），所以，矢与力和时间的平方成正比。如果两边同时除以时间的平方，可得力与矢成正比、与时间的平方成反比。由此得证。

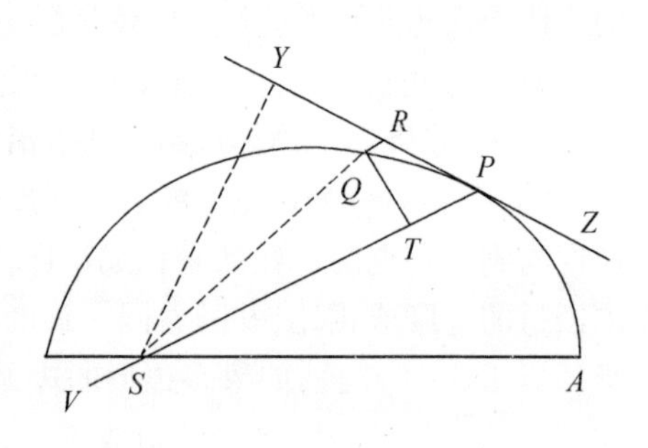

这个定理也可用引理10的推论4进行证明。

推论1 如果物体P围绕中心点S旋转，画出曲线APQ，并与直线ZPR相切于任意点P，过曲线的另一任意点Q作QR与SP平行，并与切线交于点R，再作QT与SP垂直，向心力将和$\frac{SP^2 \times QT^2}{QR}$成反比（点$P$和点$Q$重合）。由于$P$是弧的中点，$QR$等于弧$QP$两倍的矢，并且三角形$SQP$的两倍或$SP \times QT$与经过两倍的弧长所需时间成正比，因此可用两倍弧长来代表时间。

推论2 同理，如果SY是一条从力中心延伸到轨道切线PR的垂线，则向心力和$\frac{SY^2 \times QP^2}{QR}$成反比，因为乘积$SY \times QP$与$SP \times QT$相等。

推论3 如果运动轨道是一个圆，或与一个同心圆相切或相交，这表示，轨道含有最小接触角的圆，并且点P的曲率及曲率半径与它相同。同时，设PV是由物体通过力的中心所作的一条弦，那么，向心力和$SY^2 \times PV$成反比，因为PV等于QP^2与QR的比。

推论4 做同样的假设，那么，向心力与速度的平方成正比，与弦成反比。根据命题1的推论1，速度与垂线SY成反比。

推论5 如果指定任意曲线图APQ，向心力所指的点S也是给定的，那么，可推导出向心力定律，该定律能解释物体P不断偏离直线运动并保持旋转画出相同图形的原因。通过计算可知，$\frac{SY^2 \times QT^2}{QR}$或$SY^2 \times PV$与向心力成反比。下面将证明这个问题。

命题7 问题2

如有物体沿一个圆的圆周旋转，拟求出指向任意已知点的向心力定律。

设$VQPA$为圆周，点S为已知点，即力所指向的给定的中心。物体P沿圆周运动，Q是物体运动将要到达的场所，而PRZ是圆在前一场所P的切线。通过点S作出弦PV和圆的直径VA，连接AP，作QT垂直于SP，交于点T，延长QT，交切线PR于点Z，再通过点Q，作LR和SP平行，与圆交于点L，与切线PZ交于点R。因为三角形ZQR、ZTP和VPA相似，RP^2与QT^2的比等于AV^2与PV^2的比，由于$RP^2=RL \times QR$，所以$\frac{RL \times QR \times PV^2}{AV^2}=QT^2$。如果两边乘以$\frac{SP^2}{QR}$，当点$P$和点$Q$重合时，$RL$等于$PV$，则得：$\frac{SP^2 \times PV^3}{AV^2}=\frac{SP^2 \times QT^2}{QR}$。因此，根据命题6的推论1和推论5，向心力与$\frac{SP^2 \times PV^3}{AV^2}$成反比，由于$AV^2$是已知的，所以，向心力与距离（或高度）$SP$的平方及弦$PV$立方的乘积成反比。由此得证。

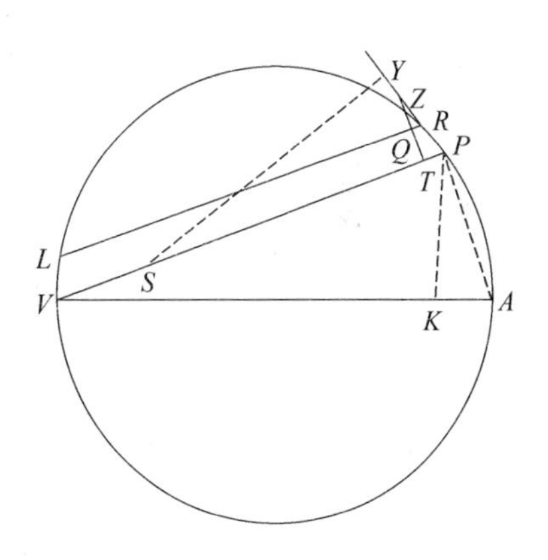

其他方法

在切线PR上作出垂线SY，因为三角形SYP和VPA相似，所以，AV与PV之比等于SP与SY之比，所以$\frac{SP \times PV}{AV}=SY$，且$\frac{SP^2 \times PV^3}{AV^2}=SY^2 \times PV$。而由命题6的推论3和推论5已知，向心力与$\frac{SP^2 \times PV^3}{AV^2}$成反比，（由于$AV$是给定的）所以向心力与$SP^2 \times PV^3$成反比。由此得证。

推论1 如果向心力持续指向已知点S，设S位于圆周上的点V处，那么向心力将与高度SP的五次方成反比。

推论2 使物体P在圆周$APTV$轨道上围绕中心S运动的力，与同样物体P在相同周期内在相同圆周上围绕任意力中心R旋转的力，其比值等于$RP^2 \times SP$与直线SG

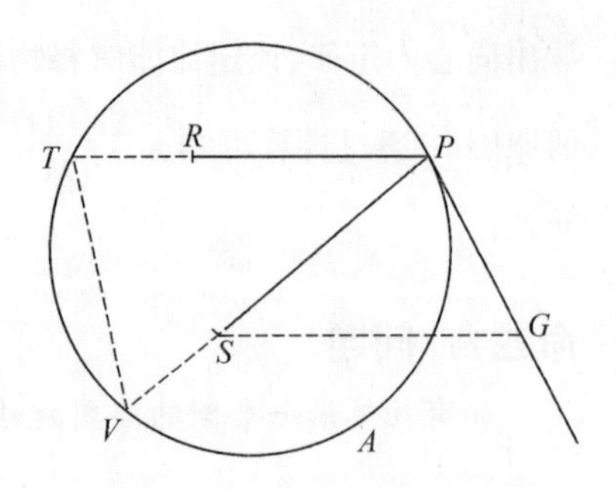

的立方之比，而SG是从力的第一个中心S作出的，和物体到第二个力中心R的距离PR平行的线段，并且SG交轨道切线PG于点G。在本命题中，因为三角形PSG和TPV相似，所以前一个力与后一个力的比等于$RP^2 \times PT^3$与$SP^2 \times PV^3$之比，即$SP \times RP^2$与$\frac{SP^3 \times PV^3}{PT^3}$的比（或与$SG^3$的比）。

推论3 使物体P在任意轨道上围绕力中心S进行旋转的力，和使P在相同周期内在相同轨道上围绕任意力中心R旋转的力，两者的比值等于$SP \times RP^2$与线段SG的立方的比。SG是从力的第一个中心S作出的，和物体到第二个力中心R的距离PR的线段平行，并且SG和轨道切线PG交于点G。这是因为在轨道上，任意点P的力与它在相同的曲率圆周上的力是相等的。

命题8 问题3

如果一个物体在半圆PQA上运动，假设点S过于遥远，使得所作的指向点S的直线PS、RS均可看成平行线。拟求指向点S的向心力定律。

从半圆中心点C出发，作半径CA，与平行线垂直相交于点M和点N，连接CP。由于三角形CPM、PZT和RZQ相似，所以，$CP^2:PM^2=PR^2:QT^2$。由圆的特性可得，$PR^2=QR \times (RN+QN)$，当点P和点Q重合时，$PR^2=QR \times 2PM$，所以$CP^2:PM^2=(QR \times 2PM):QT^2$，而且$\frac{QT^2}{QR}=\frac{2PM^3}{CP^2}$，$\frac{QT^2 \times SP^2}{QR}=\frac{2PM^3 \times SP^2}{CP^2}$。根据命题6中的推论1和推论5，向心力与$2PM^3 \times \frac{SP^2}{CP^2}$成反比，而假设对给定值$\frac{2SP^2}{CP^2}$可忽略不计，向心力与$PM^3$成反比。由此得证。

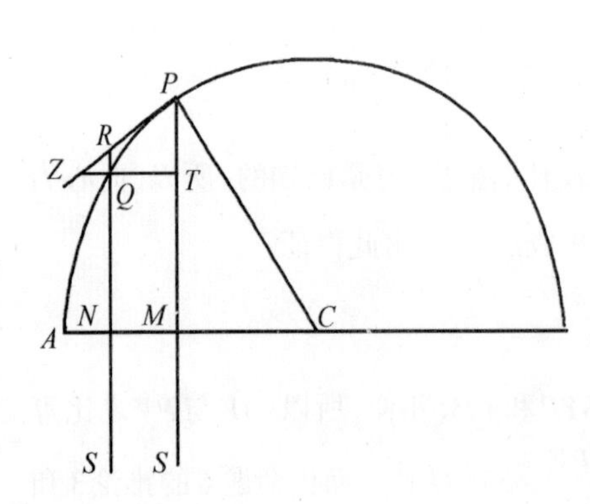

由前一命题也可推出相同结论。

附注

根据类似原理，当物体做椭圆、双曲线或抛物线运动时，它的向心力和它到一无限远的力中心的纵坐标的立方成反比。

命题9 问题4

如果物体围绕一条螺旋线PQS做旋转运动，并与所有半径SP、SQ等相交，相交的角度已知，求指向该螺旋线中心的向心力规律。

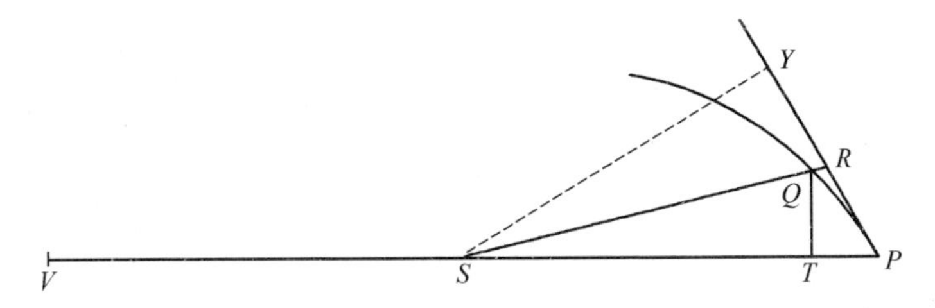

假设不确定的小角PSQ已知，由于所有的相交角都已知，那么图形$SPRQT$也已知。所以，QT和QR的比值也已知，所以，$\frac{QT^2}{QR}$与QT成正比，即（由于图形以规定形式给定）和SP成正比。但是，如果角PSQ无论如何改变，根据引理11，切角QPR相对的直线QR也会随着PR或QT的平方的比率而变化。因此比值$\frac{QT^2}{QR}$保持不变，仍然与SP成正比，从而$\frac{QT^2 \times SP^2}{QR}$与$SP^3$成正比，那么向心力与距离$SP$的立方成反比（根据命题6的推论1和推论5可知）。由此得证。

其他方法

作一直线SY垂直于切线，和螺旋线同心的圆的弦PV，与距离SP的比是已知数值，所以，SP^3与$SY^2 \times PV$成正比，而SP^3与向心力成反比（根据命题6中的推论3和推论5）。

引理12

以给定椭圆或双曲线的任意共轭直径当作边，作出的平行四边形都相等。

该引理在圆锥曲线内容中已经证明。

命题10 问题5

如果物体围绕椭圆做旋转运动，求证指向该椭圆中心的向心力的定律。

设CA、CB为椭圆的半轴，GP、DK是共轭直径，直线PF和QT垂直于这些直径，Qv为直径GP上的纵坐标。现在作一个平行四边形$QvPR$，按照圆锥曲线的性质，可得（$Pv \times vG$）：$Qv^2=PC^2 : CD^2$，因为三角形QvT与PCF相似，所以$Qv^2 : QT^2=PC^2 : PF^2$。替换掉Qv^2后，可得$vG : \frac{QT^2}{Pv} = PC^2 : \frac{CD^2 \times PF^2}{PC^2}$。而$QR=Pv$，根

据引理12，$BC\times CA=CD\times PF$，同时当点P与点Q重合时，$2PC=vG$，而且外项的积等于内项之积，所以有$\frac{QT^2\times PC^2}{QR}=\frac{2BC^2\times CA^2}{PC}$。从而向心力与$\frac{2BC^2\times CA^2}{PC}$成反比（根据命题6的推论5），由于$2BC^2\times CA^2$已知，所以它与$\frac{1}{PC}$成反比，即它与距离$PC$成正比。由此得证。

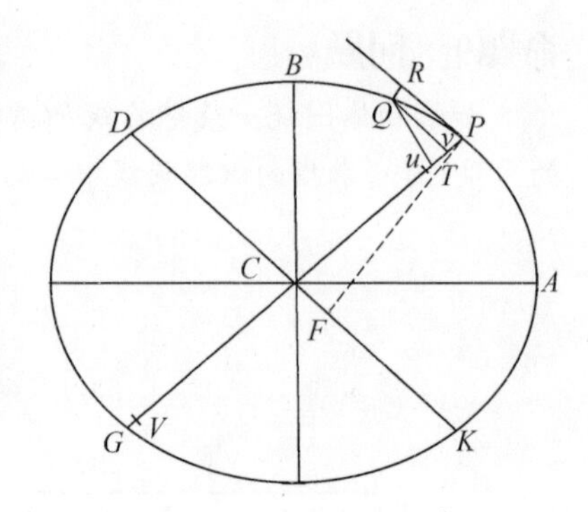

其他方法

在直线PG上的点T的另一边，取一点u，使得$Tu=Tv$，再取uV，使$uV:vG=DC^2:PC^2$。根据圆锥曲线的性质，$Qv^2:(Pv\times vG)=DC^2:PC^2$，可得$Qv^2=Pv\times uV$。在两边加上$Pu\times Pv$，则弧弦$PQ$的平方将与$PV\times Pv$相等。所以，与圆锥曲线相切于点$P$的圆经过点$Q$，同样也穿过点$V$。如果让点$P$和点$Q$重合，那么$uV:vG=DC^2:PC^2$，或$uV:vG=PV:PG$，或$uV:vG=PV:2PG$，则可得$PV=\frac{2DC^2}{PC}$。使物体$P$围绕椭圆旋转的力与$\frac{2DC^2}{PC}\times PF^2$成反比（根据命题6的推论3）。同时，由于$2DC^2\times PF^2$是个给定值，所以这个力和$PC$成正比。由此得证。

推论1 因此向心力与物体到椭圆中心的距离成正比；反之，当力与距离成正比时，物体将沿椭圆中心（与力中心重合）做椭圆运动，或沿由椭圆演变成的圆周做轨道运动。

推论2 在所有椭圆中，对于围绕它们的共同中心的旋转运动，它们的运动周期都是相等的，原因是在相似椭圆中的运动时间相等（根据命题4的推论3和推论8）。然而，在具有公共长轴的椭圆中，运动时间之比与整个椭圆面积之比，与在相等时间内经过的面积成反比。这表明，它与短轴成正比，与在长轴最高点运动的速度成反比。它们的比值相同。

附注

如果将椭圆的中心移到无穷远处，椭圆将变为抛物线，那么物体会在这条抛物线上运动，而力会指向一个无穷远的中心，根据伽利略定理，力将成为一个常量。如果圆锥的抛物曲线的倾斜度发生改变，转为双曲线，那么物体将沿双曲线的轨道运动，这时向心力将变为离心力。如果力指向横坐标中图形的中心，并按照任意给定的比值增减图形的纵坐标值，或任意改变横坐标与纵坐标之间的倾斜角，且周期不变，那么这些力会随着中心距离的比进行增减，同时还会对中心距离的比值进行增减。同样，在所有的图形中，如果纵坐标以任意给定的比值进行增减，或它使得横坐标的倾斜度有所改变，且周期不变，那么指向中心的力在横坐标上的分量会引起纵坐标的值出现增加或减少，而纵坐标的值和物体与中心的距离成正比。

第3章 物体在偏心圆锥曲线上的运动

命题11 问题6

如果物体沿椭圆轨道运动，求证指向椭圆的一个焦点的向心力定律。

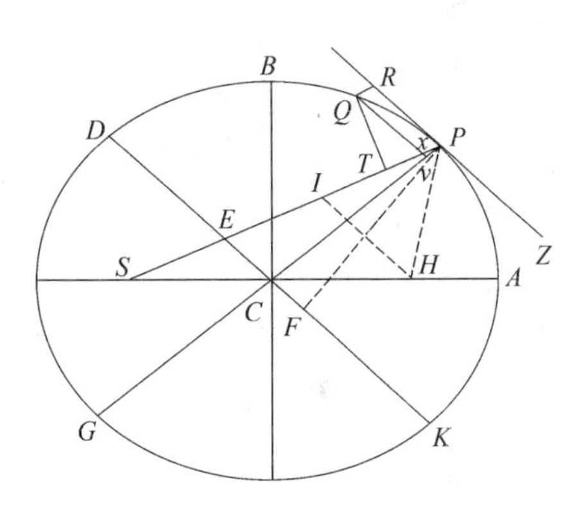

设S为椭圆的一个焦点，作线段SP，和椭圆的直径DK交于点E，与纵坐标Qv交于点x，再作平行四边形$QxPR$，则EP与长半轴AC相等，如果在椭圆的另一焦点H处作一条直线HI与EC平行，因为$CS=CH$，所以$ES=EI$，而EP则是PS与PI之和的一半，因为HI和PR平行，角IPR和角HPZ相等，所以EP也等于PS与PH之和的一半，而PS和PH的和与长轴$2AC$相等。作QT垂直于SP，再设L为椭圆的通径$\frac{2BC^2}{AC}$，则可得：$L\times QR$比$L\times Pv$等于QR比Pv即等于PE或AC比PC，并且$L\times Pv$比GvP等于L比Gv，GvP比Qv^2等于PC^2比CD^2。根据引理7中的推论2，当点Q和点P重合时，$Qv^2=Qx^2$，且Qx^2或Qv^2比QT^2等于EP^2比PF^2，即等于CA^2比PF^2，或CD^2比CB^2（根据引理12）。将所有比值相乘、简化，并考虑到$AC\times L=2CB^2$，可得到：$L\times QR$比QT^2等于$AC\times L\times PC^2\times CD^2$或$2CB^2\times PC^2\times CD^2$比$PC\times Gv\times CD^2\times CB^2$，或等于$2PC$比$Gv$。但是，当点$Q$和点$P$重合时，$2PC$等于$Gv$，因此与这些成正比的量$L\times QR$和$QT^2$相等。如果等式两边同时乘以$\frac{SP^2}{QR}$，那么，$L\times SP^2$等于$\frac{SP^2\times QT^2}{QR}$。所以，根据命题6推论1和推论5，向心力与$L\times SP^2$成反比，即和距离$SP$的平方成反比。由此得证。

其他方法

指向椭圆中心的力使物体P围绕椭圆旋转，与物体到椭圆中心C的距离CP成正比（根据命题10中的推论1）。作线段CE，使它和椭圆切线PR平行，根据命题7中的推论3，如果CE和PS相交于点E，使物体P围绕椭圆任意点S运动的力，将同$\frac{PE^3}{SP^2}$成正比。从另一个角度来看，如果点S是椭圆的一个焦点，PE为常数，则力与SP^2成反比。由此得证。

我们在问题5中将多个问题延伸到抛物线和双曲线，但为了解决问题本身，并在下文中将用到这些相关问题，因此对其余几种情形，我将用特殊方法来证明。

命题12　问题7

假设一物体沿双曲线的一支运动，求证趋向该图形焦点的向心力定律。

设CA、CB为双曲线的半轴，PG、KD为共轭直径，PF和直径KD垂直，而Qv是直径GP上的纵坐标。作线段SP，使它和直径DK相交于点E，交纵坐标Qv于点x，再作平行四边形$QRPx$。因为从双曲线的另一焦点H作的直线HI和EC平行，于是，EP与半横轴AC相等，又因为$CS=CH$，所以$ES=EI$，且EP是PS和PI差的一半（因为IH和PR平行，角IPR与角HPZ相等），而PS、PH的差与长轴$2AC$相等，作QT垂直于SP，设L是双曲线的通径，它的值是$\frac{2BC^2}{AC}$，因此有$L\times QR$比$L\times Pv$等于QR比Pv，即（因为三角形Pxv与PEC相似）Px比Pv等于PE比PC或AC比PC，因此$L\times Pv$比$Gv\times Pv$等于L比Gv；而根据圆锥截线性质可得出GvP比Qv^2等于PC^2比CD^2，另根据引理7中的推论2，当点Q和点P重合时，$Qv^2=Qx^2$，那么Qx^2（或Qv^2）:$QT^2=EP^2:PF^2=CA^2:PF^2$，也等于$CD^2:CB^2$（根据引理12）。把四个比例的对应项相乘得$L\times QR$比QT^2等于$AC\times L\times PC^2\times CD^2$，或$2CB^2\times PC^2\times CD^2$比$PC\times Gv\times CD^2\times CB^2$，或等于$2PC$比$Gv$。但当点$P$和点$Q$重合时，$2PC=Gv$，因此成

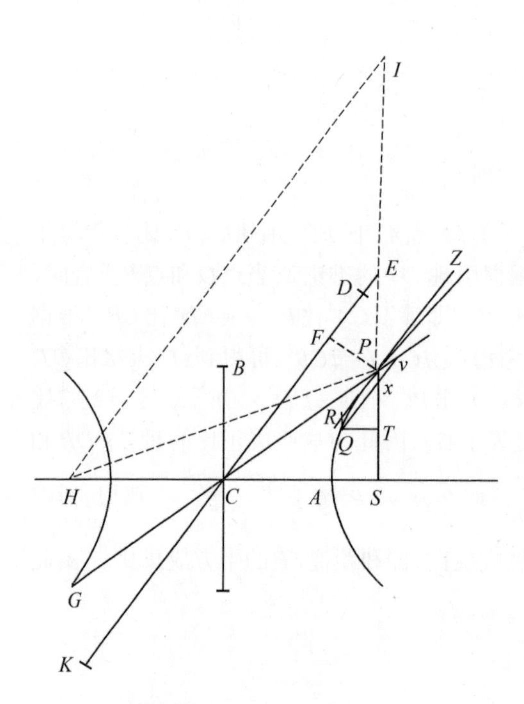

正比的$L \times QR=QT^2$。如果将等式两边同时乘以$\frac{SP^2}{QR}$，则$L \times SP^2=\frac{SP^2 \times QT^2}{QR}$。因此，根据命题6中的推论1和推论5，向心力与$L \times SP^2$成反比，即它与距离$SP$的平方成反比。由此得证。

其他方法

求出趋近于双曲线中心的力，它与物体到双曲线中心C的距离CP成正比（根据命题10中的推论）。因此根据命题7中的推论3，趋近于焦点S的力将同$\frac{PE^3}{SP^2}$成正比，即因为PE为与SP^2成反比的给定量。由此得证。

引理13

从任意顶点作一条抛物线通径，它的距离是从顶点到图形焦点距离的四倍。

在圆锥曲线的相关内容中已对此进行了证明。

引理14

经过抛物线焦点，并且垂直于它切线的线段，是切点到焦点距离和图形顶点到焦点距离的比例中项。

假设AP为抛物线，S是它的焦点，A是顶点，P是切点，PO是抛物线直径上的纵坐标，切线PM交主直径于点M，SN为经过焦点并且和切线垂直的线段。现在连接AN，由于$MS=SP$，$MN=NP$，$MA=AO$，AN与OP平行，因此三角形SAN的直角点为A，并且和相等的两个三角形SNM和SNP相似，因此，$PS:SN=SN:SA$。由此得证。

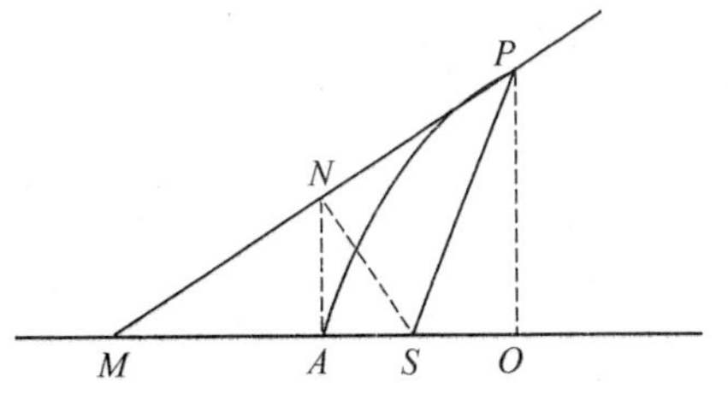

推论1　$PS^2:SN^2=PS:SA$

推论2　因为SA的值已知，所以，SN^2与PS成正比。

推论3　设PM为任意切线，SN过焦点并且和切线垂直，PM和SN的交点在抛物线顶点的切线AN上。

命题13　问题8

如果一个物体沿抛物线运动，求证指向图形焦点的向心力定律。

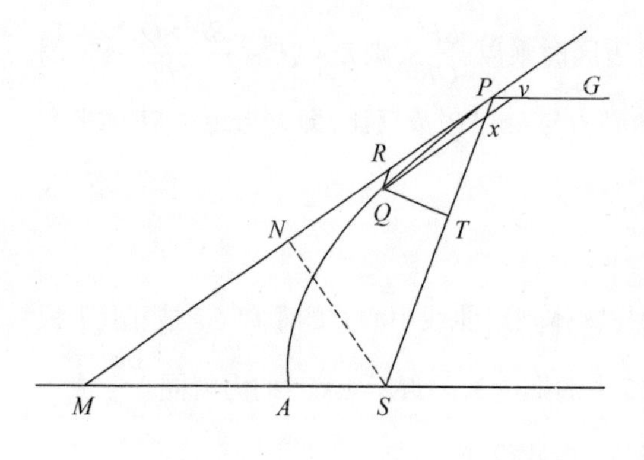

保留上一引理的图，设P是沿抛物线运动的物体，点Q是物体即将到达的位置，作QR和SP平行，QT和SP垂直，Qv和切线平行并与直径PG相交于点v，和SP相交于点x。因为三角形Pxv和SPM相似，其中一个三角形的两条边SP和SM相等，所以，另一个三角形的两条边Px（或QR）与Pv相等。然而，因为图形是圆锥曲线，根据引理13，纵坐标Qv的平方等于由通径和Pv（直径上截取的一段）构成的矩形面积，等于$4PS \times Pv$（或$4PS \times QR$）。根据引理7中的推论2，当点P和点Q重合时，$Qx=Qv$，因此在比例中$Qx^2=4PS \times QR$。而又因三角形QxT和SPN相似，由引理14的推论1可得：$Qx^2:QT^2=PS^2:SN^2$，即等于$PS:SA$，即等于$4PS \times QR$比$4SA \times QR$。因此根据欧几里得《几何原本》中卷五的命题9，$QT^2=4SA \times QR$。当等式两边乘以$\frac{SP^2}{QR}$，可得$\frac{SP^2 \times QT^2}{QR}=SP^2 \times 4SA$。根据命题6中的推论1和推论5，向心力与$SP^2 \times 4SA$成反比，因为$4SA$的值已知，所以向心力与距离$SP$的平方成反比。由此得证。

推论1 从上述三个命题可得如下结论，如有任意物体P沿直线PR离开所在的位置P，它受到了向心力的作用，向心力和从运动中心到位置距离的平方成反比。如果物体沿圆锥曲线上的某一段运动，那么它的焦点在力的中心位置，反之亦然。由于焦点、切点和切线的位置已知，所以圆锥曲线在切点的曲率也就相对确定，曲率是由向心力和已知的物体速度两者确定的，但是，相同的向心力和相同的速度却划不出两条相切的轨道。

推论2 如果物体在位置P的运动速度使它在任意无限小的时间内沿着线段PR运动，同时向心力在相同时间内让这个物体在距离QR里运动，那么当物体沿圆锥曲线中的某一段运动时，圆锥曲线的主通径等于当PR、QR缩减到无穷小时，QT^2除以QR的最终结果。在这些推论中，我将圆周归到了椭圆一类，并且排除了物体沿直线落到中心的那种可能。

命题14 定理6

如果多个不同物体围绕着共同的中心旋转，向心力和它们到中心距离的平方成反比；我说它们轨道的主通径则与物体在相同时间内运动半径画出的面积的平方成正比。

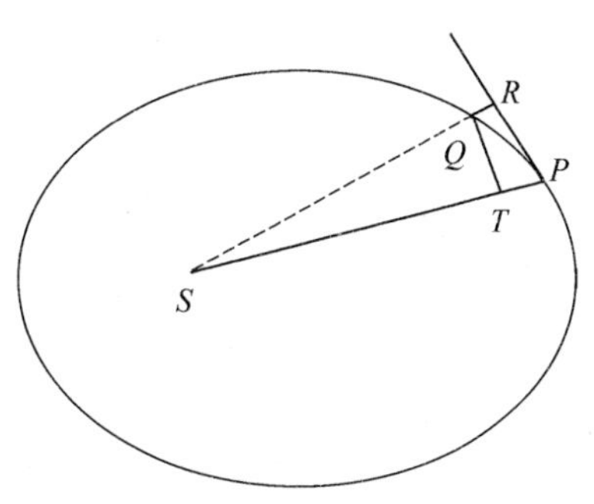

根据命题13中的推论2，当点P和点Q重合时，最终主通径L与量$\frac{QT^2}{QR}$相等，然而线段QR在给定时间内与向心力成正比，由假设可得QR与SP^2成反比。所以$\frac{QT^2}{QR}$与$QT^2 \times SP^2$成正比，即主通径L与面积$QT \times SP$的平方成正比。由此得证。

推论　因此，与椭圆两轴构成的矩形面积成正比的椭圆整体面积，与其通径的平方根和周期的乘积成正比。因为整体面积与给定时间里划过的面积$QT \times SP$和周期乘积成正比。

命题15　定理7

假设条件相等，我说椭圆运动周期与它们长轴的$\frac{3}{2}$次方成正比。

由于短轴是长轴和通径的比例中项，所以，由两轴的乘积等于通径的平方根和长轴的$\frac{3}{2}$次方的乘积。而根据命题14的推论，两轴的乘积与通径平方根和周期的乘积成正比，当等式两边分别除以通径的平方根后，可得长轴的$\frac{3}{2}$次方和周期成正比。由此得证。

推论　椭圆的运动周期和直径与椭圆长轴相等的圆的运动周期相同。

命题16　定理8

如果条件相等，设有通过物体的直线与轨道相切，过公共焦点作线段垂直于切线，那么物体的速度将和垂直切线的线段成反比，与主通径的平方根成正比。

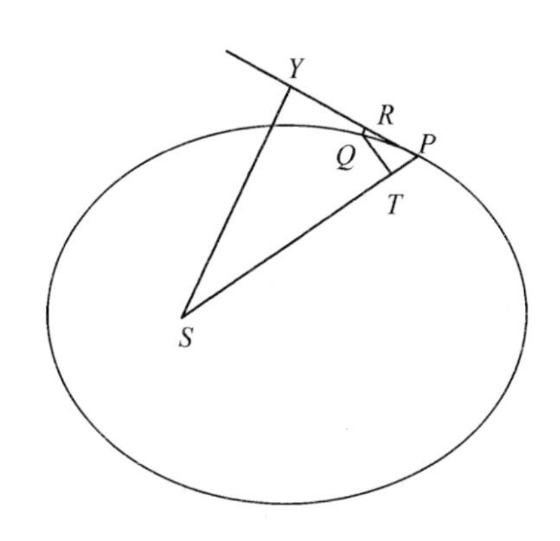

过焦点S作SY垂直于切线PR，从而物体P的速度与量$\frac{SY^2}{L}$的平方根成反比。因为速度和给定的时间瞬里划过的无限小弧PQ成正比，根据引理7，物体P的速度也和切线PR成正比，并且$PR:QT=SP:SY$，所以速度也和$\frac{SP \times QT}{SY}$成正比，或与SY成反比，并且和$SP \times QT$成正比。根据命题14，$SP \times QT$是给定时间内划过的图形面积，所以，速度也和通径的平方根成正比。由此得证。

推论1 主通径与垂直线段的平方和速度的平方的乘积成正比。

推论2 物体到公共焦点最远和最近的距离的速度与距离成反比，与主通径的平方根成正比，这是因为此时的垂直线段就是距离。

推论3 因此，距离圆锥曲线焦点最远或最近时的运动速度，同离中心相同距离的圆周的速度之比，与主通径的平方根和该距离2倍的平方根的比相等。

推论4 在物体到公共焦点的平均距离上，物体绕椭圆的运动速度和它以相同距离绕圆心旋转的速度相等，根据命题4的推论6，它与距离的平方根成反比。这是因为现在垂直线段既是短半轴，又是距离与主通径的比例中项。用各个半轴的倒数乘上主通径比值的平方根，可求得距离倒数的平方根。

推论5 如果主通径相等，则无论是在同一图形，还是不在同一图形，物体的速度和切线上过焦点的垂直线段成反比。

推论6 在抛物线上，运动速度和物体到图形焦点所经过距离的平方根成反比，而这个比值在椭圆中的更大，在双曲线上的更小。根据引理14的推论2，过焦点并垂直于抛物线切线的垂直线段与距离的平方根成正比，因此垂直线段在双曲线图形中会以更小的比值变化，而在椭圆图形中以更大的比值变化。

推论7 在抛物线上，距焦点任意远的物体的速度，与物体以相同距离为半径做圆周运动的速度之比，同$\sqrt{2}:1$相等。物体在椭圆形中运动时，这一比值会减小，在双曲线中运动时会增加。根据本命题的推论2，该速度不但在抛物线顶点满足这一比值，而且在所有距离中比值都相等。所以，在抛物线中，物体在每处的速度都和它以一半距离为半径的圆周运动的速度相等，该速度在椭圆中较小，在双曲线中较大。

推论8 根据推论5，物体沿任意圆锥曲线运动的速度，同它以曲线通径一半为半径的圆周上做圆周运动的速度之比，与该距离和过焦点向曲线的切线作的垂直线段的比相等。

推论9 根据命题4的推论6，物体在圆周的运动速度和另一物体在其他任意圆周上的运动速度之比，与它们距离之比的平方根成反比。同理，物体沿圆锥曲线的运动速度与物体以同等距离沿圆周运动的速度之比，是公共距离和曲线一半通径的比例中项，和过焦点向曲线切线作的垂直线段的比值。

命题17 问题9

假设向心力与物体到中心距离的平方成反比，力的绝对值已知，现物体运动速度已知，求出物体以该速度从指定处沿指定直线方向离开时所经过的路线。

令在指向点S的向心力作用下，物体p绕任意轨道pq运动，假设让物体p以指定速度从场所P沿直线PR运动，那么，物体将受到向心力作用，立即偏离直线，进入圆锥曲线PQ的轨道，直线PR与曲线相切于点P。同样，假设直线pr与轨道pq相切于点p，并使经过点S的垂线落在这一切线上，则根据命题16的推论1，圆锥曲线的主通径与另一轨道的主通径之比，就是它们垂直线段的平方比值和速度的平方比值的乘积，因此是给定值。

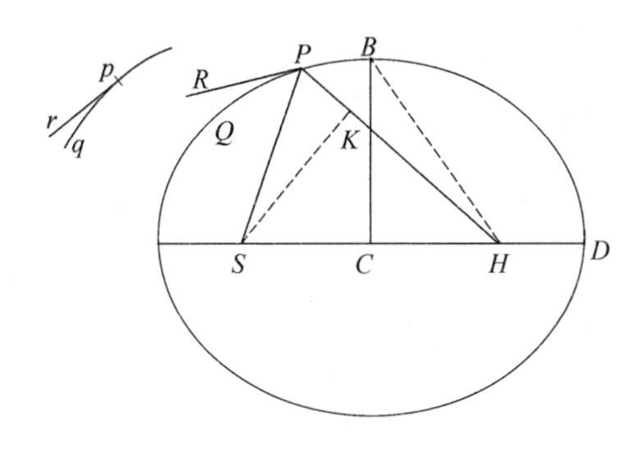

现设主通径为L，圆锥曲线的焦点S已知，设角RPH为角RPS的补角，那么也能确定另外一个焦点H所在的直线PH的位置。作直线SK垂直于PH，然后作共轭半轴BC，由于$SP^2-2PH\times PK+PH^2=SH^2=4CH^2=4(BH^2-BC^2)=(SP+PH)^2-L(SP+PH)=SP^2+2PS\times PH+PH^2-L(SP+PH)$。

等式两边加上

$$2PK\times PH-SP^2-PH^2+L(SP+PH),$$

我们则可得：

$$L(SP+PH)=2PS\times PH+2PK\times PH,\text{或}$$

$$(SP+PH):PH=2(SP+KP):L。$$

因此现在已给定PH的长度和位置。当物体在点P的速度使通径L小于$2SP+2KP$时，PH将与直线SP位于切线PR的同一边，因此这时的图形将是椭圆。如果椭圆的焦点S、H已知，那么轴$SP+PH$也同样已知。但如果物体有较大的速度，使通径L等于$2SP+2KP$，则长度PH会变成无限大，由此可知图形将成为抛物线，它的轴SH和直线PK平行。如果物体以更快的速度从P开始运动，直线PH在切线的另一边，而切线穿过两个焦点中间，因此也可知图形将成为双曲线，它的主轴将和直线SP和PH的差值相等。因为在这些情形中，如果物体运动所绕的圆锥曲线是确定的，那么根据命题11、命题12和命题13，向心力与物体到力的中心距离的平方成反比，所以能确定，物体在力的作用下，用已知速度从指定场所P沿指定的直线PR离开时，所经过的路线是曲线PQ。由此得证。

推论1　在圆锥曲线中，从顶点D、通径L和给定的焦点S处，可通过假设DH与DS的比等于通径比通径与$4DS$之差，来确定另一个焦点H，这是因为，在本推论中，

$$(SP+PH):PH=(2SP+2KP):L$$

将变为

$$(DS+DH):DH=4DS:L,$$

$$\text{并且}DS:DH=(4DS-L):L。$$

推论2　如果物体在顶点D的速度已知，那么轨道能轻而易举地确定。根据命

题16的推论3，假设通径与两倍距离DS的比等于该指定速度和物体以半径DS做圆周运动的速度之比的平方，就能够得到DH与DS的比，等于通径比通径与$4DS$的差。

推论3 同理，当物体沿任意圆锥曲线运动，由于任意推动力的作用，导致它离开运动轨道，那么圆锥曲线运动所在的新轨道也能确定。这是因为，将物体在圆锥曲线上的运动，与通过推动力作用而产生的运动合在一起，可得到物体离开指定处，沿指定直线在推动力作用下进行的运动。

推论4 如果物体一直受到外力作用，那么可得出物体在一些点上由于受力而使运动有所变化，同理可推导出它在序列前进中产生的影响，估计出物体在各处会持续产生的变化，用这种方法能推导出物体运动的近似路线。

附注

如果物体P在指向任意点R的向心力作用下，沿中心为C的任意圆锥曲线运动，且这种运动符合向心力定律。作直线CG和半径RP平行，并在点G与轨道切线PG相交。那么，根据命题10的推论1和附注，以及命题7的推论3，可求出物体受到的力为$\frac{CG^3}{RP^2}$。

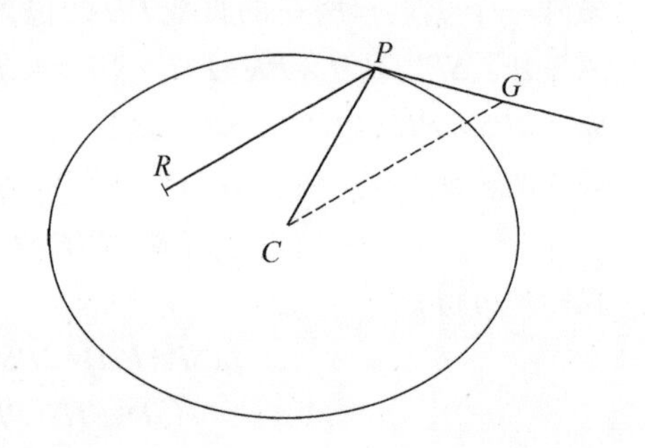

第4章 由已知焦点求椭圆、抛物线和双曲线的轨道

引理15

如果从椭圆或双曲线的两个焦点S、H，我们分别作直线SV和HV与任意第三点V相交，其中，HV是图形主轴，也是焦点所在的轴，另一条直线SV被它的垂线TR等分为两部分，交点是T，那么，垂线TR将与圆锥曲线相切；反之亦然。如果相切，那么HV等于图形主轴。

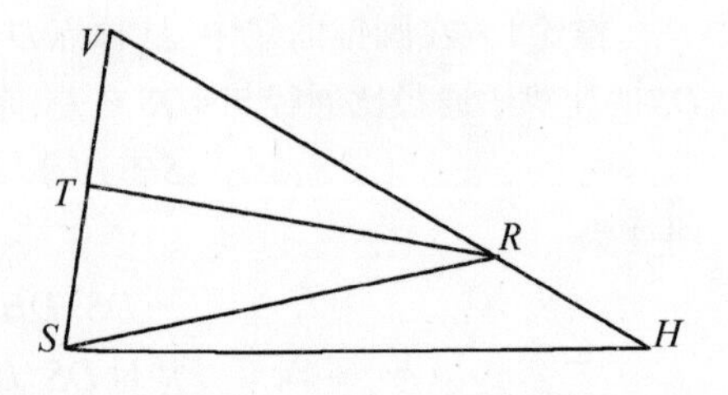

将垂线 TR 与直线 HV 相交于点 R，连接 SR。因为 $TS=TV$，所以直线 $SR=VR$，$\angle TRS=\angle TRV$，因此点 R 将在圆锥曲线上，而且垂线 TR 也将和该圆锥曲线相切，反之亦然。由此得证。

命题18 问题10

现焦点和主轴给定，由此作椭圆或双曲线轨道，使轨道经过给定点，并和给定的直线相切。

以点 S 为图形的共同焦点，AB 为任意轨道的主轴长度，P 为轨道必经的点，TR 是轨道和它相切的直线。围绕中心 P，如果轨道是椭圆，以 $AB-SP$ 为半径，或如果轨道是双曲线，以 $AB+SP$ 为半径，画出圆周 HG。在切线 TR 上作垂线 ST 并延长到点 V，使得 $TV=ST$，然后作以 V 为中心、AB 为半径的圆周 FH。按这种方法，无论指定的是两个点 P 和 p，还是两条切线 TR 和 tr，或是一个点 P 和一条切线 TR，我们均能作出两个圆周。设 H 为它们的共同交点，由焦点 S、H 和给定的轴可做出曲线轨道，则我认为问题得解。由于椭圆的 $PH+SP$ 或双曲线中的 $PH-SP$ 都和主轴相等，所以，该轨道经过点 P，并且（根据引理15）与直线 TR 相切。同理，曲线轨道或经过两个点 P 和 p，或与两条直线 TR 和 tr 相切。由此得证。

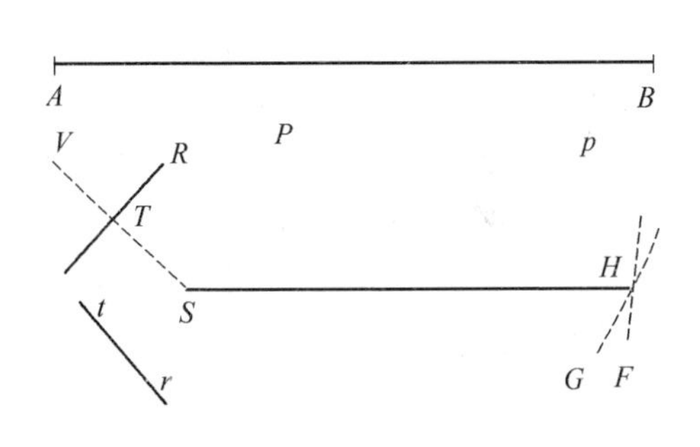

命题19 问题11

根据给定焦点作抛物线轨道，并使该轨道经过给定点，同时要求与给定直线相切。

设 S 为焦点，P 为已知点，TR 是所求轨道的切线。以 P 为中心，PS 为半径，作出圆周 FG。过焦点作切线的垂线段 ST，延伸到点 V，使 $TV=ST$。如果已知另一点 p，则对于该点，按这个方法能得到另一圆周 fg；如另一切线 tr 已知，则对另一切线 tr，按上述方法得到另外一点 v。如已经知道点 P 和切线 TR，那么作直线 IF，经过点 V，和圆周 FG 相切；如已知两点 P 和 p，

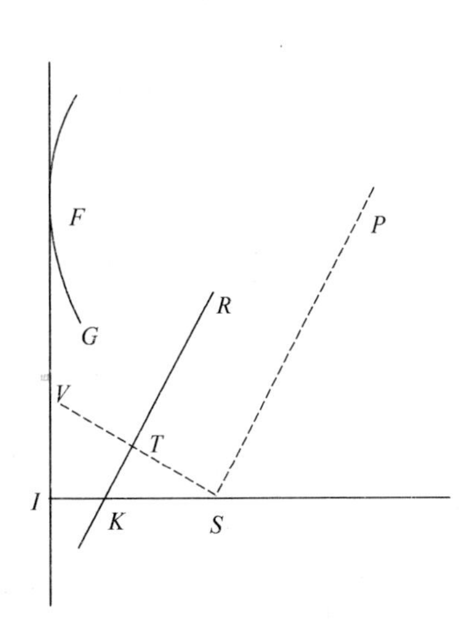

作直线IF,和圆周FG和fg分别相切;如已知两条切线tr和TR,作直线IF,经过点V和点v。

作FI的垂线段SI,设K为SI的中点,如果以SK为轴,K为顶点,作出抛物线,则问题得解。因为$SK=IK$,$SP=FP$,而抛物线经过点P,根据引理14中的推论3,有$ST=TV$,角STR是直角,因此,会和直线TR相切。由此得证。

命题20 问题12

根据一个给定焦点和给定轨道类型,作出轨道并使轨道经过给定的点,并和给定直线相切。

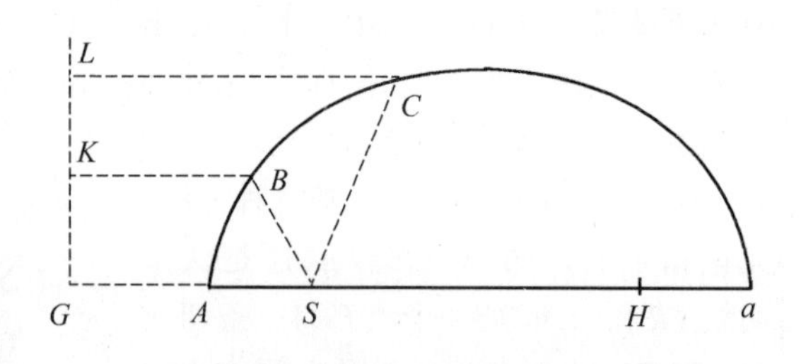

情形1 由焦点S求出经过点B和点C的曲线轨道ABC。由于轨道类型已经给定,所以主轴和焦点距离之比也已给定,使$KB:BS=LC:CS$等于这一比值。再以点B和点C为圆心、BK和CL为半径作两个圆形,并使直线KL与圆相切于点K和点L,再作直线KL的垂线SG,交SG于点A和a,使$GA:AS=Ga:aS=KB:BS$。因此,以Aa为轴、点A和点a为顶点作出曲线轨道,则我说问题解决。如果点H是图形的另一焦点,并且有$GA:AS=Ga:aS$,则$(Ga-GA)$或aA比$aS-AS$或SH等于GA比AS。因此,图形主轴与焦点间距离的比是同样比值,所作出的图形与之前要作的图形类型一样。由于$KB:BS=LC:CS$是给定的比值,因此,从圆锥曲线的性质可知,图形会经过点B和点C。

情形2 由焦点S求出与直线TR和tr相切的曲线轨道。经过焦点作切线的垂线ST和St,并将它们分别延伸到点V和点v,使$TV=TS$,$tv=tS$。等分Vv于点O,作OH垂直于Vv,再与直线VS相交,且VS在不断延伸。在直线VS上取两点K和k,并使$VK:KS$和$Vk:kS$等于要作的轨道主轴和焦点间距的比。以Kk为直径作出圆形,和OH交于点H;再以点S、H为焦点,VH为主轴,可作出曲线轨道,从而得解。

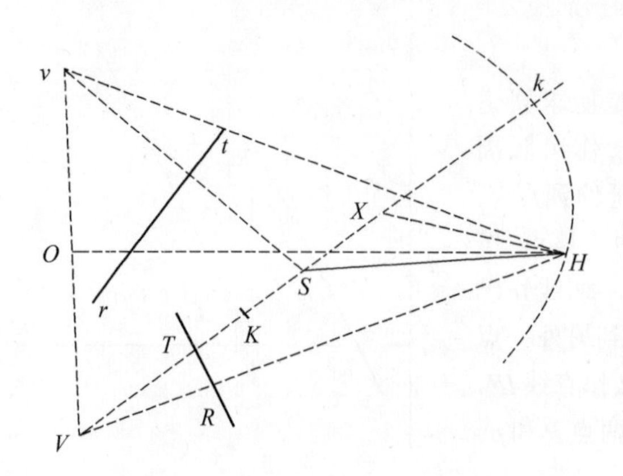

由于点X是Kk的中点，连接HX、HS、HV和Hv，因为$VK:KS=Vk:kS$，所以其求和等于$(VK+Vk):(KS+ks)$，求差等于$(Vk-VK):(kS-KS)$，从而可得$2VX:2KX=2KX:2SX$，得到$VX:HX=HX:SX$，三角形VXH和HXS相似，因此$VH:SH=VX:HX=VK:KS$，所作曲线主轴VH和焦距SH的比值，与所求的轴与自身焦距的比值相等，因此其类型相同。且VS和vS分别被直线TR和tr垂直平分，所以根据引理15，这些直线与作出的曲线相切。由此得证。

情形3 由焦点S求出与直线TR在指定点R相切的曲线轨道。作直线TR上的垂直线段ST，延伸到点V，使$TV=ST$。连接VR，并和直线VS相交，并且直线VS在不断延伸，在直线VS上分别取两点K和k，使得$VK:SK$和$Vk:Sk$等于主轴与焦点间距离的比。以Kk为直径作圆形，与直线VR相交于点H，然后以点S和点H为焦点，VH为主轴，作出曲线轨道，我说问题解决。根据情形2中的证明，因为$VH:SH=VK:SK$即等于所求曲线主轴与其焦点间的距离之比。因此，所作的图形与之前要求的图形类型完全相同。根据圆锥曲线的性质可知，等分角VRS的直线TR必定在点R与曲线相切。由此得证。

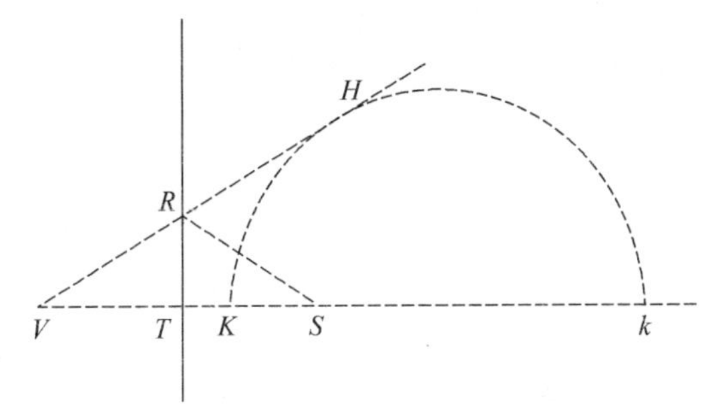

情形4 由焦点S求曲线轨道APB，使之与直线TR相切，经过切线外任意一个指定点P，并和以ab为主轴、s和h为焦点的图形apb相似。作切线TR的垂直线段ST，然后延伸到点V，使得$TV=ST$，作角hsq和角shq，使两个角分别和角VSP

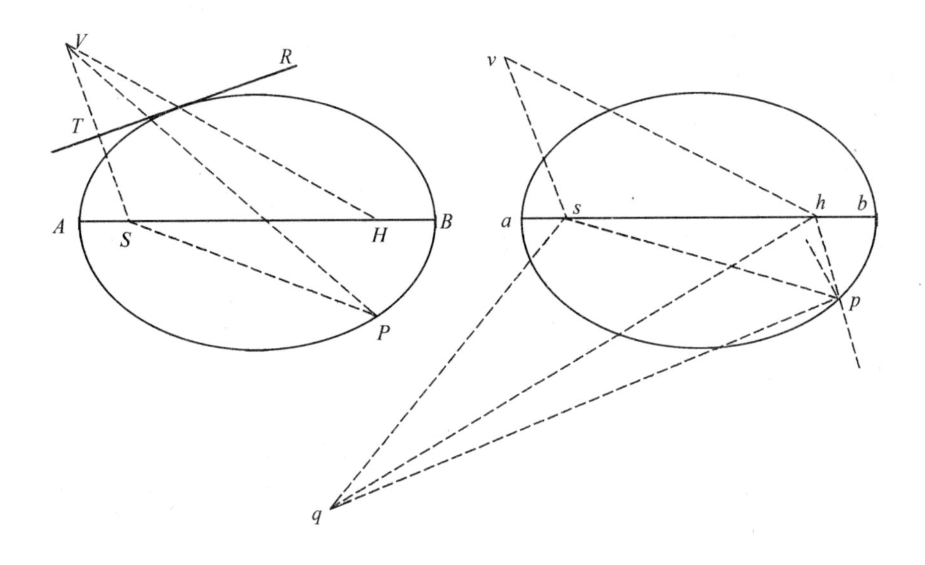

和角SVP相等。再以q为圆心，以$\frac{SP}{VS}\times ab$为半径作圆，交apb于点p，连接sp，作SH，使得$SH:sh=SP:sp$，再作角PSH与角psh相等、角VSH与角psq相等。再以S、H为焦点，与距离VH相等的AB为主轴作出圆锥曲线，则我说问题解决。如果作sv，并使得$sv:sp=sh:sq$。角vsp等于角hsq，角vsh等于角psq，那么三角形svh与spq相似，从而有$vh:pq=sh:sq$；即（由于三角形VSP和三角形hsq相似）等于$VS:SP$，或$ab:pq$，所以$vh=ab$。然而，由于三角形VSH和vsh相似，所以$VH:SH=vh:sh$，因此，所作圆锥曲线的主轴与焦点间的距离之比等于主轴ab与焦点间距离sh的比，因此所作图形与图形aph相似。另外，由于三角形PSH和psh相似，因此图形将经过点P。因为VH和主轴相等，且直线TR垂直于VS，且平分后者，因此，所作图形与直线TR相切。由此得证。

引理16

从三个给定点向第四个未给定点作三条直线，它们的差或者能被给定，或者为零。

情形1 A、B、C是三个给定点，Z是我们要求所作的第四个点，由于直线AZ和BZ的差是给定值，所以，点Z的轨迹是一双曲线，A和B是双曲线的焦点，且主轴为指定差。如果主轴为MN，取点P使得$PM:MA=MN:AB$，作PR垂直于AB、ZR垂直于PR，根据双曲线的性质，有$ZR:AZ=MN:AB$。同理，点Z位于另一条双曲线上，该双曲线的焦点为A、C，主轴是AZ与CZ的差。作QS垂直于AC，如果用这条双曲线上的任意一点Z作直线QS的垂直线段ZS，则有$ZS:AZ=(AZ-CZ):AC$。因此，可得到ZR和ZS、AZ的比值，并且能确定ZR和ZS的比值。如果作直线RP和SQ交于点T，作TZ和TA，则可知图形$TRZS$的类型，并能确定Z所在的直线TZ的位置。由于直线TA和角ATZ是指定的值，并且已经求得AZ和TZ、ZS的比值，那么，它们相互间的比就能确定，因此，角ATZ也可确定，其中一个顶点为Z。由此得证。

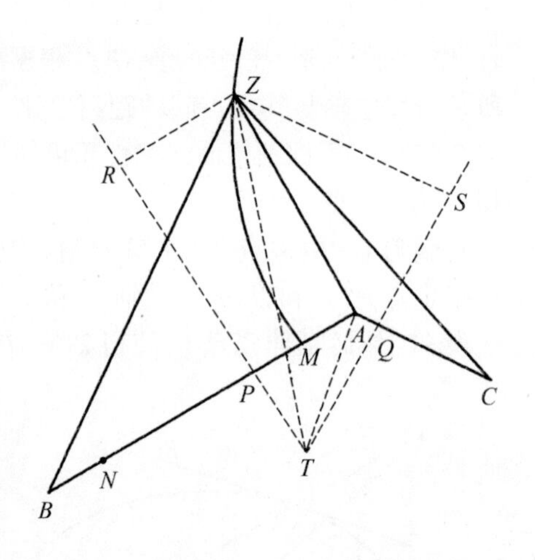

情形2 如果三条直线中任意两条（例如AZ和BZ）是相等的，作直线TZ，使它平分直线AB，按以上方法就能求解出三角形ATZ。由此得证。

情形3 如果三条直线都相等，则点Z位于经过点A、B、C的圆的中心。由此得证。

另外，在韦达所修订的阿波罗尼奥斯的《论切触》一书中，对该引理也做了类似证明。

命题21　问题13

通过一个指定焦点作出过指定点并与指定直线相切的曲线轨道。

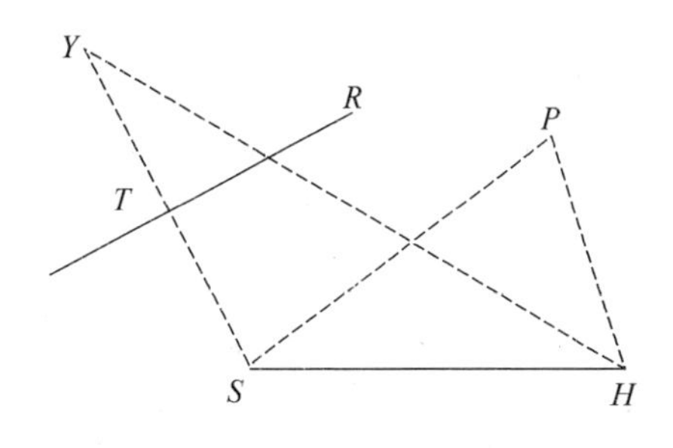

设焦点S、点P和切线TR是指定值，求出另一焦点H。在切线上作垂线段ST，延伸到点Y，使$TY=ST$，那么YH和主轴相等。连接SP、HP，并且SP为HP和主轴的差。照这样，如果更多的切线TR均已给定，或者已知更多的点P，那么，从上述点Y或点P到焦点H的直线YH或PH就能确定，直线或与主轴相等，或为主轴和指定长度SP的差，因此，它们彼此或是相等的，或是有给定的差。根据前一引理，另一焦点H便能确定。而如果已知焦点和主轴长度，它们或等于YH，或轨道为椭圆时等于$PH+SP$，或轨道是双曲线时，则等于$PH-SP$，曲线轨道由此可定。由此得证。

附注

当曲线轨道是双曲线时，我不认为包括双曲线的另一支，因为当物体以连续运动前进时，必定不会脱离双曲线的一支而进入双曲线的另一支运动。

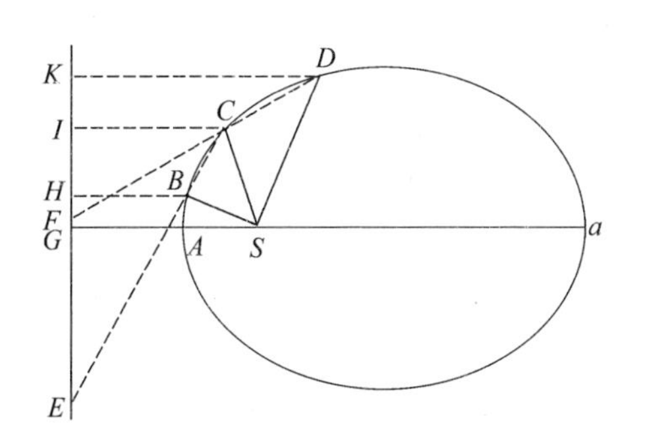

如果三个点都已给定，那么解答方法就更加轻而易举。以B、C、D为定点，连接BC和CD，并将它们延伸到点E和点F，使得$EB:EC=SB:SC$，$FC:FD=SC:SD$。在直线EF上作垂直线段SG、BH，并将GS延长，然后在上面选两个点A和a，满足$GA:AS=Ga:aS=HB:BS$，那么这时A成为曲线顶点，Aa成为曲线主轴。通过GA比AS大、相等或比后者小三种情形，曲线可能为椭圆、抛物线和双曲线。在第一种椭圆情形下，点a和点A都位于直线GF的同一侧；在第二种抛物线情形下，点a位于无限远处；在第三种双曲线情形下，点a位于GF的另一侧。如果作GF上的垂直线段CI和DK，则$IC:HB=EC:EB=SC:SB$。经过整理排列，得$IC:SC=HB:SB$，或者等于$GA:SA$；类似可证$KD:SD$也等于该比值。因此，点B、C、D均位于由焦点S作出的圆锥曲线上，并且由焦点作出的到曲线上各点的所有线段，与经过该点并且垂直于GF的线段的比值都是指定值。

著名几何学家德拉希尔在他的著作《圆锥曲线》卷八命题25中，也用了类似的方法对这个问题进行了证明。

第5章　求未知焦点的轨道

引理17

如果在已知圆锥曲线上的任意一点P，用给定角度作任意四边形$ABDC$（该四边形内接于圆锥曲线）。以给定角度向直线AB、CD、AC和DB分别作直线PQ、PR、PS和PT，可得和对边AB和CD相交的$PQ \times PR$，与另外两条对边AC和BD相交的$PS \times PT$的比值是给定值。

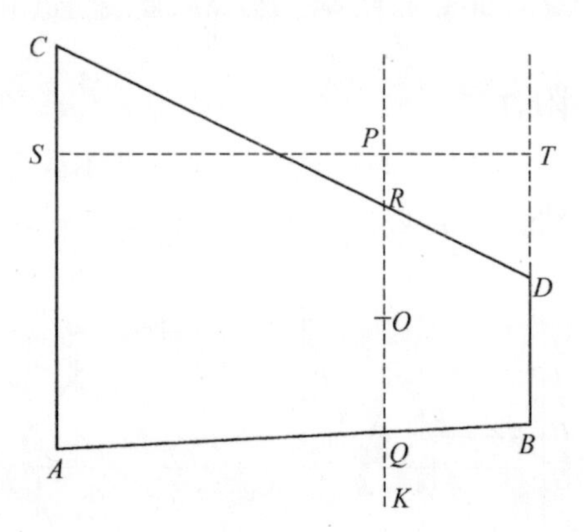

情形1　首先，假设到两条对边的直线平行于另外两条边的其中一条，比如PQ和PR与AC平行，PS和PT与AB平行，进一步讲，设两条对边（比如AC与BD）也平行，如果圆锥曲线的一条直径平分这些平行边的线段，那么它也会将RQ等平分。设点O是RQ的中点，那么PO就是直径上的纵标线。现将PO延长到点K，使得$OK=PO$，OK是直径另一侧上的纵标线。由于点A、B、P和K都在圆锥曲线上，所以PK以指定角度和AB相交。根据《论圆锥曲线》卷三中的命题17、19、21与23，$PQ \times QK$与$AQ \times QB$的比是定值。但是，$QK=PR$，因为它们分别是等线段OK、OP与等线段OQ、OR的差。所以，$PQ \times QK$等于$PQ \times PR$，由此可得$PQ \times PR$与$AQ \times QB$的比值，即和$PS \times PT$的比，也是定值，由此得证。

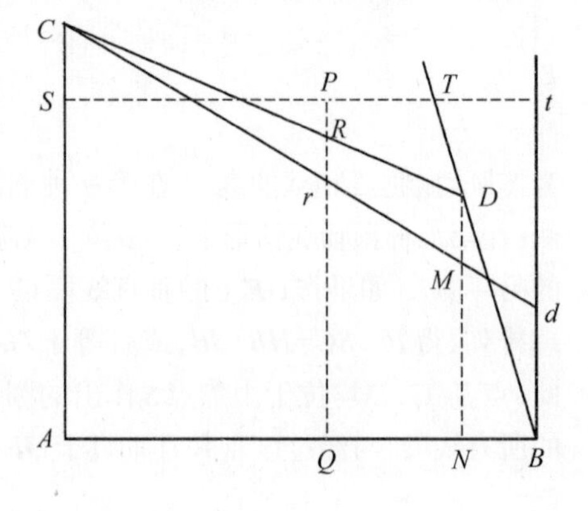

情形2　假设四边形的对边AC和BD

不平行。作Bd和AC平行，和直线ST相交于点t，与圆锥曲线相交于点d。连接Cd，并与直线PQ相交于点r，再作DM平行于PQ，与Cd相交于点M，与AB相交于点N。由于三角形BTt和三角形DBN相似，所以$Bt:Tt$（或$PQ:Tt$）$=DN:NB$，又有$Rr:AQ$或$PS=DM:AN$。将两式前项与前项相乘，后项与后项相乘，可知$PQ\times Rr$与$PS\times Tt$的比值，等于$DN\times DM$与$NA\times NB$的比，由情形1可知，它也等于$PQ\times Pr$与$PS\times Pt$的比，根据分比性质，也等于$PQ\times PR$与$PS\times PT$的比。由此得证。

情形3　最后让我们假设四条直线PQ、PR、PS、PT与边AC、AB不平行，而是任意相交。作Pq、Pr与AC平行，Ps、Pt与AB平行，由于三角形PQq、PRr、PSs和PTt的角已给定，则PQ与Pq，PR与Pr，PS与Ps，PT与Pt的比值也是给定的，所以，复合比（$PQ\times PR$）:（$Pq\times Pr$）以及（$PS\times PT$）:（$Ps\times Pt$）的比值是给定的，但是，根据前面的证明，$Pq\times Pr$与$Ps\times Pt$的比值为已知，所以$PQ\times PR$与$PS\times PT$的比值也为已知。由此得证。

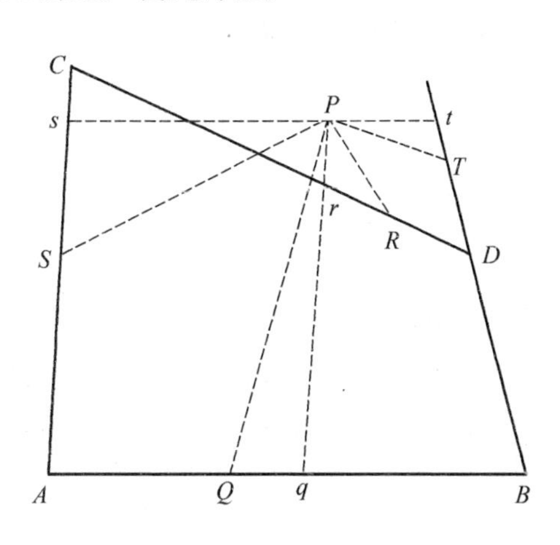

引理18

假设在条件相同的情况下，如果在四边形两对边上作出的任意直线PQ与PR的乘积，与在四边形另外两条边上作出的任意直线PS与PT乘积的比值是固定的，那么各条直线都经过的点P位于四边形所在的圆锥曲线上。

假设所作圆锥曲线经过点A、B、C和D，设P为任意个点的集合，圆锥曲线经过其中一点，例如点p，从而点P总是在曲线上。如果否定这一论述，可连接A、P两点，设圆锥曲线在点P外的任意一处与AP相交，设相交于点b。那么，以点p和点b，我们以给定角度作四边形的边pq、pr、ps、pt和bk、bn、bf、bd，而根据引理17，我们可得：$bk\times bn$和$bf\times bd$之比，等于$pq\times pr$和$ps\times pt$之比，根据假设的条件，这一比值也等于$PQ\times PR$和$PS\times PT$的比。因为四边形$bkAf$与$PQAS$相似，所以

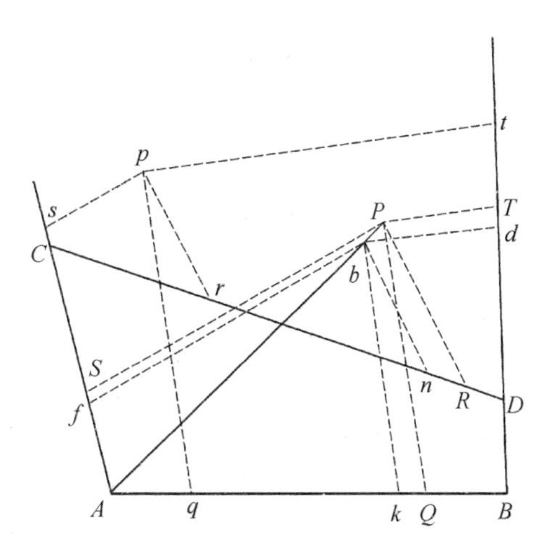

bk比bf等于PQ比PS。若将等式中每个对应项均除以前面一项，则可得bn比bd等于PR比PT，从而等角四边形$Dnbd$和$DRPT$相似，所以它们的对角线Db和DP重合。于是点b会落在直线AP和DP的交点上，最后与点P重合。因此，无论在哪个位置取点P，最终都会落在圆锥曲线上。由此得证。

推论 如果从公共点P向三条指定直线AB、CD、AC作三条直线PQ、PR和PS，让六条直线分别对应，同时各自以指定角度相交，且两条直线PQ和PR的乘积与第三条边PS的平方之比是定值，所以，引出直线的点P位于圆锥曲线上，而该曲线与直线AB、CD相切于点A和点C，反之亦然。因为，将直线BD向AC靠近并与之重合，这三条直线AB、CD和AC的位置不会改变；现将直线PT与直线PS重合，那么$PS \times PT$将等于PS^2；另外，直线AB、CD与曲线相交于A、B、C和D，现在这些点全部重合，所以曲线与它不再是相交，而是相切。

附注

在这条引理中，圆锥曲线这个名称是一个广义概念，它涵盖了过圆锥顶点的直线截线和与圆锥曲线底面平行的圆周截线。如果点p落在连接A和D或C和B点的直线上，那么圆锥曲线将变成两条直线，其中一条就是点p所在的直线，另一条则经过四个点中的另外两个点。如果四边形两个对角的和等于180°，则直线PQ、PR、PS和PT将垂直于四边形的四条边，或与它们相交于相等的角度，且直线PQ和PR的乘积等于直线PS和PT的乘积，圆锥曲线此时将变为圆周。还有一种可能，如果用任意角度来做这四条直线，且直线PQ和PR的乘积与直线PS和PT的乘积之比，等于PS和PT与对应相邻边所形成的夹角S、T的正弦的乘积，与PQ和PR与对应相邻边所形成的夹角Q、R的正弦的乘积之比，那么圆锥曲线也将变成圆周。在所有情形中，点P的轨迹是三种圆锥曲线图形中的一种。除了这种四边形$ABCD$，还可用另一种四边形，它的对边可以像对角线一样相互交叉。但是，如果四个点A、B、C、D中有任意一个或两个可能向无限远的距离移动，表明图形的四条边收敛于这一点，成为平行线。此时，圆锥曲线将经过其余的点，并将以抛物线的轨迹沿相同方向延伸到无穷远处。

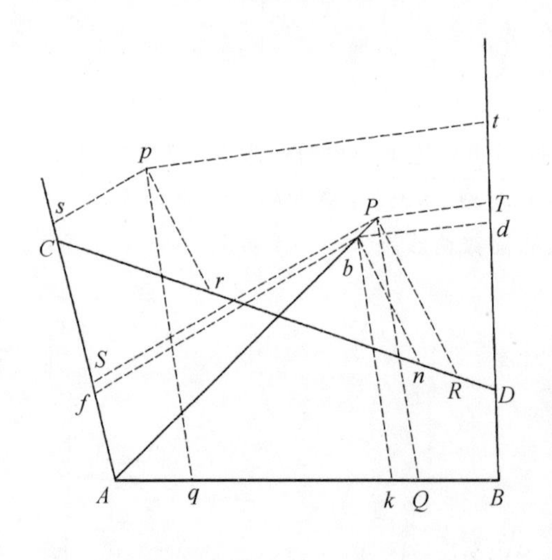

引理19

求点P，由该点以已知角度分别向直线AB、CD、AC、BD作对应的直线PQ、PR、PS、PT，任意两条PQ和PR的乘积与PS和PT的乘积的比值将是定值。

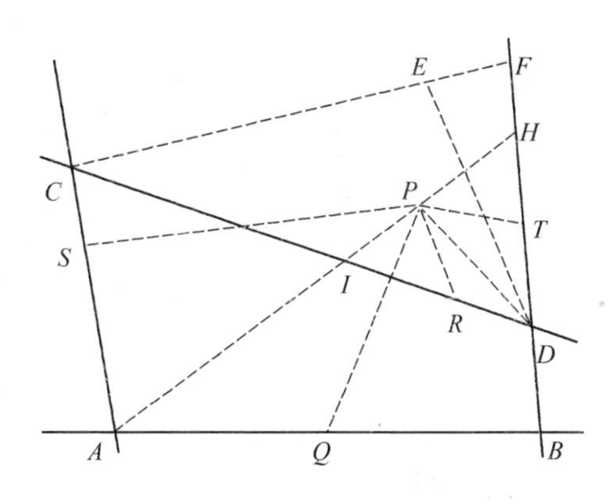

假设到直线AB和CD的任意两条直线PQ和PR包含以上乘积中的一个，并且直线AB、CD和给定的其他两条直线相交于A、B、C、D四个点。任意选择其中一点，例如A，作任意直线AH，将点P置于AH上，使AH和直线BD、CD分别相交于点H和点I，因为图形的所有角都是给定的，所以$PQ:PA$、$PA:PS$、$PQ:PS$三个比值也是给定的，然后令该比值除给定比值$(PQ\times PR):(PS\times PT)$，可得$PR:PT$，如果再乘以给定比值$PI:PR$和$PT:PH$，那么，$PI:PH$的值和点$P$也能确定。由此得证。

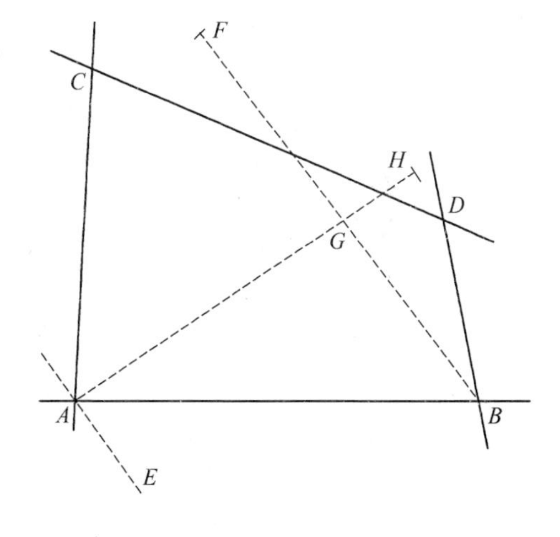

推论1　同样，也可在点P轨迹上的任意点D处作切线。这是因为，点P和点D重合时，AH通过点D，弦PD变为切线。在这种情形下，逐渐消失的线段IP和PH的最终比值，可以从以上推论过程中求出。如果作CF和AD平行，与BD交于点F，并以相同的最终比值交于点E，那么DE便成了切线，这是因为，CF和逐渐消失的IH平行，两条线分别和轨迹相交于点E和P。

推论2　所有点P的轨迹都可求出。通过A、B、C、D中任意一点，例如点A，作AE与轨迹相切，再过其他任意一点，例如点B，作和切线平行的直线BF，和轨迹交于F点，通过本条引理求出点F。设点G平分BF，作直线AG，使AG是直径所在的直线，BG和FG是纵标线。如果AG和轨迹相交于H，那么AH将成为直径或横向的通径（通径与它的比等于BG^2与$AG\times GH$的比）。如果AG和轨迹不相交，直线AH为无限长，则轨迹将为一抛物线，对应于直径AG的通径就是$\frac{BG^2}{AG}$。如果AG和轨迹在某点相交，当点A和点H位于点G的同一侧时，则轨迹是双曲线；当点G落在点A和点H之间时，则轨迹是椭圆；当角AGB是直角，并且BG^2等于$AG \times GH$时，则轨迹为圆。

所以在推论中，我们解答了经典的四线问题。从欧几里得时期开始，人们就热衷讨论该问题，此后，阿波罗尼奥斯又进行了拓展。但这些问题不需要分析、演算，用几何作图就能解答，从某种意义上而言，这也是先贤要求的。

引理20

如果任意平行四边形$ASPQ$的两个对角的顶点A和P位于任意圆锥曲线上，其中，构成角的边AQ和AS向外延伸，与相同圆锥曲线在点B和点C相交；再通过点B和点C作到圆锥曲线上任意第五个点D的两条直线BD和CD，同平行四边形的另外两条边PS和PQ相交于延伸线上的点T和点R，那么，从两条边截取的部分PR和PT的比是固定的。反之，如果这些被截取的部分的相互比值是固定的，那么点D在通过点A、B、C和点P的圆锥曲线上。

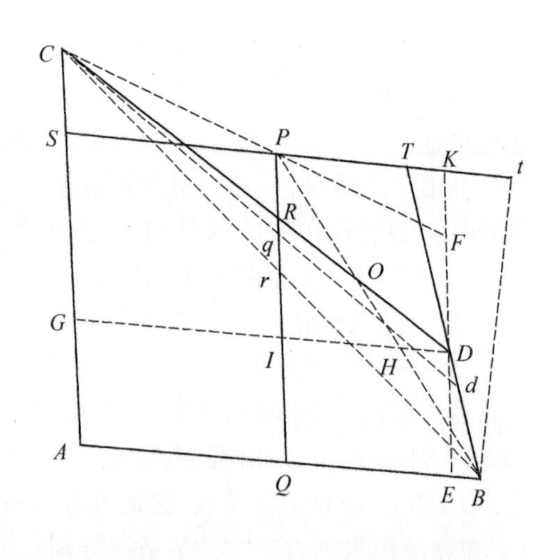

情形1 连接BP和CP，由点D作直线DG和DE，使DG和AB平行，交PB、PQ、CA于点H、I和G；作DE与AC平行，交直线PC、PS和AB于点F、K和点E。根据引理17，$DE \times DF$与$DG \times DH$的比是定值。由于$PQ:DE$（或$PQ:IQ$）$=PB:HB=PT:DH$，从而可知$PQ:PT=DE:DH$。同理，$PR:DF=RC:DC$，等于$PS:DG$（或$IG:DG$）因此，$PR:PS=DF:DG$。将这些比值相乘可得$(PQ \times PR):(PS \times PT)=(DE \times DF):(DG \times DH)$，因此比值都是给定的。由于$PQ$和$PS$已经指定，所以$PR$与$PT$的比值也是指定的。由此得证。

情形2 如果已经指定PR和PT的比值，同理可逆推，$DE \times DF$和$DG \times DH$的比也是定值。根据引理18，点D将位于经过点A、B、C、P的圆锥曲线上。由此得证。

推论1 因此如果作直线BC交PQ于点r，并在PT上取一点t，令$Pt:Pr=PT:PR$，那么Bt将和圆锥曲线相切于点B。设点D与点B重合，则弦BD将为0，BT将成为切线，且CD和BT将与CB和Bt重合。

推论2 反之亦然，如果Bt是切线，而直线BD和CD在圆锥曲线上任意点D处相交，那么，$PR:PT=Pr:Pt$，反之，如果$PR:PT=Pr:Pt$，BD和CD则肯定在圆锥曲线上任意点D处相交。

推论3 两条圆锥曲线相交，交点最多有4个。如果交点大于4个，两圆锥曲线将通过5个点A、B、C、P、O。如果直线BD与它们交于点D和点d，且直线Cd在点q与直线PQ相交，则$PR:PT=Pq:PT$，即$PR=Pq$，这与命题矛盾。

引理21

如果两条不确定且可以移动的直线BM和CM经过指定点B和C，并且以此为极点，经过这两条直线的交点M作第三条给定位置的直线MN，再作另两条不确定直线BD和CD，并与前两条直线在给定点B和C构成指定的角MBD和MCD，那么我认为过直线BD和CD的交点D所作的圆锥曲线将经过定点B、C。反之亦然，如果过直线BD和CD的交点D所作出的圆锥曲线经过定点B、C、A。而角DBM将与指定角ABC相等，角DCM也和指定角ACB相等，则点M的轨迹是一条指定位置的直线。

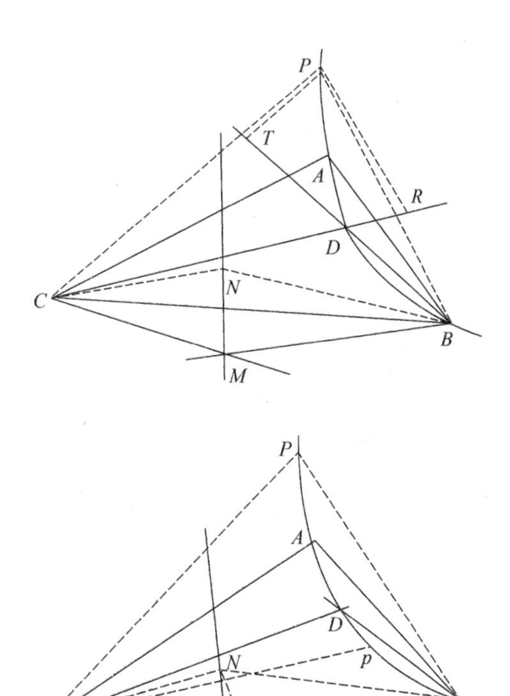

在直线MN上，点N为指定点，当可动点M落在不可动点N上时，使可动点D落在不可动点P上，连接CN、BN、CP和BP，再从点P作直线PT和PR，交直线BD和CD于点T和R，使角BPT等于指定角BNM，角CPR等于指定角CNM。根据给定条件，角MBD和NBP相等，角MCD和NCP相等，除去公共角NBD和NCD，剩下的角NBM和PBT、NCM和PCR分别相等。所以，三角形NBM和PBT相似，三角形NCM和PCR也相似，从而有$PT:NM=PB:NB$，$PR:NM=PC:NC$。由于点B、C、N、P不可动，所以PT和PR与NM有指定比值，$PR:PT$也是定值。根据引理20，点D是可动直线BT和CR的交点，它在一条圆锥曲线上，曲线经过点B、C、P。由此得证。

反之亦然，如果可动点D在经过定点B、C、A的圆锥曲线上，并且角DBM和给定角ABC恒等，角DCM也和给定角ACB恒等。当点D接连落在圆锥曲线上两个任意不动点p和P上时，可动点M也接连落在不动点n和N上。经过点n和N作直线nN，它将成为可动点M的轨迹。如果点M在任意曲线上运动，那么点D将处于圆锥曲线上，且这条圆锥曲线经过五个点B、C、A、p、P。根据前面的证明，当点M一直落在曲线上时，点D也将处于圆锥曲线上，圆锥曲线也将经过五个点B、C、A、p、P，由于两条圆锥曲线经过了同样的五个点，与引理20的推论3矛盾，所以假设点M不落在曲线上是荒谬的。由此得证。

命题22 问题14

作一条通过五个指定点的曲线轨道。

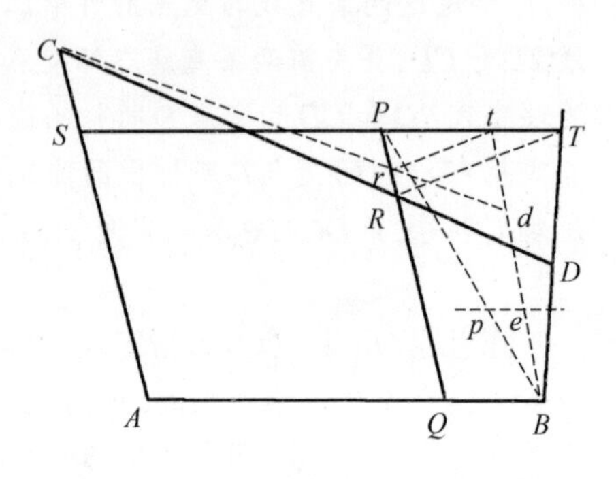

设A、B、C、P、D是五个指定点，由其中任意一点，例如A，作到其他任意两个点，例如B、C（可称为极点）的直线AB和AC，经过第四个点P的直线TPS和PRQ分别与AB和AC平行。再从两个极点B和C，作经过第五个点D的两条无穷直线BDT和CRD，与前面所作的直线TPS和PRQ（前者同前，后者同后）分别相交于点T和R。再作直线tr和TR平行，使直线PT和PR分割的任意部分Pt和Pr与PT和PR成正比。如果经过它们的端点t、r和极点B、C，作直线Bt和Cr相交于点d，那么点d将处于所要求的曲线轨道上。因为，根据引理20，点d在经过点A、B、C、P的圆锥曲线上，而当线段Rr和Tt逐渐消失时，点d将与点D重合。因此，圆锥曲线经过A、B、C、P、D五个点。由此得证。

其他方法

在这些给定点中，连接任意三个点，比如，依次连接点A、B、C，将其中的B和C作为极点，使指定大小的角ABC和角ACB旋转，并使边BA和CA先位于点D上，再位于点P上。在这两种情形下，边BL和CL相交于点M和N，再作不定直线MN，使这些可动角绕它们的极点B和C旋转，设边BL、CL或BM、CM的交点是m，那么该点会持续落在不定直线MN上，假设边BA、CA或BD、CD的交点是d，画出所求的曲线$PADdB$。根据引理21，点d将处于经过点B和C的圆锥曲线上。而当点m与点L、M、N重合时，点d会与点A、D、P重合。所以，所作的圆锥曲线将经过A、B、C、P、D五个点。由此得证。

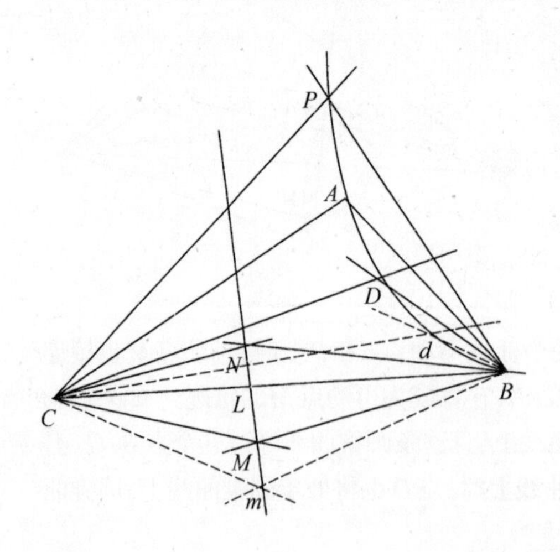

推论1 因此对于任意指定点B，可作与轨道相切的直线。令点d和点B重

合，直线Bd即为所求切线。

推论2　因此根据引理19中的推论，也可求出轨道的中心、直径和通径。

附注

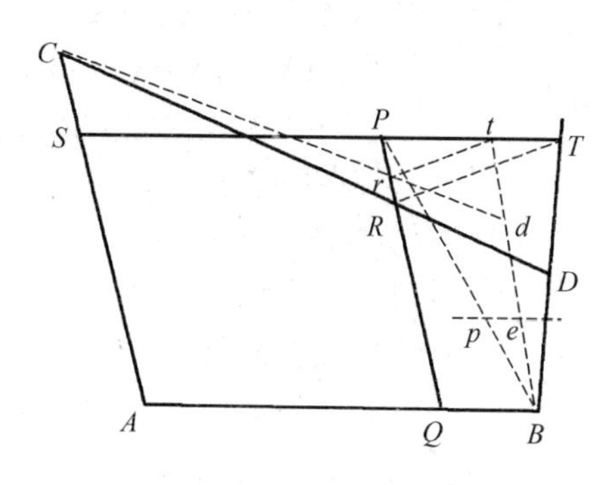

有一种方法比第一种作法更简便：连接BP，如需要，可在该直线的延长线上取一点p，使$Bp:BP=PR:PT$。再经过点p作直线pe与SPT平行，并使pe和Pr恒等。作直线Be、Cr相交于点d。因为$Pr:Pt$、$PR:PT$、$pB:PB$和$pe:Pt$均为相等比值，所以pe也和Pr恒等。按这种方法，求轨道上的点轻而易举，除非用第二种作图法机械地作出曲线图形。

命题23　问题15

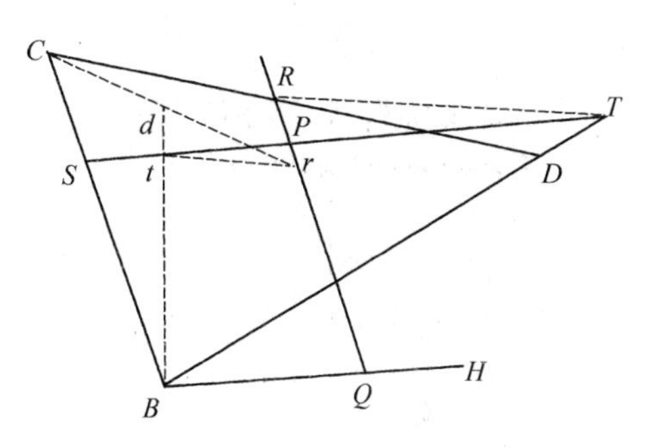

作出通过四个定点，并与给定直线相切的圆锥曲线轨道。

情形1　假设HB是指定切线，B为切点，而C、D、P是其他三个指定点。连接BC，作PS和BH平行，PQ和BC平行，作平行四边形$BSPQ$。再作BD交SP于点T，CD交PQ于点R。最后，作任意直线tr平行于TR，并使从PQ、PS分割的Pr、Pt分别与PR和PT成正比，根据引理20，作直线Cr和Bt，它们的交点d将始终落在所求曲线轨道上。

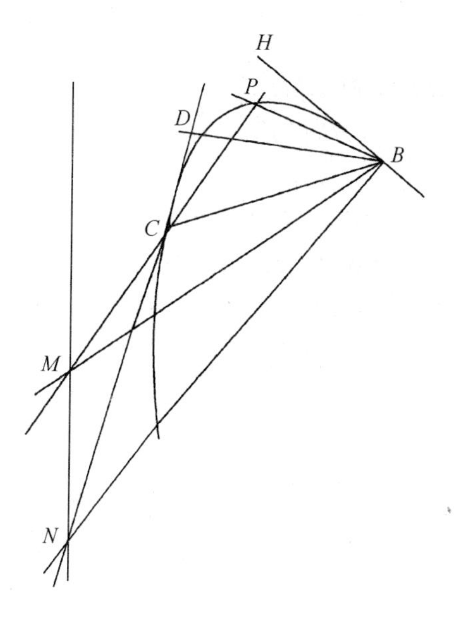

其他方法

作角CBH并指定其大小，使其绕极点B旋转，将半径DC向两边延伸，并绕极点C旋转。设角的一边BC交半径于点M、N，另一条边BH交半径于点P和D。作直线MN，使半径CP或CD与角的边BC始终和这条直线相交，而另一边BH与半径的交点可推导出曲线的轨迹。

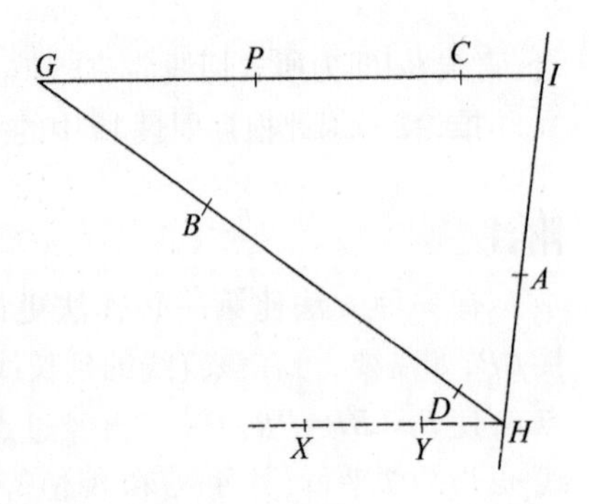

在上述问题所作的图中，点A、B重合，直线CA和CB重合，那么直线AB最终将演变为切线BH，所以前面的作法与这里所说的相同。所以边BH和半径的交点会作出一条圆锥曲线，且这条曲线经过点C、D、P，并且与直线BH相切于点B。由此得证。

情形2 假设给定的四个点B、C、D和P不在切线HI上，两两连接四个点，设直线BD和CP相交于点G，与切线相交于点H和点I。以点A分割切线，使HA和IA的比等于CG和GP的比例中项与BH和HD的比例中项的积，再比GD和GB的比例中项与PI和IC的比例中项的积，这时，点A就是切点。因为如果HX与直线PI平行，并与轨道相交于任意点X和Y，那么根据圆锥曲线的性质，点A所在的位置将使$HA^2:AI^2$等于乘积$HX \times HY$与乘积$BH \times HD$的比，或等于乘积$CG \times GP$与乘积$DG \times GB$的比，再乘以乘积$BH \times HD$与乘积$PI \times IC$的比。但是，在求出切点A后，曲线轨道就可由情形1画出。由此得证。

需要注意，点A既能取在点H和点I中间，也能取在它们外面，如果以此为基础，就会作出两种不同的曲线。

命题24　问题16

过三个定点，作与两条指定直线相切的曲线轨道。

假设HI、KL是指定切线，B、C、D是指定的三个点。经过其中任意两点，例如B、D，作直线BD和两条切线交于H和K。同样，经过三者中另外两个点C和D作直线CD，与两条切线交于I和L。在直线HK和IL上取两点R、S，使HR和KR的比，等于BH和HD的比例中项与BK和KD的比例中项的比。IS与LS的比，等于CI和ID的比例中项与CL和LD的比例中项的比，而交点可任取，点R和点S既可以在点K和H、I和L之间，也可以在它们之外。再作直线RS，与两条切线交于A和P，于是A、P成了切点。由于假设点A和点P是切点，并位于切线上的任意位置，过两条切线上四点H、I、K、L中的一点，如点I，它位于切线HI上，作直线IY与另一条切线KL平行，交曲线于点X和Y，并在直线IY上分割IZ，使它等于IX和

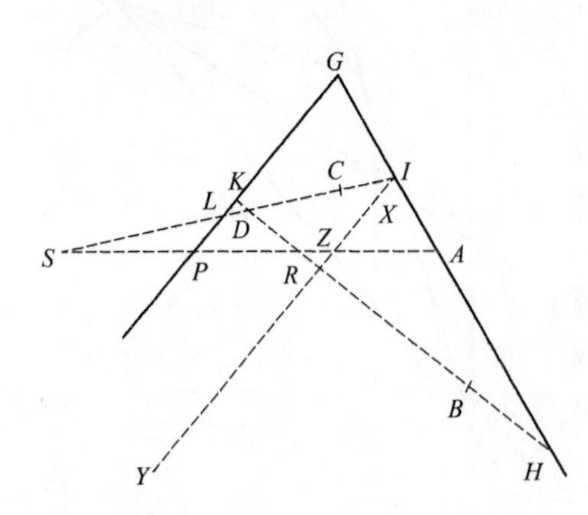

IY的比例中项，那么按圆锥曲线的性质$XI \times IY$或IZ^2与LP^2的比，就等于$CI \times ID$与$CL \times LD$的比，也等于SI与SL^2的比，因此$IZ:LP=SI:SL$。因而点S、P、Z在同一条直线上。此外，因为两切线在G点相交，乘积$XI \times IY$或IZ^2将（根据双曲线性质）比IA^2等于GP^2比GA^2，因而IZ比IA等于GP比GA。从而，点P、Z、A在同一条直线上，点S、P、A也在同一条直线上。同理可证：点R、P和A也在同一条直线上。于是有切点A和切点P在直线RS上。求出这些点后，根据上个问题的条件，可作出曲线轨道。由此得证。

在此命题和前一命题的情形2中，作图方法一样，不管直线XY与曲线相交于点X和点Y与否，所作图形均不依赖这些条件。但当已证明直线与轨道相交时的作图法，就能证明不相交时的作图法。因此，为了简洁，不再做进一步的证明。

引理22

将图形转变为同类的其他图形。

设任一图形HGI将被转变。现作任意两条平行线AO和BL，使其与任意给定的第三条直线AB交于点A和点B。然后，以图形上的任意一点G，作任意直线GD与OA平行，并与直线AB相交。再由直线OA上的任意定点O，作到点D的直线OD，和BL相交于点d。由d再作直线dg，与直线BL构成任意指定角，并使$dg:Od=DG:OD$，这样，点g将位于新图形hgi上，并和点G对应。使用相同方法，可将第一个图形上的多个点分别和新图形上的点一一对应。如果点G受持续作用，通过第一个图形上的所有点，那么，点g也将受到持续运动作用，经过新图形上的所有点，画出的图形也没有不同。为表区别，将DG作为原始纵标线，dg作为新纵标线，并以AD为原横标线，ad为新横标线，O作为极点，OD作为分割半径，OA作为原纵标线上的半径，而Oa（由此作出平行四边形$OABa$）是新的纵标线半径。

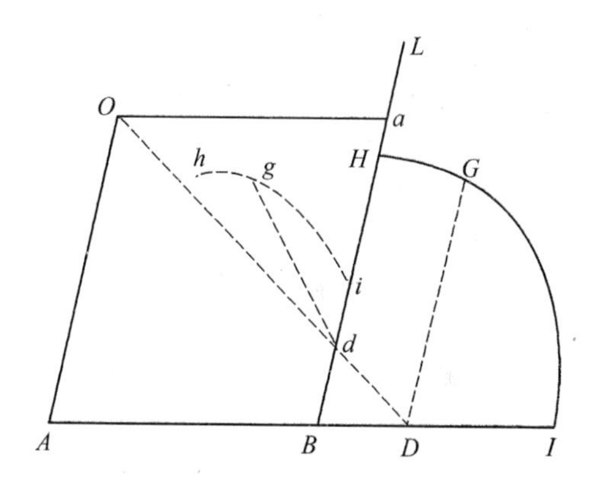

如果点G在指定直线上，那么我说点g也将在指定直线上。如果点G位于圆锥曲线上，同样，点g也在圆锥曲线上，在此，我将圆周理解为圆锥曲线的一种。另外，如果点G在三次解析曲线上，则点g也将在三次解析曲线上，即使是更高级的解析曲线，情况也不会有变化。点G和g所在曲线的解析次数总是相等的。由于$ad:OA=Od:OD=dg:DG=AB:AD$，因此$AD=\dfrac{OA \times AB}{ad}$，$DG=\dfrac{OA \times dg}{ad}$。如果点$G$位于直线上，那么在任意表达横标线$AD$和纵标线$GD$关系的等式中，这些未知量$AD$和

DG的方程不超过一次。如果用$\frac{OA \times AB}{ad}$代替AD,用$\frac{OA \times dg}{ad}$代替DG,可以形成一个新的等式,在这个等式中,新横标线ad和新纵标线dg的方程也只有一次。因此,它们只表示一条直线。但是,如果AD或DG在原方程中是二次的,那么ad和dg在新方程中也同样上升到二次。这在三次方程或更高次方的方程中也一样。新方程中的未知量ad和dg,和在原方程中的AD和DG,它们的次数相等,所以点G和点g所在的曲线解析级数也一样。

另外,如果任意直线在原图形中与曲线相切,那么这条直线与曲线以相同方式转变为新图形时,直线也会和曲线相切,反之亦然。如果原图形中曲线上的任意两点相互不断靠近并重合,那么,对应的点在新图形中也将不断靠近并重合,因此,在两个图形中,由某些点构成的直线将同时变为曲线的切线。我原本该用更加几何的方式来证明这些问题,为求简洁,我省略了这部分内容。

如果要将一个直线图形变换为另一个直线图形,只需变换原图中直线的交点就可以办到,并通过这些变换的交点在新图形中作出直线。但如果是变换曲线图形,就必须变换那些可以确定曲线的点、切线和其他的直线。本引理可用来解决一些更难的问题,因为可以将所设的图形由较为复杂的变换为更简单的。不同方向的直线可汇集到一点,而经过该点的任意直线可代替原纵坐标半径,将那些向一个点汇集的所有任意直线转变为平行线,只有这样,才能使它们的交点变换到无限远处,而这些平行线就会向那个无限远的点靠近。在新图形中解决这些问题后,如果按逆运算将新图形变换为原图形,也可以得到所要的解。

该引理也用于解决体问题。因为只要出现两条圆锥曲线,即可通过相交来解决问题,而其中任意一个圆锥曲线如果是双曲线或抛物线,都能变换为椭圆,而椭圆也容易变换为圆。在平面问题的作图中,对于直线和圆锥曲线,同样也可变换为直线和圆周。

命题25 问题17

过两个定点,作与三条给定直线相切的圆锥曲线轨道。

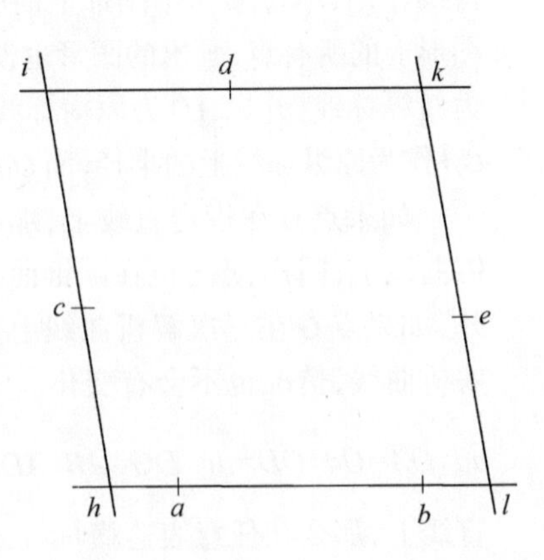

过任意两条切线的交点和第三条切线与两个定点直线相交的交点作一条直线,并用这条直线代替原纵标线半径,根据之前的引理,可将原图形变换为新图形。在新图形中,这些切线变为平行线,第三条切线也将与经过两个定点的直线平行。假设hi、kl是两条平行的切线，ik是第三条切线，hl是平行于该切线的直线，并经过点a和点b，那么在新图形中，圆锥曲线也将通过这两点，作平行四边形$hikl$，设直线hi、ik、kl相交于点c、d、e，使hc和$\sqrt{ah \times hb}$的比，ic与id、ke、kd的比，等于线段hi、kl的和与另外三条线段和的比，其中第一条线段是ik，其他两条是$\sqrt{ah \times hb}$和$\sqrt{al \times lb}$，那么点c、d、e就成了切点。这是因为，根据圆锥曲线的性质，$hc^2:(ah \times hb)=ic^2:id^2=ke^2:kd^2=el^2:(al \times lb)$，所以$hc$与$\sqrt{ah \times hb}$，$ic$与$id$，$ke$与$kd$和$el$与$\sqrt{al \times lb}$的比值相等，同时等于$(hc+ic+ke+el)$:$(\sqrt{ah \times hb}+id+kd+\sqrt{al \times lb})$，也等于$(hi+kl)$:$(\sqrt{ah \times hb}+ik+\sqrt{al \times lb})$。由此，在新图形中得到切点$c$、$d$、$e$。通过上一条引理中的逆运算将这些点转变到原图形中，则曲线轨道可由问题14作出。由此得证。

由于点a、b可能落在点h、l之间，也可能落在点h、l之外，因此取点c、d、e时，也可能在点h、i、k、l之间或之外。如果点a、b中的任意一个落在点h和点i之间，而另一个不在点h和点l之间，则命题无解。

命题26 问题18

作出一条曲线轨道，使它经过一个定点并与四条指定直线相切。

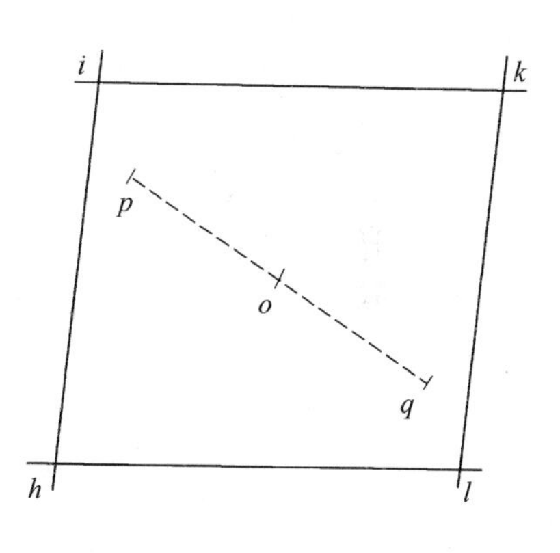

过任意两条切线的公共交点和其他两条切线的公共交点作直线，并用这条直线代替原纵标线半径，根据引理22，可将原图形变换为新图形，使原先在纵标线相交的这两对切线，现在变成相互平行。用hi和kl、ik和hl这两对平行线构成平行四边形$hikl$，将p作为新图形中与原图形中指定点对应的点。经过图形的中心o作线段pq，使$oq=op$，那么点q为新图形中圆锥曲线所经过的另一个点。根据引理22由逆运算，使该点变换到原图形中，则可得所求曲线轨道上的两点。根据问题17，曲线轨道可连接这些点后画出。

引理23

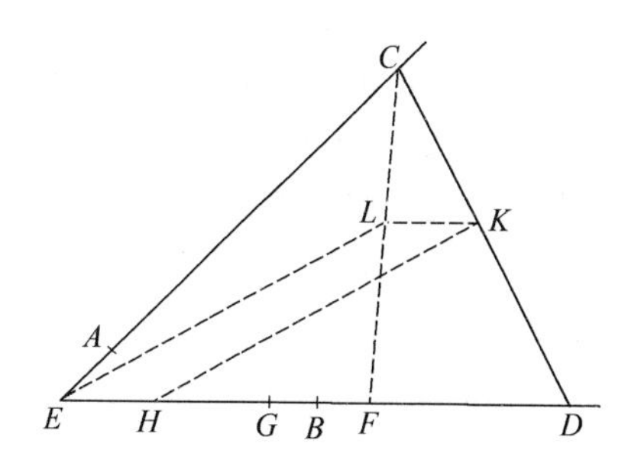

如果两条直线AC和BD的位置已经指定，点A和点B是端点，两条直线的比值也已指定，直线CD由不确定点C和D连接而成，点K以指定比例分割直线CD，那么点K在指定直线上。

设直线AC和BD相交于点E，在BE上取

$BG:AE=BD:AC$，使FD恒等于给定线段EG，由图可知，$EC:GD$（即$EC:EF$）正比于$AC:BD$，因此是定比，所以三角形EFC的类别也已指定。将CF在点L进行分割，使$CL:CF=CK:CD$；由于比值已定，三角形EFL的类别也能确定，所以，点L将位于指定的直线EL上。连接LK，则三角形CLK和CFD相似，因为FD是指定的直线，而LK和FD比值确定，所以，LK也为定值。在ED上取$EH=LK$，$ELKH$则恒为平行四边形，因此，点K将位于平行四边形的边HK上，而HK是指定直线。由此得证。

推论 因为图形$EFLC$的类型已定，因此，EF、EL、EC（亦即GD、HK、EC）这三条直线相互间的比值也可确定。

引理24

三条直线都和一条圆锥曲线相切，如果其中两条的位置已定，且互相平行，那么，与这两条直线平行的曲线的半径，是这两条直线切点到它们被第三条切线所截线段的比例中项。

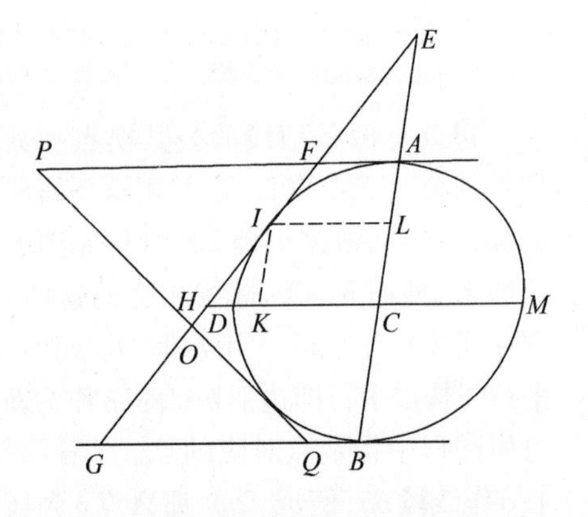

设AF、GB是两条平行线，并与圆锥曲线ADB相切于点A和点B；EF是第三条直线，与圆锥曲线相切于点I，并和前两条切线交于点F和点G，以CD为图形半径并和前两条切线平行，那么，AF、CD、BG形成连比。

如果共轭直径AB、DM与切线FG交于点E和H，两直径相交于点C，作平行四边形$IKCL$。根据圆锥曲线的性质，$EC:CA=CA:CL$，由分比得，$(EC-CA):(CA-CL)=EA:AL$，由合比得，$EA:(EA+AL)=EC:(EC+CA)$，或$EA:EL=EC:EB$，由于三角形EAF、ELI、ECH、EBG相似，所以$AF:LI=CH:BG$。同样由圆锥曲线性质可得，$LI:CD$（或$CK:CD$）$=CD:CH$。因此，由并比得到$AF:CD=CD:BG$，由此得证。

推论1 如果两条切线FG、PQ分别与两条平行切线AF、BG交于点F、G和P、Q，两条切线FG和PQ交于点O，那么，根据该引理，$AF:BQ=AP:BG$；由分比，得其等于$FP:GQ$，因而等于$FO:OG$。

推论2 同样，分别过点P、G和F、Q所作的直线PG和FQ，将与经过图形中心和切点A、B的直线ACB相交。

引理25

如果平行四边形的四边与任意一个圆锥曲线相切，并与第五条切线相交，那么平行四边形对角上的两相邻边被分割的线段，其中任意一段与它所在边的比值，等于其相邻边上由切点到第三条边所分割的部分与另一条线段的比。

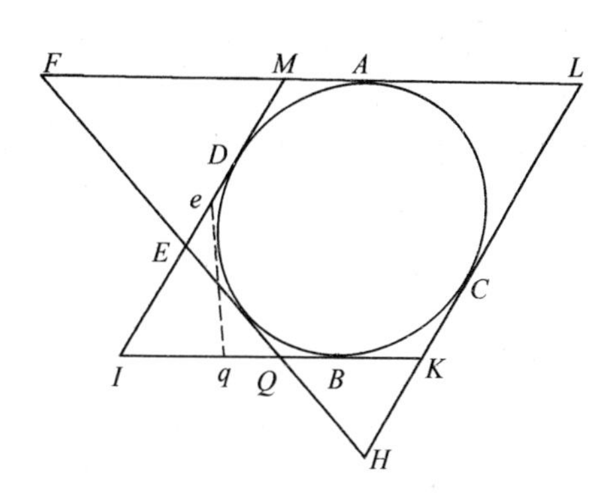

平行四边形 $MLIK$ 的四条边 ML、IK、KL、MI 与圆锥曲线相切于点 A、B、C、D，第五条切线 FQ 与这些边相交于点 F、Q、H、E，取 MI、KI 上的 ME 和 KQ，或 KL、ML 上的 KH 和 MF，使 $ME:MI=BK:KQ$；$KH:KL=AM:MF$。这是因为，根据之前引理的推论1可知，$ME:EI=AM$（或是 BK）$:BQ$，而由合比可得 $ME:MI=BK:KQ$。

同理，$KH:HL=BK$（或 AM）$:AF$，由分比得 $KH:KL=AM:MF$。由此得证。

推论1　如果指定圆锥曲线的外切平行四边形 $IKLM$ 也已确定，那么乘积 $KQ\times ME$ 与之相等的乘积 $KH\times MF$ 也得以确定。由于三角形 KQH 和 MFE 相似，所以这些乘积也相等。

推论2　如果第六条切线 eq 与切线 KI、MI 相交于点 q 和 e，那么 $KQ\times ME=Kq\times Me$，$KQ:Me=Kq:ME$，由分比得到 $KQ:Me=Qq:Ee$。

推论3　同理，如果二等分 Eq 和 eQ，并作经过这两个平分点的直线，则该直线经过圆锥曲线的中心。由于 $Qq:Ee=KQ:Me$，因此，根据引理23，同一直线将通过所有直线 Eq、eQ、MK 的中点，而直线 MK 的中点就是曲线的中心。

命题27　问题19

作出与五条指定直线相切的圆锥曲线轨道。

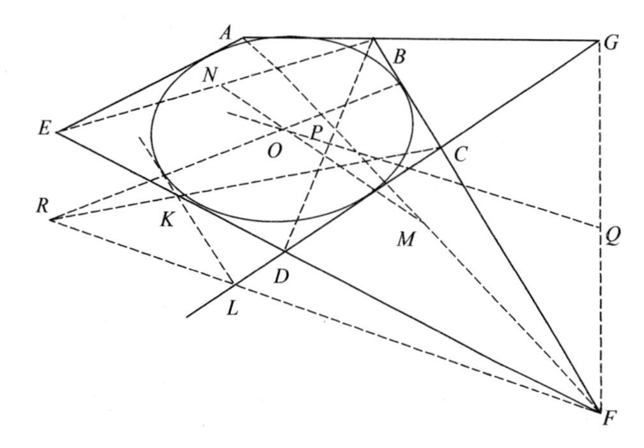

假设 ABG、BCF、GCD、FDE、EA 为指定的五条切线。由它们中任意四条构成四边形，如 $ABFE$。以点 M 和点 N 平分四边形的对角线 AF 和 BE，那么，根据引理25推论3，由平分点所作的直线 MN 将经过圆锥曲线的中心。经过另四条切线构成四边形，比如*BGDF*,以点*P*和点*Q*平分对角线*BD*、*GF*,那么,过平分点作的直线*PQ*也将经过圆锥曲线的中心。因此,中心将在两条等分点连线的交点处。设中心为*O*,作切线*BC*的任意平行线*KL*,使点*O*位于这两条平行线的中间,则*KL*将与所作曲线相切。使*KL*和其他任意两条切线*GCD*、*FDE*交于点*L*和点*K*,互相不平行的切线*CL*和*FK*与互相平行的切线*CF*、*KL*相交于点*C*和*K*,以及*F*和*L*,作*CK*和*FL*相交于点*R*,根据引理24推论2,直线*OR*与平行切线*CF*和*KL*在切点相交。同理可求出其他切点,然后,根据问题14就能做出曲线轨道。由此得证。

附注

以上命题也包括了曲线轨道的中心或渐近线指定的情况。当点、切线、中心都指定时,在中心另一侧相同距离处同样多的点和切线也将给定,因此,可将渐近线视为切线,它在无限远的极点就是切点。如果任意一条切线的切点移动到无限远处,该切线会变成一条渐近线,而前面问题中所作的图也就演变成渐近线已知时所作的图了。

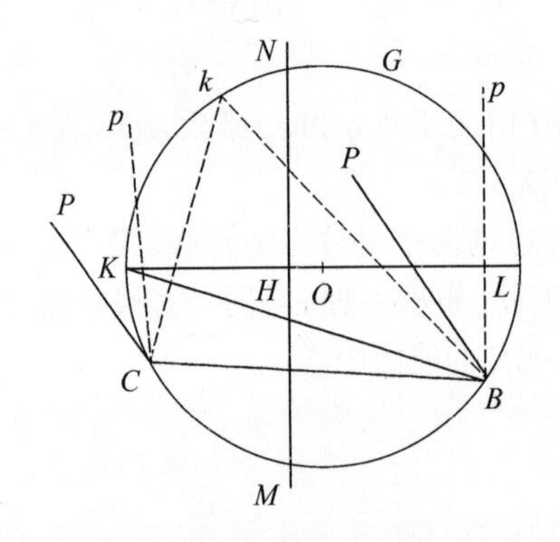

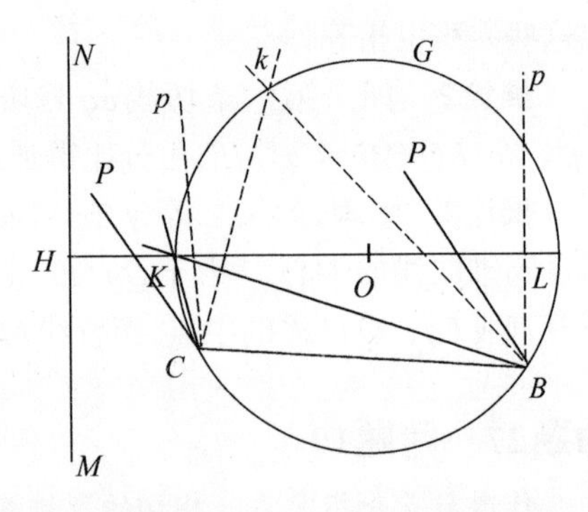

作完圆锥曲线后,我们还可按此方法找到它们的轴和焦点。按照引理21的构图,可分别画出曲线轨道的动角*PBN*、*PCN*的边*BP*和*CP*,两边相互平行,并能在图形中保持其所在位置并围绕极点*B*和*C*旋转。与此同时,通过这两个角的另外两条边*CN*和*BN*的交点*K*或*k*,作一个圆周*BKGC*。以*O*为圆心,使边*CN*和*BN*在画出圆锥曲线后相交,并由中心作直线*MN*的垂线*OH*,在点*K*和*L*与圆周相交。当另外两边*CK*和*BK*相交于离*MN*最近的点*K*时,原先的边*CP*和*BP*将与长轴平行,并与短轴垂直。如果这些边在最遥远的点*L*处相交,就会出现相反情况。因此,如果轨道的中心已定,其轴也必然给定,当这些都给定后,找出它的焦点也就很容易了。

由于两轴平方的比等于*KH*∶*LH*,因此,很容易就能通过四个指定点画出已知类型的曲线轨道。如果*C*和*B*是这些指定点中的两个极点,那么第三个极点就将引出可动角*PCK*、*PBK*,如这些条件已定,就能画出圆*BGKC*。由于曲线轨道的类型已定，所以，$OH:OK$的值和OH本身也指定。以O为圆心，OH为半径，画出另一个圆，通过边CK和BK的交点与该圆相切的直线，在原先图形的边CP和BP与第四个指定点相交时，即变成平行线MN，通过MN，可画出圆锥曲线。另一方面，还能在指定的圆锥曲线中作出它的内接四边形。

当然，还能用其他引理来画出指定类型的圆锥曲线，并使曲线轨道通过指定点，与指定直线相切。该图形的类型如下：如果一条直线经过任意指定点，它将与指定的圆锥曲线交于两点，并等分两交点间的距离，其等分点将交于另一圆锥曲线上，该圆锥曲线与前一图形的类型一样，而它的轴与上个图形的轴平行。但是，这个问题只能到此为止，因为我将在后面讨论更富有实用性的问题。

引理26

在指定大小和类型的三角形中，将三角形的三个角分别与同样多的指定位置，并且不平行的直线相互对应，并使每个角与一条直线相互对应。

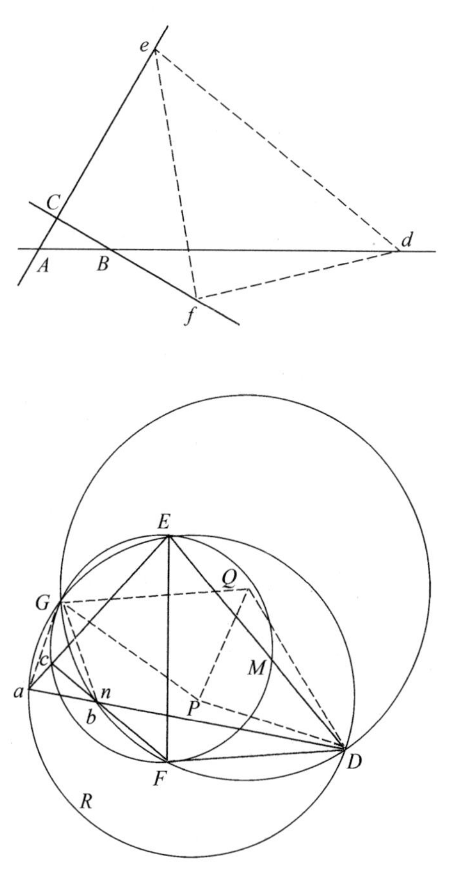

在指定三条直线AB、AC和BC的位置时，按如下要求来设置三角形DEF；角D与AB相交，角E和AC相交，角F与BC相交。在DE、DF、EF上作圆弧DRE、DGF和EMF，使弧所对应的角分别与角BAC、ABC和ACB相等。这些弧线朝向相应的边DE、DF和EF，并使字母$DRED$与$BACB$的旋转顺序相同、$DGFD$和$ABCA$相同、$EMFE$和$ACBA$相同。然后，将这些圆弧补充为完整圆，并将前两个圆相交于点G。设P和Q分别为这两个圆的中心，连接GP、PQ，取Ga并使$Ga:AB=GP:PQ$。再以点G为圆心，Ga为半径画圆，与第一个圆DGE相交于点a。连接aD，与第二个圆DFG相交于点b。再连接aE，交第三个圆EMF于点c，就能画出与图形$abcDEF$相似且相等的图形$ABCdef$。我认为问题得到解决。

证明　作Fc交aD于点n，连接aG、bG、QG、QD、PD，作图可知，角EaD等于角CAB，角acF等于角ACB，所以三角形

*anc*与三角形*ABC*相等。因此，角*anc*或角*FnD*与角*ABC*相等，也与角*FbD*相等，那么，点*n*将落在点*b*上。另外，圆心角*GPD*的一半——角*GPQ*与圆周角*GaD*相等，圆心角*GQD*的一半*GQP*与圆周角*GbD*的补角相等，所以与角*Gba*相等。基于上述理由，三角形*GPQ*和*Gab*相似，$Ga:ab=GP:PQ$，也等于$Ga:AB$。所以存在$ab=AB$，使三角形*abc*和*ABC*相似且相等。因此，由于三角形*DEF*的顶点*D*、*E*、*F*分别位于三角形*abc*的边*ab*、*ac*、*bc*上，那么就可作出图形*ABCdef*，使之与图形*abcDEF*相似且相等，问题得解。由此得证。

推论 可以作出一条这样的直线，使其给定长度的部分位于三条指定位置的直线之间。假设三角形*DEF*上的*D*点向边*EF*靠近，随着边*DE*、*DF*渐变成直线，三角形也渐渐变为两条直线，则指定部分*DE*将介于指定直线*AB*和*AC*之间，指定部分*DF*也将介于指定直线*AB*、*BC*之间。如果将以上作图法用到本情形中，问题就能得到解答。

命题28 问题20

作一条给定类型和大小圆锥曲线，使曲线的给定部分在给定位置的三条直线之间。

假设一曲线轨道与曲线*DEF*相似且相等，并由三条指定直线*AB*、*AC*、*BC*分割为*DE*和*EF*两个部分，这两部分与曲线指定的部分相似且相等。

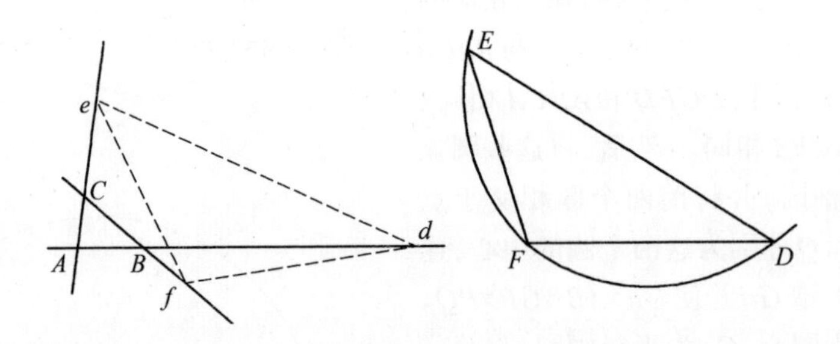

作直线*DE*、*EF*、*DF*，根据引理26，三角形*DEF*的顶点*D*、*E*、*F*在指定位置的直线上。而以三角形作出的曲线轨道，则与曲线*DEF*相似且相等。由此得证。

引理27

作一个给定类型四边形，使它的四个顶点分别与四条边既不互相平行，也不交于一点的直线上。

给定四条直线*ABC*、*AD*、*BD*、*CE*的位置，设*AC*交*AD*于点*A*，交*BD*于点*B*，交

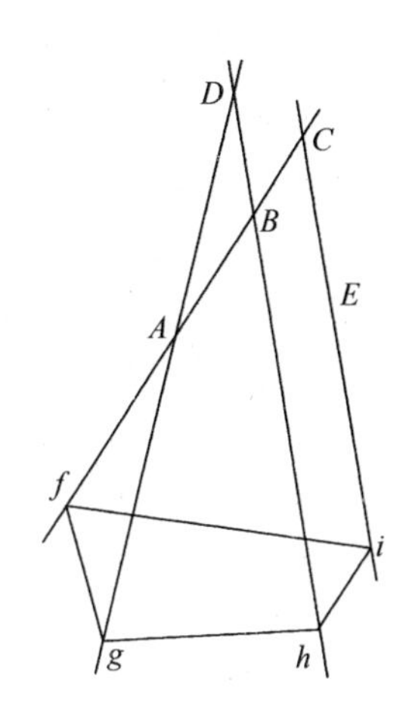

*CE*于点*C*，假设作四边形*fghi*与四边形*FGHI*相似，角*f*与定角*F*相等，顶点在直线*ABC*上；其他的角*g*、*h*、*i*与其他的定角*G*、*H*、*I*相等，顶点分别在直线*AD*、*BD*、*CE*上。连接*FH*，在*FG*、*FH*和*FI*上作出相同数量圆弧*FSG*、*FTH*和*FVI*，弧*FSG*对应的角和角*BAD*相等，弧*FTH*的对应角与角*CBD*相等，弧*FVI*对应的角和角*ACE*相等。将这些弧朝向相应的边*FG*、*FH*、*FI*，并使字母*FSGF*与字母*BADB*的转动顺序相同、*FTHF*和*CBDC*相同、*FVIF*和*ACEA*相同。然后将这些圆弧补为完整的圆周，以*P*和*Q*分别为圆*FSG*和*FTH*的圆心。连接*PQ*且延伸它的两边，在它上面截取*QR*，使*QR*∶*PQ*=*BC*∶*AB*，*QR*朝向*Q*的那一侧，并使字母*P*、*Q*、*R*的顺序与*A*、*B*、*C*的转动顺序相同。再以*R*点为圆心、*RF*为半径作出第四个圆*FNc*，与第三个圆*FVI*交于点*c*。连接*Fc*，交第一个、第二个圆分别于点*a*、点*b*。作*aG*、*bH*、*cI*，使图形*ABCfghi*与图形*abcFGHI*相似，则四边形*fghi*就是所求的图形。

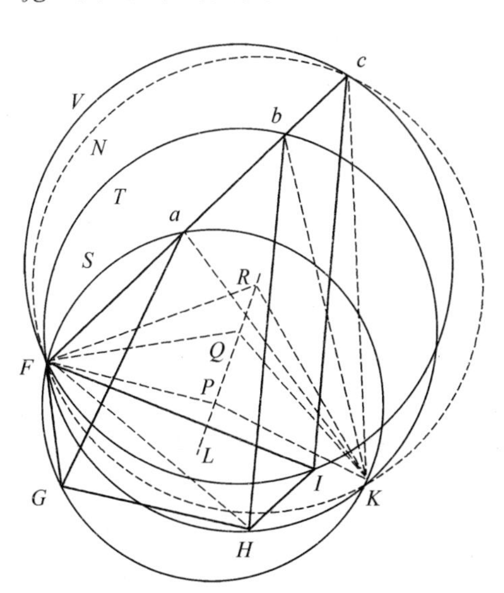

前两个圆*FSG*、*FTH*相互交于点*K*，连接*PK*、*QK*、*RK*、*aK*、*bK*、*cK*，再延长*QP*至点*L*。圆周角*FaK*、*FbK*、*FcK*分别是圆心角*FPK*、*FQK*、*FRK*的一半，与圆心角的半角*LPK*、*LQK*、*LRK*相等。所以，图形*PQRK*与图形*abck*等角相似，因此，*ab*∶*bc*=*PQ*∶*QR*=*AB*∶*BC*。由图可知，角*fAg*、*fBh*、*fCi*等于角*FaG*、*FbH*、*FcI*，因此，所作图形*ABCfghi*与图形*abcFGHI*相似，所作四边形*fghi*也与*FGHI*相似，而它的顶点*f*、*g*、*h*、*i*也分别在直线*ABC*、*AD*、*BD*和*CE*上。由此得证。

推论 由此可作一条直线，使其各部分以指定的顺序在四条指定位置的直线之间，并且各部分间的比值固定。如果角*FGH*、*GHI*增大，将使直线*FG*、*GH*、*HI*变为同一条直线。根据此图，可作一直线*fghi*，它的各部分*fg*、*gh*、*hi*位于给定位置的四条直线*AB*和*AD*、*AD*和*BD*、*BD*和*CE*之间，相互比值等于直线*FG*、*GH*、*HI*之间有相同顺序的比值。不过，这个问题还有更简洁的解答方法。

延长*AB*、*BD*，分别至*K*、*L*点，使*BK*∶*AB*=*HI*∶*GH*，*DL*∶*BD*=*GI*∶*FG*。连接*KL*，交直线*CE*于点*i*，再延长*iL*至点*M*，使*LM*∶*iL*=*GH*∶*HI*。再作*MQ*和*LB*平行，交直线

AD于点g，连接gi，交AB、BD于点f、h。我认为问题已解决。

证明 设Mg交直线AB于点Q，AD交直线KL于点S，作AP和BD平行，交汇于点P，那么，$gM:Lh$（$gi:hi$、$Mi:Li$、$GI:HI$、$AK:BK$）与$AP:BL$的比值相等。以点R分割DL，使$DL:RL$也和以上比值相等。由于$gS:gM$、$AS:AP$、$DS:DL$相等，因此$gS:Lh$、$AS:BL$、$DS:RL$相等，$(BL-RL):(Lh-BL)=(AS-DS):(gS-AS)$，即$BR:Bh=AD:Ag=BD:gQ$，$BR:BD=Bh:gQ=fh:fg$。根据图形可知，直线$BL$在点$D$、$R$处被分割，直线$FI$在点$G$、$H$处被分割，而在$D$、$R$处分割的比值与$G$、$H$处分割的比值相等。因此，$BR:BD=FH:FG$，$fh:fg=FH:FG$。与此类似，$gi:hi=Mi:Li$，也等于$GI:HI$，亦即，直线$FI$、$fi$在点$G$和$H$，$g$和$h$处受分割的情况相似。由此得证。

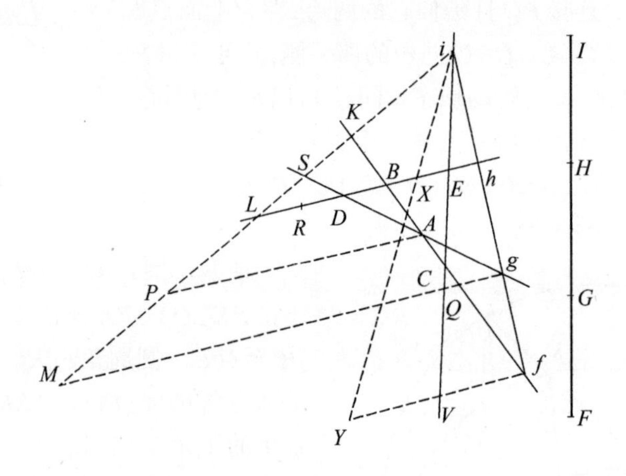

在该推论的作图中，还可作直线LK交CE于点i，之后可再延长iE到点V，使$EV:Ei=FH:HI$，再作直线Vf和BD平行。如果以点i为圆心，IH为半径，可作圆交BD于点X，并延长iX到点Y，使得$iY=IF$，最后，作Yf与BD平行。这种作图法与上一种作图法结果完全相同。

其实，克里斯托弗·雷恩爵士和瓦里斯博士很早就使用了其他方法来解答这个问题。

命题29　问题21

给定类型，作一条圆锥曲线，使该曲线被指定位置的四条直线按指定顺序、类型、比例切割。

假设所作的圆锥曲线轨道与曲线$FGHI$相似，曲线轨道的各部分与曲线的FG、GH、HI部分相似并成正比，且位于指定直线AB和AD、AD和BD、BD和CE之间，即第一部分位于第一对直线间，第二部分位于第二对直线之间，第三部分位于第三对直线之间，作直线FG、GH、HI、FI，根据引理27，可作四边形$fghi$，使之与四边形

*FGHI*相似，并使它的顶点*f*、*g*、*h*、*i*按各自的顺序依次在直线*AB*、*AD*、*BD*、*CE*上。再绕该四边形作一条曲线轨道，所作曲线与曲线*FGHI*相似。

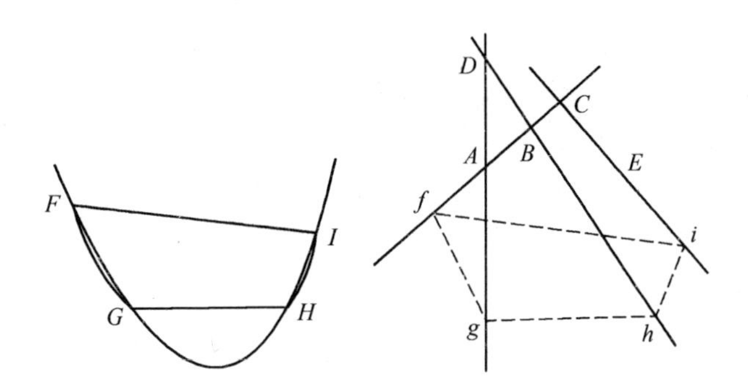

附注

这个问题可用以下方法解答。

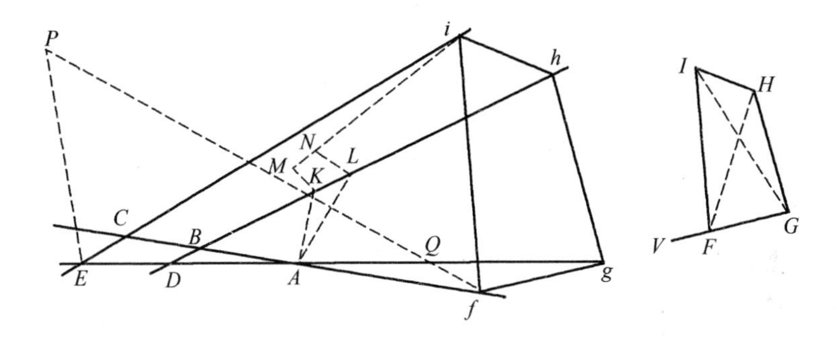

连接*FG*、*GH*、*HI*、*FI*，将*GF*延长至点*V*，连接*FH*、*IG*，并使角*CAK*、*DAL*分别与角*FGH*、*VFH*相等。令*AK*与*AL*交直线*BD*于点*K*和*L*，作*KM*、*LN*，使角*AKM*与角*GHI*相等，并使*KM*∶*AK*=*HI*∶*GH*。设*LN*使得角*ALN*等于角*FHI*，于是*LN*∶*AL*=*HI*∶*FH*。但*AK*、*KM*、*AL*、*LN*朝向*AD*、*AK*、*AL*一侧，并使字母串*CAKMC*、*ALKA*、*DALND*可以被携带着与字母串*FGHIF*顺序相同。作*MN*交直线*CE*于点*i*，使角*iEP*等于角*IGF*，并使*PE*∶*Ei*=*FG*∶*GI*。经过点*P*作*PQf*，使它与直线*ADE*构成的角*PQE*与角*FIG*相等，并与直线*AB*相交于点*f*，连接*fi*。将直线*PE*和*PQ*面向*CE*和*PE*所在的一侧，并使字母*PEiP*、*PEQP*的旋转顺序与字母*FGHIF*一致。如果在直线*fi*上，按之前字母的相同顺序作四边形*fghi*与四边形*FGHI*相似，再围绕该四边形作外切于它的曲线轨道，由此得证。

至今为止，我在前面说的都是和轨道有关的解题方法，后面我要研究的问题是物体在轨道上的运动。

第6章 求给定轨道上物体的动量

命题30 问题22

求在任意给定时刻，运动物体在抛物线轨道上所处的位置。

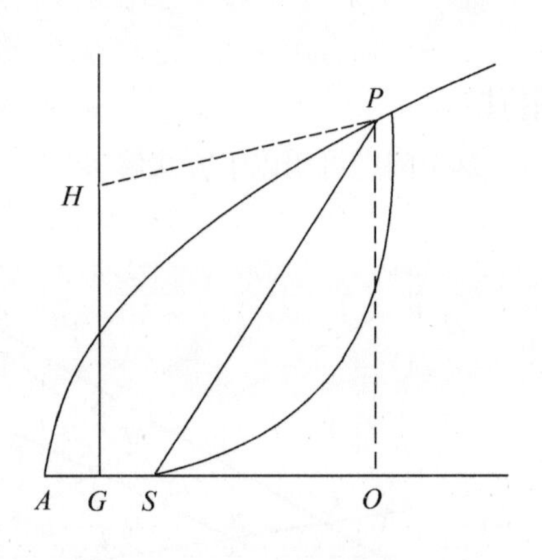

设抛物线上点S为抛物线的焦点，A为顶点，设$4AS\times M$等于被分割的部分抛物线面积APS，其中APS既可以是以半径SP在物体离开顶点后所划过的面积，也可以是物体到达那里之前划过的部分。现在，我们知道这块截取的面积的量与它的时间成正比。G为AS的中点，作垂线段GH等于$3M$，再以点H为圆心、HS为半径作一个圆，这个圆与抛物线的交点P即为所求。作PO垂直于横轴，再作PH，因$GH^2=HP^2=(AO-AG)^2+(PO-GH)^2$，所以有$AG^2+GH^2=AO^2+PO^2-2AO\times AG-2GH\times PO+AG^2+GH^2$，所以，$2GH\times PO=AO^2+PO^2-2AO\times AG=AO^2+\frac{3}{4}PO^2$，然后用$AO\times\frac{PO^2}{4AS}$代替$AO^2$，再将等式除以$3PO$，乘以$2AS$，可得到：$\frac{4}{3}GH\times AS=\frac{1}{6}AO\times PO+\frac{1}{2}AS\times PO=\frac{AO+3AS}{6}\times PO=\frac{4AO-3SO}{6}\times PO=APO$的面积$-SPO$的面积$=APS$的面积。但$GH=3M$，从而得到：$\frac{4}{3}GH\times AS=4AS\times M$。所以，被切割的面积$APS$与给定面积$4AS\times M$相等。由此得证。

推论1 因此GH与AS的比，等于物体划过弧AP所需时间与物体从顶点A到焦点S处主轴垂直线所截的一段弧所需时间之比。

推论2 假设一个圆周ASP连续经过运动物体P，并且物体在点H处的速度与在顶点A的速度之比为3:8，那么，直线GH与物体在相同时间内在顶点A的速度和由A运动到P所走的直线路径之比也是3:8。

推论3 用以下方法可求出物体经过任意指定弧AP所需的时间。连接AP，在它的中点作一条垂直线，然后在点 H 与直线 GH 相交。

引理28

依靠有限系数和有限次数的方程，无法解出任意直线切割的椭圆形面积。

假如在椭圆形内任意指定一点，一条直线将该点作为极点，绕它做连续匀速圆周运动；在该直线上，有一个可动点从极点不断向外移动，移动速度等于椭圆中直线长度的平方。在运动过程中，这一点的运动轨迹是转数无限的螺旋线。如果由提到的直线所切割的椭圆形面积能够用有限方程求出，那么，和该面积成正比的从动点到极点的距离也能以相同的方程求出，那么螺旋线上所有点都能用有限方程求出，而指定位置的直线与螺旋线的交点也能用有限方程求出。但是，每一条无限延伸的直线与螺旋线都相交于无限数量的点，而两条线的交点都能用方程解出，所以方程有多少个根就有多少个交点，有多少个交点也就应该有对应的次数。这是因为，两个圆周相交于两点，用二次方程可求出其中一个交点，用同样的方程可求出另一个交点。两条圆锥曲线可能有四个交点，任意一个交点一般只能用四次方程求出，而用四次方程可求出所有的交点。如果分别去找每一个交点，由于定律和条件都一样，因此无论如何，它的计算结果都是相同的，说明它的解肯定包括了所有交点。圆锥曲线与三次曲线的交点最多有六个，必须用六次方程才能求出。如果两条三次曲线相交，它的交点最多有九个，必须用九元方程才能求出。否则，所有的立体问题都可简化成平面问题，包括那些维数高于立体的问题也可简化成立体问题。但是，我在这儿研究的曲线方程的幂次却无法降低，因为方程幂次表明了曲线走向，一旦降低幂次，曲线就不再完整，而是由两条或多条曲线组合而成，它们的交点可由不同的计算分别求出。同理，直线与圆锥曲线的两个交点也需要由二次方程求出，而直线与三次曲线的三个交点需要用三次方程求出，与四次曲线的四个交点需用四次方程求出，这样可推广到无限。由于螺旋曲线是简单曲线，无法简化为更多的曲线，因此直线与螺旋曲线的无数个交点，就需要用次数和根都是无限多的方程来表达，因为所有定律和条件都相同。如果从极点作相交直线的垂直线段，并且垂直线段与相交直线均绕极点转动，那么螺旋线的交点会互相转变，在第一次旋转之后，第一个或最近的一个交点将变成第二个，在第二次旋转之后则会变为第三个，可依此类推至更多情况。当螺旋线的交点改变时，方程并不会变化，它能决定直线交点的位置。因此在每次转动之后，因为这些量会恢复初值，方程也会变为初始的形式，而同一个方程可求出的根能表示所有的交点。简要地说，有限方程不能求出直线与螺旋线的交点。也就是说，由直线任意切割出的椭圆形的面积，不能用有限方程来表示。

同理，如果螺旋线的极点与可动点的距离和被切割的椭圆形的边长成正比，那么边长通常不能用有限方程表示。但是，我在这儿提到的椭圆形并不与向外无限延伸的共轭图形相切。

推论 以焦点到运动物体的半径为基础画出的椭圆面积,无法从给定时间内的有限次方程求出,也不能通过几何有理曲线来表示。在这儿,我称这些曲线是有理曲线,原因是上述的点都可以用以长度为未知数的方程求解,即由长度的复合比值确定。其余的曲线,如螺旋线、割圆曲线、摆线等,我称它们是几何无理曲线。它们的长度有的是整数之间的比,有的不是(根据欧几里得《几何原本》的卷十),它们在计算上是有理或无理的。因此,在之后的方法中,我将用几何上的无理曲线分割法对椭圆面积进行分割,分割的面积与时间成正比。

命题31 问题23

找出物体在指定时间、指定的椭圆轨道上运动所处的位置。

假设作一个椭圆APB,A是椭圆APB的主要顶点,S为焦点,O是中心,以点P作为所求物体的位置。延长OA到点G,使得$OG:OA=OA:OS$。作长轴的垂线GH,再以O为圆心,OG为半径作圆GEF。以直线GH为底边,设圆GEF绕它的轴向前滚动,同时由点A作摆线ALI,完成后,再以GK和圆周长$GEFG$的比,等于物体从点A前进划出弧AP所需的时间与绕椭圆旋转一周的时间之比。作垂线KL,和摆线交于点L,再作LP和KG平行,交椭圆于点P,点P就是所求物体的位置。

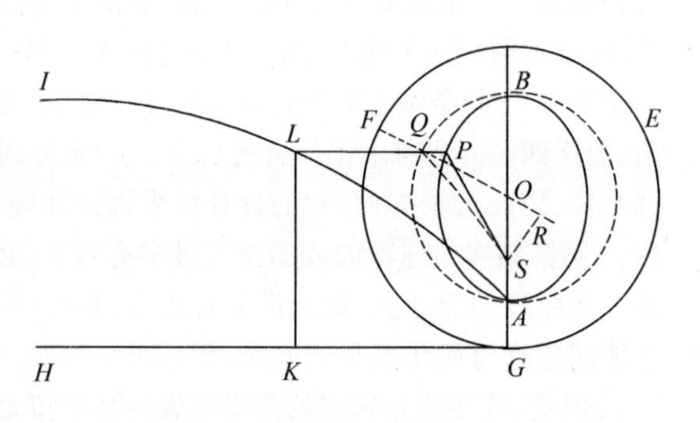

证明 以点O为圆心,OA为半径作出半圆AQB,使LP延长后交弧AQ于点Q,连接SQ、OQ。将OQ交弧EFG于点F,作OQ上的垂线SR。则面积APS与面积AQS成正比,即与扇形OQA和三角形OQS的差成正比,或与$\frac{1}{2}OQ\times AQ$和$\frac{1}{2}OQ\times SR$的差成正比,由于$\frac{1}{2}OQ$已给定,因此,其与弧AQ和直线SR的差也成正比。所以因为SR与弧AQ的正弦之比,OS和OA的比、OA与OG的比、AQ与GF的比,根据分比$AQ-SR$与$GF-$弧AQ的正弦的比都相等,与弧GF和弧AQ的正弦之差GK成正比。由此得证。

附注

但是由于要作出这条曲线较难,所以在此最好用近似求解法。首先,选择一个定角B,使它和半径的对应角(大小为57.29578°)的比等于焦距SH与椭圆直径AB的比。

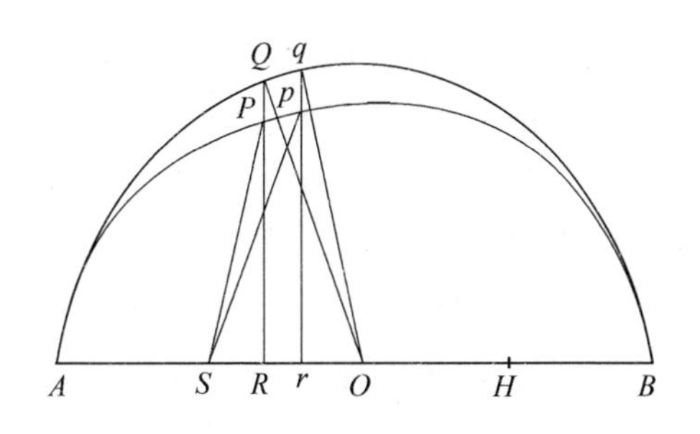

再找到长度L，使它和半径的反比也为这个比值。然后，用下列分析方法来解题：

首先，我们假设位置P接近物体的真实位置p。在椭圆的主轴上作纵标线PR，根据椭圆直径的比例，我们可求出外切圆AQB的纵标线RQ。以AO为半径，与椭圆相交于点P，那么，该纵标线就是角AOQ的正弦。如果该角只是由数字近似求得，那么只要能接近真实值就行了。假设这个角与时间成正比，那么它与四个直角的比，等于物体经过弧Ap所需的时间与绕椭圆一周所需时间的比。将该角设为N，另取一个角D，使其和角B的比等于角AOQ的正弦与半径的比。取角E，使其和角$N-AOQ+D$之比等于长度L比L与角AOQ余弦之差（当此角小于直角），或当此角大于直角时加上该余弦。其次，取角F，使它和角B的比等于角$AOQ+E$的正弦与半径的比；再取角G，使其和角$N-AOQ-E+F$之比等于长度L比L与角$AOQ+E$的余弦之差（当此角小于直角），或当此角大于直角时加上该余弦。再次，取角H，使它和角B的比等于角$AOQ+E+G$的正弦与半径的比；再取角I，使它和角$N-AOQ-E-G+H$的比等于长度L与L减去角$AOQ+E+G$的余弦的比（当此角小于直角），或当此角大于直角时加上该余弦。这样一直推广到无限。最后，取角AOq，使其等于角$AOQ+E+G+I+\cdots\cdots$。通过它的余弦Or和纵坐标pr（pr和它的正弦qr的比等于椭圆短轴与长轴的比），能得到物体的准确位置p。当角$N-AOQ+D$为负值时，那么角E前的加号应改为减号，而减号应改为加号。同样，当角$N-AOQ-E+F$和角$N-AOQ-E-G+H$为负时，角G和I前的符号也要做相应改变。但是无穷级数$AOQ+E+G+I+\cdots\cdots$有很快的收敛速度，通常几乎不用计算到第二项E后面。用这个定理计算，面积APS等于弧AQ和由焦点S垂直于半径OQ的直线的差。

用比较类似方法计算，也能解决双曲线中的相似问题。设曲线中心为O，顶点为A，焦点为S，渐近线是OK。设和时间成正比，并且被分割的面积已知，用A来表示，假设直线SP的位置接近于分割面积APS。连接OP，用点A和P作到渐近线的直线AI和PK，使它们和另一条渐近线平行。根据对数表，可确定面积$AIKP$，并确定面积OPA和它相等，面积OPA是从三角形OPS分割出的面积，APS是剩余的部分。用$2APS-2A$或$2A-2APS$，即被分割的面积A与面积APS的差的两倍，除以过焦点S且垂直于切线TP的直线SN，可得到弦PQ的长度。如果被切割的面积APS大于被切下的面积A，弦PQ则内接于点A和P之间，否则，则指向点P

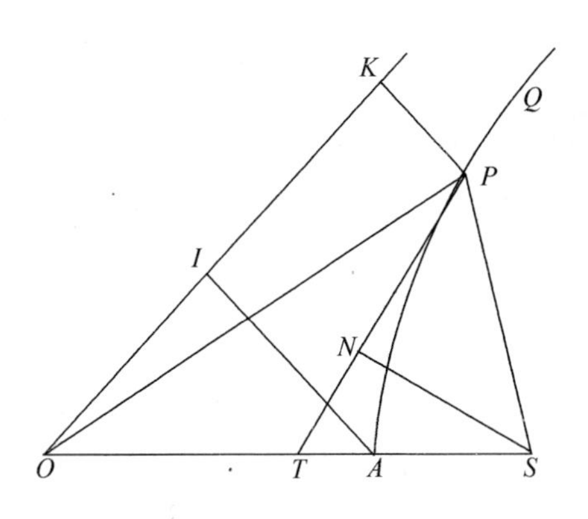

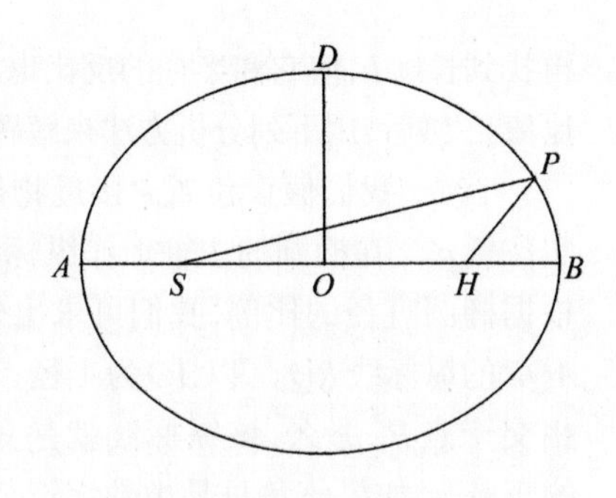

的相反一侧，而点Q就是物体所在的更准确的场所。不断重复计算，精度会越来越高。

运用上述计算方法，能得出一种解决这类问题的普通分析方法。然而，下面的特殊计算方法更适合天文学。设AO、OB和OD是椭圆的半轴，L是直径，D是短半轴OD与$\frac{1}{2}L$的差，找出一个角Y，满足以下条件：它的正弦与半径的比等于D和$AO+OD$（长轴与短轴和的一半）的乘积与长轴AB的平方的比。然后，找出角Z，满足以下条件，它的正弦与半径的比，等于焦距SH和D乘积的两倍与二分之一长轴AO平方的三倍的比。这些角确定后，物体的场所也就能确定。取角T正比于画出弧BP所需的时间，或者与平均运动相等，取角V为平均运动的第一均差，使它和第一最大均差角Y的比，等于角T的正弦与半径的比的两倍；再取角X为第二差，使它与第二大均差角Z的比，等于角T正弦的立方与半径立方的比。然后取角BHP为平均运动，如果角T小于90°，则使其等于角T、V、X的和；如果角T大于90°，小于180°，则使它等于角T、V、X的差$T+X-V$；如果HP交椭圆于点P，作出SP，则SP分割的面积BSP接近正比于时间。

这一方法似乎足够便捷，因为所取的角V和X的角度很小，只有几十分之一秒。通常只需求到它们第一数字前的两三位就够了。与此类似，我们还能用这个方法来解答行星运动的问题。这是因为，即使是最大中心平均差达10度的火星在轨道运动，其误差往往也不会超过一秒。因此，在求出平均运动角BHP后，真实运动角BSP和距离SP也能轻易用此方法求出。

至此，我们研究的都是有关物体在曲线中的运动。但是，在现实生活中，也会碰上运动物体沿直线升降运动的问题。现在，我们将继续解释这类运动的有关问题。

第7章　关于物体的直线上升或下降

命题32　问题24

设向心力与从中心到场所距离的平方成反比，求出在给定时间内物体沿直线下落所经过的距离。

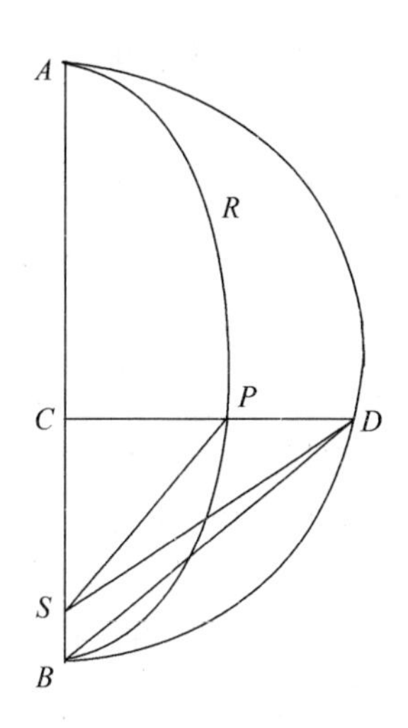

情形1　如果物体不是垂直下落，那么根据命题13的推论1，物体将以焦点在力中心上的圆锥曲线为运动路径。设该圆锥曲线是*ARPB*，其焦点为*S*。首先如果物体的运动轨迹为一个椭圆，在长轴*AB*上作出半圆*ADB*，使直线*DPC*穿过下落物体，并和轴成直角。分别作*DS*和*PS*，使面积*ASD*与面积*ASP*成正比，并与时间成正比。轴*AB*保持不变，令椭圆宽度逐渐减小，则面积*ASD*恒与时间成正比。如果宽度无限减小，轨迹*APB*即将与轴*AB*重合，焦点*S*与轴的极点*B*重合，物体沿直线*AC*下落，而面积*ABD*将与时间成正比。所以，如果面积*ABD*与时间成正比，并且经过点*D*的直线*DC*与直线*AB*垂直，那么物体在给定的时间内从*A*垂直下落经过的距离就能求出。

情形2　如果图形*RPB*是双曲线，在同一主轴*AB*上作出直角双曲线*BED*，因为面积*CSP*、*CBfD*、*SPfB*与面积*CSD*、*CBED*、*SDEB*的比都等于给定值*CP*∶*CD*，面积*SPfB*与物体*P*经过弧*PfB*所需时间成正比，所以，面积*SDEB*也和时间成正比。将双曲线*RPB*的通径无限减小，而横轴保持不变，那么弧*PB*会和直线*CB*重合，焦点*S*和顶点*B*重合，直线*SD*和直线*BD*重合。图形*BDEB*的面积与物体*C*沿着曲线*CB*垂直下落所需时间成正比。由此得证。

情形3　同理，如果图形*RPB*是抛物线，通过同一顶点*B*作另一条抛物线*BED*。此时，物体*P*沿前一条抛物线的边界运动，随着前一条抛物线的通径逐渐缩小，直到最后变成零，物体*P*最终将与直线*CB*重合，而抛物线截面*BDEB*会与物体*P*或物体*C*下落至中心*S*或中心*B*所用时间成正比。由此得证。

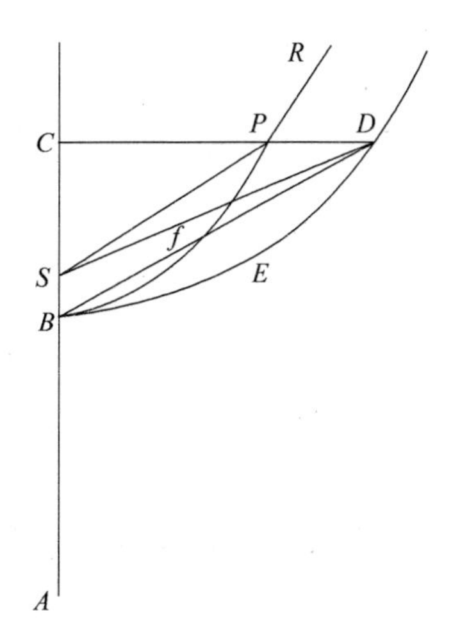

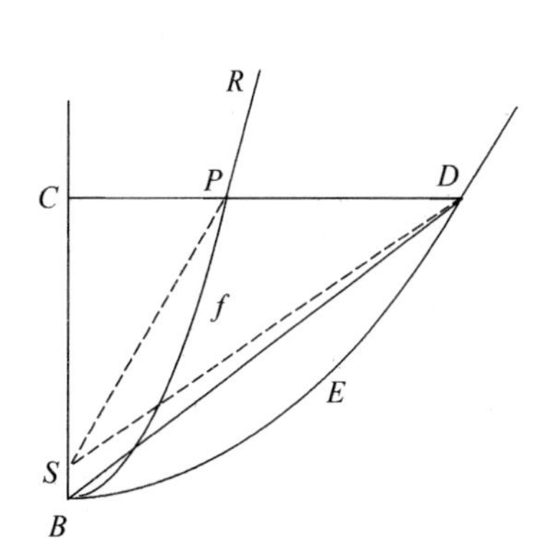

命题33 定理9

根据之前的假设，下落物体在任意位置C的速度与物体围绕以B为中心、BC为半径的圆周运动速度的比，等于物体到圆周或直角双曲线上较远顶点A的距离与图形主半径$\frac{1}{2}AB$比值的平方根。

设AB是两个图形RPB和DEB的共同直径，并在O点二等分。作直线PT在点P与图形RPB相切，并与共同直径AB在点T相交。作SY与该直线垂直，BQ与该直径垂直，设图形RPB的通径为L。根据命题16的推论9，物体由中心S沿着曲线RPB运动，在任意位置P的速度，与物体围绕同一点中心、半径为SP的圆运动的速度的比，等于$\frac{1}{2}L\times SP$与SY^2的比的平方根。另外，根据圆锥曲线的性质，$AC\times CB$与CP^2的比等于$2AO$与L的比，即$\frac{2CP^2\times AO}{AC\times CB}=L$。这些

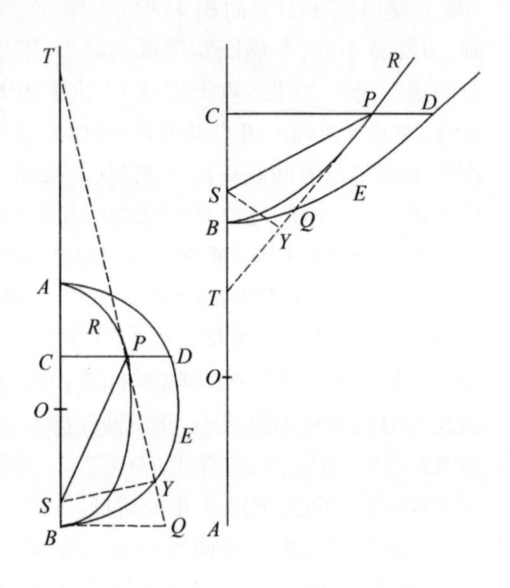

速度彼此间比等于$\frac{CP^2\times AO\times SP}{AC\times CB}$与$SY^2$的比的平方根。另外，根据圆锥曲线的性质，$CO:BO=BO:TO$，由合比或分比，也等于$CB:BT$。因此，由分比或合比可得，$BO$减或加$CO$比$BO$等于$CT:BT$，即，$AC:AO=CP:BQ$，所以$\frac{CP^2\times AO\times SP}{AC\times CB}=\frac{BQ^2\times AC\times SP}{AO\times BC}$。现在，假设图形$RPB$的宽$CP$无限减小，以致点$P$与点$C$重合、点$S$与点$B$重合、直线$SP$与直线$BC$重合、$SY$与$BQ$重合，那么，此时物体沿着直线$CB$垂直下落的速度与物体绕以$B$为圆心、$BC$为半径的圆运动速度的比，等于$\frac{BQ^2\times AC\times SP}{AO\times BC}$与$SY^2$比的平方根，如果约掉相同比值$SP$比$BC$、$BQ^2$比$SY^2$，则等于$AC:AO$（或$\frac{1}{2}AB$）的比的平方根。由此得证。

推论1 当点B和点S重合时，$TC:TS=AC:AO$。

推论2 物体以给定距离围绕中心做圆周旋转，如果运动方向变为垂直向上，物体将沿上升方向升到距离中心2倍的高度。

命题34　定理10

如果图形BED是抛物线，那么下落的物体在任意位置C的速度，等于物体围绕以点B为圆心、BC的一半为半径的圆做匀速运动的速度。

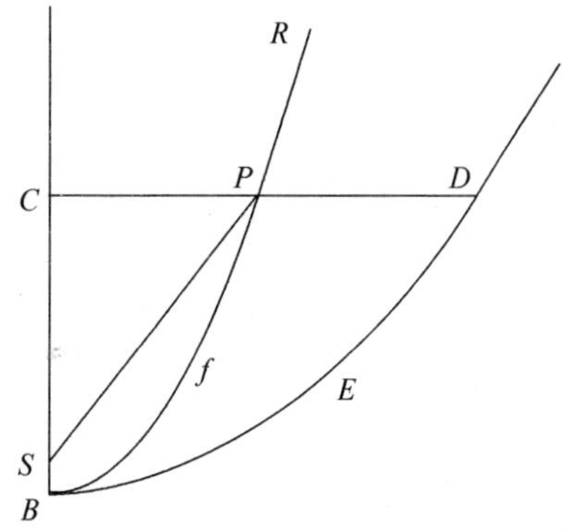

根据命题16的推论7，物体在任意场所P沿着以S为中心的抛物线RPB运动的速度，等于物体围绕以点S为圆心、以SP的一半为半径的圆做匀速运动的速度。将抛物线的宽CP无限缩小，使抛物线的孤PfB与直线CB重合、中心S与顶点B重合、SP与BC重合，命题成立。由此得证。

命题35　定理11

根据相同的假设，我认为由不定长的半径SD画出的图形DES的面积，等于物体在相同时间内围绕以S为圆心、以图形DES的通径一半为半径的圆做匀速运动所划出的面积。

假设物体C在极短时间内下落到一条无限小的直线Cc上，同时，另一物体K围绕以S为圆心的圆OKk做匀速运动，划出一条弧Kk。作垂线CD、cd，交图形DES于点D和d。连接SD、Sd、SK、Sk，并作Dd交轴AS于点T，再作Dd的垂线SY。

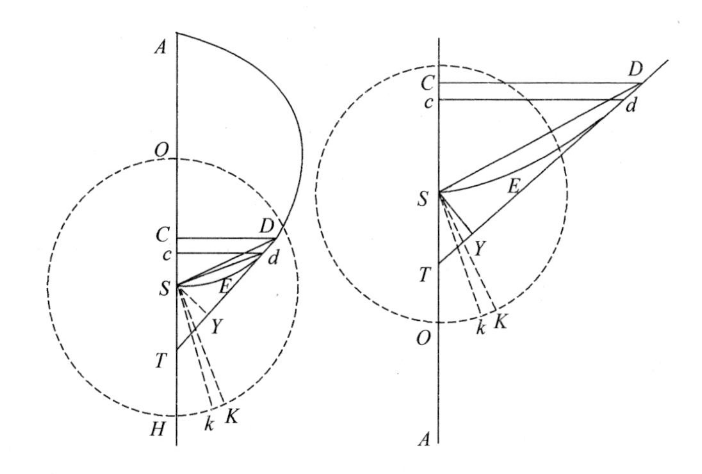

情形1　如果图形DES是圆形或直角双曲线，以点O平分它的横向直径AS，SO则为通径的一半。因为$TC:TD=Cc:Dd$，$TD:TS=CD:SY$，所以$TC:TS=(CD\times Cc):$

$(SY \times Dd)$。根据命题33的推论1，$TC:TS=AC:AO$，如果点D与点d合并，取其直线的最终比值，则$AC:AO$或$SK=(CD \times Cc):(SY \times Dd)$。另外，根据命题33，下落物体在点$C$的速度，与物体围绕以$S$为圆心、以$SC$为半径的圆运动的速度之比，等于$AC$与$AO$或$SK$的平方根比。根据命题4的推论6，下落物体的速度与物体沿圆周OKk运动的速度之比，等于SK与SC的比的平方根，所以，第一个速度与最后一个速度之比，即小线段Cc与弧Kk的比，等于AC与SC的比的平方根，也就是$AC:CD$。所以，$CD \times Cc=AC \times Kk$，因而$AC:SK=(AC \times Kk):(SY \times Dd)$，并且$SK \times Kk=SY \times Dd$，$\frac{1}{2}SK \times Kk=\frac{1}{2}SY \times Dd$，所以面积$KSk$等于面积$SDd$。因此，在每一个时间的间隙中，都将产生两个相等的面积KSk和SDd，如果它们的大小无限减小，并且数目无限增多，那么，它们同时产生的整体面积将相等。由此得证。

情形2 由情形1可知，如果图形DES是抛物线，那么$(CD \times Cc):(SY \times Dd)=TC:TS$，比值为2∶1。所以，$\frac{1}{4}CD \times Cc=\frac{1}{2}SY \times Dd$。但是，根据命题34，下落物体在点$C$的速度等于它绕半径为$\frac{1}{2}SC$的圆做匀速运动的速度，而这一速度和物体绕半径为$SK$的圆做匀速运动的速度的比，等于小线段$Cc$与弧$Kk$的比，$SK$与$\frac{1}{2}SC$比值的平方根，即等于$SK$与$\frac{1}{2}CD$的比。由于$\frac{1}{2}SK \times Kk=\frac{1}{4}CD \times Cc$，也等于$\frac{1}{2}SY \times Dd$。所以，面积$KSk$与面积$SDd$相等。由此得证。

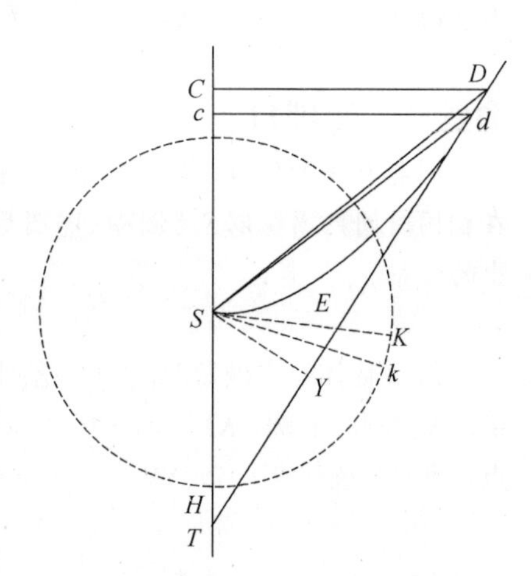

命题36 问题25

求物体从指定位置A落下时需要的时间。

在直径AS上在初始时作半圆ADS，再以S为圆心作相同的半圆OKH。从物体的任意位置C作出纵标线CD，连接SD，使扇形OSK与面积ASD相等。显然，根据命题35，该物体下落时将划过距离AC，而另一物体在相同时间内将围绕中心S做匀速圆周运动，并划过弧

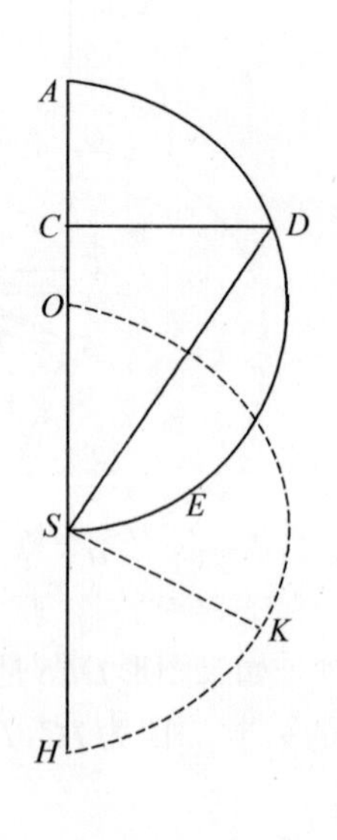

OK。由此得证。

命题37　问题26

求从指定处向上或向下抛出的物体上升或下落所需要的时间。

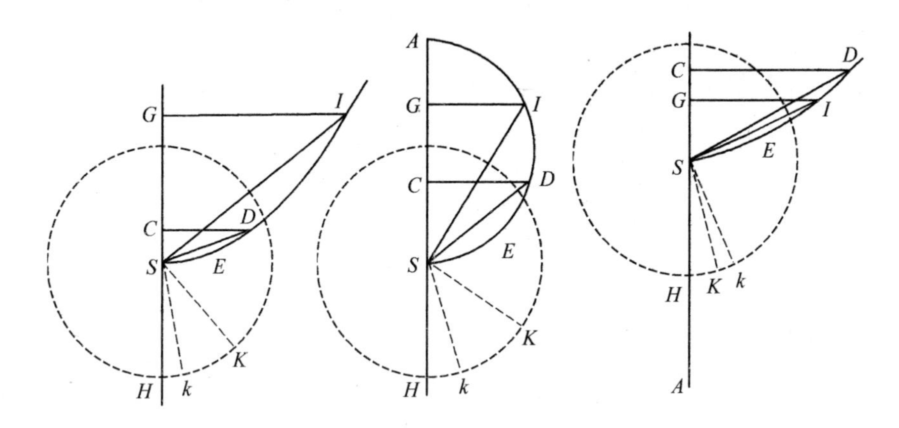

假设物体离开指定位置G，以任意速度沿直线GS下落，设该速度与物体沿圆周匀速运动的速度之比的平方是$GA:\frac{1}{2}AS$，圆以S为圆心、以指定距离SG为半径。如果比值为2∶1，那么，点A在无限远处。若情形如此，可根据命题34，画出一条抛物线，其顶点为S，轴为SG。如果该比值小于或大于2∶1，那么根据命题33，需在直径SA上分别画出圆周或直角双曲线。然后，以S为圆心、以通径的一半为半径作出圆周HkK。然后，在物体初始上升或下落的位置G和任意位置C，作垂线GI、CD，交圆锥曲线或圆周于点I和D，连接SI和SD，使扇形HSK、HSk与弓形$SEIS$、$SEDS$相等，那么根据命题35，物体G划过距离GC，此时，物体K划过弧Kk。由此得证。

命题38　定理12

假设向心力与从中心到其位置的高度或距离成正比，那么物体下落的时间、速度和下落所划过的距离，分别与弧、弧的正弦和正矢成正比。

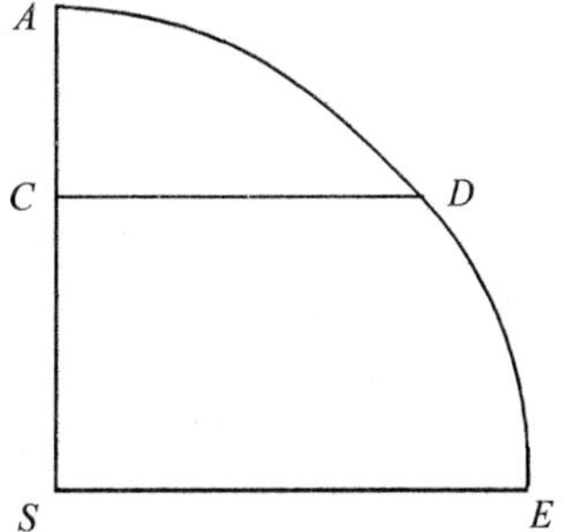

假设物体从任意位置A沿直线AS下落，并以力的中心S为圆心，以AS为半径，画出一个四分之一的圆AE。以CD为任意弧AD的正弦，物体A则将在时间AD内下落并经过距离AC，同时，在位置C将产生速度CD。

这一点可以用命题10证明，如同命题32是用命题11证明的一样。

推论1 物体由位置A下落到中心S所需的时间，与另一物体绕四分之一弧ADE旋转所需的时间相等。

推论2 物体由任意场所下落到达中心所需的时间都是相等的，因为根据命题4的推论3，所有旋转物体的周期都相等。

命题39 问题27

假设向心力为任意类型，而曲线图形的面积已指定，求出物体沿直线上升或下降通过不同场所时的速度，以及它到达任意一个位置时所需的时间。反之，已知物体的速度和运动的时间，求物体所在的位置。

设物体E从任意位置A沿直线$ADEC$下落，再假设在位置E上始终有一条垂线EG与该点指向中心C的向心力成正比。作曲线BFG，该曲线为点G的轨迹。如果在运动开始处设EG与垂线AB重合，那么，物体在任意位置E的速度将等于一条直线线段，该线段的平方等于曲线围成的面积$ABGE$。由此得证。

在EG上取EM与直线线段成反比，该直线线段的平方等于面积$ABGE$。设VLM是一条曲线，M是该曲线上的一点，直线AB是曲线的渐近线，则物体沿直线AE下落的时间和曲线围成的面积$ABTVME$成正比。由此得证。

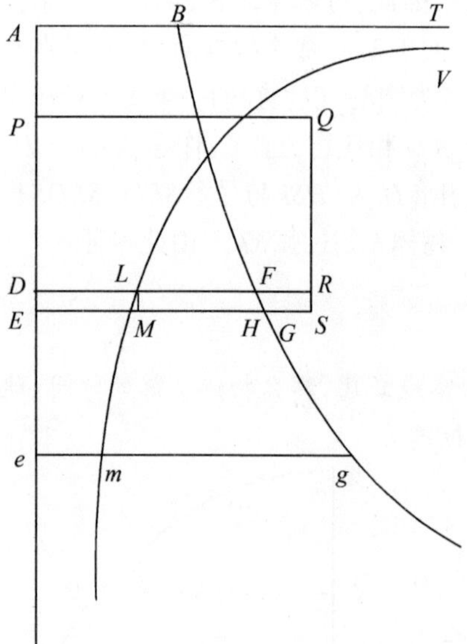

在直线AE上取指定长度的小线段DE，设物体在点D时直线EMG所在的位置是DLF，如果向心力使一条直线线段的平方等于面积$ABGE$，并和下落物体的速度成正比，那么该面积将和速度的平方成正比。如果在点D和E的速度分别被V、$V+I$代替，那么面积$ABFD$将与VV成正比，面积$ABGE$与$VV+2VI+II$也成正比。由分比可得，面积$DFGE$和$2VI+II$成正比，因此，$\frac{DFGE}{DE}$和$\frac{2VI+II}{DE}$成正比。所以，如果用这些量的最初值，那么长度DF会与量$\frac{2VI}{DE}$成正比，同时也和该量的一半$\frac{V\times I}{DE}$成正比。但是，物体下落所经过的极小线段DE的时间与该线段成正比，而与速度V成反比，力则将与速度的增量I成正比，与时间成反比。所以，如果用这些量的最初比值，力将与$\frac{I \times V}{DE}$成正比，即和长度DF成正比，即与DF或EG成正比的力，将促成物体速度等于一条直线线段，该线段的平方等于曲线围成的面积$ABGE$。由此得证。

另外，由于指定长度的极小线段DE与速度成反比。所以，它也和平方等于曲线$ABFD$围成的面积的直线成反比。由直线DL可知，初始曲线面积$DLME$将与相同直线成反比，时间与曲线面积$DLME$成正比，那么，时间的总和将与所有面积的总和成正比。即根据引理4的推论，经过直线AE所需的时间与整个面积$ATVME$成正比。由此得证。

推论1　以点P作为物体下落的起点，当物体受到任意已知均匀向心力作用而在位置D获得的速度，与另一物体在任意力作用下而下落到相同位置获得的速度相等。在垂线DF上截取DR，使其与DF的比，等于均匀力与在位置D同另一个力的比。作矩形$PDRQ$，并切割面积$ABFD$，使它和这个矩形相等。将点A作为另一物体的位置，那么物体将从该位置下落。作出矩形$DRSE$后，面积$ABFD$和$DFGE$的面积比等于$VV:2VI$，即$\frac{1}{2}V:I$，等于总速度的一半与物体速度增加的量的比，类似于面积$PQRD$和$DRSE$的比等于总速度的一半与物体由均匀力产生的物体速度增量的比。因为这些增量与产生它的力成正比，所以它与纵标线DF、DR成正比，与面积$DFGE$、$DRSE$成正比，整个$ABFD$、$PQRD$互相的比值与总速度的一半成正比，因为这些速度相等，面积也相等。

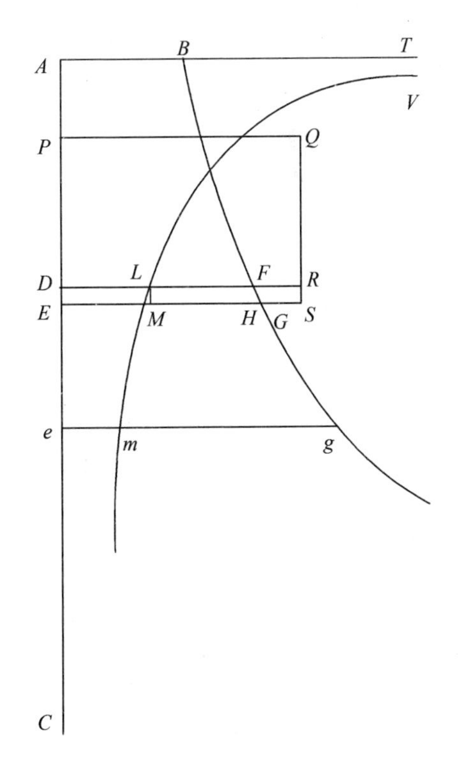

推论2　如果在任意位置D，将任意物体用指定速度向上或向下抛出，根据向心力的定律，物体在其他任意位置e的速度可按以下方法求出：作出纵标线eg，并使位置e的速度与物体在位置D的速度的比值等于一条直线，该直线的平方等于矩形$PQRD$的面积。如果位置e低于位置D，则应该加上曲线围成的面积$DFge$，如果场所e高于位置D，应该减去曲线围成的面积$DFge$该比值与该直线成正比（该直线的平方与矩形$PQRD$相等）。

推论3　作纵标线em，使其和$PQRD \pm DFge$的平方根成反比，设物体经过直线De的时间与另一物体受均匀力作用时，从点P下落到点D的时间之比，等于曲线围成面积$DLme$与$2PD\times DL$的比。物体受均匀力作用沿直线PD下落的时间与相同物体穿过直线PE的时间之比，等于PD与PE比的平方根，（极小的一条线DE刚出现）也等于PD与$PD+\frac{1}{2}DE$的比，或$2PD$与$2PD+DE$的比。由分比可得，它与物体穿过极小线段DE所用时间的比，等于$2PD$与DE的比，也等于乘积$2PD\times DL$与曲线围成的面积$DLME$之比，而这两个物体穿过极小线段DE所用的时间与物体沿直线De做不均匀运动所用的时间之比，等于面积$DLME$与面积$DLme$的比。在上述时间中，第一个时间与最后一个时间的比，等于乘积$2PD\times DL$与面积$DLme$的比。

第8章　求物体在任意种类向心力作用下的轨道

命题40　定理13

如果某一物体在任意向心力的作用下，以任意方式进行运动，同时，另一物体沿直线上升或下落，那么，当它们处在一个相同高度时，它们的速度相等，并且在所有的相等高度上，它们的速度也相等。

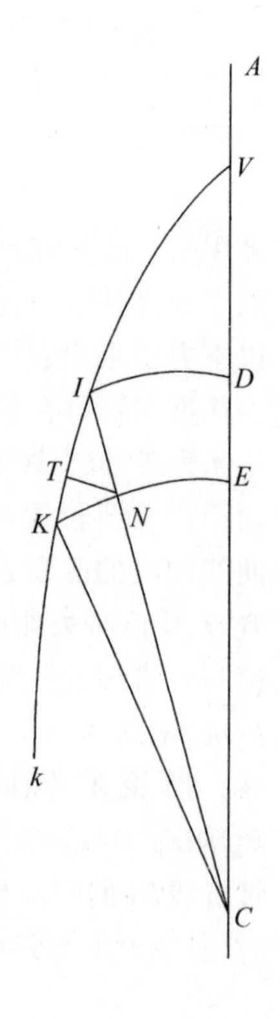

设物体从点A下落，经过点D和点E到达中心C，而另一物体从点V沿曲线$VIKk$运动。以点C为中心，任意半径作同心圆DI、EK，且与直线AC相交于点D和E，与曲线VIK相交于点I和点K，作IC在点N与KE相交，再作IK的垂线NT。假设这两个圆的间距DE或IN非常小，再假设物体在点D和点I速度相等，由于距离CD和CI相等，那么，在点D和点I的向心力也相等。这些向心力可用相等的线段DE和IN表示，根据运动定律的推论2，可将力IN分解为NT和IT两部分，而作用在直线NT方向的力NT则垂直于物体的路径ITK，在该路径上，这个力不会对物体的速度产生任何影响或改变，但会使物体脱离直线路径并不断偏离轨道切线，从而进入曲线轨道$ITKk$，这表明这个力只产生这样一种作用。而另一个力IT的作用则发生在物体的运动方向上，它将对物体的运动进行加速，在极短的时间内，因这个力产生的加速度与时间成正比（如果我们取刚出现的线段DE、IN、IK、IT和NT的初始比值）。因此，在相等的时间里，物体在点D和I产生的加速度与线段DE、IT成正比，在不相等的时间里，则与线段DE、IT和时间的乘积成正比。但因为物体在点D、I的速度相等，而且经过直线DE和IK的时间与距离DE和IK成正比，所以物体经过线段DE和IK的加速度之比等于DE、IT和$DEIK$的积，也就是DE的平方与IT和IK乘积的比。但由于$IT \times IK$等于IN的平方，也就等于DE的平方，因此，物体从点D、I到E、K所产生的加速度也相等，在E和K的速度也同样相等。同理可知，之后只要距离相等，它们的速度也总是相等。由此得证。

同理，与中心距离相等且速度相等的物体，在向相等距离上升时，其减速的速度也相等。

推论1 因此，物体无论是悬挂在绳上摆动，还是被迫沿光滑平面做曲线运动，另一物体沿直线上升或下落，只要在某一相同高度它们有相同的速度，那么在其他所有相同高度上，它们的速度都相等。因为物体在悬挂物体的垂线上或在完全平滑的物品上运动时，它的横向力NT也会产生相同作用，但物体的运动不会因为它而产生加速或减速，只是使它偏离直线轨道。

推论2 设量P为物体由中心所能上升到的最大距离，即无论是摆动还是圆周运动，在曲线轨道上任何一个地方以该点的速度向上能最终移动的距离；如果将量A作为物体从中心到轨道上任意点的距离，再使A^{n-1}与向心力始终成正比，其中指数$n-1$为任意数n减去1，那么，物体在任意高度A的速度将与$\sqrt{P^n-A^n}$成正比，而它们的比值也是固定的，因为根据命题39，这就是物体沿直线上升或下落的速度。

命题41 问题28

设指定向心力的类型和曲线的面积，求出物体运动的轨道和在轨道上的运动时间。

将任意向心力指向中心C，求出曲线轨道$VIKk$。已知一个给定圆VR的圆心为C、任意半径为CV。再由同一圆心作出另外两个任意圆ID和KE，并在点I和点K与曲线轨道相交，在点D和点E与直线CV相交。再作直线$CNIX$，在点N和点X与圆周KE、VR相交，

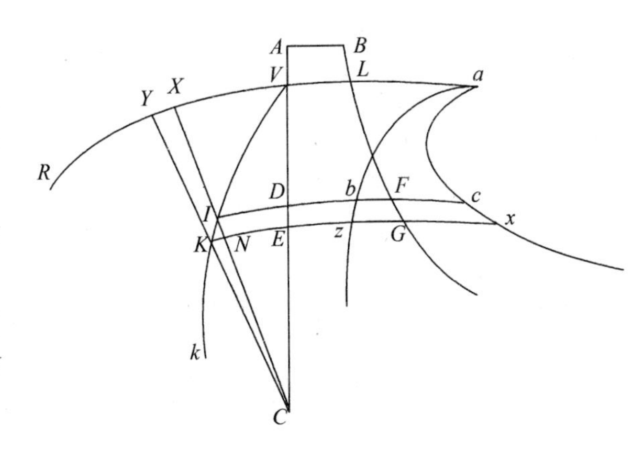

作直线CKY，与圆VR在点Y相交。将点I向点K无限靠近，并使物体由点V通过I和K运动到点k。再设点A为另一物体从此下落的位置，并使其在位置D的速度与第一个物体在位置I的速度相等。下面采用命题39的方法求证：在极短时间内，物体所经过的短线段IK将与速度成正比，因此也和一条线段成正比（该线段的平方等于曲线围成的面积$ABFD$），所以与时间成正比的三角形ICK可确定，那么，当任意量Q指定后，高度IC等于A时，线段KN将与高度IC成反比，而与$\frac{Q}{A}$成正比。用Z代替量$\frac{Q}{A}$，并假设Q的大小在某种情况下使$\sqrt{ABFD}:Z=IK:KN$，而$ABFD:ZZ=IK^2:KN^2$，由分比可得$ABFD-ZZ$比ZZ等于IN^2比KN^2，因此$\sqrt{ABFD-ZZ}$比Z（或$\frac{Q}{A}$）等于IN比KN；因此$A\times KN$等于$\frac{Q\times IN}{\sqrt{ABFD-ZZ}}$；又因为$YX\times XC$比$A\times KN$等于$CX^2$比$AA$，得乘积$XY\times XC=\frac{Q\times IN\times CX^2}{AA\sqrt{ABFD-ZZ}}$。因此，在垂线$DF$上取$Db$、$Dc$，使它分别等于$\frac{Q}{2\sqrt{ABFD-ZZ}}$和$\frac{Q\times CX^2}{2AA\sqrt{ABFD-ZZ}}$。以$b$和$c$为曲线$ab$、$ac$的焦点，由点$V$作直线$AC$上的垂线$Va$，切割曲线面积$VDba$和$VDca$，并作出纵标线$Ez$和$Ex$。由于$Db\times IN$或$DbzE$面积等于$A\times KN$的一半或等于三角形$ICK$面积；$Dc\times IN$或$DcxE$等于$YX\times XC$的一半或等于三角形$XCY$面积。因为面积$VDba$、$VIC$的新生极小量$DbzE$、$ICK$始终相等，区域$VDca$、$VCX$的新生极小量$DcxE$和$XCY$也始终相等。因此，由此产生的面积$VDba$也将和面积$VIC$相等，与时间成正比，而由此产生的面积$VDca$与产生的扇形面积$VCX$也相等。如果物体在任意指定时间内由点$V$开始运动，那么面积$VDba$与时间成正比也同样可确定，而物体的高度$CD$或$CI$也能确定，面积$VDca$、扇形$VCX$和其角$VCI$也都可以确定。那么，通过已经指定的角$VCI$、高度$CI$，就可求出物体最后所在的位置。由此得证。

推论1 曲线轨道的回归点，即物体的最大高度和最小高度可轻而易举求出。因为当直线IK和NK相等，即面积$ABFD$和ZZ相等时，由中心所作的直线IC经过这些回归点，并垂直于轨道VIK。

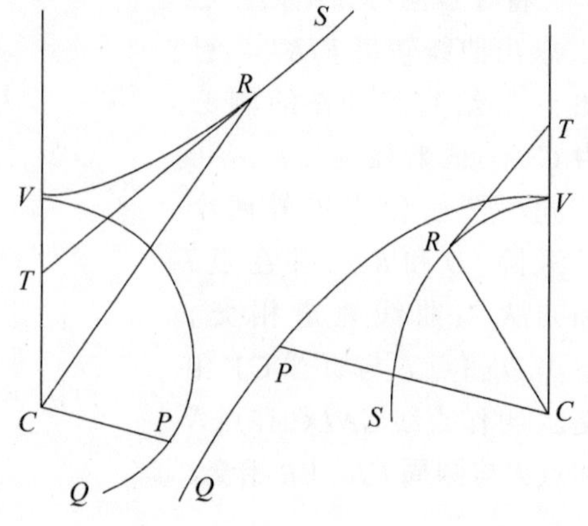

推论2 通过物体的指定高度IC，很容易就能求出曲线轨道在任意位置与直线IC的夹角KIN，亦即，使该角的正弦与半径的比为KN比IK，比值等于Z与面积$ABFD$比的平方根。

推论3 如果过中心C和顶点V，作一条圆锥曲线VRS，并在曲线上任意一点，例如R，作切线RT在点T与无限延长的轴CV相交。连接CR，作直线CP，使它与横标线CT相等，使角VCP与扇形VCR成正比。如果指向中心的向心力与从中心C到物体位置距离的立方成反比，并在位置V以一定速度沿垂直于直线CV的方向抛出一个物体，那么该物体将一直沿轨道VPQ运动，并总是与点P相切。如果圆锥曲线VRS为双曲线，则物体将会下落至中心处；如果为椭圆，物体将不断上升，最后升到无限远。相反，如果物体以某速度离开位置V，而根据它是直接落向中心还是从此处倾斜上升，可确定图形VRS是双曲线或椭圆，并且还可以按指定比值增大或减小角VCP来求出该曲线轨道。如果向心力变成离心力，则物体将偏离轨道VPQ。如果角VCP与椭圆扇形VRC成正比，CP在长度上等于CT，则可解出该轨道。以上这些都能通过确定的曲线面积求出，计算方法也很简捷，因此不再赘述。

命题42　问题29

已知向心力定律，求在指定位置，用指定速度沿指定直线方向抛出的物体的运动。

假设保持上述三个命题内容，将物体从I抛出，沿短线段IK方向运动。而另一物体在均匀向心力作用下，由场所P向D运动，两个物体的运动速度相等。设该均匀力与物体在地方I受到的作用力的比，等于DR与DF的比。再使物体向点k运动，并以中心C为圆心、CR为半径作圆弧ke，在点e与直线PD相交。作出曲线BFg、abv、acw上的纵标线eg、ev、ew。由指定矩形$PDRQ$和向心力定律，曲线BFg可根据命题27和推论1的作图求出，并且，通过已知角CIK，可求出初始线段IK与KN的比值。同样，由命题28的图，可求出量Q和曲线abv、acw。因此，在任意时间$Dbve$结束时，求出物体Ce或Ck的高度、与扇形XCy面积相等的$Dcwe$面积和角ICk，那么，物体所在的位置k也就能求出。由此得证。

在以上命题中，我们假设向心力可按任何人可以想象得到的某种规律与中心的间距不断变化，然而在以中心为起点的相等距离处，向心力始终相等。

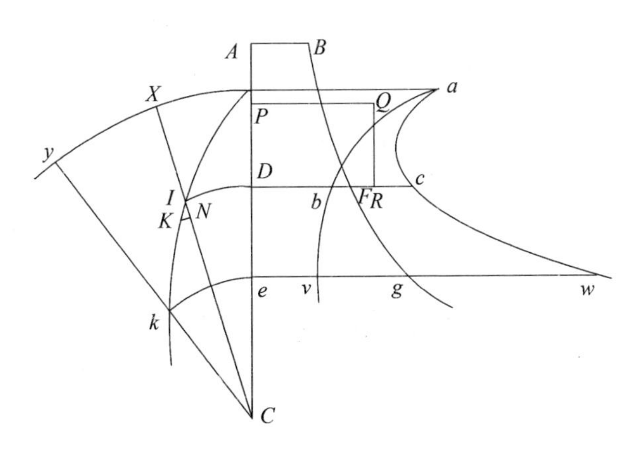

我迄今为止所讨论的物体运动都在静止的轨道上运动。下面，我将就物体在轨道上的运动，而轨道围绕力的中心转动的问题，补充一些相关内容。

第9章　论物体在运动轨道上的运动及拱点的运动

命题43　问题30

将一物体沿着围绕力中心旋转的轨道运动，另一物体在静止的轨道上做相同的运动。

在给定位置的轨道VPK上，物体P从V旋转向K。由中心C作Cp等于CP，角VCp与角VCP成正比，那么直线Cp所划过的区域面积与直线CP在相同时间内划过的区域VCP面积的比，等于直线Cp划过区域面积的速度与直线CP划过的速度比，就等于角VCp和角VCP的比，因此，这一比值是定值，并与时间成正比。因为直线Cp在固定平面上所划过的面积与时间成正比，所以物体受到一定的向心力作用，可和点p一起沿曲线做旋转运动，根据之前的证明，这条曲线可由同一个点p在固定平面上画出。如果让角VCu和角PCp相等、直线Cu和CV相等、图形uCp与图形VCP相等，则物体将总是处在点p上，并沿旋转图形uCp做圆周运动，它围绕弧up做旋转运动所用的时间，和另一物体P在固定图形VPK画出相似弧VP的用时相同。根据命题6的推论5，如果找到使物体沿曲线做旋转运动的向心力，则问题可解。由此得证。

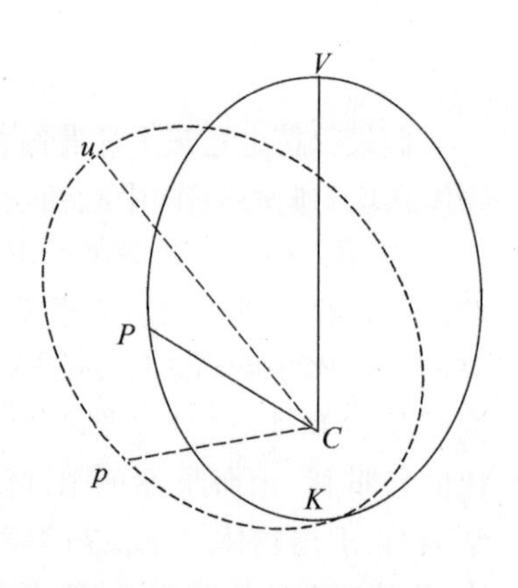

命题44　定理14

两个物体做相同运动，其中一个在静止轨道上，另一个在旋转的相同轨道上，则驱使它们运动的力的差与物体相同高度的值的立方成反比。

设静止轨道VP、PK部分与旋转轨道的up、pk部分相似且相等，再设点P和K之间的距离为极小值。由点k作直线pC的垂线kr，并延长至点m，使mr和kr的比等于角VCp和角VCP的比。由于物体高度PC与pC、KC和kC始终相同，因此直线PC和

pC的增量或减量也始终相等。

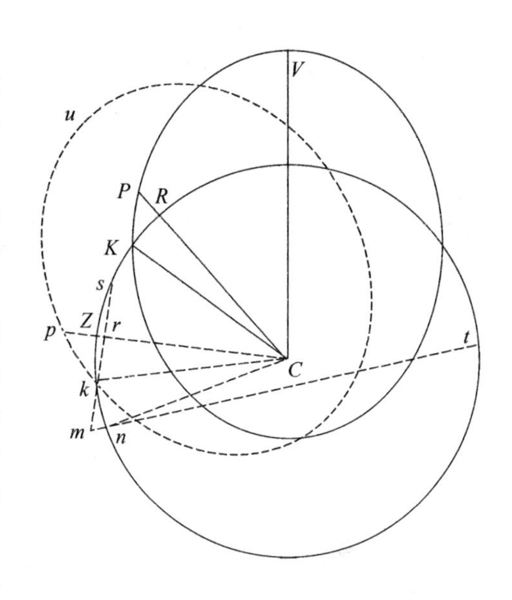

根据运动定律推论2，可将物体在位置P和p的每种运动分解成两种，其中一个指向中心，或沿直线PC、pC的方向运动，另一个则与前一个垂直，即沿直线PC和pC的方向作横向运动，但二者指向中心的运动均相等。此外，物体p的横向运动与物体P的横向运动之比，等于直线pC的角运动和直线PC的角运动之比，即等于角VCp和角VCP的比。亦即，在相等的时间里，物体P从两个方面运动到达点K，而朝中心作相同运动的物体p，则由p运动到C。当运动时间结束时，它将停在直线mkr的某处，这条直线经过点k，并垂直于直线pC，p的横向运动也将使它移动的距离和pC长度一样，该距离与另一物体P所获得的到直线PC的距离的比，等于物体p的横向运动与物体P的横向运动之比。因此kr等于物体P到直线PC的距离，且mr与kr的比等于角VCp与角VCP的比，就等于物体p的横向运动与物体P的横向运动之比。因此，当运动时间结束时，物体p将停在位置m。产生这种情况是因为物体p和P沿直线pC和PC做相同的运动，它们在各自的方向上受力相等。但是，如果取角pCn与角pCk的比等于角VCp与角VCP的比，设$nC=kC$，那么，在运动时间结束时，物体p将位于n处。如果角nCp大于角kCp，则物体p受到的力大于物体P受到的力，如果轨道upk以大于直线CP两倍的速度向前运动或向后退，那么，物体p受到的力大于物体P所受的力，如果轨道以较慢的速度向后运动，物体受到的力就较小。而力的差将和位置的距离mn成正比。以C为圆心、以间隔Cn或Ck为半径画出一个圆，交直线mr、mn的延长线于点s和t，则乘积$mn \times mt$等于$mk \times ms$，从而$mn=\dfrac{mk \times ms}{mt}$。但是因为在指定时间里，三角形$pCk$、$pCn$的大小已经指定，而$kr$与$mr$，以及它们的差$mk$、它们的和$ms$，与高度$pC$成反比，因此乘积$mk \times ms$也和高度$pC$的平方成反比。但是另外，$mt$和$\dfrac{1}{2}mt$成正比，即和高度$pC$成正比，以上就是初始线段的最初比值，因此$\dfrac{mk \times ms}{mt}$，即初始线段$mn$，与力的差成正比，与高度$pC$的立方成反比。由此得证。

推论1　在位置P和p、K和k的力的差，与物体由R旋转运动到K所受的力的比（相同时间内，物体P在固定轨道上划出弧PK），等于初始线段mn与初始弧RK正矢的比，即等于$\frac{mk\times ms}{mt}$与$\frac{rk^2}{2kC}$之比，或者$mk\times ms$比rk的平方。即如果指定量F与G的比等于角VCP与角VCp的比，这两个力的比就等于$GG-FF$和FF的比。如果以C为圆心、以任意距离CP或Cp为半径，作一个扇形与区域VPC的面积相等，区域VPC是物体在任意时间内，在固定轨道上旋转时经过的面积，那么，在力的差作用下，物体P将围绕固定轨道旋转，物体p围绕可动轨道旋转，它们的差与向心力（经过区域VPC时，另一物体在相同时间内做匀速圆周运动，划过扇形时受到的向心力）的比，等于$GG-FF$与FF的比。这是因为，这个扇形与区域pCk面积的比，等于通过它们所需时间的比。

推论2 如果轨道VPK为椭圆，焦点为C，最高拱点为V，另外，假设椭圆upk与这个椭圆相似且相等，而pC总是和PC相等，那么，角VCp与角VCP的比为指定比值G比F。如果以A代表高度PC或pC，$2R$代表椭圆的通径，那么，物体沿可动的椭圆轨道旋转的力将与$\frac{FF}{AA}+\frac{RGG-RFF}{A^3}$成正比，反之亦然。

如果用量$\frac{FF}{AA}$表示物体沿固定椭圆旋转的力，点V的力则可以表示为$\frac{FF}{CV^2}$。然而，如果使物体围绕以距离CV为半径做旋转运动的力，与物体沿椭圆拱点V处以相同速度运动的力之比，等于椭圆通径的一半与该圆周直径的一半CV的比，即等于$\frac{RFF}{CV^3}$。如果$GG-FF$与FF的力的比，等于$\frac{RGG-RFF}{CV^3}$，那么根据本命题的推论1，该力则等于物体P在点V沿固定椭圆VPK运动所受到的力，减去物体p沿可动椭圆upk旋转所到的力的差。由本命题可知，在其他任意高度A上的差与它本身在高度CV的差的比，等于$\frac{1}{A^3}$比$\frac{1}{CV^3}$，在每个高度A上，它的差都等于$\frac{RGG-RFF}{A^3}$。因此，物体沿固定椭圆VPK旋转所受到的力$\frac{FF}{AA}$加上差$\frac{RGG-RFF}{A^3}$，那么，整个力的总和就是$\frac{FF}{AA}+\frac{RGG-RFF}{A^3}$，这就是物体在相同时间内沿可动椭圆轨道$upk$运动受到的力。

推论3 如果固定轨道VPK是一个椭圆，它的中心就是力的中心C，设有一个运动椭圆upk与椭圆VPK相似相等，且有同一个中心，假设该椭圆的通径为$2R$，横向通径即长轴为$2T$，且角VCp与角VCP的比等于G比F，那么，物体在相同时间内，沿固定轨道和运动轨道运动所受的力将分别等于$\frac{FFA}{T^3}$和$\frac{FFA}{T^3}+\frac{RGG-RFF}{A^3}$。

推论4 设物体的最大高度CV为T，轨道VPK在点V处的曲率相同的圆的半径为R，物体在位置V沿任意曲线轨道VPK运动所受的向心力为$\frac{VFF}{TT}$，在位置P的力为X，高度CP等于A，G与F的比等于角VCp与角VCP的比。如果同一物体在相同时

间内沿相同轨道 upk 做圆周运动，那么，物体所受到的向心力就等于 $X+\frac{VRGG-VRFF}{A^3}$。

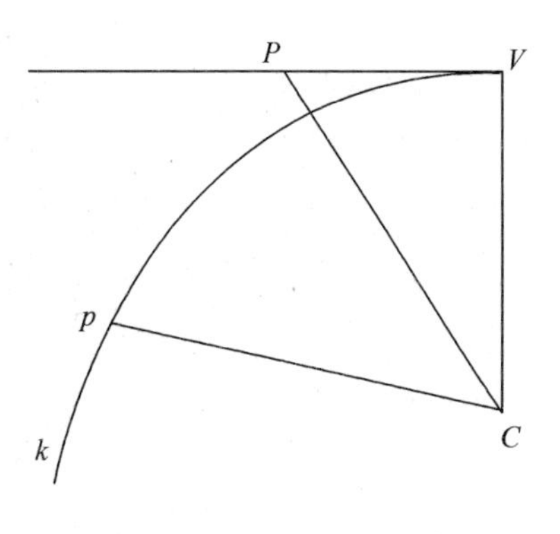

推论5 指定物体在指定轨道上运动，围绕力中心的角的运动以指定比值增大或减小，在此条件下，可求出物体在新的向心力作用下做旋转运动的新的固定轨道。

推论6 因此如果作一条长度未定的直线 VP，与指定位置的直线 CV 垂直，作线段 CP 和与之相等的 Cp，并指定角 VCp 与角 VCP 的比值，那么物体沿曲线 Vpk 运动的力就与高度 Cp 的立方成反比。因为当物体 P 没受到其他力的作用时，它的惯性力作用将使它沿直线 VP 做匀速运动，再加上指向中心 C 且反比于高度 CP 或 Cp 立方的力后，该物体将偏离其直线运动而进入曲线 Vpk。因为曲线 Vpk 与命题41的推论3所求的曲线 VPQ 相同，所以物体在力的吸引下将围绕这些曲线倾斜上升。

命题45 问题31

求近圆轨道的回归点的运动。

这个问题可以用代数方法求解。根据前一命题的推论2和推论3的证明，将物体在固定平面上沿可动椭圆所画的轨道，设定为接近于回归点所在轨道的图形。再求出物体在固定平面上所画轨道的回归点。如果要使画出的轨道图形完全相同，必须将通过轨道所作的向心力在相同高度上成正比。以点 V 为最高回归点，T 为最大高度 CV，A 表示其他任意高度 CP 或 Cp，X 为高度 $CV-CP$ 的差。那么，根据推论2，物体在围绕焦点 C 旋转的椭圆上运动所受的力，等于 $\frac{FF}{AA}+\frac{RGG-RFF}{A^3}$，也就等于 $\frac{FFA+RGG-RFF}{A^3}$，如果用 $T-X$ 替换 A，上式将变为 $\frac{RGG-RFF+TFF-FFX}{A^3}$。用类似方法，其他任何向心力均可由 A^3 的分式表示，而分子可通过合并同类项的方法变得非常相像。该方法可由以下例子证明。

例1 假设向心力是均匀的，并与 $\frac{A^3}{A^3}$ 成正比，或者用 $T-X$ 代替分子 A，那么该式变为 $\frac{T^3-3TTX+3TXX-X^3}{A^3}$。然后将分子中的对应项合并，即将已知项与未知项分别相比可得（$RGG-RFF+TFF$）$:T^3=-FFX:(-3TTX+3TXX-X^3)=-FF:(-3TT+3TX-XX)$。假设轨道极近似于圆周，将轨道和圆重合，$R$ 则等于 T，X 将无限减小，最终比值为$GG:T^2=(-FF):(-3TT)$，又$GG:FF=TT:3TT=1:3$。因此，G与F的比，等于角VCp和角VCP的比，等于1比$\sqrt{3}$。由于物体在固定椭圆中，从上回归点降落到下回归点时，画出一个180°的角，另一个在可动椭圆上的物体，它的位置在我们讨论的固定轨道所在平面上，也将从上回归点降落到下回归点，并通过$\frac{180°}{\sqrt{3}}$角的VCp。因为，物体在均匀向心力作用下画出的轨道，与物体在静止平面上，沿旋转椭圆做环绕运动所画出的轨道很相似。通过比较，能发现这些轨道非常相似，但这不是普遍现象，只有当这些轨道与圆十分相似时证明才能成立。因此，在均匀向心力作用下，沿近似于圆周轨道运动的物体，从上回归点降落到下回归点时，总会绕中心画出一个$\frac{180°}{\sqrt{3}}$的角，约为103°55′23″，然后再通过相同的角度返回上回归点。如此循环，直到无穷。

例2 假设向心力与高度A的任意次幂成正比，例如A^{n-3}或$\frac{A^n}{A^3}$，这里的$n-3$和n为幂的任意指数，可以是整数或分数，可以是有理数或无理数，也可是正数或负数。用收敛极数的方法，可将分子A^n或$(T-X)^n$化为不定级数，即$T^n-nXT^{n-1}+\frac{nn-n}{2}XXT^{n-2}+\cdots\cdots$，将这些项与其他分子项$RGG-RFF+TFF-FFX$进行比较后，可得：$(RGG-RFF+TFF):T^n=-FF:(-nT^{n-1}+\frac{nn-n}{2}XT^{n-2})=\cdots\cdots$，在轨道向圆接近时，取其最后比值，得到：$RGG:T^n=(-FF):(-nT^{n-1})$或$GG:T^{n-1}=FF:nT^{n-1}$，从而可推导出$GG:FF=T^{n-1}:nT^{n-1}=1:n$。因此，$G$比$F$等于角$VCp$比角$VCP$，等于1比$\sqrt{n}$。由于物体沿椭圆从上回归点降落到下回归点所画出的角VCP为180°，因此，物体沿近似圆的轨道（由物体在正比于A^{n-3}的向心力作用下划出）从上回归点降落到下回归点所画出的角VCp等于$\frac{180°}{\sqrt{n}}$，而当物体由下回归点上升至上回归点时将重复画出该角，如此循环往复以至无穷。如果向心力与物体到中心的距离成正比，即与A或$\frac{A^4}{A^3}$成正比，$n=4$，$\sqrt{n}=2$。那么上下回归点间的角度则为$\frac{180°}{2}$，即90°。当物体做了四分之一的圆周运动后，它将到达下回归点，而当它做了另一个四分之一圆运动时，又将回到上回归点，如此循环到无穷。命题10中也出现过类似情景，因为在这种向心力作用下，物体将围绕椭圆做旋转运动，如果向心力与距离成反比，与$\frac{1}{A}$或$\frac{A^2}{A^3}$成正比，这时，$n=2$，而上回归点与下回归点间的角等于$\frac{180°}{\sqrt{2}}$，或127°16′45″，在该力的作用下做旋转运动的物体，将会不断重复这个角度，从上回归点运动到下回归点，又从下回归点运动至上回归点。如果向心力与高度的11次幂的4次方根成反比，即与$A^{\frac{11}{4}}$成反比，那么它与$\frac{1}{A^{\frac{11}{4}}}$成正比，或等于$\frac{A^{\frac{1}{4}}}{A^3}$，此时$n=\frac{1}{4}$，$\frac{180°}{\sqrt{n}}=360°$。因此，物体离开上回归点做连续运动，当它绕圆做完一次圆周运动后，它将到达下一回归点，然后围绕圆完成另一次运动后又回到上回归点，如此循环直到无穷。

例3 用m和n表示高度的幂指数，b和c是任意指定的数，假设向心力与$(bA^m+cA^n)\div A^3$成正比，即与$[b(T-X)^m+c(T-X)^n]\div A^3$成正比，根据前面所用的收敛级数的方法，与$(bT^m+cT^n-mbXT^{m-1}-ncXT^{n-1}+\frac{mm-n}{2}bXXT^{m-2}+\frac{nn-n}{2}cXXT^{n-2}+\cdots\cdots)\div A^3$也成正比。并由此可得：$(RGG-RFF+TFF):(bT^m+cT^n)=(-FF):(-mbT^{m-1}-ncT^{n-1}+\frac{mm-m}{2}bXT^{m-2}+\frac{nn-n}{2}cXT^{n-2}+\cdots\cdots)$当轨道变为圆之后取最后比值，可得$GG:(bT^{m-1}+cT^{n-1})=FF:(mbT^{m-1}+ncT^{n-1})$，$GG:FF=(bT^{m-1}+cT^{n-1}):(mbT^{n-1}+ncT^{n-1})$。在这个比例等式中，如果最大高度$CV$或$T$在算术上等于1，则$GG:FF=(b+c):(mb+nc)=1:\frac{mb+nc}{b+c}$。因此，$G$与$F$的比，即角$VCp$与角$VCP$的比，等于$1:\sqrt{\frac{mb+nc}{b+c}}$。此外，由于在固定椭圆中，介于上回归点和下回归点的角VCP是$180°$，因此，在受到大小为$\frac{bA^m+cA^n}{A^3}$的向心力划过的另一轨道上，介于相同回归点的角VCp就等于$180°\sqrt{\frac{b+c}{mb+nc}}$。同理，如果向心力与$\frac{bA^m-cA^n}{A^3}$成正比，则角等于$180°\sqrt{\frac{b-c}{mb-nc}}$。用相同方法还能解决更困难的问题。另外，与向心力成正比的量总可分解为分母为A^3的收敛级数。再假设计算过程中，分子的指定部分与未知部分之比，等于分子指定的$RGG-RFF+TFF-FFX$部分与同一个分子的未知部分之比。分别约掉多余的量，设$T=1$，则可得G与F的比。

推论1 如果向心力与高度的任意次幂成正比，那么通过回归点的运动即可求出该幂。反之亦然，如果物体回到同一个回归点的角运动，与旋转一周角运动的比，等于某一数（如m）与另一个数（如n）的比，设高度为A，力与高度A的幂$A^{\frac{nn}{mm}-3}$成正比，幂指数为$\frac{nn}{mm}-3$。这种情况在例2中出现。那么，该力的减小不能大于高度比的立方。这是因为，在该力的作用下，物体旋转离开回归点降落后，将不能回到下回归点或降至最小高度处，反而会和命题41推论3证明的一样，沿曲线下落至中心。但如果物体离开下回归点后能够上升一小段距离，那么它不再回到上回归点，而会像命题45推论4证明的一样，沿着曲线做无限上升运动。因此，当距离中心最远，该力的减小超过高度比的立方时，物体一旦离开回归点，或者落到中心，或者上升到无限远，这取决于物体在运动开始时，是下降运动还是上升运动。但是，当物体在距离中心最远处时，该力的减小，或者小于高度比的立方，或者随高度的任意比值而增大，则物体不会下落到中心，反而会在某个时刻到达下回归点。相反的情况是如果物体在两个回归点之间不断地上升或下降，但到不了中心，那么该力或者在距离中心最远处增大，或者减小小于高度比的立方。物体在两回归点的往返时间越短，该力与该立方的比值越大。如果物体进出上回归点时，在8次、4次、2次或$\frac{3}{2}$次的旋转运动中下降或上升，即m与n的比等于8、4、2或$\frac{3}{2}$比1，那么，$\frac{nn}{mm}-3$就等于$\frac{1}{64}-3$，或$\frac{1}{16}-3$，或$\frac{1}{4}-3$，或$\frac{4}{9}-3$，而力就和$A^{\frac{1}{64}-3}$，或$A^{\frac{1}{16}-3}$，或$A^{\frac{1}{4}-3}$，或$A^{\frac{4}{9}-3}$成正比，与$A^{3-\frac{1}{64}}$，或$A^{3-\frac{1}{16}}$，或$A^{3-\frac{1}{4}}$，或$A^{3-\frac{4}{9}}$成反比。如果物体每旋转一周后都回到同一回归点，那么，m与n的比就是1比1，$A^{\frac{nn}{mm}-3}$则等于A^{-2}或$\frac{1}{AA}$，而力的减小则是高度的平方比，这个结果与前面的证明相同。如果物体旋转$\frac{3}{4}$，或$\frac{2}{3}$，或$\frac{1}{3}$，或$\frac{1}{4}$周后返回到同一回归点，$m:n=\frac{3}{4}$（或$\frac{2}{3}$，或$\frac{1}{3}$，或$\frac{1}{4}$）$:1$，而$A^{\frac{nn}{mm}-3}=A^{\frac{16}{9}-3}$（或$A^{\frac{9}{4}-3}$，或$A^{9-3}$，或$A^{16-3}$），那么力或者与$A^{\frac{11}{9}}$或$A^{\frac{3}{4}}$成反比，或者与$A^{6}$或$A^{13}$成正比。如果物体以下回归点为起点，运行一周零三度后又再次回到起点，那么，每当物体运行一周，这个回归点将向前移动3，因此，$m:n=363°:360°$（或$121:120$），即$A^{\frac{nn}{mm}-3}=A^{-\frac{29523}{14641}}$，向心力则与$A^{\frac{29523}{14641}}$成反比，或与接近$A^{\frac{29523}{14641}}$成反比或近似与$A^{2\frac{4}{243}}$成反比。而向心力减小的比值将略大于平方比值，但是，它接近平方比的次数比接近立方比的次数多$59\frac{3}{4}$倍。

推论2 同样，如果物体在与高度平方成反比的向心力作用下，围绕以力中心为焦点的椭圆旋转，并有一个新的外力增大或减小该向心力，那么，根据例3的证明，可求出因外力作用而引起的物体在回归点的运动，反之亦然。如果使物体绕椭圆运动的力与$\frac{1}{AA}$成正比，外力与cA成正比，那么剩余力则与$\frac{A-cA^4}{A^3}$成正比。同样，根据例3，$b=1$，$m=1$，$n=4$，回归点间的旋转角则等于$180°\sqrt{\frac{1-c}{1-4c}}$。如果外力是使物体绕椭圆运动的力小357.45倍，即c为$\frac{100}{35745}$，A或T等于1，$180°\sqrt{\frac{1-c}{1-4c}}=180°\sqrt{\frac{35645}{35345}}$或$180.7623°$即$180°45'44''$。那么，该物体离开上回归点后，将以$180°45'44''$的角度运动到达下回归点，物体不断重复做角运动，最后回到上回归点，在每一周的旋转中，上回归点都将向前$1°31'28''$。而月球回归点的运动速度比该运动快一倍。

至此，我对物体在平面中心轨道运动的讨论将告一段落。后面要讨论的是物体在偏心平面上的运动。因为以前那些讨论重物运动的作者认为这一类物体的上升或下降不光是沿垂线路径运动，并且还会在任意给定的倾斜平面上运动。假设此类平面是完全光滑的,这样才不会对物体的运动产生阻碍。此外,在这些证明中,物体在平面上滚动或滑动,因而这些平面也就成了物体的切面,对于这样的情形,我将用平面平行于物体的情形代替,这样的话,物体的中心将在该平面上移动,并画出轨道。在后面的章节,我会用一样的方法对物体在曲面的运动展开讨论。

第10章　论物体在指定平面上的运动和单摆振荡

命题46　问题32

假设有某种向心力,力的中心和物体运动所在的平面均已指定,且曲线图形面积可求出,求证物体离开指定位置,并以指定速度在上述平面沿指定直线方向脱离一指定位置的运动。

设S为力的中心,SC是中心到指定平面的最短距离,P是从位置P出发沿直线PZ运动的物体,Q是沿轨道做旋转运动的相同物体,PQR是在指定平面上需要求证的曲线轨道。连接CQ和QS,如果在QS上取SV与物体受中心S吸引的向心力成正比,作VT平行于CQ,与SC相交于点T,那么,根据运动定律的推论2,力SV可以被分解成两部分,即力ST与力TV。其中,物体在垂直于平面的直线方向受到力ST的吸引,但不会改变它在该平面上的运动。另一个力TV与平面的位置重合,因而将物体直接引向平面上的指定点C,驱使物体按以下方式在平面上运动,如同摒除力ST后,物体受力TV的单独作用在自由空间里绕中心C做旋转运动。由于物体Q在自由空间绕指定中心C旋转的向心力已指定,因此,根据命题42,物体所画的轨道PQR能够求出,并且在任何时刻,物体所在的位置Q和物体在位置Q的速度都能进行求证。反之亦然。由此得证。

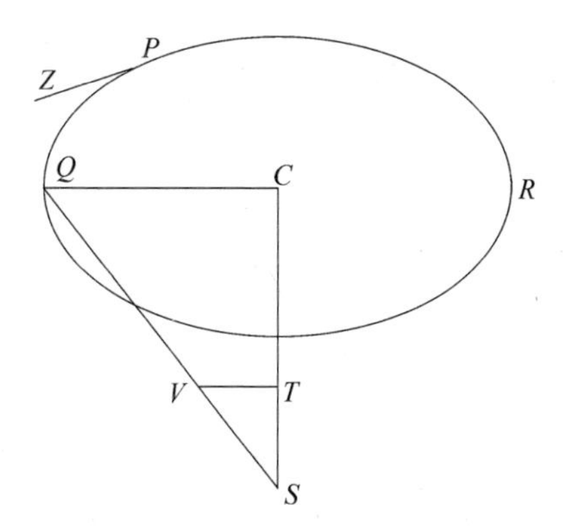

命题47　定理15

设向心力与物体到中心的距离成正比，那么在任意平面上做旋转运动的所有物体都能画出椭圆，并能在相同的时间内完成旋转运动；那些沿直线做前后交替运动的物体，将在相同时间内完成它们的往返周期运动。

如果该命题中所有条件都成立，力SV使绕任意平面PQR旋转的物体Q都受到指向中心S的力的吸引，并和距离SQ成正比，那么SV与SQ、TV与CQ都成正比，而吸引物体到轨道平面上指定点C的力TV与距离CQ也成正比。因此，根据距离的比例，物体在平面PQR指向点C的力，也等于吸引相同物体指向中心S的力，因而物体将在相同时间、相同图形的任意平面PQR上绕点C运动，就和它们在自由空间绕中心S运动一样。根据命题10推论2和命题38推论2，这些物体能在相同时间内，在平面上绕中心C画出椭圆，或在该平面上过中心C沿直线做来回运动，它的运动周期在所有这些情形下相同。由此得证。

附注

与我们讨论的运动问题关系紧密的是物体在曲线表面的上升运动和下降运动。如果在任意平面上画出若干条线，将这些曲线围绕任意指定的中心轴做旋转运动，并由旋转运动画出若干曲面，做这些运动的物体，它们的中心总是位于这些表面上。如果这些物体做倾斜上升和下落的往返运动，那么它们将在通过转动轴的各平面上运动，也在通过转动而形成曲线的各曲线上运动。在这种情况下，只要将各种曲线上的运动考虑进去就行了。

命题48　定理16

如果一个轮子垂直于球的外表面，与它形成直角，并围绕其轴在球上沿最大圆滚动，那么轮子周边上任何一个位置，在接触球体时所经过的曲线路径长度，也称为“曲线”或“外摆线”，与从接触开始经过球的弧一半的正矢的2倍比，等于球体直径和轮子直径之和与球体半径的比。

命题49　定理17

如果一个轮子垂直于球的内表面，并围绕其轴在球上沿最大圆滚动，那么轮子周边上任何一个位置，在接触球体后所经过的曲线路径长度，与在接触后所有时间中经过球的弧一半的正矢的2倍比，等于球体直径和轮子直径的差与球体半径的比。

设ABL是一个球体，C是球体中心，BPV是直立于球体的轮子，而E是轮子的中

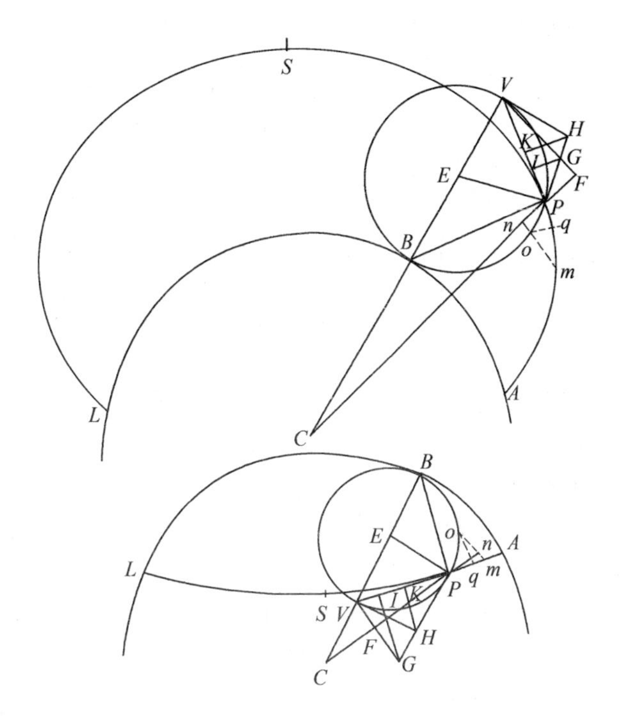

心，B为切点，P为轮子周边上的指定点。该轮沿最大圆ABL从A经过B滚动至L，在滚动中，弧AB、PB始终保持相等，而轮子周边上指定点P的轨迹为曲线路径AP。AP是轮子在A点与球体接触后画出的整条曲线路径，其中，AP的长度与弧$\frac{1}{2}PB$的正矢的2倍之比等于$2CE$比CB。设直线CE在点V与轮子相交，连接CP、BP、EP、VP，将CP延长并在其上作垂线VF。设PH、VH在点H相交，并在点P和点V与轮子相切。将PH在点G与VF相交，并作VP上的垂线GI、HK。以C为圆心，任意半径作圆nom，在点n与直线CP相交，在点o与轮子的边BP相交，在点m与曲线路径AP相交，然后，以V为圆心，Vo为半径作圆，与VP的延长线相交于点q。

由于轮子总是围绕切点B运动，直线BP垂直于轮子上的点P画出的曲线AP，因此，直线VP在点P与曲线相切。如果圆周nom的半径逐渐变大或变小，最后将等于距离CP。由于逐渐消失的图形$Pnomq$与图$PFGVI$相似，那么逐渐消失的线段Pm、Pn、Po、Pq的最终比值，即曲线AP、直线CP、圆弧BP、直线VP的瞬时变化比值将分别与直线PV、PF、PG、PI的变化比值相等。但是，由于VF垂直于CF、VH垂直于CV，因此角HVG与角VCF相等。由于四边形$HVEP$在点V和点P的内角是直角，角VHG与角CEP相等，三角形VHG与三角形CEP相似，因此，$EP:CE=HG:HV$（或HP）$=KI:PK$，由合比或分比得到$CB:CE=PI:PK$。因而比式右边乘以2得$CB:2CE=PI:PV=Pq:Pm$。因此，直线VP的增量，即直线$BV-VP$的增量与曲线AP的增量的比等于指定比值CB与$2CE$的比，根据引理4的推论，由这些增量产生的长度$BV-VP$和AP的比，比值也相等。但是，如果BV为半径，VP为角BVP或$\frac{1}{2}BEP$的余弦，那么，$BV-VP$就是相同角的正矢。在该轮子中，如果半径等于$\frac{1}{2}BV$，那么，$BV-VP$就是弧$\frac{1}{2}BP$正矢的2倍。因此，AP与弧$\frac{1}{2}BP$正矢的2倍的比，等于$2CE$与CB的比。由此得证。

为了以示区别，我们将前一个命题中曲线AP叫作球外摆线，后一个命题中的曲线叫作球内摆线。

推论1 如果能够画出整条摆线ASL，并在点S对它二等分，那么曲线线段PS与PV的长度比，等于$2CE$和CB的比，即为指定比值。

推论2 摆线AS半径的长度与轮子直径BV的比，等于$2CE$与CB的比。

命题50 问题33

让摆动物体以指定的摆线摆动。

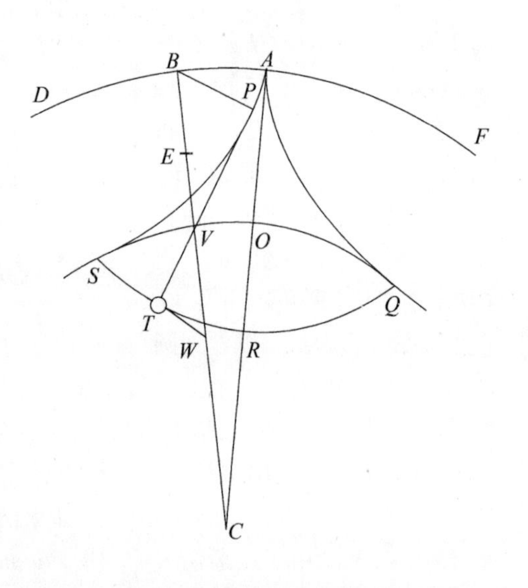

在以点C为中心的球体QVS内，将指定摆线QRS在点R进行二等分，并与球表面的两边交于极点Q和S。通过点O作CR将弧QS二等分，并将其延长至点A，使$CA:CO=CO:CR$。以C为圆心、CA为半径作外圆DAF，并在该外圆内，以半径是AO的轮子画出2个半摆线AQ、AS，在点Q和点S与内圆相切，在点A与外圆相交。在点A放置一条长度与直线AR相等的细线APT，将物体T系在细线上，并让物体T在这两条半摆线AQ、AS之间摆动。当摆动点离开垂线AR时，细线AP的上部分向半摆线APS进行挤压并与曲线紧紧贴在一起，而同在细线上未与半摆线接触的PT部分则始终保持直线状态，则重物T将沿指定摆线QRS做摆动。由此得证。

设线PT在点T与摆线QRS相交，且在点V与圆周QOS相交，作CV。由极点P和T向细线的直线部分作垂线BP、TW，而在点B和W与直线CV相交。根据相似图形AS、SR的作图法可知，垂线PB、TW从CV切下的长度VB、VW，与轮子的直径OA、OR相等。因此，TP与VP的比（当$\frac{1}{2}BV$为半径，其等于角VBP正弦的二倍），等于BW与BV的比，或等于$AO+OR$与AO的比，即（因为CA和CO，CO和CR以及根据分比AO和OR都成正比）等于$CA+CO$与CA的比，如果BV被点E平分，则又等于$2CE$比CB。因此，根据命题49的推论1，细线PT直线部分的长度，总和摆线PS的弧长相等，并且整条线APT也总是和摆线APS的一半相等，根据命题49的推论2，它的长度也等于AR。反之，如果细线始终与长度AR相等，那么点T将始终沿着指定摆线QRS运动。由此得证。

推论　由于细线AR与半摆线AS相等，因此，它与外球半径AC的比等于半摆线SR与内球半径CO的比。

命题51　定理18

如果球每个方向的向心力都指向其中心C，那么它在所有位置都与中心的距离成正比；当物体T受该力的作用沿摆线QRS按上述方法摆动时，我认为不论其摆动如何异同，其摆动时间全部相等。

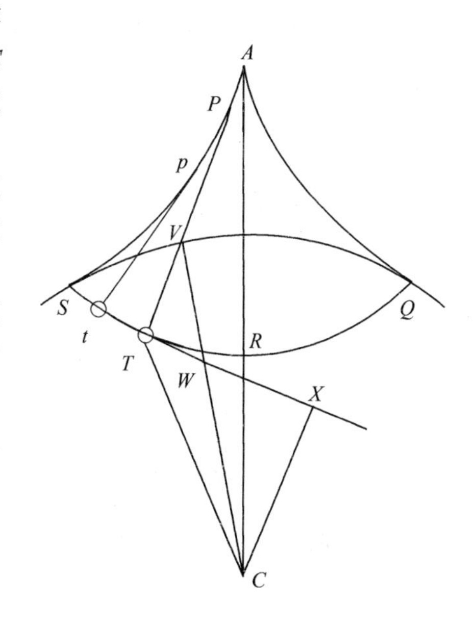

将切线TW无限延长，并在延长线上作垂线CX并连接CT。由于使物体T指向C的向心力与距离成正比，因此，根据运动定律的推论2，可将其分解为CX和TX两部分，力CX将物体从点P分离出来并使线PT收紧，这样，线上的阻力由于被抵消而不再发挥作用。但是，另一个力TX将物体拉向X，从而使物体在摆线上的运动加速。由于该加速力与物体的加速度成正比，并始终与长度TX成正比，因此（由于CV、WV和TX、TW成正比是给定条件）也和长度TW成正比，根据命题39的推论1，与摆线TR的弧长也成正比。假设由两个摆APT、Apt到垂线AR的直线距离不等，如它们同时下落，那么它们的加速度将与所画的弧TR、tR成正比。但是，在运动开始时所经过的那部分则与加速度成正比，即与开始时将穿过的全部距离成正比，因此将要穿过的剩余部分及之后的加速度，也和这些部分成正比，并且和全部距离成正比，等等。因此，加速度、由加速度产生的速度，以及由这些速度穿过的部分和将要穿过的部分，均与所有剩余的距离成正比。而即将穿过的那部分，在相互保持一个指定值后同时消失，亦即，摆动着的两个物体将同时到达垂线AR。另外，摆从最低位置R以减速运动沿弧上升，在经过各位置时又受到下落过程中加速力的阻碍，这表明，物体沿相同弧上升和下落的速度相等，其运动经过相同弧长的时间也相等。由于位于垂线两边的摆线RS和RQ相似且相等，因此，在相同时间内，这两个摆可能完成所有的摆动，或可能只完成一半的摆动。由此得证。

推论　物体T在摆线的任意位置T加速或减速的力，与同一物体在最高位置S或Q的重力之比，等于摆线TR的弧长与弧SR或QR的比。

命题52 问题34

求证摆动物体在不同位置的速度，以及完成所有摆动和部分摆动分别需要的时间。

以任意中心 G 为圆心，以长度和摆线 RS 的弧相等的线段 GH 为半径作半圆 HKM，其中，半圆被半径 GK 等分。如果向心力与位置到中心的距离成正比，并指向中心 G，并且圆周 HIK 上的向心力与球 QOS 表面上指向其中心的向心力相等。当摆锤 T 从最高处 S 下落时，在相同时间内，另一物体如 L 也从 H 下落至 G。由于物体在开始时所受的作用力相等，并总是与即将穿过的距离 TR、LG 成正比，因此，如果 TR 等于 LG，那么，位置 T 也等于 L。由于这些物体刚开始运动时划过相等的距离 ST、HL，以后，在受相等的力的作用下，物体仍将继续划过相等空间。因此，根据命题38，物体划过弧 ST 所需的时间与一次摆动时间的比，等于物体 H 到达 L 所用时间弧 HI 与物体 H 将到达 M 所用时间半圆 HKM 的比。并且，摆锤在位置 T 的速度与它在最低位置 R 的速度之比，即物体 H 在位置 L 的速度与它在位置 G 的速度之比，或者，线段 HL 的瞬时增量与线段 HG 的瞬时增量之比，等于纵坐标 LI 与半径 GK 的比，或等于 $\sqrt{SR^2-TR^2}$ 与 SR 的比。因此，由于在不相等的摆动中，在相同的时间里，物体划过的弧与整个摆动弧长成正比，那么通过指定时间，可求出物体的所有摆动速度和所划过的弧长。这是求证的第一步。

将任意摆锤放在不同球体内的不同摆线上摆动，并且，球体所受的绝对力也不同。如果任意球体 QOS 的绝对力为 V，那么当摆锤向球体中心做直接运动时，作用在球面上的摆锤的加速力，与摆锤到中心的距离和球体绝对力的乘积成正比，即正比于 $CO \times V$，而与加速力 $CO \times V$ 成正比的线段 HY，可在指定时间内划出。如果作垂线 YZ 在点 Z 与球体表面相交，那么，刚出现的弧长 HZ 就等于指定时间。由于这个刚出现的弧长 HZ 与 $GH \times HY$ 的平方根成正比，因此也与 $\sqrt{GH \times CO \times V}$ 成正比，而在摆线 QRS 上一次整体摆动的时间与 GH 成正比，与 $\sqrt{GH \times CO \times V}$ 成反比（摆动时间与半圆 HKM 成正比，HKM 表示一次整体摆动，它与用类似方式表示的指定时间

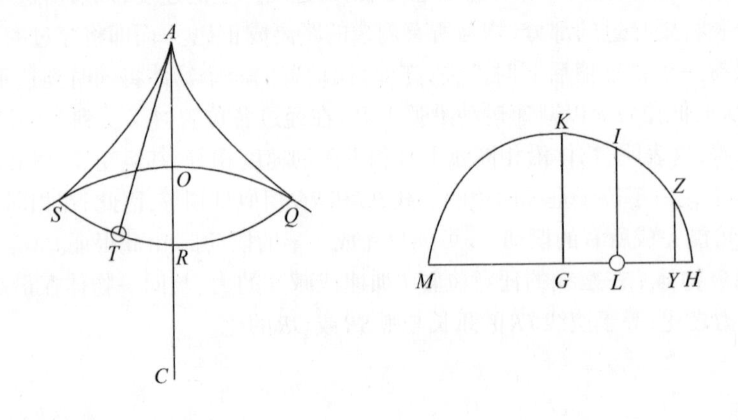

弧HZ成反比）由于GH等于SR并与$\sqrt{\frac{SR}{CO \times V}}$成正比，因此，根据命题50的推论，这个摆动时间也和$\sqrt{\frac{AR}{AC \times V}}$成正比。从而，因某种绝对力的促使，沿所有球体和摆线的摆动，其变化与摆线长度的平方根成正比，与垂悬点到球体中心距离的平方根成反比，也与球体绝对力的平方根成反比。由此得证。

推论1 物体的摆动时间、下落时间和旋转时间能相互比较。因为球内可以画出摆线的轮子直径，如果它等于球体的半径，那么，这条摆线将变化为经过球心的一条直线，摆动将成为沿该直线的上下往返运动，由此即可求出物体从任意处下落至球心的时间、物体在任意距离处围绕球心匀速旋转四分之一周的时间。因为根据情形2，该时间与任意摆线，如QRS上的半摆动的时间之比等于$1:\sqrt{\frac{AR}{AC}}$。

推论2 根据以上理论，得出克里斯托弗·雷恩爵士和惠更斯先生在普通摆线方面的发现。如果球体的直径无限地增大，球的表面会变为平面，而向心力则将在垂直于平面的直线方向产生均匀作用，其摆线则将变为普通摆线。但是，位于平面和作图点之间的摆线弧长，等于相同平面和作图点之间的轮子弧长一半的正矢的4倍，这与克里斯托弗·雷恩爵士的发现完全吻合。而惠更斯先生在很早就证明：在两条摆线之间的摆，将在相等时间里沿相似且相等的摆线摆动。另外，惠更斯先生还证明了，物体摆动一次的时间同物体的下落时间是相等的。

以上几个已经证明的命题，对分析地球的真实构造非常适用。只要轮子沿地球大圆滚动，那么轮子边上的钉子通过运动可画出一条球外摆线；而在地下矿井和深洞中的摆，则将画出一条球内摆线，这些振动可以在相同时间里完成。所以，我们在卷三中将要讨论和分析的重力是：距离地球表面越远，重力的作用也越小。在地球表面，重力与到地球中心距离的平方根成正比；在地表以下，与到地球中心的距离也成正比。

命题53 问题35

给定曲线图形面积，需要求使物体在相等时间里沿给定曲线摆动的力。

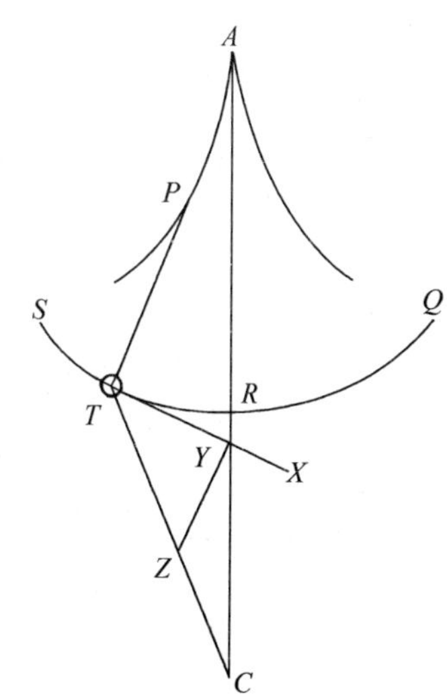

设物体T沿任意指定曲线$STRQ$进行摆动，曲线的轴是AR，过力中心C。作TX并在物体T的任意场所与曲线相切。在切线TX上，取TY与弧长TR相等，该弧长可通过普通方法由图形面积求出。如果在点Y作直线YZ与切线垂直，CT与YZ相交于点Z，那么，向心力与直线TZ成正比。由此得证。

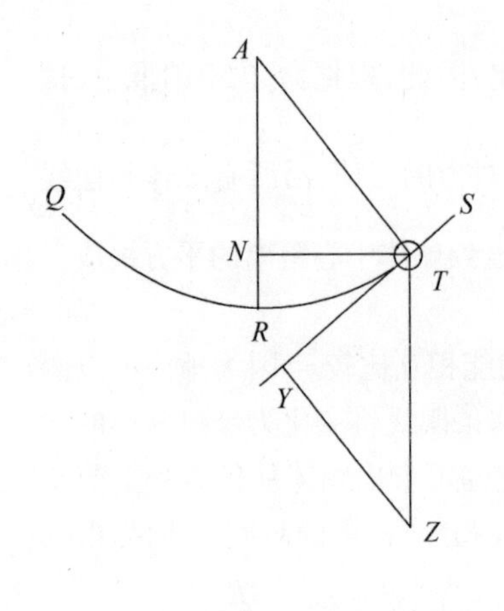

将物体从T拉到C的力与直线TZ成正比，如果用直线TZ表示该力，那么该力可分解为TY、YZ两个力，其中一个力YZ沿细绳PT的长度方向拉住物体，但它并不影响物体运动，而另一个力TY将直接沿曲线$STRQ$方向对物体的运动产生加速或减速作用，由于该力与将要划过的空间TR成正比，所以，该力穿过两次摆动的两个成正比部分的物体，其加速或减速也将与这些部分成正比，并同时穿过这些部分。同时，连续经过这些部分并与整个摆动距离成正比的部分物体，也将同时完成整体的摆动。由此得证。

推论1 如果物体T由直绳AT悬挂在中心A，穿过圆弧$STRQ$，受任意向下的平行力作用，该力与均匀重力的比等于弧TR与其正弦TN的比，则各种摆动所用的时间相等。因为$TZ=AR$，且三角形ATN与三角形ZTY相似，$TZ:AT=TY:TN$。如果用指定长度AT来表示均匀重力，那么，使摆动等时的力TZ与重力AT的比，等于与TY相等的弧长TR与该弧正弦TN的比。

推论2 如果通过某种机械将力施加在时钟的钟摆上，使钟摆能够保持连续运动，将此力和重力组合，并使合力始终与一条直线成正比，如果这条直线等于弧长TR和半径AR的乘积与正弦TN的比，那么，所有摆动都会是等时运动。

命题54 问题36

指定曲线的图形面积，需要求证物体受任意向心力作用沿平面上过力中心的任意曲线下落或上升的时间。

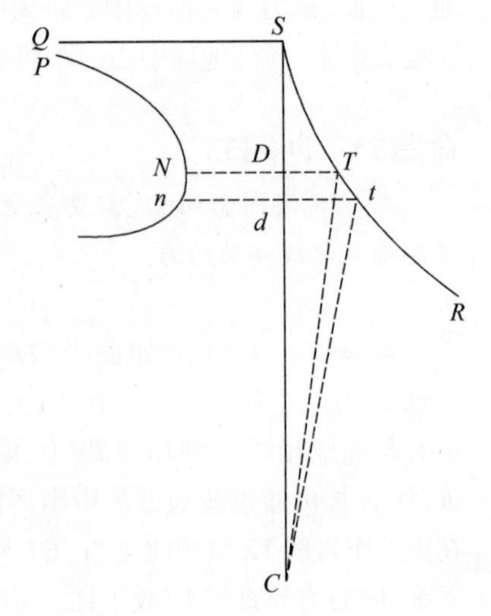

设物体由任意场所S向下降落，并沿平面上过力中心C的任意曲线StR运动。连接CS，并将它分成无数相等的部分，设Dd为其中一部分。以C为圆心、以CD和Cd为半径分别作圆DT、dt，并在点T和点t与曲线StR相交。根据已知的向心力定律，可以指定物体第一次下落的高度CS，根据命题39，物体在其他任意高度CT的速度也能求出。物体划过线段Tt的时间与该直线的长度成正比，即与角tTC的速度也可求出。物体划过线段Tt的时间与该直线的长度成正比，即与角tTC的割线成正比，与速度成反比。如果纵坐标DN与时间成正比，并在点D与直线CS垂直，由于Dd已指定，因此，乘积$Dd \times DN$，即区域$DNnd$的面积，将与同一时间成正比。如果PNn是与点N连接的曲线，其渐近线SQ与直线CS垂直，那么区域面积$SQPND$将与物体下落所经过直线ST的时间成正比。因此，求出这一面积，也就求出了物体上升或下落的时间。由此得证。

命题55　定理19

如果一个物体沿任意曲面运动，且该曲面的轴过力的中心，由物体作轴的垂线，并在轴上的指定点作与垂线相等的平行线。那么，由该平行线围成的面积与时间成正比。

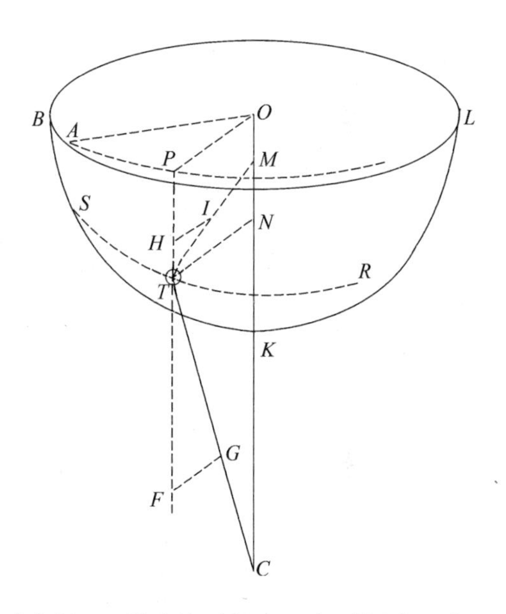

设BKL是曲面，T是围绕曲面运动的物体，STR是物体在这个表面划过的曲线，曲线的起点是S，OMK则是曲面的轴，TN是物体向轴所作的垂线，OP是由轴上指定点O作出的与垂线相等的平行线。AP为旋转线OP所在平面AOP上一点P划过的轨迹，A是轨迹起点并与点S相对应，TC是从物体到中心的直线，TG是与物体指向中心C的力成正比的部分向心力，TM是垂直于曲面的直线，TI是与物体表面压力成正比的部分力，该力将受到表面上指向M的力的约束。PTF是与轴平行并通过物体的直线，GF、IH是由点G和点I向PTF所作的垂线并且平行于$PHTF$。因此，在运动开始时，通过半径OP所过的面积AOP与时间成正比。这是因为，根据运动定律的推论2，力TG被分解为力TF和力FG，力TI被分解为力TH和为HI，由于作用在直线PF方向的力TF、TH垂直于平面AOP，因此，除沿垂直于平面的直线方向上的运动之外，它对物体其他方向上的运动不会产生任何改变。所以，只考虑物体在平面方向上的运动，即划出曲线在平面上投影AP的点P的运动，它和不受力TF、TH影响，只受到力FG、HI影响的作用一样，即物体受指向中心O的向心力作用在平面AOP上所划出曲线AP一样，该向心力等于力FG与力HI的和。根据命题1，受此向心力作用而划过的区域AOP的面积与时间成正比。由此得证。

推论　同理可得，如果有物体受到指向任意相同直线CO上两个或多个中心的多个力的作用，并在自由空间划过任意曲线ST，那么，面积AOP将总和时间成正比。

命题56 问题37

指定曲线图形面积，指定指向已知中心的向心力规律，指定它的轴经过该中心的曲面，需要求物体在该曲面上以指定速度沿指定方向离开指定场所所要画出的曲线轨道。

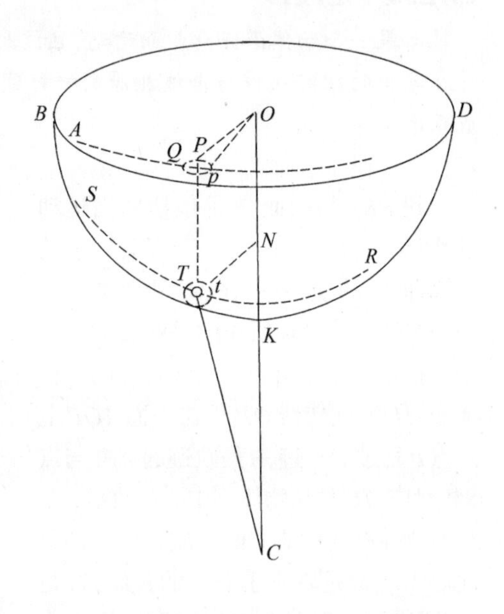

保留前述命题的图形，设物体T从指定位置S沿指定位置的直线方向移动，进入所要求的曲线轨道STR，该轨道在平面BDO上的正投影为AP。因为物体在高度SC的速度已定，所以它在其他任意高度TC的速度也已确定。该速度使物体在指定时间内穿过一小段轨道Tt，Pp是Tt在平面AOP上的投影，连接Op，在曲面上以中心T为圆心，并以Tt为半径画一个小圆，使其在平面AOP上的投影为椭圆pQ。由于小圆Tt的大小已定，T或P到轴CO的距离TN或PO也已指定，而椭圆pQ的类型、大小和它到直线PO的距离也就指定。由于面积POp与时间成正比，且时间是确定的，所以角POp也是定值。所以椭圆和直线Op的共同交点p，以及轨道的投影APp与直线OP形成的角OPp也都是指定的。根据命题41和它的推论2，曲线APp也就显而易见得到证明。然后，通过多个投影点P向平面AOP作垂线，并使垂线PT与曲面相交于点T，即可求证出曲线轨道上的若干个点。由此得证。

第11章 论在向心力作用下的物体相互吸引的运动

到目前为止，我讨论的运动涉及的是物体受向心力吸引，在不动中心的运动。通常在自然中，这种运动发生的概率很小，因为吸引运动通常是物体间的运动。但根据定律3,物体的吸引和被吸引是共同存在的,两个物体,无论它在吸引对方还是受对方吸引,都不会真正地保持不动,而是两个物体间的互相吸引,并围绕公共重心旋转。如有更多物体,无论它们是受某个物体吸引,还是它们吸引了某个物体,或是物体间相互吸引,各物体将会运动,它们围绕公共重心或处于静止状态,或做匀速运动。现在,我继续讨论物体间的相互吸引运动,我将把向心力当作引力。其实,从物理学来看,它最准确的名称应该是推进力。但是,物理学是将这些命题以纯数学来研究的,因此,我先摒弃引力的物理学意义,用人们熟知的数学方法来描述,这样更便于读者理解。

命题57 定理20

两个相互吸引的物体围绕共同重心和相互围绕彼此运动画出的图形相似。

由于物体到共同重心的距离与物体重力成反比,所以物体相互间的比值是给定值。物体比值的大小与物体间的全部距离始终保持一个固定比率。这些距离以均匀的角运动绕它们的公共端点旋转,它们在同一直线上,所以它们的运动不会改变相互间的倾角。但由于直线相互间的比值已指定,它们将随物体绕端点在平面做角速度相等的运动,平面相对于它们静止或进行没有角运动的移动,而直线将围绕这些端点画出相似度很高的图形。所以,因这些距离的旋转而画出的图形也是相似的。由此得证。

命题58 定理21

两个物体如在某种力作用下彼此吸引,同时围绕共同重心旋转,那么我认为在相同力的作用下,物体围绕一个静止物体旋转所画出的图形,与物体相互旋转时画出的图形相似且相等。

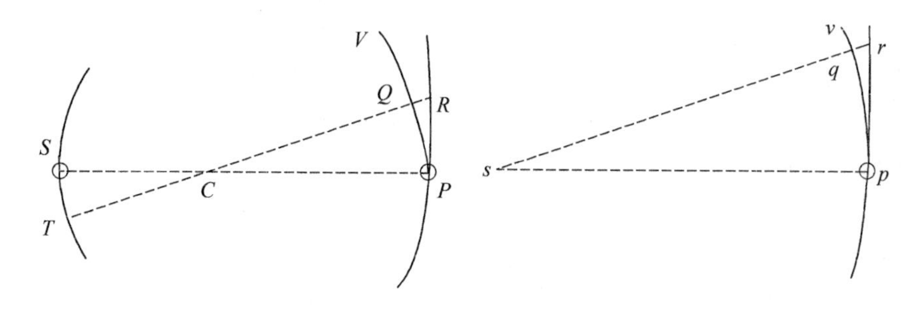

设物体S和P围绕它们的共同重心C旋转,从S运动到T,从P到Q。在指定点s连续作sp、sq,并与SP、TQ平行且相等。在点p围绕静止中心s进行旋转画出曲线pqv,并与物体S和P相互环绕所划过的曲线相似且相等。那么根据定理20,它就和相同物体围绕共同重心C旋转所画的曲线ST和PQV相似，因为直线SC、CP和SP或sp相互间的比是指定的。

情形1 根据运动定律的推论4，重力的共同中心C或处于静止，或做匀速直线运动。首先假设它是静止状态，两个物体分别处于点s和p，位于点s的是不动物体，位于点p的是运动物体，这与物体S和P的情况相似。然后在点P和p将直线PR和pr与曲线PQ和pq相切，并将CQ、sq延长到点R和点r。因为图形$CPRQ$、$sprq$相似，因此，$RQ:rq=CP:sp$，该比值为给定比值。因此如果把物体p吸引到物体S，并以受重力中心C吸引的力，与物体p受中心s吸引的力的比值为给定值，那么，这些力在相等时间内将与切线RQ、rq的间隔成正比，并将物体从切线PR、pr吸引到弧PQ、pq，而指向s的后的力则将让物体p沿曲线pqv旋转，且与物体P旋转所沿的曲线PQV相似，这些旋转将在相同时间里完成。但是因为这些力彼此之间的值不等于$CP:sp$，但（由于物体S和s、P和p，以及距离SP和sp相等）相互间比值相等，因此，在相同时间内，物体的切线所划过的图形也相等，而物体更大间距rq的运动时间会更久，并且和间距的平方根成正比，因为根据引理10，在运动开始时，物体所划过的距离和时间的平方根成正比。物体p与物体P的速度比为距离sp和CP比的平方根，那么物体间有简单比值的弧pq、PQ，可在与距离平方根成正比的时间里划过，而受相同力吸引的物体P、p则将围绕静止中心C和s画出相似图形PQV、pqv，其中图形pqv与物体P围绕运动物体S划过的图形相似且相等。由此得证。

情形2 假设共同重心和物体相互运动的空间，统一在一条直线上匀速运动，根据运动定律的推论6，在这个空间的所有运动都和情形1相同，那么物体在相互运动中划过的图形也与图形pqv相似且相等。由此得证。

推论1 根据命题10，两个相互吸引且力与距离成正比的物体，将围绕其共同重心相互旋转并划过同心椭圆。反之，如果物体能划过同心椭圆，那么物体受到的力与距离成正比。

推论2 根据命题11、12和13，两个引力与距离的平方成反比的物体，将围绕其共同重心相互旋转并划过圆锥曲线，它们的焦点在物体环绕的中心。反之，如果物体能划过这种曲线，那么它们受到的向心力与距离的平方成反比。

推论3 两个围绕共同重心旋转的物体，划过的面积与时间成正比，两者通过运动半径受到向心力的吸引，同时也彼此吸引。

命题59 定理22

两物体S和P围绕共同重心C旋转，运动周期与物体P围绕另一静止物体S旋转划过相似且相等图形的运动周期的比，等于S的平方根与（$S+P$）的平方根的比。

由前述命题的证明，划过任意相似弧PQ与pq的时间的比，等于CP的平方根与

SP（或sp）的平方根的比，即等于S的平方根与（$S+P$）平方根的比。利用合比，可画出所有相似弧PQ和pq时间的和，即画出图形的整个时间是同一比值，等于S的平方根与（$S+P$）的平方根之比。由此得证。

命题60　定理23

如果受与距离平方成反比的引力的作用，两个物体S和P相互绕其共同重心旋转，那么，在相同周期内，其中一个物体P绕另一个物体S旋转所画出的椭圆的主轴，与由同一物体P围绕另一静止物体S旋转所画出的椭圆主轴的比，等于两个物体的和$S+P$与另一物体S之间的两个比例中项的前一项。

如果所作的椭圆是相等的，由前述定理，它们的周期时间与S和（$S+P$）的平方根成正比。如果将后一个椭圆的周期时间按相同比值减小，则它们的周期相等。但是，根据命题15，椭圆的主轴将按前一比值的$\frac{3}{2}$次方减小，那么，椭圆主轴的立方比等于S与$S+P$的比，因而两个椭圆的主轴之比，等于$S+P$与S比$S+P$之间两个比例中项的前一项之比。反之，围绕运动物体所画的椭圆主轴与绕静止物体画出的椭圆主轴之比，等于$S+P$与S比$S+P$之间两个比例中项的前一项。由此得证。

命题61　定理24

如果两个物体在任意类型力的作用下相互吸引而不受其他力的干扰和妨碍，并以任意方式运动，那么这些运动等同于没有受到相互吸引，而都同时受到位于它们共同重心的第三个物体的相同力的吸引；如果仅从物体到公共中心的距离和到两物体间的距离方面分析，其引力的规律也完全相同。

由于使物体相互吸引的力，指向物体时也指向物体的共同重心，所以这种力与从共同重心处的物体上发出的力相同。由此得证。

由于其中一个物体到共同中心的距离与两物体间距的比给定，那么由此求出一个距离的任意次幂与其他距离的相同次幂的比值，并且还可求出由距离以任意方式和给定量组合而产生的量，以及由另一距离和该距离以类似方法组合产生的量的比值。因此，如果一个物体受另一物体吸引的力与物体间相互的距离成正比或反比，或者与该距离的任意次幂成正比，或者与距离以任意方式和指定量结合产生的任意新量成正比，那么用类似方法将相同物体吸引到共同重心的相同力，就将与被吸引物体到共同中心的距离成正比或反比，或者与该距离的任意次幂成正比，或者以相同方法由距离和指定量的结合产生的任意量成正比。从这个意义上说，引力的规律对这两种距离都相等。由此得证。

命题62 问题38

彼此间引力与距离平方成反比的两个物体,求其从指定位置落下的运动。

根据前述定理,物体的运动与它们受位于共同重心的第三个力的吸引引起的运动方式相同。根据假设该中心在其运动开始时是静止的,那么根据运动定律推论4,它将始终处于静止状态。而物体的运动从问题25可知,能由物体受指向该中心的力推动的相同方式求出,在此基础上,即可求出相互吸引的物体的运动。由此得证。

命题63 问题39

相互间引力与距离的平方成反比的两个物体,求其从指定处用指定速度沿指定方向的运动。

因为物体初始运动已指定,由此可求出共同重心的匀速运动和与随其同时做匀速直线运动的空间的运动,以及最开始或初始物体相对于该空间的运动。根据前述定理和运动定律推论5,物体在该空间用以下方式运动,空间和共同重心保持静止,物体相互间没有引力,因此与受到位于该中心的第三个力吸引的情况相同。所以,在这个运动空间中,每一个离开指定场所,用指定速度,沿指定方向并受向心力作用的物体的运动,都可通过问题9和问题26求出,同时还可求出另一物体绕相同中心所做的运动,如果将该运动与围绕空间旋转的物体的整个系统的匀速直线运动结合在一起,就能求出物体在不动空间的绝对运动。由此得证。

命题64 问题40

假设物体间的相互引力随其中心距的比值而增加,需要求整个物体间的相互运动。

如果前两个物体T和L的共同重心为D,那么根据定理21的推论1,物体以D为中心而画出的椭圆面积,可通过问题5求出。

假设第三个物体S用加速力ST、SL吸引前两个物体T和L,同时,物体S也受它们的吸引。那么,根据运动定律的推论2,力ST分解为SD和DT,力SL分解为SD和DL。力DT、DL的合力为TL,与两物体相互间的吸引加速力成正比,将此两力前对前,后对后分别加到物体T

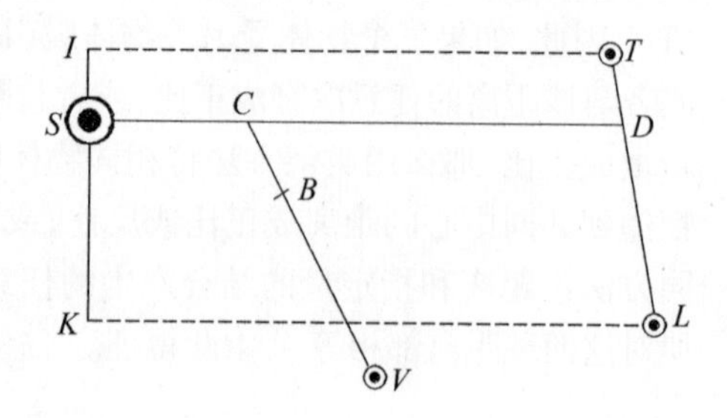

和L上，所以，得到的两合力仍与先前一样，分别和距离DT和DL成正比，只是比先前的力大。根据命题10的推论1、命题4的推论1和推论8，这些合力可以像先前的力那样促使物体画出椭圆，但其运动速度更快。而余下的加速力SD和DL，通过动力$SD \times T$和$SD \times L$，则同样在和DS平行的直线TI、LK上吸引物体，这种吸引并不改变物体间的相互位置，但会促使物体向直线IK靠近，该直线IK通过物体S的中心并垂直于直线DS。但物体向直线IK的靠近会受到妨碍，因为当物体T和L处于一边时，物体S则在另一边以适当的速度绕共同重力中心C旋转。因为动力$SD \times T$和$SD \times L$的和与距离CS成正比，所以物体S在该运动中指向中心C，并将围绕中心C画出椭圆。直线CS与CD成正比，通过点D也可画出类似椭圆。但物体T和L被动力$SD \times T$和$SD \times L$吸引，物体T受$SD \times T$吸引，物体L受$SD \times L$吸引，从而一同沿平行线TI和LK的方向运动，与前面的论述相同，根据运动定律的推论5和推论6，物体将绕运动中心D画出各自的椭圆。由此得证。

设加入第四个物体V，用同样论证：该物体和点C围绕共同重心B画出椭圆，而物体T、L和S照常围绕中心D、C的运动保持不变，但将加快运动速度。用相同方法，还可任意增加更多的物体。由此得证。

虽然物体T和L的彼此吸引的加速力，大于或小于其按距离比例吸引其他物体的加速力，但以上情形仍将继续成立。设所有彼此加速引力的比等于吸引物体距离的比，那么根据前一定理可推导：所有物体都将在一个不动平面上，用相同周期围绕它们的共同重心B画出不同的椭圆。由此得证。

命题65　定理25

如果物体的力随物体到中心距离的平方减小，那么这些物体将沿椭圆运动，并且，以焦点为半径所穿过的面积与时间几乎成正比。

在前述命题中，我们证明物体的椭圆精确运动的情形。力的规律与该情形的规律越远，物体彼此间运动的相互干扰越大。物体间的相互距离如果不保持一定比例，物体就不能按命题所假设的规律那样精确地沿椭圆运动。不过，在我后面所叙述的情形中，轨道与椭圆的差别不是很大。

情形1　设有一些较小物体以不同的距离围绕某个较大物体旋转，且指向每一个物体的力都与它们的距离成正比。根据运动定律的推论4，这些物体的共同重心或静止，或做匀速直线运动。假设这些物体体积很小，从而使大物体到中心的距离不能测出，致使大物体或处于静止，或做匀速运动，且存在无法感知的误差，而小物体则围绕大物体沿椭圆转动，它的半径划过的面积与时间成正比，如果排除大物体到公共重心距离的误差，或者排除由小物体之间的相互作用而引起的误差，小物体体积能进一步缩小，使它们的距离和相互间的作用也小于任意给定值，其运动轨道则为椭圆,而与时间相应的面积也不小于任意给定值的误差。由此得证。

情形2 设多个小物体按上述方法绕一个较大物体运动,构成一个体系,或两个物体相互环绕构成双体系统,做匀速直线运动,并同时受较远处另一个大物体上的力作用而向一边倾斜。由于沿平行方向推动物体运动的加速力还会改变物体间的相互位置,它只是在促使各部分保持相互运动的同时,推动整个系统改变其位置,所以只要加速力均匀,或者没有沿引力方向出现倾斜,物体的相互吸引运动就不会因较大物体的吸引而出现任何变化。设所有指向大物体的加速引力与距离的平方成反比,再把物体的距离增大,一直到它连接其他物体间所作的直线在长度上产生差值,且这些直线相互间的倾角小于任意给定值,那么,该系统各部分的运动将以小于或等于任意给定值的误差进行。因为这些部分相互的距离小,而整个系统像一个物体一样受到吸引而运动,它的重心将围绕大物体画出一条圆锥曲线,当引力较弱时,画出抛物线或双曲线,较强时画出椭圆,由较大物体指向该系统的半径穿过的面积则与时间成正比,根据本命题的假设,各部分间由距离产生的误差极小,并且可随意缩小。由此得证。

还可用类似方法来证明其他更复杂的情形,由此能推广至无限。

推论1 在情形2中,极大物体离双体或多体系统越近,则系统内各部分彼此运动的摄动就越大。这是因为,该大物体到其他部分间直线的倾斜度增大,其比例的不等性也越大。

推论2 在物体的摄动中,如果系统各部分指向所有大物体的加速引力,与到大物体距离的平方不成反比,特别是在该比例的不等性大于部分到大物体距离比例的不等性时,摄动将是最大的。因为如果沿平行线方向同等作用的加速力没有引起系统各部分运动的摄动,当不能同等作用时,就必定要在某处引起摄动,并且,这种摄动的大小将随不等性的大小而变化。作用在物体上的较大推动或排斥力的剩余部分不会作用于其他物体,但会改变这些物体的相互位置。如果将该摄动加在物体间由直线不等性和倾斜产生的摄动上,则将使整个摄动更大。

推论3 因此如果系统的各部分在椭圆或圆周运动,且没有显著的摄动,这说明它们受到了指向其他任意物体加速力的作用,这时,它们的推动力会很小,或沿平行线方向近似地作用在各部分上。

命题66 定理26

如果三个物体相互吸引的力随着它们距离的平方而减小,而任意两个物体对第三个物体的加速引力都与物体间距离的平方成反比,且两个较小的物体围绕最大的物体转动,那么假如最大物体被这些引力推动,而不是完全不受更大或更小的推动力作用时,这两个旋转物体中靠内的一个所作的到最里面的那个最大物体的半径围绕该最大物体穿过的面积与时间的比值更接近于正比，且画出的图形更接近椭圆。

显然由前一命题的推论2可得出这一结论，但也可用另一种更为严谨和普适的方法来论证。

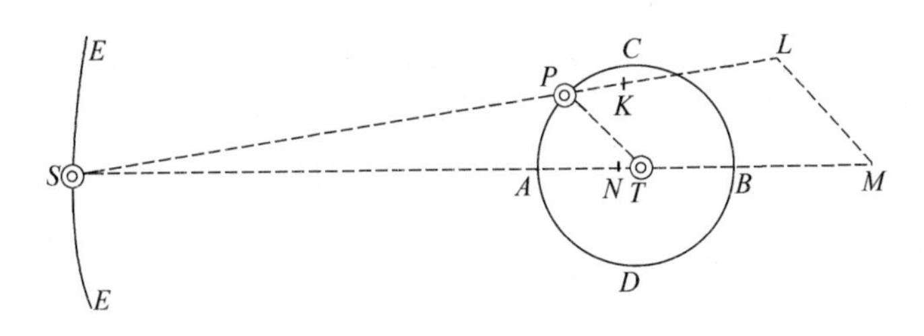

情形1 设较小物体P和S放在相同平面上围绕最大物体T旋转，物体P画出内轨道PAB，物体S画出外轨道ESE。设SK作为物体P和S的平均距离，直线SK表示物体P在平均距离处指向S的加速引力。作SL，使之与SK的比等于SK的平方与SP的平方的比，其中，SL是物体P在任意距离SP处指向S的加速引力。连接PT，作LM和它平行，并与ST相交于点M，那么根据运动定律的推论2，引力SL可分解为SM、LM。而物体P则将受到三个引力的作用，其中一个力指向T，来自物体T和P的相互吸引。在该力的单独作用下，物体P将围绕物体T运动，并通过半径PT穿过的面积与时间成正比，画出一个焦点在物体中心T的椭圆。无论物体T是否静止，或受引力作用而运动，上述运动都会进行，以上结论能通过命题11及定理21的推论2和推论3推导出。引力LM是另一个力，因为它由P指向T，所以可将它重合到前一个力上，根据定理21的推论3可知，该力也使面积与时间成正比，但它与距离PT的平方并不成反比，所以，当把它加在前一个力上时就产生合力，而这个合力使上述平方反比关系发生变化，相对前一个力来说，合力的比例越大，变化也越大，但在其他地方则不会有变化。因此，根据命题11和定理21的推论2，焦点为T的椭圆的力应指向该焦点，并且与距离PT的平方成反比。由于改变此比例的复合力将使轨道PAB由以T为焦点的椭圆发生变化，其中，比例关系改变越大，轨道的变化也越大，第二个力LM相对于前一个力的比例也越大，但在其他方面没有什么变化。第三个力SM沿平行于ST的直线方向吸引物体P，并和另两个力合成不再由P指向T的新力，方向变化大小与第三个力对另外两个力的比例相同，相对于另外两个力，第三个力的比例越大，其方向变化也越大。同样，其他方面也不会有变化。因此，物体P通过半径TP所穿过的面积与时间不再是正比关系，相对于另两个力，该力的比例越大，其比例关系的变化也越大。基于前两种说明，第三个力将增大轨道PAB由椭圆形发生的变化，首先，该力不再由P指向T；其次，它与距离PT的平方不是反比关系。当第三个力尽可能减小，而其他力保持量不变时，面积最接近于与时间成正比。当

第二个和第三个力，尤其是第三个力有可能最小，而第一个力保持其量不变时，轨道*PAB*则最接近于椭圆形。

用直线*SN*表示物体*T*指向*S*的加速引力。如果加速引力*SM*和*SN*相等，那么加速引力将沿平行线方向同等地吸引物体*T*和*P*，但不改变它们相互间的位置。由运动定律的推论6可知，这两个物体间的相互运动与没受到引力作用时是一样的。同理，如果引力*SN*小于引力*SM*，那么，*SN*将*SM*的一部分抵消，而剩余的引力部分*MN*则会影响时间与面积的正比关系，以及轨道的椭圆形状。如果引力*SN*大于引力*SM*，则轨道和正比关系的摄动也由力的差*MN*产生。在此，引力*SN*总是由于引力*SM*而减小为*MN*，第一个和第二个引力则可保持不变。因此，当引力*MN*为零或极其小时，即物体*P*和*T*的加速引力尽可能相等时，或当引力*SN*既不为零，也不小于引力*SM*的最小值，而是为引力*SM*的最大值和最小值的平均值，即既不远大于*SK*，也不远小于它时，面积和时间的比最近似于正比，并且轨道*PAB*也最接近上述的椭圆形。由此得证。

情形2 设小物体*P*、*S*放在不同平面上围绕大物体*T*旋转。在轨道*PAB*平面上，沿直线*PT*方向的力*LM*的作用就和上述情况相同，不会使物体*P*脱离它的轨道平面。但另一个沿平行于*ST*的直线方向作用的力*NM*，除引起垂直摄动外，还会带来横向摄动，并吸引物体*P*脱离它的轨道平面。这种摄动，在物体*P*和*T*相互位置已指定的前提下，将与力*MN*成正比。所以，当力*MN*为最小时，也就是引力*SN*不很大于引力*SK*，也不很小于时，它的摄动也变为最小。由此得证。

推论1 因此容易得出如果有多个小物体*P*、*S*和*R*等围绕一个极大的物体*T*旋转，当此极大物体受到其他物体的吸引和推动，其他物体间也相互吸引和推动时，在最里面做旋转运动的物体*P*所受的摄动最小。

推论2 一个包含着三个物体*T*、*P*和*S*的系统，如果其中任意两个指向第三个的相互间加速引力与距离的平方成反比，那么，物体*P*在以*PT*为半径，围绕物体*T*划出面积时，其在会合点*A*及在对点*B*附近的速度，要高于在方照*C*和*D*的速度。这是因为，每一种力作用于物体*P*而非物体*T*，均非沿直线*PT*方向作用，根据该力的方向是与运动方向相同还是相反，来增加或减少所划过的面积，这就是力*NM*的作用。当物体*P*由*C*向*A*运动时，该力与运动方向相同，因此使物体做加速运动。直到*D*时，该力与运动方向相反，因此使物体做减速运动。直到到达点*B*，该力又与运动方向相同，但由*B*运动到*C*，该力又与运动方向相反。

推论3 同理，在其他条件不变的前提下，物体*P*在会合点和对点的运动速度快于在方照点的速度。

推论4 在其他条件不变的情况下，物体*P*在轨道上方照的弯曲度，比在合点和对点上的弯曲度更大。因为当物体的运动速度越快，路径偏离直线的程度就越小。在合点和对点上，力*KL*或*NM*与物体*T*吸引物体*P*的力方向相反，从而使该力减小。

物体P指向物体T的吸引减小，偏离直线路径的程度也越小。

推论5　因此物体P在其他条件不变的情况下，在轨道上方照点要比在合点和对点距物体T更远，然而，这个结论必须排除偏心率的变化才能成立。由于如果物体P的轨道是偏心的，那么当回归点处在合冲点时，其偏心率（正如即将在推论9中展示的）将达到峰值，于是可能有时候会出现这种情况，当物体P的合冲点接近其远回归点时，到物体T的距离大于其在方照的距离。

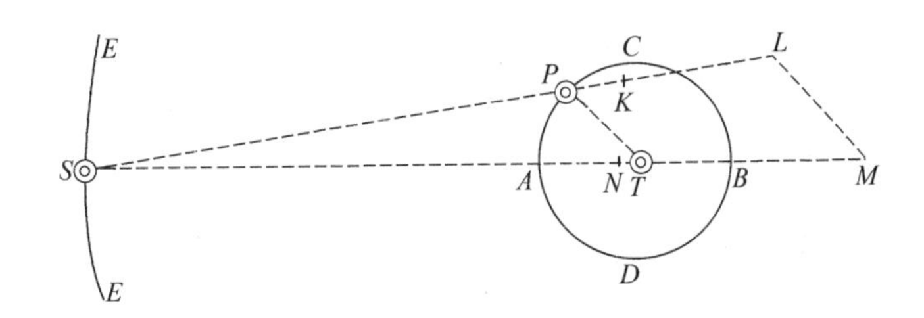

推论6　保持物体P在轨道上的中心物体T的向心力，在方照该向心力由于力LM的加入而增强；在合冲点，则因减去力KL而减弱，由于力KL大于力LM，因此减弱的大于增强的。根据命题4的推论2，该向心力与半径TP成正比，与周期的平方成反比，那么由于力KL的作用使合力减小。如果假设轨道PT的半径保持不变，其周期会增加，并与向心力减小比值的平方根成正比，那么根据命题4的推论6，当半径增大或减小时，周期将以半径的$\frac{3}{2}$次幂增大或减小。如果中心物体的引力逐渐减小，物体P受到的引力会越来越小，并离中心T越来越远；反之，如该力逐渐增强，它离中心T将越来越近。如果使该力减弱的遥远物体S由于旋转而使作用力出现增大或减小现象，那么半径TP也同样会出现增大或减小现象；由于遥远物体S作用力的增大或减小，周期也将随着半径$\frac{3}{2}$次幂的比值和中心物体T的向心力减小或增大比值的平方根的乘积比值而增加或减小。

推论7　根据前面的证明可知，物体P所划过的椭圆或回归线的轴，将随角运动交替前进或后退，由于前进多，后退少，所以直线总运动就是前进运动。在方照点，力MN已经消失，将物体P吸引向物体T的力是由力LM和物体T吸引物体P的向心力合成的。如果距离PT增大，第一个力LM也将以接近和距离增加的相同的比例而增大，而另一个力则以正比于距离比值的平方而减小。因此，这两个力的和的减小小于距离PT比值的平方。根据命题45的推论1，将使回归线或上回归点向后移动。但在会合点和对点，使物体P倾向于物体T的力是力KL与物体T吸引物体P的力之差，由于力KL以非常接近距离PT的比值而增大，因此该差的减小大于距离PT比值的平方。根据命题45的推论1，该力的差将使回归线前移。在合冲点与方照点之间，回归线的运动由这两种因素共同决定，它用两种作用中最强的那个剩余值比例来决定前进或后退。在合冲点的力KL几乎是在方照点的力LM的2倍，而剩余力位于力KL的一方，因此，回归线将前移。设两个物体T和P构成的系统每一边都被滞留在轨道ESE上的多个物体S等环绕，有了这个假设，该结论和上一个推论就容易理解了。这是因为，由于这些物体的作用，物体T在每一边的作用都将被减弱，且减弱的程度大于距离比值的平方。

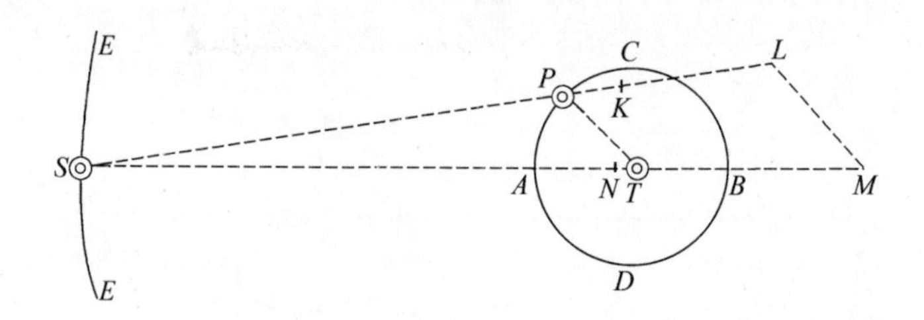

推论8 回归点的前进或后退取决于向心力的减小，亦即当物体从下回归点向上回归点移动时，向心力是大于还是小于距离TP比值的平方；也由物体返回下回归点时的向心力类似的增大所决定。因此，当上回归点的力与下回归点的力的比，同距离平方的反比之差为最大时，回归点的运动也成为最大；当回归点在合冲点，而力的差是KL或$NM-LM$时，其向前运动也相对较快；而当回归点在方照点时，由于新增的力LM的作用，其后退则相对较慢。由于前进和后退都将持续很长一段时间，因此，这种不等性也变得相对突出。

推论9 如果物体受到的阻力与它到任意中心距离的平方成反比，绕中心沿一椭圆旋转，在由上回归点落到下回归点时，阻力受到新力的作用而不断加强，并大于距离减小的比值平方。那么，该物体受新力的连续作用而指向中心，比它只受以距离减小比值的平方而减小的力的作用更偏向于中心，而它所画出的轨道和以前的椭圆轨道相比，更靠内一些，在下回归点更加接近中心。由于新力的作用，该轨道更加偏心。如果当物体从下回归点返回到上回归点，以新力增加的相同比值减小向心力，那么，物体将回到原先距离处。如果该力以一个更大的比值减小，物体受到的吸引则将变小而上升到一个更大的距离处，其轨道的偏心率也将增大。如果向心力的增减比值在每一次旋转中都增大，那么，偏心率也同样得以增大；反之，如果该比值减小，其偏心率也将减小。

因此，在包含物体T、P、S的系统中，当轨道PAB的回归点位于方照点时，增大和减小的比值为最小；而当回归点位于合冲点时，该比值应为最大。如果回归点在方照点，则该比值在回归点附近时小于距离比的平方，而在合冲点附近时，就大于距离比的平方，而由该较大比值即可产生回归线运动。如果考虑上下回归点间整个的增减比值，该比值也小于距离比的平方。而下回归点的力与上回归点的力之比，小于上回归点到椭圆焦点的距离与下回归点到椭圆焦点距离比的平方；反之，如果回归点位于合冲点时，下回归点的力与上回归点的力之比，就大于该距离比的平方。因为，在方照上，力LM与物体T的力复合成一比值较小的力，而在合冲点，力KL减弱物体T的力，合力的比值就更大。因此，上下回归点间整个运动的增减比值在方照点时最小，而在合冲点最大。在回归点由方照点到合冲点的运动过程中，该比值不断增大，且椭圆的偏心率增大；反之，由合冲点到方照的运动过程中，该比值不断减小，且偏心率减小。

推论10 我们还能说明纬度的误差。我们假设轨道EST的所在平面保持不动，根据前述可知，力NM和力ML就是产生误差的根本原因。这是因为，作用于轨道PAB平面上的力ML绝不会干扰纬度方向上的运动，而当交点在合冲点时，作用于相同轨道平面上的力NM，也不会影响该方向上的运动。但是当交点在方照点时，力NM就会对纬度运动形成强烈的干扰，并吸引物体P不断脱离其轨道平面。在物体由方照点到合冲点的过程中，它不断减小平面的倾斜度；而当物体由合冲点移向方照点时，它又两次增大平面的倾斜度。因此，当物体在合冲点时，轨道平面的倾斜度最小；而当物体到达下个交会点时，它又会恢复到与原先最接近的值。但是，如果交会点位于方照点后的八分点（45°），即在C和A间、D和B间，由于刚才提及的原因，物体P由任一交会点向后移动90°时，平面的倾斜度也不断减小。不过，在下一个45°向下一个方照点移动的过程中，其倾斜度会增大。然后，再由下一个45°向下一个交会点移动时，倾斜度又会减小。因此，当倾斜度的减小多于增大时，后一个交会点总小于前一交会点。

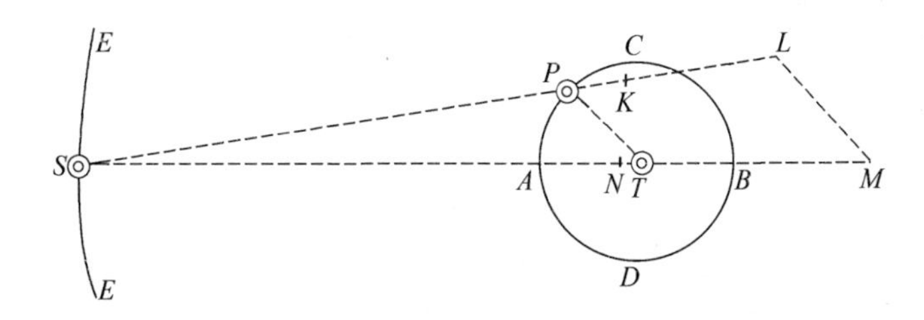

根据类似论证，当交会点位于A和D、B和C之间的其他八分点时，平面倾斜度的增大就多于减小。因此，当交会点在合冲点时，倾斜度为最大。在交会点由合冲点移向方照点的过程中，物体每一次趋近交会点，倾斜度都会减小，当交会点在方照点时，则变成最小。当物体位于合冲点上，其倾斜度也达到最小值，但之后它又会以先前减小的程度增加，当交会点到达下一个合冲点时，它又会恢复到初始值。

推论11 由于当交会点在方照点时，物体P不断受到吸引而逐渐脱离轨道平面。而该引力在从交会点C过会合点A到交会点D的过程中被指向S，当引力从交会点D过对应点B到交会点C时，其方向相反。很明显，在离开交会点C后的运动中，物体不断脱离其最先的轨道平面CD直到下一个交会点。因此在该交会点上，物体离原平面*CD*的距离最大，并不会通过轨道*EST*平面上的另一个交会点*D*，而是通过离物体*S*较近的一个点，且该点即交会点在其原先场所之后的新场所。根据类似理由，当从该交会点向下一个交会点移动时，交会点也将继续后移。所以，当这些交会点位于方照时，会连续后移。而在合冲点时，由于纬度运动没有受到干扰，交会点将保持静止。如果两种场所之间包含了两种因素，交会点后移就比较缓慢。因此，交会点或者逆行，或者静止，或者在每次的旋转中，都向后移动。

推论12 通过前述推论可知，由于产生干扰的力*NM*和*ML*较大，因此，在物体*P*、*S*会合点上的误差都略大于对点上的误差。

推论13 通过这些推论可知，由于误差与变化的原因和比例与物体*S*的大小无关。因为即使物体*S*足够大到能使物体*P*和*T*围绕它旋转，仍会有误差。由于物体*S*的增大使其向心力也增强，并使物体*P*的运动误差也因此而增大，从而导致在相同距离处，所有误差都大于物体*S*绕物体*P*和*T*系统旋转时所产生的误差。

推论14 当物体*S*位于无限远时，力*NM*、*ML*非常接近于*SK*和*PT*与*ST*的比值，亦即，如果距离*PT*和物体*S*的绝对力已指定，它与ST^3成反比；由于力*NM*、*ML*是上述推论中所有误差和作用产生的原因，因此，如果物体*T*和*P*与过去相同，只改变了距离*ST*和物体*S*的绝对力，那么所有这些效应将非常接近于与物体*S*的绝对力成正比、与距离ST^3成反比。如果物体*T*和*P*构成的系统围绕遥远物体*S*旋转，那么，根据命题4的推论2，力*NM*、*ML*将与周期的平方成反比。同样，如果物体*S*的大小与其绝对力成正比，那么力*NM*、*ML*及其作用将与物体*T*观看无限远物体*S*的视直径的立方成正比，反之亦然。因为这些比值与前述的合值相同。

推论15 如果保持轨道*ESE*和*PAB*相互间的形状、比例和相互的倾斜度不变，只改变它们的大小，物体*S*和*T*的力或保持不变，或以任意给定的比例变化，那么在物体*T*使物体*P*偏离直线路径进入轨道*PAB*的力，和在物体*S*上使物体*P*脱离该轨道的力，将始终以相同的方式和相同的比例发生作用，而所有这些作用都相似并成正比，并且这些作用的时间也成正比。亦即，所有的直线误差都与轨道的直径成正比，而角误差则与以前保持相同，而相似直线误差的时间及相等角误差的时间，则与轨道的周期成正比。

推论16 因此如果指定轨道的图形和相互间的夹角，而它的大小、力和物体间的距离以随意变化，那么就能从一种情形中的误差和误差的时间，求出其他任意情形中的误差和误差时间的高度近似值。然而这个问题可用以下的简便方法来求证。在其他条件不变的情况下，设力*NM*、*ML*与半径*TP*成正比，那么根据引理10的推论2，力的周期作用将与力及物体*P*周期的平方成正比，而这就是物体*P*的直线误差。而在每一次的旋转中，它们到中心*T*的角误差都非常近似地和旋转时间的平方成正比。如果将这些比值与推论14中的比值相乘，那么，在物体*T*、*P*、*S*构成的任意系统中，*P*在*T*的附近非常接近地围绕*T*旋转，而*T*则以一个较大距离围绕*S*旋转。

从中心T进行观察可发现，在物体P的每一次旋转中，物体P的角误差都与物体P周期的平方成正比，与物体T周期的平方成反比。因此，回归线的直线平均运动与交会点的平均运动之比是给定值，而这两种运动都与物体P周期的平方成正比，与物体T周期的平方成反比。轨道PAB偏心率比和倾斜度的增大或减小，不会对回归点和交点的运动产生什么明显影响。除非这种增大或减小达到相当大的程度。

推论17 直线LM有时比半径PT大，有时又比半径PT小，用半径PT来表示力LM的平均量，那么该平均力与平均力SK或SN（也可表示为ST）的比等于长度PT与长度ST的比值。使物体T维持在环绕S的轨道上的平均力SN或ST，与使物体维持在环绕T的轨道上的力之比，等于半径ST与半径PT的比值，与物体P绕T的周期和物体T绕S的周期的平方比的复合。因此，平均力LM与使物体P维持在环绕T的轨道上的力之比（或由同样的物体P能在距离为PT时绕T点做周期相同的旋转），等于周期的平方比。因而周期是指定值，距离PT和平均力LM也指定；而该力指定，通过对直线PT和MN的比对，即可求出力MN的高度近似值。

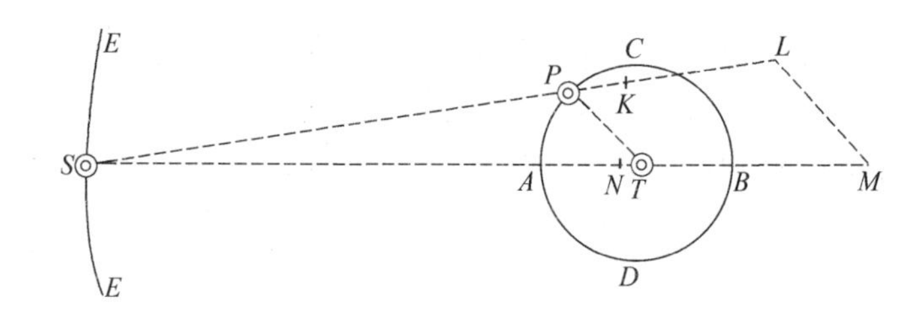

推论18 根据物体P环绕物体T旋转的相同规律，设有很多流动物体在相同距离处环绕T做旋转运动。这些流动物体的数量众多，以至于相互连接形成一个圆环，物体T是圆环的中心。该圆环各部分在距离物体T较近处运动，其运动规律与物体P的运动规律相同，它们在自己和物体S的会合点及对点处的运动速度较快，在方照点处的运动速度较慢。该环的交会点，或者它与物体S或T的轨道平面的交点在合冲点时是静止状态，但在合冲点外，它们或向后移动，或逆向移动，在方照点时其移动速度最快，在其他地方则相对较慢。该环的倾斜度也在不断变化，在每一次的旋转运动中其轴都会发生摆动，但当旋转结束后，其轴又会回到原来的位置，只有交会点的岁差才使它产生少量的转动。

推论19 设球体T由许多非流动物体组成，在每一边将其延伸到上述推论中的环形圈处，再沿球体的四周挖出一条蓄满水的水沟。该球体围绕着自己的轴以相同的周期做匀速旋转运动。而水则像前一推论所说，不断得到加速和减速，相对于球面，水在合冲点时的速度较快，在方照点时的速度较慢，在水沟中，水会形成大海一样的退潮和涨潮。如果将物体S的引力去掉，水流就不会形成涨潮和退潮，而只能围绕球体中心流动。根据运动定律的推论5和推论6，这种情形与球做匀速运动并环绕其中心旋转的情形是完全相同的，与球受到直线力匀速吸引的情形也相同。但当物体S作用于该球体时，由于引力的变化，水将产生新运动。在距该物体较近的地方，水受到的引力较大；而在距该物体较远处，水受到的引力较小。在方照点，力LM将水向下吸引，直到到达合冲点；而在合冲点，力KL又将水向上吸引，并抑制其下落直到到达方照。这时，水的升降运动受到水沟方向的引导，而那些由摩擦力引起的少许阻碍可忽略。

推论20 如果现在圆环变硬，球体缩小，那么涨潮和落潮运动就会停止；但倾斜运动和交会点的风差则保持不变。设球体与圆环同轴，其旋转时间也相同，球面与圆环内侧接触并连接成一个整体，则球体就参与了圆环的运动，而整体的摆动交会点的向后移动一如前述，与所有作用的影响完全相同。当交会点处在合冲点的位置时，圆环的倾角最大；在交会点向方照点移动的过程中，该作用使倾斜角逐渐减小，并使球体出现新的运动。球体使该运动得以持续进行，直到由圆环的反作用抵消该运动并在反方向引入一个新运动为止。因此，当交会点处在方照点的位置时，减小倾斜度的运动达到最大值，而在方照点后的八分点处的倾角为最小值；当交会点处于合冲点时，倾斜运动达到最大，而在其后八分点的倾角为最大。如果一个无圆环球体的赤道地区比其他极地地区高出少许，密度大一点，情形就完全变了。这是因为，赤道附近多余的物体将替代圆环。尽管可以假设该球体的向心力能够以任意方式增大，并使它的所有部分向下，就像地球上各部分指向中心一样，但这种现象与前面的推论很少有变化，只是水位的最大高度和最小高度稍有不同。因为这时水不再靠向心力的作用而停留在轨道上，而是靠流动水渠。此外，力LM在方照点以最大的力量将水向下吸引，而力KL或$NM-LM$则在合冲点以最大的力量将水向上吸引。在这些力的共同作用下，在合冲点前的八分点处，水不再受到向上的吸引，变成了受到向下的吸引。亦即，最高水位大约在合冲点后的八分点处，而最低水位则大约在方照点后的八分点处，只是这些力以水的上升或下降产生的影响，或者因为水的惯性，或者因为水沟的阻碍而有些微小的时间延迟。

推论21 同理，球体赤道区域的多余物体会造成交会点后移，而这种物质的增多将使逆行运动增加，这种物质的减少则将使逆行运动减少，如果除掉这些物体，则逆行运动会停止。因此，如果除掉那些多余物体，亦即，如果赤道区域的物质比极地区域更少，那么，交会点就会前移。

推论22 因此通过交会点的运动可以了解球体结构。如果球体的极地维持不变，其交会点将做逆行运动，而赤道附近的物质则相对较多，如果是向前运动，其物质则相对比较少。设有一个均匀和精确的球体，最初在自由空间中处于静止，由于受到某种从侧面施加在其表面上的推动力作用，产生了部分圆周运动和部分直线运动。由于该球体与过它的中心的所有轴完全相同，它对一个方向的轴比另一方向的轴没有更大偏向性，因此，球体自身的力绝不会改变它的转轴，也不会改变轴的倾角。现在,假设该球体与上述一样,表面相同部分处又受到一个新的推动力的斜向作用,由于该推动力的作用不会因到来的时间不同而发生任何改变,因此这先后两次到来的推动力冲击而产生的运动,与它们同时到达产生的运动,效果完全一样。亦即,根据运动定律的推论2,球体受先后两次推动力冲击而产生的运动,与受由两个复合而成的单个力作用产生的运动完全相同,即产生一个关于倾斜度的轴的转动。如果第二次推动力作用于第一次运动中赤道上的任意其他位置,其情形与此完全相同;而第一次推动力作用在第二次推动力产生的运动中的赤道上的任意位置,其情形也与此完全相同。亦即,这两次推动力在任意处的效果是一样的,这些推动力产生的旋转运动,与它们同时作用和依次先后作用在这些由各推动力分别生成的赤道交点上的运动相同。均匀、没有瑕疵的球体不会同时进行几种不同的运动,而是将所有的运动叠加,整合并简化成单一运动,并尽可能地围绕一根指定的轴做简单的匀速运动,而轴的倾斜度却始终保持不变。此外,轴的倾角或旋转速度也不会因为向心力而改变。如果有通过球体中心的任意平面将它分为两个半球,那么,该向心力将指向球体中心,并始终同等作用于每个半球上,因而不会对球围绕其轴的运动有任何改变。但是,如果在极点与赤道之间的某个位置增加一批如同高山群峰的新物体,那么这些物体将通过自身脱离运动中心的连续作用而对球体的运动产生干扰,并使其极点在球面上游移,围绕自身并在它的对点运动中画圆。极点的这种强大的偏移运动不能被更改,除非将山峰立于两个极点中的一个,在这样的情形下,根据推论21,赤道的交会点或者后移,或者出现另一种情况,就是在轴的另一侧增加一个新物质。这样,山峰就可以做平衡运动,而交会点是前移还是后退,取决于山峰或新物质是离极点近,还是离赤道近。

命题67 定理27

假设在引力规律相同的情况下,靠外部物体S以半径,即伸向内部并过物体P和T的共同重心点O的直线,围绕该重心运动所划过的面积,比它以伸向最里面最大物体T的半径围绕该物体运动时划过的面积,更接近于与时间成正比,并且,作出轨道更接近于以其重心为焦点的椭圆的图形。

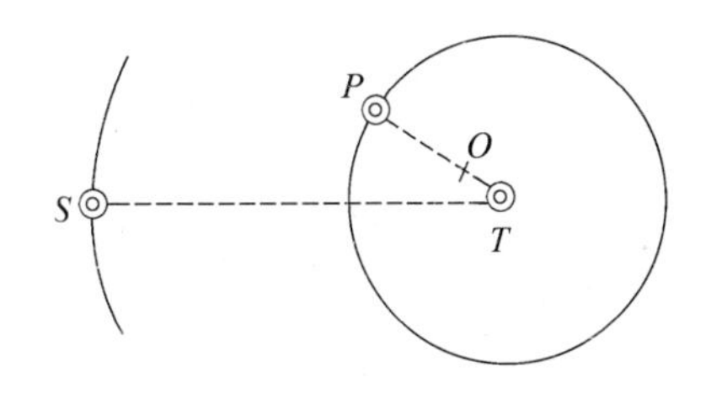

由于物体S对物体T和P的引力合成了绝对引力,因此该力更接近于指向物体T和P的共同重心O,而非指向最大物体T。并且,它更接近于与距离SO的平方成反比,而非与距离ST的平方成反比,只需稍加思考就能理解。由此得证。

命题68　定理28

假设在引力规律相同的情况下，最里面且体积最大的物体如果不是完全不受吸引而保持静止，而是像其他物体一样也受引力的吸引，或者受极强和极弱的吸引而产生剧烈和轻微的运动，那么最外面的物体S，以到内部物体P和T公共重心点O的直线为半径，关于重心所画出的面积更接近于与时间成正比，其轨道也更接近于以其重心为焦点的椭圆图形。

可以用与命题66相同的方法来证明本命题，然而由于过程十分烦琐，所以这里我省略不叙，而考虑用一种更为便捷的方法。根据前面的命题知道物体S受到两个力的共同作用而指向中心，且十分靠近其他两个物体的共同重心，如果它的中心与该共同重心重合，并且这三个物体的共同重心处于静止状态，那么物体S位于其一侧，而另外两个物体的共同重心位于另一侧，它们将围绕该静止状态的共同重心而画出真正的椭圆。如果将命题58的推论2与命题64和命题65进行比较，以上问题即可证明。但是，这种精确的椭圆运动，将会受到物体S到两个物体的中心的距离的些微干扰，物体S受到该中心的吸引，并且还要加上这三个物体的共同重心的运动，其摄动也将得以增加。因此，当三个物体的共同重心处于静止时，摄动最小，亦即，当最里面的体积最大的物体T与其他物质都受到相同吸引时，摄动最小。而当三个物体的共同重心因物体T运动的减小而移动，它的运动愈发激烈时，摄动会达到最大值。

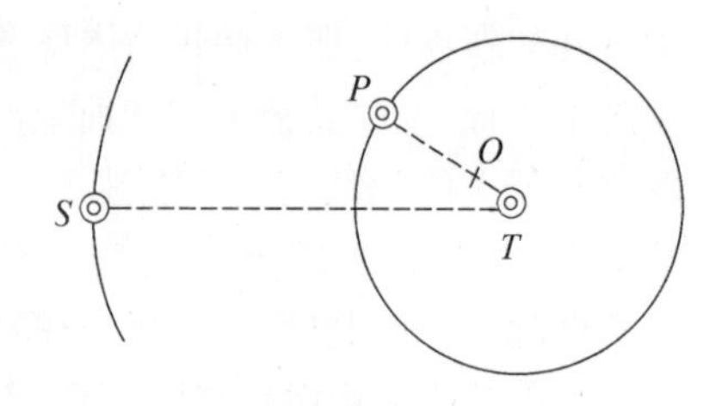

推论　如果有更多的小物体围绕一大物体旋转，则很容易推导出：如果所有物体都受到与绝对力成正比，与距离的平方成反比的加速力的吸引和推动，如果每个轨道的焦点都处于所有较靠内物体的共同重心上（即第一个并且最靠内的轨道的焦点在最大最靠内物体的重心上，第二个轨道的焦点处于最里面两个物体的共同重心上，第三个轨道的焦点在最里面三个物体的共同重心上，依此类推），与如果最靠内的物体静止且指定为所有轨道的焦点时相比，较小物体所画出的轨道将更接近于椭圆，形成的面积更均匀。

命题69　定理29

在一个由多个物体A、B、C、D等组成的系统中，如果这些物体中任意一个，例如A，在与物体距离的平方成反比的加速力的作用下，将剩下所有物体B、C、D等全部吸引。而另外一物体B也将其余的所有物体A、C、D等全部吸引，物体B的加速力也与物体距离的平方成反比。那么吸引物体A和物体B互相间的绝对力的比，等于这些力所属的这些物体A与物体B的比。

B、C、D所有物体指向A的加速引力，根据假设条件，在距离相等时力也相等。通过相似方法能推导出，所有指向B的加速引力，在距离相等时力也同样相等。物体A的绝对引力与物体B的绝对引力的比，等于所有物体指向A的加速引力在相同距离处与所有物体指向B的加速引力的比，也等于物体B指向A的加速引力与物体A指向B的加速引力的比。由于物体B指向A的加速引力与物体A指向B的加速引力的比，等于物体A和物体B的质量之比，因此，根据第2、第7、第8条定义，运动力与加速力和被吸引物体的乘积成正比，根据定律3，这些力是相等的。所以，物体A的绝对加速力与物体B的绝对加速力的比，等于物体A和物体B的质量之比。由此得证。

推论1　如果在由A、B、C、D等组成的体系中，每个物体都受到加速力作用，可吸引所有剩余物体，且加速力与它吸引到的物体距离的平方成反比，那么所有物体相互间绝对力的比就是各物体相互间的比。

推论2　根据类似论证，如果在由A、B、C、D等组成的体系中，每个物体都以加速力吸引其他物体，加速力与它和被吸引物体距离的任意次幂成反比或正比，或通过任何通用规律，由它到每个吸引物体的距离来确定加速力的大小，那么这些物体的绝对力与物体本身成正比。

推论3　在一个系统中，组成物体的力因与距离的平方成正比而减小，如果小物体沿椭圆曲线围绕一个极大的物体旋转，而它们的共同焦点位于这个大物体的中心，划出的椭圆图形也非常精确，由半径到大物体划过的面积也正好与时间成正比，那么，这些物体相互间绝对力的比，刚好或近似等于物体的比，反之亦然。该定理显然可通过将命题68的推论和本命题的第一个推论进行比较，然后进行证明。

附注

上述命题自然会引导我们推知向心力和这些力指向的中心物体之间类似之处，因为我们有理由相信，指向物体中心的向心力，由这些物质本身的性质和量决定。如同我们做过的磁力实验，当出现这种情况时，通过在物体间施加合适的力，能计算出物体的引力，然后再加总。此处我用的“吸引”的词意是广义词意，它能表达物体相互靠近的运动企图，无论是来自物体本身的作用，如散发出某种能量，促使物体互相吸引，出现剧烈运动，还是来自以太或空气，或任意介质的相互作用；也无论这些介质是物质或非物质的，它们都会以某种方式使其中的物体互相靠拢。同样，我所用的“推动力”一词在词意上也是广义的。我在本书中不会对这些力的类别或物理属性下定义，我只想对这些力的量与数学的关系进行探讨，这一点我在前面的定义中已经进行了声明。在数学中，我们研究的是力的量，不同的力在各种条件下的相互关系。而在研究物理学时，需要将这些关系和自然现象进行比较，然后才能发现不同的力在什么条件下会对什么类型的物体产生吸引作用。在所有准备工作就绪后，我们才能更好地去了解力的类型、原因和相互关系。接下来我们会讨论，哪些力能够让那些有引力的部分组成的球体，一定会按照前述方式彼此产生作用，从而能产生什么样的运动。

第12章　论球体间的引力

命题70　定理30

如果指向球面上各点的向心力相等，且向心力随这些点距离的平方而缩小，那么我认为在该球面内的小球无论如何都不会受到这些力的吸引。

设$HIKL$是球面，小球P在球面内。过点P向球面作两条直线HK、IL，与球面交于两条很短的弧HI、KL。由引理7的推论3，因为HPI与LPK相似，所以这两条弧的长与HP、LP的长成正比。过点P的两条直线在球面上限定HI、KL两条弧，这两条弧之内的所有粒子与这些距离的平方成正比，所以这些粒子对球体P施加的力是相等的。因为这些力与粒子成正比，与距离的平方成反比，并且两个比值相乘得到的比值是1:1，所以引力是相等的。但因为这些力都两两作用于相反方向，因此力互相抵消。依此类推，整个球面产生的引力皆被相反方向的引力抵消，因此球体P完全不受这些引力的作用。由此得证。

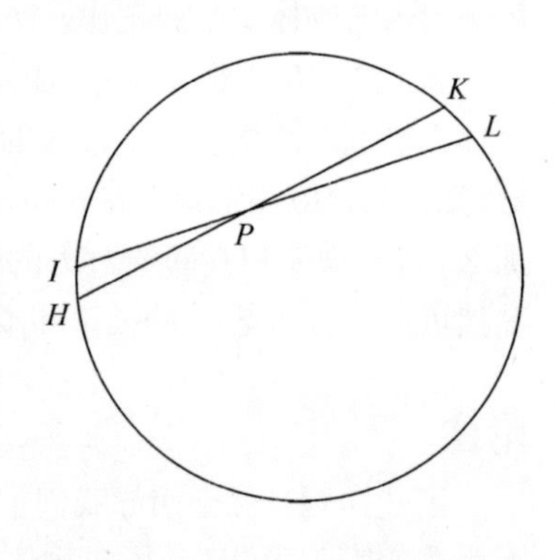

命题71　定理31

按上述给出相等的条件，如果小球作用于球面外，那么使其指向球心的引力与它到球心的距离成反比。

设$AHKB$、$ahkb$分别是以S、s为球心的两个相等球面，直径分别为AB、ab。设P、

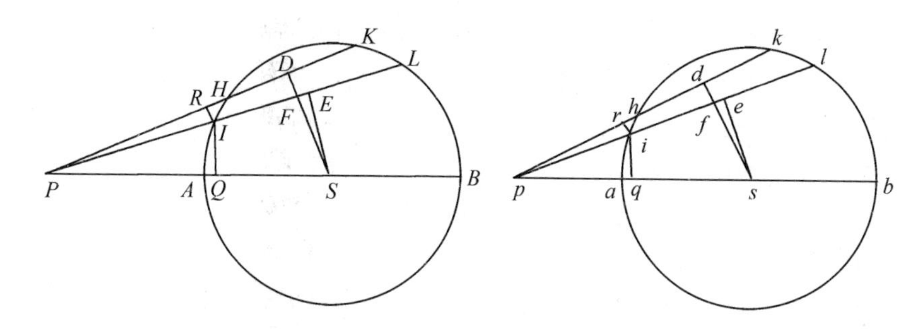

p分别是位于两个球面外直径延长线上的小球。过小球P、p分别作直线PHK、PIL、phk、pil，使其在大圆AHB和ahb上截得相等的弧HK、hk、IL、il，并作这些直线的垂线SD、sd、SE、se、IR、ir。设SD、sd分别和PL、pl交于点F和f，作直径的垂线IQ、iq。令角DPE和dpe消失，由于DS和ds相等、ES和es相等，故可取PE、PF与pe、pf相等，再取短线段DF与df相等。因为在角DPE和角dpe同时消失时，它们的比是相等的，所以$PI:PF=RI:DF$，$pf:pi=df:ri=DF:ri$。根据错比，得$PI\times pf:PF\times pi=RI:ri$。根据引理7推论3，可得$RI:ri=$弧$IH:$弧$ih$。又因为$PI:PS=IQ:SE$，$ps:pi=se:iq=SE:iq$，根据错比，得$PI\times ps:PS\times pi=IQ:iq$。将这两式相乘后得的比例式对应项再相乘，得$PI^2\times pf\times ps:pi^2\times PF\times PS=IH\times IQ:ih\times iq$，即等于当半圆$AKB$绕其直径$AB$旋转时，弧$IH$经过的环面，与当半圆$akb$绕其直径$ab$旋转时，弧$ih$经过的环面之比。从假设条件可知，小球$P$和$p$表面的引力沿通向球面的直线方向，并且该引力与环面本身成正比，与小球到环面的距离的平方成反比，等于$(pf\times ps):(PF\times PS)$。根据定律推论2，这些力与它沿直线$PS$、$ps$指向球心部分间的比值等于$PI:PQ$和$pi:pq$。因为三角形$PIQ$与三角形$PSF$相似，并且三角形$piq$与三角形$psf$相似，上述比值也等于$PS:PF$和$ps:pf$。将上两个比例式对应项相乘，得到作用于小球$P$，使它指向$S$的引力与作用于小球$p$，使它指向$s$的引力$\dfrac{PF\times pf\times ps}{PS}:\dfrac{pf\times PF\times PS}{ps}$即等于$ps^2:PS^2$。同理，弧$KL$、$kl$旋转生成的环面吸引小球的力之比也等于$ps^2:PS^2$。因此，当$sd=SD$，$se=SE$恒成立时，在球面上分割后的环面作用于小球的引力成相同比例。综合上述理由，整个环面对小球的引力始终是相同比例。由此得证。

命题72　定理32

已知球体密度、直径和小球到球心的距离的比值，如果指向球体上各点的向心力相同，且向心力随着这些点距离的平方减小，那么球体对小球的引力与球体半径成正比。

设两个小球分别受两个球体的引力，两两各自吸引，并且它们到对应球心的距离分别与球体的直径成正比。对应小球位置，球体可分解为相似的微量，那么指向其中一个球体上各点,作用于相应小球的引力与指向另一球体上各点,作用另一小球的引力成复合比例,即与各微量间的比值成正比,与距离的平方成反比。另外,这些微量与球(直径的立方)成正比,距离与直径成正比;所以第一个正比值与最后一个比值的二次反比就是直径与直径的比值。由此得证。

推论1 如果多个小球绕由同等吸引物质组成的球体做圆周旋转运动,且小球到球心的距离与它们的直径成正比,且圆周运动周期一样。

推论2 反之同理,如果圆周运动周期相同,那么距离与直径成正比。这两个推论可运用命题4的推论3证明。

推论3 如果在两个形状相似、密度相同的固体中,指向两个固体上各点的向心力相同,且向心力随距离的平方减小,那么处于相对于两个固体相似位置上的小球受引力之比等于两物体直径之比。

命题73 定理33

如果一个已知球体上各点的向心力相同,并且向心力随着到这些点的距离的平方而减小,那么位于球体内的小球受到的引力与它到球心的距离成正比。

在以S为球心的球体$ABCD$中,设有一小球P放入其中。再以同一点S为圆心,SP间距为半径,在球内作一内圆$PEQF$。根据命题70,同心球组成的球面差$AEBF$,由于引力被反向引力抵消,对在其上面的物体P不发生作用,因此只剩内球$PEQF$的引力,那么根据命题72,内球的引力与PS的距离成正比。由此得证。

附注

我这里所设想的构成体的球面并不是纯数学意义上的,而是非常薄的球面以至于厚度几乎可忽略,所以球面数量增多会导致球体的球面厚度无限减小。同样,构成线、面和固体的点也可视为大小无法测量的相同微量。

命题74 定理34

相同条件下,如果小球位于球体外,那么我认为它受到的引力与它到球心的距离的平方成反比。

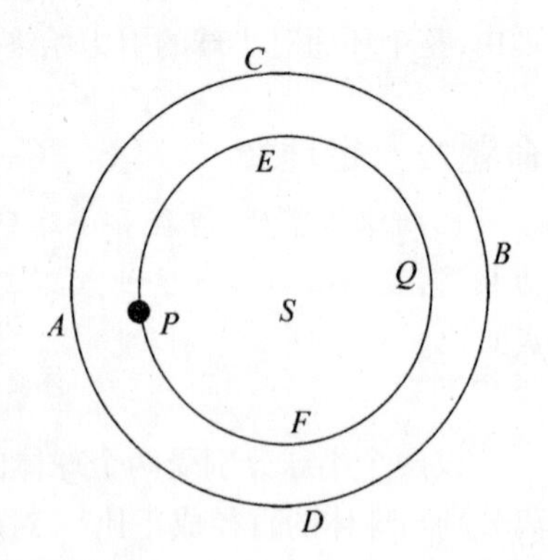

设球体分成无数个同心球面,根据命题71,各球面对小球的引力与它到球心的距离的平方成反比。求出和后可知,引力的和(即整个球体对小球的引力)的比也是相同的。由此得证。

推论1　在距球心相同距离处，各个均质球体的引力之比就是球体本身之比。根据命题72，如果距离与球体的直径成正比，那么力与直径成正比。设较大的距离按这一比值减小，当距离相等时，引力就按照这一比值的平方增加，所以它与其他引力之比是该比值的平方，即球的比值。

推论2　在任何距离处的球体的引力皆与球本身成正比，与距离的平方成反比。

推论3　如果一个小球位于均质球体外，该球体由可吸引外物的微粒组成，这个小球所受的引力与其到球心距离的平方成反比，那么每个微粒的力以小球到微粒距离的平方而减小。

命题75　定理35

如果一个已知球上的各点向心力相同，且所加向心力随着这些点的距离的平方减小，那么另一相似球体也将受它吸引，并且该引力与两球心间距离的平方成反比。

根据命题74，每粒微量的引力与它到产生引力的球的球心距离的平方成反比，因此整个引力像是处于球心的小球产生的。然而，该引力的大小等于相同小球本身的引力，小球受吸引球上各点的引力作用时，该引力等于它吸引各个微量的力。根据命题74，小球的引力与它到球心距离的平方成反比，如果两个球体相同，那么另一个球体所受的引力应与球心间距离成反比。由此得证。

推论1　如果球体有作用于其他均匀球体的引力，那么该力与吸引球体的作用力成正比，与它们的球心到被吸引球的球心距离的平方成反比。

推论2　当被吸引球体也产生引力时，引力的相关比例关系不变。因为如果一个球体上有多个点吸引另一球体上的多个点，那么此引力与其被另一球体吸引的力相同，根据定律3，在所有引力作用力中，吸引点与被吸引点都起同等作用，因此引力会随吸引物体和被吸引物体间的相互作用而加倍，但比例保持不变。

推论3　当物体绕圆锥曲线的焦点运动时，如果吸引球置于焦点，且物体在球外运动，那几个结论仍被证明。

推论4　当运动发生在球体内，且物体绕圆锥曲线的中心运动时，那些结论内容也能被证明。

命题76　定理36

从球体的密度和引力方面，多个球体从球心到其表面不论区别有多大，但各个球体在到其球心给定距离是相似的，且每点的引力以它和被吸引物体距离的平方增大而减小，那么我认为这些球体之一吸引其他球体的全部力之和与它到球心距离的平方成反比。

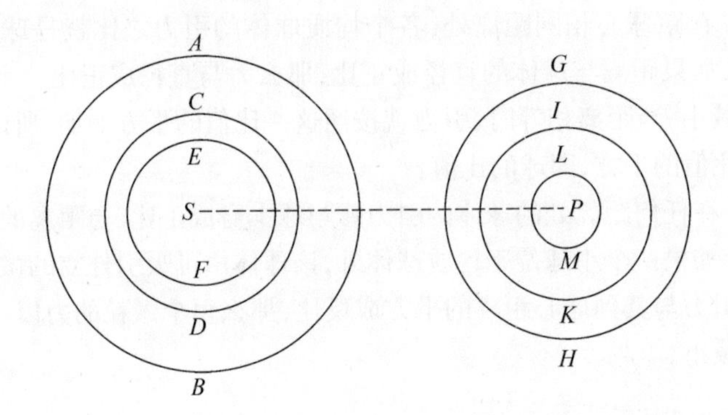

假设多个同心球体AB、CD、EF等相似，最里面的球体加上最外面的球体所构成的物质密度比球心密度更大，或在减去球心后剩下的物质有相同的密度。根据命题75，这些球体有作用于其他相似同心球体GH、IK、LM等的引力，且每一个对另一个的引力与距离SP的平方成反比。通过把这些力相加或相减，得到所有力的总和或其中一个力减去另一个力的差，即整个球体AB（由所有其他同心球体或它们的差组成）作用于整个球体GH（由所有其他同心球体或它们的差组成）的引力也比值相同。设同心球体的数量无限增加，使物体密度同时随引力沿着球面到球心方向按任意给定规律增加或减小，并把没有引力的物质加入球体，以补足它不足的密度，从而获得想要的任意形状球体。通过上述理由，其中一个球体作用于其他球体的引力仍与距离的平方成反比。由此得证。

推论1 因此如果许多这种类型的球体所有方面都相似，彼此相互吸引，那么在任意相等球心距离处，两球体间的加速力与吸引球体成正比。

推论2 如果上述球体在任意距离不相等处，那么两物体间的加速力与吸引球体成正比，与吸引球体除以两球的距离平方的高成正反比。

推论3 在相等的球心距离处，运动引力（或一个球体对另一球体的相对引力）与吸引球和被吸引球成正比，即与这两个球体的乘积成正比。

推论4 如果距离不相等，则引力与两个球体的乘积成正比，与两球心间的距离平方成反比。

推论5 如果引力是两个球体间的相互作用产生的，那么引力因两个引力的作用而加倍，但比例式仍保持不变，故此比例式仍成立。

推论6 假设这类球体绕其他静止球体转动，且每个球绕另一个球转动。如果静止球体与环绕球体球心的距离与静止球体的直径成正比，那么这类球体绕静止球体的圆周运动的周期相同。

推论7 反之，如果圆周运动的周期一样，那么距离与直径成正比。

推论8 在涉及绕圆锥曲线焦点运动时，如果有一任意球体具备以上条件，且位于焦点上，那么上述结论仍成立。

推论9　如果具有以上条件的环绕物质也有作用于球体的引力，那么上述结论仍然成立。

命题77　定理37

如果一个球上若干个点的向心力与其到被吸引物体的距离成正比，且有两个这类物体相互作用，那么这两个物体的引力的合力与它们球心间的距离成正比。

情形1　设$AEBF$是以S为球心的球体，P是被吸引的小球，$PASB$是球体的一条轴，且过小球的球心。EF、ef是与轴垂直的两平面，切割球体，并分别与轴交于G和g，且$GS=Sg$。H为平面EF上任意一点，沿直线PH方向作用于小球P的向心力与PH的长成正比，根据运动定律推论2，沿直线PG方向的力或朝向球心S方向的力也与PG的长度成正比。因此，平面EF上所有点（即整个平面）有一作用于小球P使它朝向球心S的引力，这个力与PG间距离和平面上所有点数目的乘积成正比，即与由平面EF和距离PG构成的立方体体积成正比。依此类推，平面ef作用于小球P使之朝向球心S的引力与该平面和距离Pg的乘积成正比，并且两个平面上力的总和与平面EF和距离$PG+Pg$之和的乘积成正比，即与该平面和球心到小球距离PS的两倍的乘积成正比，即与平面EF的两倍与距离PS的乘积成正比，再或者与两相等平面EF、ef之和乘距离PS的积成正比。依此类推，整个球体中到球心距离相等的所有平面的力与所有平面之和距离PS的乘积成正比，即该力与整个球体和距离PS的乘积成正比。由此得证。

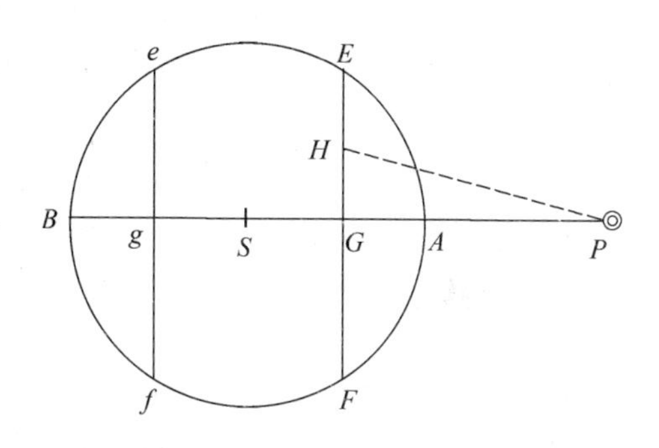

情形2　现设小球P也有作用于球体$AEBF$的引力。由同样的论证易得，球体受到的引力与距离PS成正比。由此得证。

情形3　设另一球体由无数个小球P组成，因每个小球受到的引力与小球到第一个球体球心的距离成正比，并且与第一个球体本身也成正比，所以似乎这个力产生于一个位于球中心的小球。同理，第二个球体中所有小球受到的引力（即整个第二球受到的引力）同样似乎产生于一个位于第一个球心的小球，所以这个引力与两球体中心间距成正比。由此得证。

情形4　假设两球体彼此互相吸引，那么引力会加倍，但其比值保持不变。由此得证。

情形5　设小球p位于球体$AEBF$中，由于平面ef作用于小球的引力与由平面和距离pg构成的体成正比，而平面EF上的作用力和由该平面和距离pG构成的立方体体积成正比，那么两平面的复合力与两立方体体积的差成正比，即与两相等平面之和乘以一半的距离之差的积成正比，也即是平面之和与小球到球心的距离pS的乘积。与此类似，整个球体的平面EF、ef的引力（即整个球体的引力）与所有平面的和或整体球体成正比，且与距离pS（小球到球体中心的距离）也成正比。由此得证。

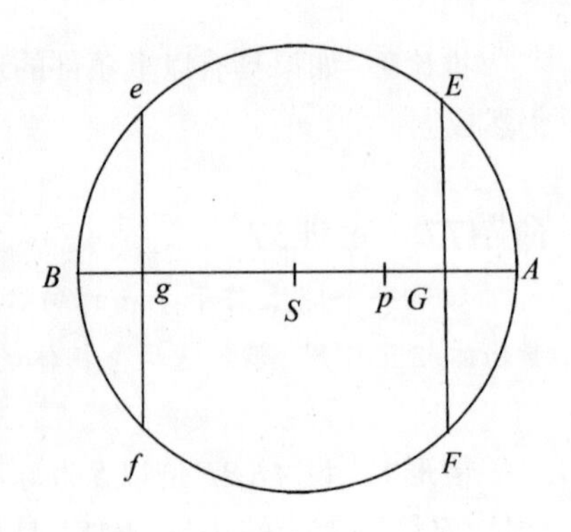

情形6 如果一个新球体由无数小球p构成，且位于第一个球体$AEBF$内。和上述情况相同，因此可证，无论是一个球体吸引另一球体，或两个球体相互吸引，此引力皆与两球心距离pS成正比。由此得证。

命题78 定理38

如果两球体从球心到表面都不相似且不相等，但它们到相应球心的等距离的地方相似，且各点的引力与受吸引小球间的距离成正比，那么使两个这类球体相互作用的全部引力与两球体中心间的距离成正比。

与命题76运用命题75证明相同，本命题可运用命题77证明。

推论 当受吸引球体为上述的一类球体，且所有引力产生自具有上述条件的球体，这时，以前在命题10及命题64中证明的物体绕圆锥曲线运动的结论也都成立。

附注

我已经阐明吸引的两种主要情形：向心力与距离平方成反比而减小，以及按距离的简单比例而增加，使物体在这两种情况下皆沿圆锥曲线运动，之后组合为球体，那么就如同球体内各粒子一样，它的向心力按相同规律随它到球心的距离增加而减小，上述这点非常值得注意。至于其他情形，它的结论并没有如此精练、重要，所以如果像论述之前的命题一样详细论述这些情况，就会显得冗长。因此，我宁可选择一种普遍适用的方法对正面将论述的情形综合求证。

引理29

如果以S为圆心作一圆AEB，再以P为圆心作两个圆EF、ef，这两个圆分别交圆AEB于E、e，并与直线PS交于F和f。过E和e作PS的垂线ED和ed。如果假设弧

EF和ef间的距离无限减小，那么趋于零的线段Dd与同样趋于零的线段Ff的最后比值等于线段PE与PS的比值。

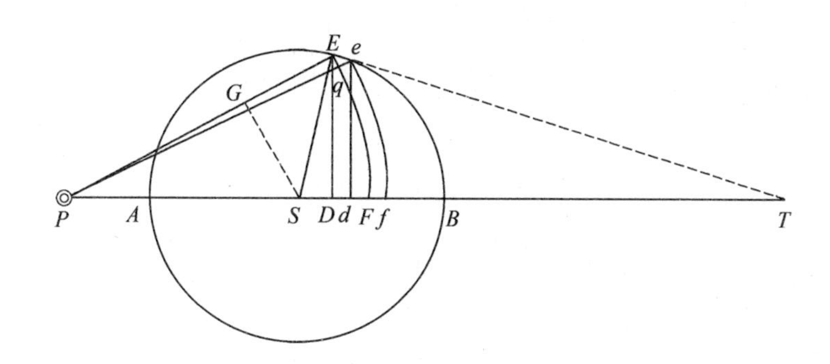

如果直线Pe交弧EF于点q，而直线Ee与趋于零的弧Ee重合，且它的延长线交PS的延长线于点T。过S作PE的垂线SG，因为三角形DTE、dTe、DES相似，得到$Dd:Ee=DT:TE=DE:ES$。根据引理8和引理7的推论3，三角形Eeq和三角形ESG相似，得$Ee:eq$（或$Ee:Ff$）$=ES:SG$。根据错比，得$Dd:Ff=DE:SG$，又因为PDE与PGS相似，得到$DE:SG=PE:PS$，所以$Dd:Ff=PE:PS$。由此得证。

命题79　定理39

设表面$EFfe$的宽度无限减小，直到为零。而同一表面绕轴PS旋转得一凹凸球状物，其中相等的各点受到相等的向心力。已知一小球位于点P，那么物体作用于该小球的引力为一复合比例，即立方体$DE^2\times Ff$的比值与位于Ff上的给定微量作用于小球的作用力比值的复合比值。

因为若我们设弧FE旋转生成球面FE，且直线de交弧FE于点r。首先考虑球面FE产生的力，正如阿基米德在其著作《球体与圆柱体》中已经证明的，由弧rE旋转产生一个表面，其环状部分与短线段Dd成正比，球体PE的半径保持不变。这个圆锥体表面产生的力朝向PE或Pr方向，并且此力与环形表面本身成正比，即与短线段Dd成正比，又或者，与球体的半径PE和短线段Dd的乘积成正比。但是，沿直线PS指向球心S的这个力小于$PD:PE$的比值，故与$PD\times Dd$成正比。设直线DF分为无数个相同的微量，并把每个微量都称为Dd，因此，由同样道理，表面FE可被分为无数相等的环面，并且这些环上的力与所有

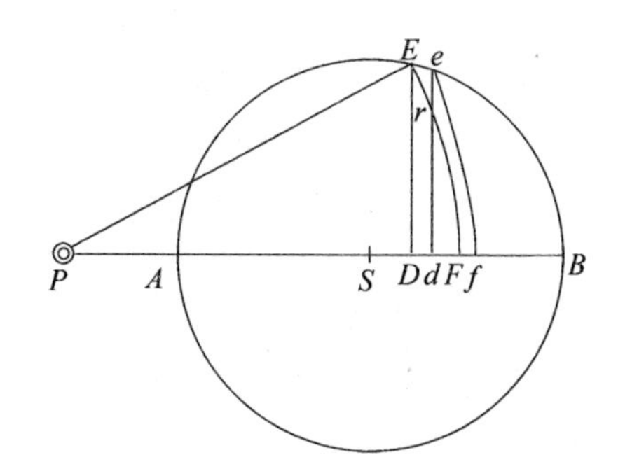

乘积$PD \times Dd$的和成正比，即与$\frac{1}{2}PF^2-\frac{1}{2}PD^2$成正比，所以也和$DE^2$成正比。又设表面$FE$乘以高度$Ff$，那么立体$EFfe$对小球$P$的作用力与$DE^2 \times Ff$成正比，即在力给定的情况下，与任意一给定微量（如$Ff$）在$PF$处对小球$P$的作用力成正比。但如果此力未给定，则立体$EFfe$的作用力与立体$DE^2 \times Ff$和该未给定力的乘积成正比。由此得证。

命题80　定理40

如果以S为球心的球体ABE上数个相等部分产生的向心力相等，且有一小球P在球体直径AB的延长线上，D为AB上任意一点。过D作AB的垂线，交球体于点E，如果在这些垂线中取DN与$\frac{DE^2 \times PS}{PE}$的值成正比，且与球体内轴上某一微量在距离$PE$的点对小球$P$的作用力成正比，那么球体对小球的全部引力与球体$ABE$的直径$AB$和点$N$的轨迹曲线构成的面积$ANB$成正比。

因为如果上一定理及引理画出的图成立，设球体的直径AB可分为无数个相等的微量Dd，且整个球体可相应地分为同微量数目一样的球体凸薄面$EFfe$，过e作AB的垂线dn。根据上一定理可知，$EFfe$作用于小球P的引力与一乘积成正比，该乘积即为$DE^2 \times Ff$和微量在距离PE或PF处作用于小球的引力的乘积。但是根据前一引理又可得，$Dd:Ff=PE:PS$，因此Ff等于$\frac{PS \times Dd}{PE}$，且$DE^2 \times Ff$等于$Dd \times \frac{DE^2 \times PS}{PE}$，所以$EFfe$的力与$Dd \times \frac{DE^2 \times PS}{PE}$和微量在距离$PF$处的作用力的乘积成正比，即由假设条件，与$DN \times Dd$成正比，或与趋于零的面积$DNnd$成正比，故整个薄面对小球$P$的总作用力与所有面积$DNnd$之和成正比，即球体的所有作用力与$ANB$的面积成正比。由此得证。

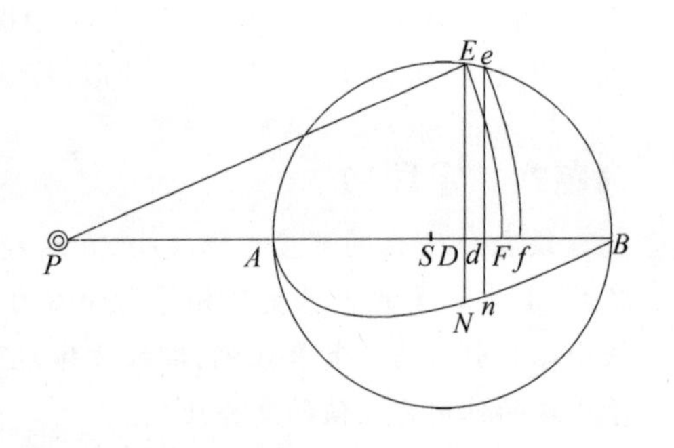

推论1　如果朝向球体上各点的向心力在任意距离都相等，且取DN与$\frac{DE^2 \times PS}{PE}$成正比，那么整个球体作用于小球的所有引力与$ANB$的面积成正比。

推论2　如果各个微量的向心力与它到被吸引小球的距离的平方成反比，并取DN与$\frac{DE^2 \times PS}{PE^2}$成正比，那么球体对小球$P$的引力与$ANB$的面积成正比。

推论3　如果粒子的向心力与它到被吸引小球的距离的立方成反比，并取DN与$\frac{DE^2 \times PS}{PE^4}$成正比，那么整个球体对小球的引力与$ANB$的面积成正比。

推论4　通常，假设朝向球体上各点的向心力与V的值成反比，并取DN与$\frac{DE^2 \times PS}{PE \times V}$成正比，那么球体作用于小球的引力与$ANB$的面积成正比。

命题81　问题41

前提条件和上一命题一样，求ANB的面积。

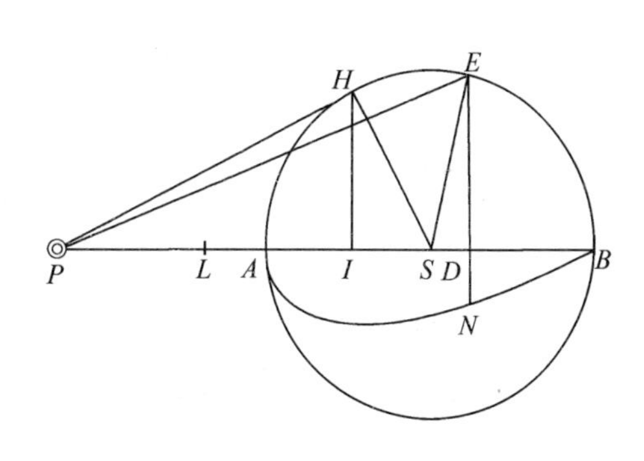

从点P作球体的切线PH，并过切点H作轴PAB的垂线HI。L为PI的中点。根据《几何原本》卷二命题12可知，$PE^2=PS^2+SE^2+2PS \times SD$。但是因为三角形$SPH$与三角形$SHI$相似，$SE^2$或$SH^2$等于乘积$PS \times IS$，所以$PE^2=PS \times (PS+SI+2SD)$，也就等于$PS \times (2LS+2SD)$，又或等于$PS \times 2LD$。又因为$DE^2=SE^2-SD^2$，或$SE^2-LS^2+2SLD-LD^2$，即$2LS \times LD-LD^2-LA \times LB$。由《几何原本》卷二命题6，$LS^2-SE^2$（或$SA^2$）$=LA \times LB$，故$DE^2$可写作$2SLD-LD^2-LA \times LB$。根据命题80的推论4，$\frac{DE^2 \times PS}{PE \times V}$的值与纵轴$DN$的长成正比，而$\frac{DE^2 \times PS}{PE \times V}$又可分为三部分，即$\frac{2SLD \times PS}{PE \times V}-\frac{LD^2 \times PS}{PE \times V}-\frac{ALB \times PS}{PE \times V}$在本式中，如果$V$用向心力的相反比值代替，$PE$以$PS$和$2LD$的比例中项代替，那么这三个部分就成为相对应曲线的纵轴，其对应曲线面积可用普通方法求出。

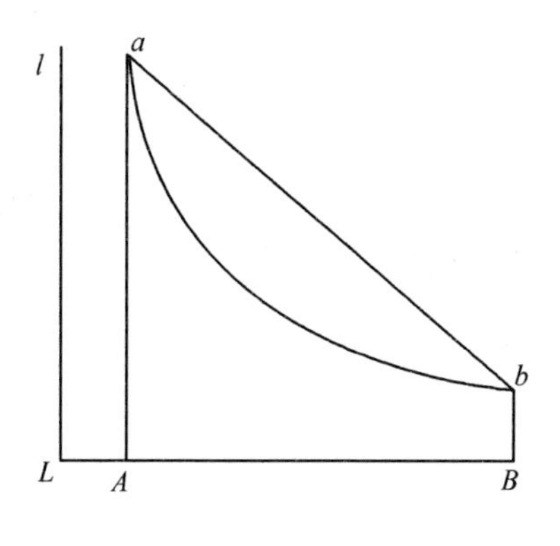

例1　如果朝向球体上各微量的向心力与距离成反比，V的值为距离PE，PE^2等于$2PS \times LD$，则DN与$SL-\frac{1}{2}LD-\frac{LA \times LB}{2LD}$成正比。设$DN=2(2SL-LD-\frac{LA \times LB}{LD})$，那么纵轴的已知部分$2SL$乘以$AB$的长等于矩形面

积 $2SL \times AB$；而在不定部分 LD 做持续运动时，始终关于其作相同长度的垂线，即在运动过程中通过增减一边或另一边的长度以使其与 LD 的长度相等，可画出面积 $\frac{LB^2-LA^2}{2}$，即从前一面积 $2SL \times AB$ 中减去面积 $SL \times AB$ 的差 $SL \times AB$。但是，如果第三部分在做连续运动时，以相同方法作其长度保持相同的垂线，即能得到一个双曲线的面积，此面积是面积 $SL \times AB$ 减去所求面积 ANB 所得。至此，该问题的作图法求解完成。过 L、A、B 分别作垂线 Ll、Aa、Bb，并取 $Aa=LB$，$Bb=LA$。设 Ll 与 LB 是两条渐近线，过 a、b 作双曲线 ab，那么 ba 所围出的面积 aba 等于所求面积 ANB。

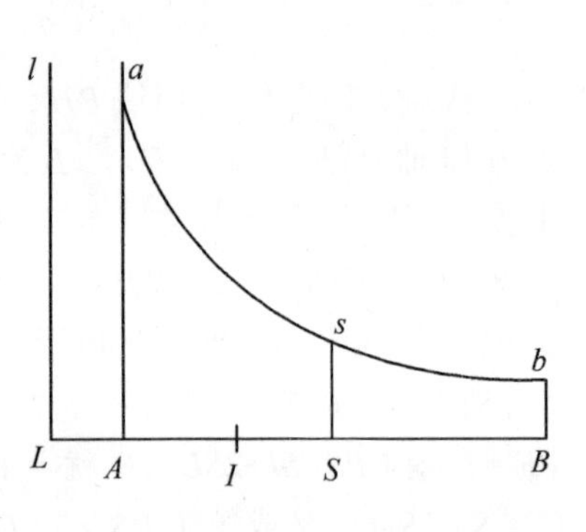

例2 如果朝向球体上各微量的向心力与距离的立方成反比，换言之，与距离的立方与任意一已知平面的商成正比。设 $V=\frac{PE^3}{2AS^2}$，$PE^2=2PS \times LD$，那么 DN 与 $\frac{SL \times AS^2}{PS \times LD}-\frac{AS^2}{2PS}-\frac{LA \times LB \times AS^2}{2PS \times LD^2}$ 成正比。因为 PS 比 AS 等于 AS 比 SI，DN 与 $\frac{LSI}{LD}-\frac{1}{2}SI-\frac{LA \times LB \times SI}{2LD^2}$ 成正比。如果将这三部分分别与边长 AB 组合，那么第一部分 $\frac{SL \times SI}{LD}$ 将产生一个双曲线的面积；第二部分 $\frac{1}{2}SI$ 则产生面积 $\frac{1}{2}AB \times SI$；而第三部分 $\frac{LA \times LB \times SI}{2LD^2}$ 则产生面积 $\frac{LA \times LB \times SI}{2LA}-\frac{LA \times LB \times SI}{2LB}$，化简得到 $\frac{1}{2}AB \times SI$。从第一部分的面积减去第二和第三部分面积的和，得到所求面积 ANB，本题的作图法求解完成。过 L、A、S、B 分别作垂线 Ll、Aa、Ss、Bb，其中 $Ss=SI$，设 Ll 与 LB 是两条渐近线，过 s 作双曲线 asb，分别交垂线 Aa、Bb 于点 a、b，那么从双曲线面积 $AasbB$ 中减去产生的面积 $2SA \times SI$ 就是所求的面积 ANB。

例3 如果朝向球体上各点的向心力随其到微量距离的四次方减小，设 $V=\frac{PE^4}{2AS^3}$，$PE=\sqrt{2PS+LD}$，那么 DN 与 $\frac{SI^2 \times SL}{\sqrt{2SI}} \times \frac{1}{\sqrt{LD^3}}-\frac{SI^2}{2\sqrt{2SI}} \times \frac{1}{\sqrt{LD}}-\frac{SI^2 \times LA \times LB}{2\sqrt{2SI}} \times \frac{1}{\sqrt{LD^5}}$ 成正比。将这三个部分分别与 AB 组合，可得到三个面积：$\frac{2SI^2 \times SL}{\sqrt{2SI}}$ 得到 $\frac{1}{\sqrt{LA}}-\frac{1}{\sqrt{LB}}$，$\frac{SI^2}{\sqrt{2SI}}$ 得到 $\sqrt{LB}-\sqrt{LA}$，而 $\frac{SI^2 \times LA \times LB}{3\sqrt{2SI}}$ 得到 $\frac{1}{\sqrt{LA^3}}-\frac{1}{\sqrt{LB^3}}$。将这三项化

简得$\frac{2SI^2 \times SL}{LI}$、$SI^2$、$SI^2+\frac{2SI^3}{3LI}$。第一个面积减去后两个面积之和得$\frac{4SI^3}{3LI}$，因此，作用于小球$P$使其朝向球心的全部引力与$\frac{SI^3}{PI}$成正比，与$PS^3 \times PI$成反比。由此得证。

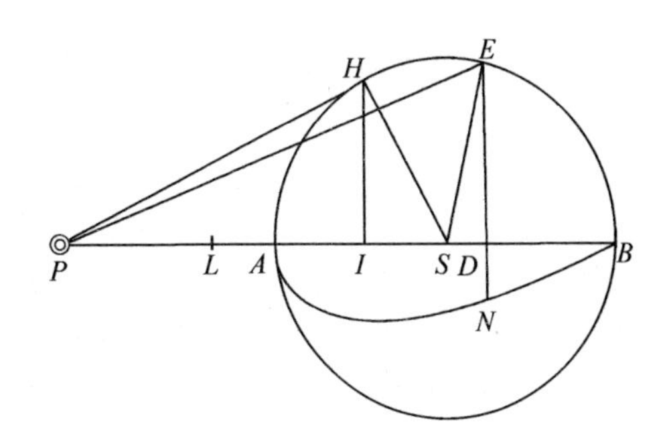

通过同样的方法可求得位于球体内小球所受引力，但下一定理使用会更简便。

命题82 定理41

以S为球心、SA为半径的球体中，如果在其中取SI比SA等于SA比SP，那么我认为位于球体内任意位置I的小球所受引力，与球体外P处小球所受引力的比，为两球到球心的距离IS、PS的比的平方根，与在点P、I指向球心的向心力的比的平方根两者的乘积。

如果球体上微量的向心力与其到被吸引小球的距离成反比，那么整个球体对位于位置I的小球的引力，与其对位于点P小球的引力间的比值，等于距离SI比SP的平方根，与位于球心的微量在位置I的向心力和同一球心微量在点P向心力之比的平方根的复合比值，即该引力与SI、SP之比的平方根成反比。因为前两个比值平方根可复合为相等比值，因此球体在位置I、P产生的引力相等。根据类似计算，如果球体上微量的作用力与距离的平方成反比，那么可证位置I处产生的引力与位置P处产生的引力之间的比值等于SP与球体半径SA间的比值；如果这些力与距离的立方成反比，那么在I、P处产生的引力之比等于SP^2与SA^2的比值；而如果与距离的四次方成反比，那么就等于SP^3与SA^3间的比值。因为在最后一种情形中，位置P产生的引力与$PS^3 \times PI$成反比，位置I处产生的引力与$SA^3 \times PI$成反比，由于已知SA^3，所以与PI成反比。且该方法可类推至无穷。该定理的证明如下：

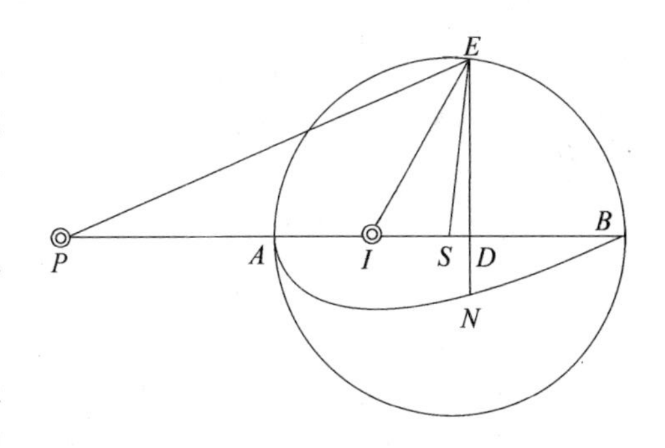

条件和上个命题中的例3相似，小球P位于球体外任一点，且已知纵轴DN与$\frac{DE^2 \times PS}{PE \times V}$成正比。如果连接$IE$，那么任意其他位置上的小球，如在$I$处，其纵轴（其他

条件不变)将与$\frac{DE^2\times IS}{IE\times V}$成正比。设球体上任一点,如点$E$,产生的向心力在距离$IE$和$PE$处的比值为$PE^n$和$IE^n$的比值($n$表示$PE$和$IE$的幂次),那么这两个纵轴则变为$\frac{DE^2\times PS}{PE\times PE^n}$和$\frac{DE^2\times IS}{IE\times IE^n}$,这两者相互间的比值等于$PS\times IE\times IE^n$与$IS\times PE\times PE^n$的比值。因为$SI$、$SE$和$SP$成连比,所以三角形$SPE$和三角形$SEI$相似,得到$IE$比$PE$等于$IS$比$SE$等于$IS$比$SA$。将$IE$比$PE$替换为$IS$比$SA$,那么两个纵轴的比值为$PS\times IE^n$与$SA\times PE^n$间的比值。但是$PS$与$SA$的比值等于距离$PS$与$SI$的比值的平方根。而因为$IE$比$PE$等于$IS$比$SA$,故$IE^n$与$PE^n$的比值等于在$PS$、$IS$处产生的作用力间比值的平方根。所以,纵轴、由纵轴最终围成的面积、与该面积成正比的引力,这三者间的比值为这三个比值平方根的复合比例。由此得证。

命题83 问题42

已知一小球位于球体中心,求该小球对球体上任意一球冠的引力。

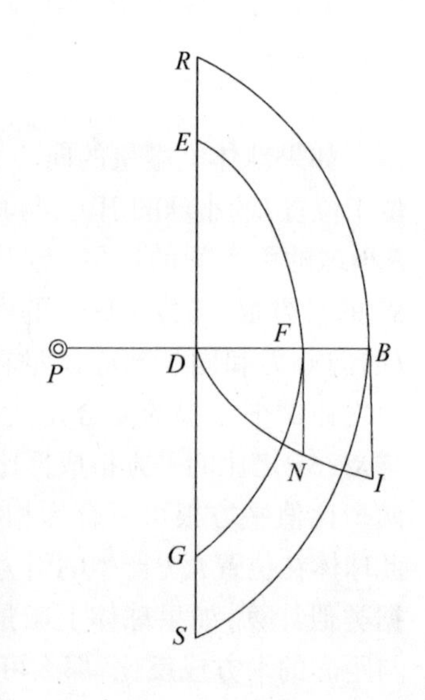

设小球P位于球心,$RBSD$为平面RDS与球面RBS围成的球冠。另有一个球面EFG以P为球心,与DB交于点F。球冠分割为$BREFGS$和$FEDG$两部分。假设此球冠并不是纯粹数学意义上的表面,而是物理表面,其厚度虽存在,但却无法测量。所以设厚度为O,那么由阿基米德已证明的可知,这一表面与$PF\times DF\times O$成正比。又设球体上粒子的引力与距离的任意次幂成反比(n为幂次),根据命题79,表面EFG对P的引力与$\frac{DE^2\times O}{PF^n}$成正比,即与$\frac{2DF\times O}{PF^{n-1}}-\frac{DE^2\times O}{PF^n}$成正比。设垂线$FN$与$O$的乘积与前述比值成正比,那么当纵轴$FN$做连续运动时,通过$DB$划出的面积$BDI$与球冠$RBSD$作用于小球$P$的引力成正比。

命题84 问题43

设一个小球在球体的任意球冠的轴上,并且不在球心上,求此球冠作用于小球的引力。

设小球P位于球冠EBK的轴ADB上,并且受该球冠的引力作用。以P为球心,PE为半径作球面EFK,并且EFK将球冠分为$EBKFE$和$EFKDE$两部分。根据定理

81可求得第一部分的力，而由定理83可求出另一部分的力，那么这两力之和就是整个球冠*EBKDE*的力。

附注

截至目前，关于球体的引力，我已如数解释，然后该探讨当吸引粒子以类似方法构成其他形状物体时，其吸引规律会如何。但实际上，我并不想专门讨论这一方面，因为这类知识在哲学的研究中没有太大用处，所以关于这方面的知识，需补充一些与这类物体的力和由此产生的运动相关的普通定理即可。

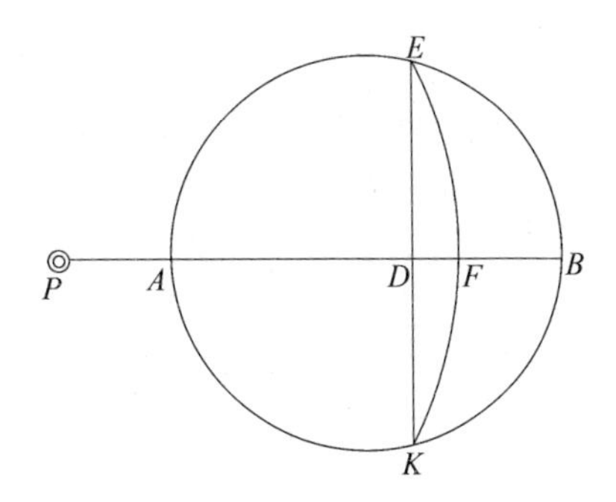

第13章 非球体间的引力

命题85 定理42

如果一个物体被另一个物体吸引，并且这个物体和吸引物体接触时产生的引力远大于两物体在保持极小距离时产生的引力，那么在被吸引物体与吸引物体距离增大的过程中，吸引物体中粒子的力按大于粒子间距离的比值的平方减小。

根据命题74，如果引力随粒子间距离的平方减小，那么朝向球体的引力与距离的平方（被吸引物体到球心距离的平方）成反比。但是此引力在两物体接触时并不会明显增加，并且如果被吸引物体间距增大时，其引力按一定比例减小，所以引力在这个过程中也不会增大。显然，本命题适用于关于吸引球体的问题。此外，如果物体位于凹形球体内，吸引情形就更加明显了。根据命题70，通过凹形球面空腔传送的引力会被斥力抵消，所以即便两物体接触，接触处也没有任何吸引作用。现在如果从远离球体和凹形球面接触部分的球体上其他任意部分取走一部分，并且在其他任意部分添加一部分，那么就能随意改变吸引物体的形状。但因为这些添加或取走的部分都距接触部分较远，所以两个物体接触部分产生的引力不会因此明显增加，所以该命题适用于所有的球体。

命题86 定理43

如果构成吸引物体的粒子的力随着粒子距离的立方或大于立方的值减小,那么相较于两物体间有间距时(无论间距有多小)其产生的引力,在吸引物体和被吸引物体接触时产生的引力要远大于前者。

根据问题41的情形2和情形3的求解方法可知,当被吸引球体与吸引球体间距缩小(即被吸引球体朝靠近吸引球体方向运动),并且两物体最终接触时,引力无限增大。通过比较这些例子和定理可得,无论被吸引小球位于凹形球面外还是凹形球面的空腔内,作用在朝向凹形球面的物体上的引力是相同的。而在除了球体和凹形球面接触部分的其他任意部分上添加或取走任意吸引物质,使吸引物体变为任意指定形状,那么可知本命题仍将普遍适用于所有形状的物体。由此得证。

命题87 定理44

两个由相同吸引物质组成的物体相似。如果这两个物体分别吸引与自身成正比的两个小球,并且这两个小球分别位于与相应物体位置相似的地方,那么小球朝向整个球体的加速引力与小球朝向球体微量的加速引力成正比。

如果物体分割为无数位于相似位置且与球体整体成正比的微量,那么指向一个物体上任意微量的引力与指向另一物体上相对应微量的引力的比,等于指向第一个物体上各微量的引力与指向另一物体上对应各微量的引力之比。由物体的组成可推导出,上述比值也等于朝向第一个物体整体的引力与朝向第二个球体整体的引力之比。

推论1 因此,如果被吸引小球间距增大时,微量的引力反而按间距的任意次幂的比例减小,那么朝向整个球体的加速引力与物体本身成正比,与距离的任意次幂成反比。但是如果微量的引力随其到被吸引小球距离的平方减小,并且物体与A^3和B^3成正比,那么两个物体的立方边与A和B成正比,同样地,被吸引小球到物体的距离也和A和B成正比。由此可得,朝向物体的加速引力与$\frac{A^3}{A^2}$和$\frac{B^3}{B^2}$成正比,即与物体的立方边A和B成正比。而如果这个引力随距离的立方减小,那么朝向物体的引力与$\frac{A^3}{A^3}$和$\frac{B^3}{B^3}$成正比,即双方相等。如果随四次方减小,则引力与$\frac{A^3}{A^4}$和$\frac{B^3}{B^4}$成正比,即与立方边A和B成反比。同理,其他情况也可运用同一方法证明。

推论2 因此,在另一方面,如果这种减小只与距离的任意次幂成正比或反比,那么根据相似物体作用于位于相似位置小球的引力,可求得微量在被吸引小球与吸引小球间距增大时微量的引力减小的比值。

命题88 定理45

如果任意物体上相等微量的向心力与其到微量的距离成正比，那么整个球体的力皆指向球体的重心；而如果该物体是由相似且相等的物体构成，重心与球体重心重合，那么该球体的力也与命题87的情况相同。

设A、B是物体$RSTV$上的两个微量，Z是受其吸引的任意小球。如果两个微量大小一致，那么$RSTV$对Z的引力与距离AZ和BZ成正比。而如果两个微量大小有区别，那么引力和这两个微量及AZ、BZ成正比，或引力与两个微量分别和距离AZ、BZ的乘积成正比。假设这两个力分别用$A\times AZ$和$B\times BZ$表示。连接AB，并在AB上取一点G，使AG与BG之比等于微量B与微量A之比，那么这个点G将成为A、B两个微量的共同重心。根据运动定律推论2，力$A\times AZ$可分解为$A\times GZ$和$A\times AG$；同理力$B\times BZ$可分解为$B\times GZ$和$B\times BG$。由于A与B成正比，BG与AG成正比，所以力$A\times AG$与$B\times BG$的大小相同，方向相反，这两个力互相抵消。这样就只剩下力$A\times GZ$和$B\times GZ$，这两个力在点Z处指向重心G，并可以复合为$(A+B)\times GZ$，即复合而成的力像是将有引力的微量A和B放于共同重心G并组成小球体时产生的相同的力。依此类推，如果增加第三个微量C，并将微量C产生的力与力$(A+B)\times GZ$（该力指向重心G）复合，那么可得一个指向G的球体和微量C的共同重心的力，也就是指向这三个微量A、B、C的共同重心的力，这个共同重心如同将原先的小球体和微量C置于共同重心点G时组成了较大球体，依此类推，可求得微量数量无限增多时的情况。所以，在物体的重心不变的前提下，任意物体上所有微量产生的合力等于该物体以球体形式存在时产生的力。

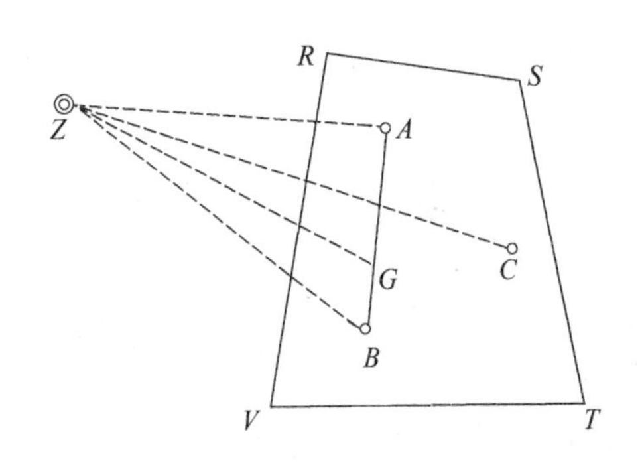

推论 无论有引力的物体是什么形状，被吸引物体Z的运动与有引力物体$RSTV$是球体时是相同的，所以不论有引力的球体是静止的还是在做匀速直线运动，被吸引物体都会做椭圆运动，且运动的中心为有引力物体的重心。

命题89 定理46

如果物体由相等的微量组成，并且这些微量产生的力与它们的间距成正比。如果将任意一个小球受到的力复合成一个力，那么该力会指向被吸引物体的共同重心,等于说有引力的物体构成了一个球体,并且共同重心保持不变。

该命题的证明方法与命题88相同。

推论 无论被吸引物体是什么形状,物体的运动都等同于有引力的物体组合成了一个球体,且它的共同重心保持不变时的运动。因此,无论有引力的物体是静止还是在做匀速直线运动,被吸引物体都做椭圆运动,其中心就是吸引物体的共同重心。

命题90 问题44

如果指向任意圆上的数个点的向心力相等,并且向心力按距离的任意比值增加或减少。垂直于该圆所在平面的直线经过这个圆心,一个小球位于这条直线上的某一点,求小球受到的引力。

在与AP垂直的平面上,以A为圆心,AD为半径作一个圆,求作用于小球P使其朝向这个圆的引力。在圆上任取一点E,连接PE。在直线PA上取一点F,使PF等于PE,过F作垂线FK,使线段FK与点E作用于小球P的引力成正比。K的轨迹为曲线IKL,交该圆所在的平面于点L,连接PD。再在直线PA上取一点H,使PH等于PD,过点H作垂线HI,交曲线IKL于点I,那么小球P所受到的指向该圆的引力与面积$AHIL$和AP的长的乘积成正比。由此得证。

在AE上取一条很短的线段Ee,连接Pe。分别在PE、PA上取与Pe相等的线段PC、Pf。在上述平面上任取一点E,以A为圆心,A、E距离为半径作一个圆。设点E对小球P的引力与FK成正比,所以点E作用于小球P,使它指向点A的引力与$\frac{AP \times FK}{PE}$成正比,那么整个圆作用于小球P使它指向点A的引力与该圆与$\frac{AP \times FK}{PE}$的乘积成正比,而该圆也与半径AE和Ee的宽度的乘积成正比。因为PE与AE成正比、Ee与CE成正比,所以该乘积等于$PE \times CE$或者$PE \times Ff$,那么该圆作用于小球P使它指向点A的引力与$\frac{AP \times FK}{PE}$和$PE \times Ff$的乘积成正比,即与$Ff \times FK \times AP$成正比,或是与面积$FKkf$和AP的乘积成正比。因此以A为圆心、AD为半径的圆作用于小球P,使它指向圆心A的全部引力之和与面积$AHIKL$和AP的乘积成正比。由此得证。

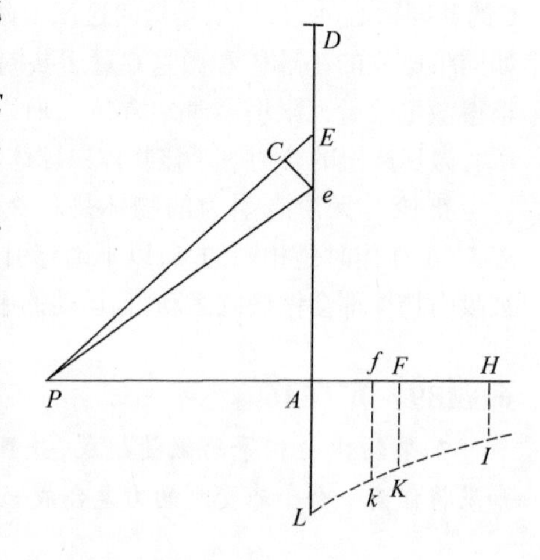

推论1 因此如果圆上各点的力随距

离的平方减小，即如果FK与$\frac{1}{PF^2}$成正比，那么面积$AHIKL$与$\frac{1}{PA}-\frac{1}{PH}$成正比。因此小球$P$所受的指向圆的引力与$1-\frac{PA}{PH}$成正比，这个引力与$\frac{AH}{PH}$成正比。

推论2 广义地来说，如果距离D处上各点的力与距离D的任意次幂成反比，即如果FK与$\frac{1}{D^n}$成正比，从而使面积$AHIKL$与$\frac{1}{PA^{n-1}}-\frac{1}{PH^{n-1}}$成正比，那么作用于小球$P$使之指向圆的引力与$\frac{1}{PA^{n-2}}-\frac{PA}{PH^{n-1}}$成正比。

推论3 且如果圆的直径无限增大，且n大于1，另一项$\frac{PA}{PH^{n-1}}$的值几乎变为零，那么使小球P向该无限平面的引力与PA^{n-2}成反比。

命题91 问题45

已知一个小球位于圆形物体的轴上，且指向该圆形物体上各点的向心力相等，证明小球所受引力按距离的某种比例减小。

设物体$DECG$的轴为AB，小球P位于AB上，受到物体的吸引作用。$DECG$被一个垂直于轴的任意圆RFS分割，该圆的半径FS在一穿过轴AB的平面$PALKB$上。根据命题90，在FS上取一条线段FK，使它的长度与作用于小球使它指向该圆的引力成正比。点K的轨迹为曲线LKI，分别与最外的圆AL和BI所在的两个平面交于点L和I，那么作用于小球P，使它指向该物体的引力与面积$LABI$成正比。

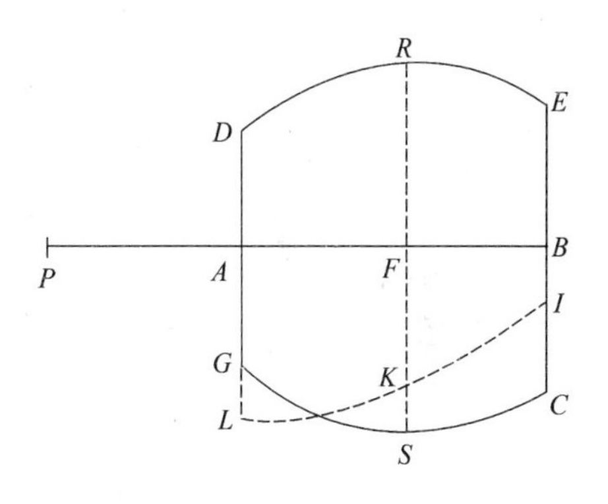

推论1 如果物体是由平行四边形$ADEB$关于轴AB旋转得到的圆柱，且指向圆柱上各点的向心力与它到这些点距离的平方成反比，那么小球P受指向该圆柱的引力与$AB-PE+PD$成正比。根据命题90的推论1，纵轴FK与$1-\frac{PF}{PR}$成正比。根据曲线LKI的积分容易求出：上述值的第一部分乘以长度AB得到面积$1\times AB$；而另一部分$\frac{PF}{PR}$乘以长度PB得到面积$1\times(PE-AD)$。

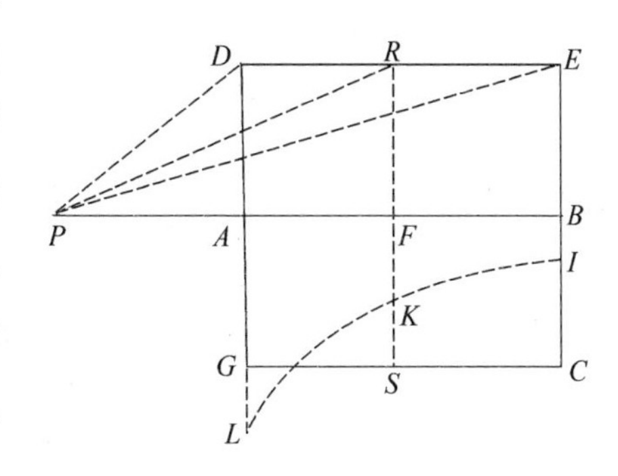

依此类推，可得，同一部分乘以长度PA得面积$1\times(PD-AD)$，乘以PB与PA的差AB得面积$1\times(PE-PD)$，那么余下面积$LABI$等于$1\times(AB-PE+PD)$。由于该力与这个面积成正比，所以力与$AB-PE+PD$成正比。

推论2 因此如果物体P位于椭圆球体$AGBC$外，但是仍在椭圆球体的轴AB上，那么同样能求出物体$AGBC$对物体P的引力。设$NKRM$为圆锥曲线，ER垂直于PE。ER与椭圆球体相交于点D，连接PD，使ER始终等于PD。过顶点A、B作轴AB的垂线AK、BM，分别交圆锥曲线于点K、M，且$AK=AP$，$BM=BP$。连接KM，即可分隔出面积$KMRK$。设S为椭圆球体中心，SC为它的长半轴，所以椭圆体对物体P的引力与以AB为直径的球体对P的引力间的比值等于$\frac{AS\times CS^2-PS\times KMRK}{PS^2+CS^2-AS^2}$比$\frac{AS^3}{3PS^2}$。运用同一原理也可算出椭圆球体上球冠的作用力。

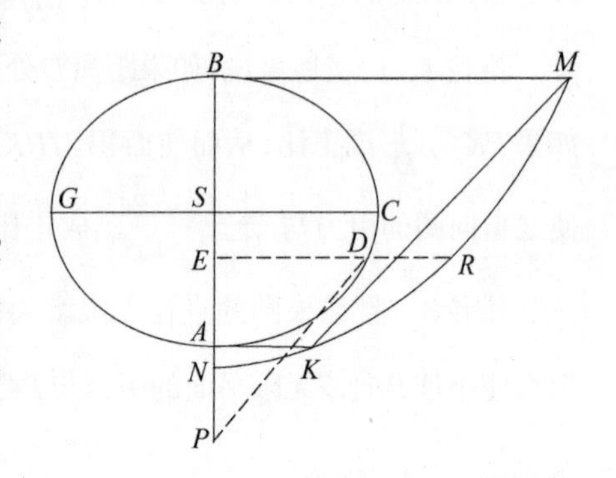

推论3 如果小球位于椭圆体内，并且在轴上，那么它受到的引力与它到球心的距离成正比。无论该小球位于球体的轴上，还是在其他已知直径上，上述推论都可用以下方法证明。设$AGOF$是以S为球心的椭圆球体，P是被吸引物体。过物体P所在的点作一条半径SPA，两条直线DE、FG分别和椭圆球体相交于点D和E、F和G。设PCM、HLN是两个内椭圆球体的表面，这两个椭圆球体互相相似，并且和外椭圆球体有相同的中心，同时第一个内椭圆球体过球体P，交DE、FG于B和C，而另一个内椭圆球体则交DE、FG于H和I、K和L。设这三个椭圆球体有一条共同轴，且被两边截下的线段部分分别相等，即$DP=BE$，$FP=CG$，$DH=IE$，$FK=LG$。因为线段DE、PB和HI的平分点是同一点，而FG、PC和KL的平分点也相同，所以现在设DPF和EPG表示分别根据无限小的对顶角DPF、EPG所画的相反圆锥曲线，线段DH、EI的长度也为无限小。因为线段$DH=EI$，被椭圆球体表面切割的两圆锥微量$DHKF$和$GLIE$之比等于其到物体P距离的平方，因此作用于小球的引力相等。依此类推，如果外椭圆球体分为无数个与其共心且共轴的相似椭圆球体，那么用这些椭圆球体分割平面DPF、$EGCB$，得到的所有微量在两侧对小球P的引力相等，且方向相反，因此圆锥DPF的力和圆锥微量$EGCB$的力相等，

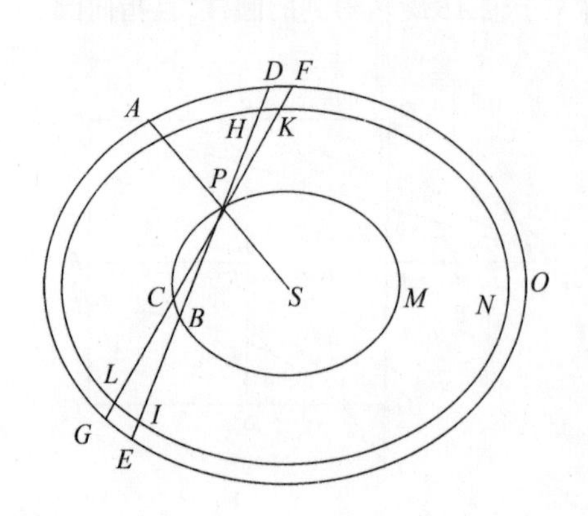

但是因为它的方向相反，所以两个力互相抵消。同理，如果所有物体在内椭圆球体*PCBM*外时，其力的情形也相同。所以物体*P*只受内椭圆球体*PCBM*的引力。根据命题72的推论3可知，上述引力与整个椭圆球体*AGOD*对物体*A*的引力的比值等于距离*PS*与*AS*的比值。由此得证。

命题92　问题46

已知有一个有引力的物体，求指向该物体上各点的向心力减小的比例。

该有引力的物体必须是球体、圆柱体或其他的规则物体，那么根据命题80、81和91可求出它对应于某种减少比例的引力规律。而通过实验可得在各个距离处的引力的大小，那么据此可推出整个物体的引力规律，由此可以得出物体上各个部分的引力减小的比例。

命题93　定理47

如果一物体由相等的吸引微量组成，并且它的一边为平面，而其余各边在无限延伸。一个小球位于朝向平面的任意一侧，并且受到整个物体的引力作用，而当小球到物体的距离增大时，物体的力按大于距离的平方的任意次幂减小，那么当到平面的距离增大时，我认为整个物体的引力随小球到平面距离的某个幂减小，并且该幂始终比距离的幂指数小3。

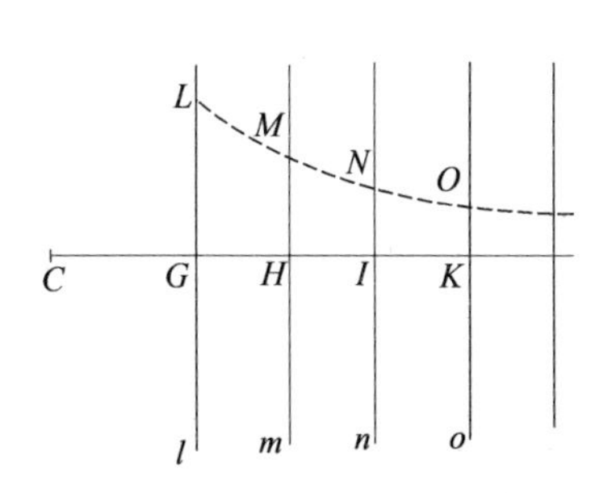

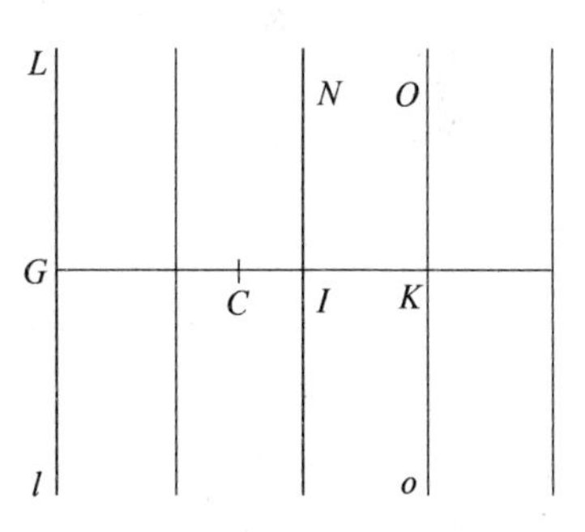

情形1　设*LGl*是体边界平面，且令体位于平面朝向点*I*的一侧，再将其分为无数个平行于*GL*的平面*mHM*、*nIN*、*oKO*等。首先设被吸引物体*C*位于体之外，作垂直于这无数个平面的直线*CGHI*。设体上各点的引力随距离的幂减小，且其幂指数*n*大于或等于3。根据命题90的推论3，任一平面*mHM*对点*C*的引力与CH^{n-2}成反比。再在平面*mHM*上取线段*HM*，它的长度与CH^{n-2}成反比，那么该引力与*HM*成正比。依此类推，在各个平面*lGL*、*nIN*、*oKO*等上取线段*GL*、*IN*、*KO*等，它们的长度分别与CG^{n-2}、CI^{n-2}、CK^{n-2}等成反比，那么这些平面的引力与所取线段成正比，因

此这些力的总和与所有线段长度的总和成正比，即整个体的引力与朝OK方向无限延伸的面积$GLOK$成正比。但是由已知的求面积法，此面积与CG^{n-3}成反比，所以整个物体的引力与CG^{n-3}成反比。由此得证。

情形2 假设小球C现在位于平面lGL的另一侧，即该小球位于物体内，并且取$CK=CG$。体的某一部分$LGloKO$终结于两平行平面lGL、oKO之间。设小球C位于物体的这个部分的中间，因为平面两侧产生的引力相等，但是方向相反，所以两个力互相抵消，而该小球既不受平面一侧的引力，也不受平面另一侧的引力，只受平面OK外体的引力作用。因此，根据情形1，该引力与CK^{n-3}成反比，而$CG=CK$，所以该引力与CG^{n-3}成反比。由此得证。

推论1 如果体的两边终结于两个平行的无限平面LG和IN上，并且体的一个较远部分无限向KO延伸，那么整个无限体$LGKO$产生的引力与$NIKO$产生的引力之差即为$LGIN$的引力。

推论2 因为相较于较近部分的引力，物体的较远部分的引力太小，所以可忽略不计，当移除掉物体的较远部分后，距离增大时，较近部分的引力近似于与幂CG^{n-3}成反比。

推论3 因此如果任意一个有限物体的一边是平面，并且这个有限物体对该平面附近的小球有吸引作用。已知相较于吸引物体的宽度，小球到平面的距离非常小，并且该吸引物体由均质微量组成，这些粒子的引力按大于距离的四次方的比例减小。那么整个球体的引力近似于一个幂的比例减小，该幂的底数为小球到平面的极限最小距离，并且幂的指数比前一个幂的指数减小。但是如果组成物体的均质微量按距离的三次方减小，那么该推论不适用于这种情况。在这种情形下，在推论2中被移开的无限物体的更远部分的引力总是无限地大于更近部分。

附注

如果一个物体受已知平面的垂直引力，那么运用已知的运动定律可求得物体的运动。根据命题39，可求出物体沿垂直于平面的直线方向朝向平面的运动。而根据运动定律推论2，则可将平行于上述平面的运动与垂直运动复合。相反，如果要求物体受到的垂直引力，该垂直引力使物体沿任意一个已知的曲线运动，那么这个问题能运用第三个问题的解法求解。

但是，通过将纵轴分解为收敛级数，则运算过程可以简化。例如，底数A除以长度B得到一个任意给定角度，那么这个长度与底数A的任意次幂$A^{\frac{m}{n}}$成正比。在物体沿纵轴运动时，无论它受到的是吸引朝向该底的力还是被排斥离开该底的力，这个力始终使物体沿纵轴上端所画出的曲线运动，求物体所受的这个力。我假设增加了一个非常小的部分O进入该底，那么将纵轴$(A+O)^{\frac{m}{n}}$分解为无限级数$A^{\frac{m}{n}}$ +

$\frac{m}{n}OA^{\frac{m-n}{n}}+\frac{mm-mn}{2nn}OOA^{\frac{m-2n}{n}}+\cdots\cdots$并且我设该力与这个级数中$O$的2次项成正比，即该力与$\frac{mm-mn}{2nn}OOA^{\frac{m-2n}{n}}$成正比。因此所求的力与$\frac{mm-mn}{nn}A^{\frac{m-2n}{n}}$（或者是等价的$\frac{mm-mn}{nn}B^{\frac{m-2n}{m}}$)成正比。如在纵轴上端画一抛物线，$m=2$，$n=1$，那么力与给定值$2B^0$成正比，所以这时要求的力是个给定值。所以，如同伽利略证明过的那样，物体在给定力的作用下将沿抛物线运动。但是，如果在纵轴上画一条双曲线，$m=0-1$，$n=1$，那么这个力与$2A^{-3}$或$2B^3$成正比。因此，如果物体沿这条双曲线运动，那么作用于物体的这个力与纵轴的立方成正比。至此，对非球类物体的探讨结束。接下来，我将探讨一些目前尚未触及的运动。

第14章 论小物体受大物体上各部分的向心力作用而产生的运动

命题94 定理48

如果两种相似的介质彼此被两个平行的平面所终止的空间隔开，并且存在一个垂直于这两种介质中的力，并且当一个物体通过这个空间时，受到这个力的吸引作用或推动作用，但是除此之外物体并不受其他力的推动或阻碍。已知在任何距平面距离相等处，引力都相等，且都指向平面的同一侧，那么，当物体从其中一个平面进入该空间时，与该空间有一角度，即入射角，同样，物体从另一平面离开该空间时也有一个角度，即出射角，这两个角的正弦的比值为一个给定值。

情形1 设Aa、Bb为两个平行的平面，而在这两个平面间有一个中介空间。物体沿直线GH从第一个平面Aa进入该中介空间，物体在该空间中运动时，受到干涉介质的引力或斥力，于是用曲线HI表示物体在此力作用下的运动轨迹，最后物体沿直线IK离开该空间。作垂直于出射平面Bb的垂线IM，与入射直线GH的延长线交于点M，与入射平面Aa交于点R。连接HM，与KI的延长线交于点L。以L为圆心，LI为半径作一圆，交HM于点P和Q，与MI的延长线交于点N。首先，假设此引力或斥力是均匀的，那么正如伽利略曾证明的，轨迹曲线HI是一条抛物线，且此

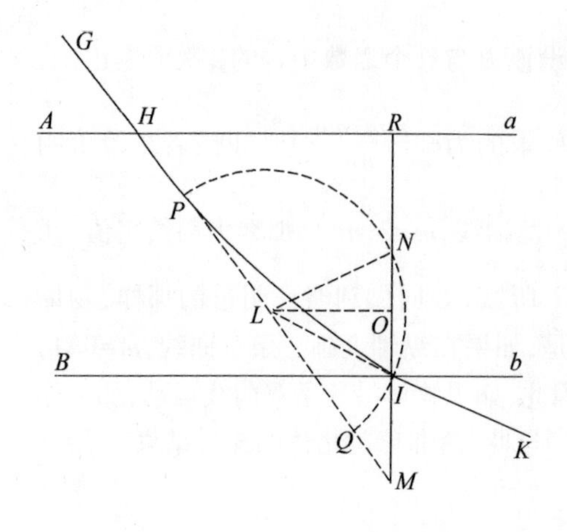

抛物线的性质为已知通径和直线IM的乘积等于HM的平方，且点L是HM的中点。如果过L作MI的垂线LO，那么LO与MI的交点过M是线段MR的中点，即$MO=OR$，又因为$ON=OI$，那么可知$MN=IR$。因此，如果IR的长度已知，则MN的长度也可得到，那么通径和IM的乘积（HM^2）与乘积$MI \times MN$的比值也是个已知值。但因为乘积$MI \times MN$等于$MP \times MQ$，即等于平方差ML^2-PL^2或者ML^2-LI^2，ML^2-LI^2与ML^2的比值也是个已知值。如果将$LI^2:ML^2$加以变换，$LI:ML$还是指定值。但是在每个三角形中，如三角形LMI中，角的正弦与该角的对边成正比，因此入射角LMR的正弦与出射角LIR的正弦之比为一确定比值。由此得证。

情形2 如果平行平面隔开多个空间，如$AabB$、$BbcC$等。设物体连续通过这些平面，并且物体在每个空间都受到均匀力的作用，但是在每个空间，力的大小都不相同。正如在情形1中所证明的，物体进入第一个平面Aa时入射角的正弦与离开第二个平面时出射角的正弦之比为一确定比值，并且进入平面Bb时的入射角的正弦与离开第三个平面Cc时的出射角的正弦之比也是一个确定值，同理，物体进入平面Cc时的入射角的正弦与离开第四个平面Dd时的出射角的正弦之比同样也是一个确定比值。依此类推，无数个平面时，该正弦之比都是一个确定值。将这些比值一一相乘，然后求出进入第一个平面的入射角的正弦与离开最后一个平面的出射角的正弦之比是一个确定比值，现在设平面的数量无限增加，同时平面间间距趋向于零，使受到引力和斥力作用的物体按任意给定规律做连续运动，那么进入第一平面时的入射角的正弦与物体离开最后一个平面时的出射角的正弦之比为一个确定比值。由此得证。

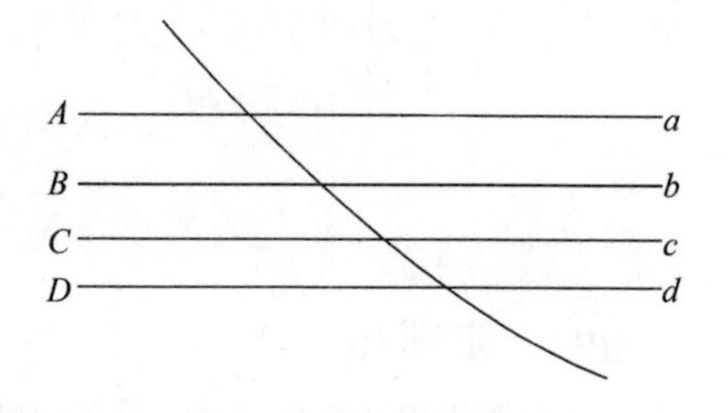

命题95 定理49

与命题94的假设条件相同，那么我认为物体入射前的速度比物体出射后的速度等于出射角的正弦比入射角的正弦。

设$AH=Id$，作垂直于平面Aa的垂线AG，与入射线GH交于点G。过d作dK垂

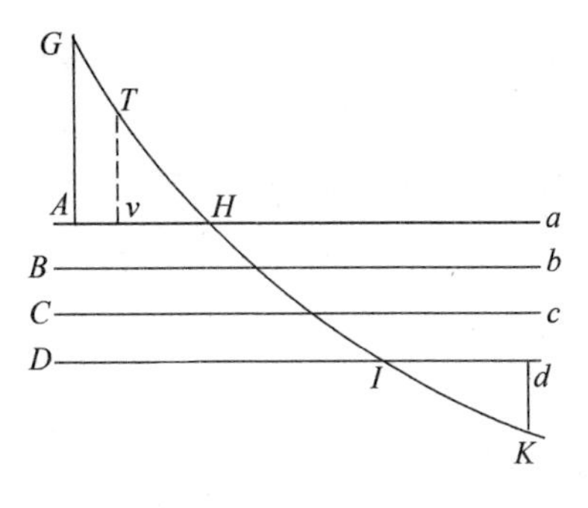

直于平面Dd，且dK与出射线IK交于点K。在GH上取一点T，$TH=IK$，再过点T作直线Tv垂直于平面Aa。根据运动定理推论2，可以将物体的运动分解为两个，其中一个运动的方向与平面Aa、Bb、Cc等垂直，而另一个运动的方向则与这些平面平行，这是因为垂直于平面方向的引力或斥力不会影响平行于平面方向的运动。因为$AH=Id$，所以当物体沿平行于平面方向运动时，通过直线AG与点H间距离所用时间等于物体通过直线dK与点I间距离（这两条直线平行）所用时间。由此可得，物体做相应的曲线运动的时间也应相等，也即物体画出轨迹曲线GH和IK所用的时间相等。设以线段TH或IK为半径，则入射速度与出射后速度之比等于GH与IK之比，因为$IK=TH$，所以该速度之比等于GH与TH之比，也就等于AH或Id与vH之比，上述这三个比值都相等，它们的比值也即是出射角正弦与入射角正弦之比。由此得证。

命题96 定理50

已知入射前物体的运动大于出射后，在相同条件下，我认为如果入射直线是被连续偏折，那么物体最终将被反射，且其反射角等于入射角。

假设物体一一通过平行平面Aa、Bb、Cc等，并且在此过程中物体的运动轨迹为抛物线弧。现在将这些弧命名为HP、PQ、QR等。假设物体沿入射线GH倾斜进入第一个平面，此时与平面所成的入射角的正弦与一个正弦和它相等的圆的半径的比值，等于这个入射角的正弦与物体离开平面Dd进入空间$DdeE$时的出射角的正弦的比值。通过这些条件，可知出射角的正弦等于圆的半径，因为此时的出射角为180°，所以，出射线与平面Dd重合。设物体到达平面Dd时的位置是点R，因为出射线与平面Dd重合，所以物体在到达平面Dd时将不会再朝平面Ee的方向运动，但是因为物体在该空间中始终受到入射介质的吸引或排斥作用，所以该物体也不会沿着出射线Rd运动。所以，物体将在平面Cc与Dd间的空间开始返回，其运动轨迹是抛物线弧QRq，并且根据伽利略的证明可推导出，该抛物线的顶点为R，并且在点q进入平面Cc时的入射角就等于进入平面时在点Q的入射角。然后物体将继续返回，这时的运动轨迹为抛物线弧qp、ph等，这些抛物线弧与之前的抛物线弧QP、PH相似且相等。并且在点p、h等处，物体进入相应平面的入射角等于之前在点P、H处相应的入射角。最终物体将在点h处从平

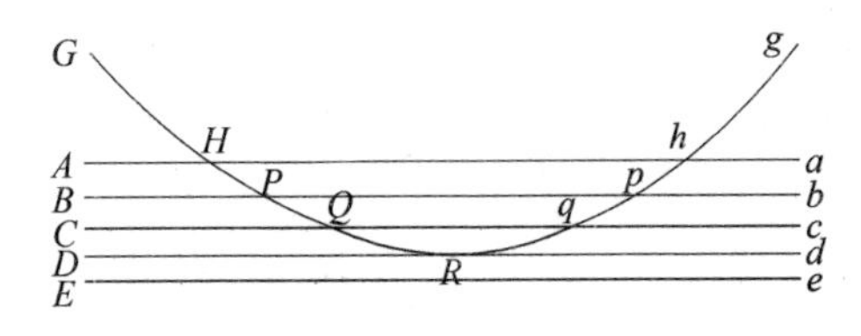

面Aa出射。此时的出射倾余斜度等于物体从点H进入平面Aa时的入射倾斜度。现在设Aa、Bb、Cc、Dd、Ee等平行平面间的空间无限缩小，但是同时平面的数量无限增加，这样按任意给定规律的引力或斥力使物体做连续运动，那么此时出射角将始终等于入射角，并且最后物体从该空间离开时最后的出射角也和入射角相等。

附注

这些引力作用与斯涅耳发现的光的反射和折射定律非常相似，即光的反射角与折射角的正割之比为一个常数，并且最终也如笛卡尔所证明的那样，入射角与反射角的正弦之比也是一个常数。在许多天文学家对木星卫星的现象予以观察后，现在已经确定光是连续传播的，并且光从太阳到地球需七八分钟。此外，正如格里马尔迪最近的实验发现一样（我也做过这一实验），光线通过小孔进入黑屋。同时，我也仔细观察了光线经过物体边缘时的运动情况。无论物体是否透明（比如金、银、铜币的圆形或方形边缘，刀刃、石块，或玻璃碎片），当空气中的光束通过物体的棱边时，光线就如同受到该物体的引力作用一样，围绕物体弯曲或偏折。其中，最靠近物体的光束弯曲程度最大，如同这些光束受到的引力也最大，而那些距物体稍远的光束的弯曲程度则较小，那些离物体更远的光束会反向弯曲。以上这三类光束形成了三条彩色条纹。在图中，点s表示刀刃，或任意楔形AsB的突起部位，而$gowog$、$fnunf$、$emtme$、$dlsld$则分别表示沿着弧owo、nun、mtm、lsl朝锋处弯曲的光束。这些光束的弯曲程度随离刀锋跨度的远近而改变。由于光线的这种偏折发生在刀锋外的空气中，因此落在刀锋上的光束在接触刀锋前就已经先弯曲了。如果光束是落在玻璃上，那么情况也相同。因此，折射并没有发生在入射点，而是由光束的渐渐偏折而形成折射。其中一部分的折射发生在光束接触玻璃前的空气中，如果我没弄错，另一部分发生在物体进入玻璃后，即发生在玻璃中。如图可见，落在点r、q、p上的光束$ckzc$、$biyb$、$ahxa$分别在k与z之间、i与y间、h与x间发生偏折。因为光线的传播运动与物体的运动极为相似，在完全不考虑光线的本质及它们究竟是不是实体，只假设物体的路径及其相似于光线的路径的情况下，下述命题可适用于光学应用。

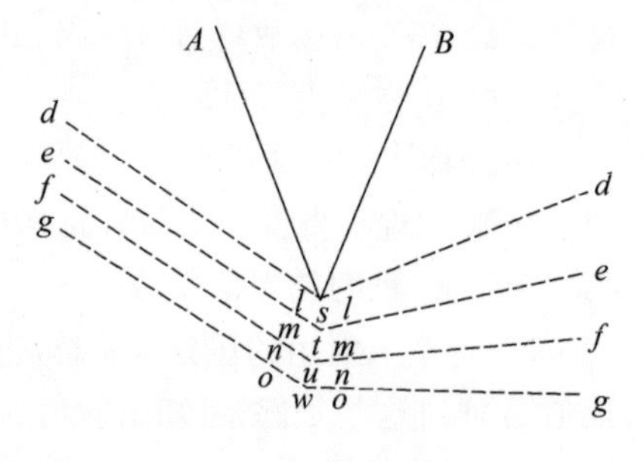

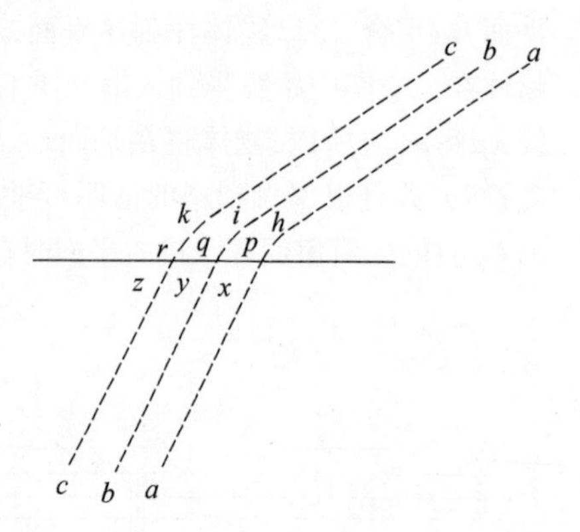

命题97　问题47

假设当物体进入任意平面时，入射角的正弦与出射角的正弦之比是一个确定值（即常数），并且当物体接近平面时，这些物体的偏折路径都处于一个十分狭小的空间内（因此空间非常狭小，可视为一个点）。如果小球都来自一个已知场所，并且有一平面能将发散的所有小球都汇集到另一个确定的点上，求这个平面。

设小球从点A发散出来，而在点B重新汇集。一条曲线CDE绕轴AB旋转得到所要求的曲面，而D、E是曲线CDE上任意两点。AD、DB是物体的运动路径，过E分别作AD、BD的垂线EF、EG。设点D接近点E，并最终与点E重合。已知线段DF使AD增长，而线段DG则使DB变短，因为线段DF与DG最终之比等于入射角的正弦与出射角的正弦之比，所以AD的增量与DB的减量之比为一确定比值。因此，如果在轴AB上取曲线CDE的必经之点C，并按照上述比值去求CM与CN间的比值，其中CM为AC的增量，而CN为BC的减量。以A为圆心，AM为半径作一个圆，再以B为圆心，BN为半径作另外一个圆，这两个圆相交于点D，那么点D将与所求曲线CDE相切。而根据点D与曲线在任意点相切，可求出该曲线。由此得证。

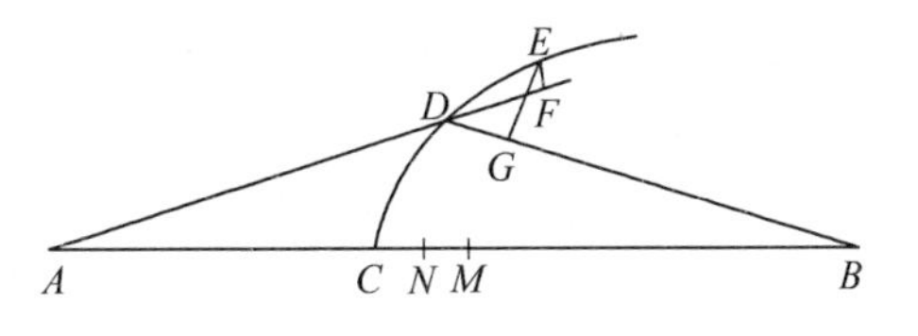

推论1　如果使点A或B有时远至无限，而有时又向点C的另一侧运动，那么由此得到的所有图形就是笛卡尔在他的著作《光学》和《几何学》中所画的关于折射的图形。虽然笛卡尔一直没有发表这一理论，但在此命题中我将它发表出来。

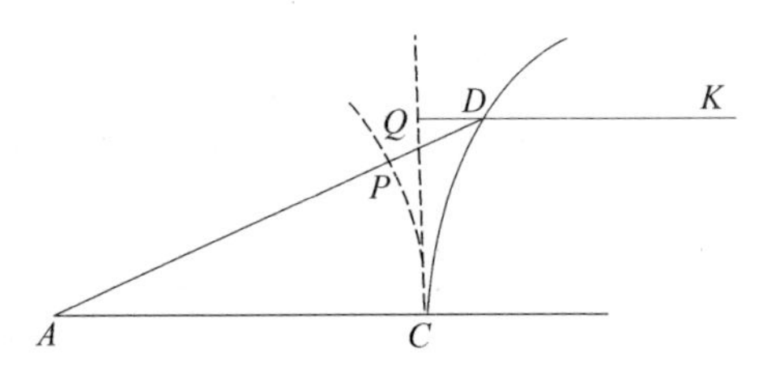

推论2　如果沿着直线AD，物体按任意规律落在任意平面CD上，并且沿另一条直线DK离开该表面。过点C作曲线CP和CQ，且CP始终垂直于AD，CQ始终垂直于DK。AD的增量产生线段PD，且DK的增量产生线段QD，那么PD和QD之比等于入射角与出射角的正弦之比。反之亦然。

命题98　问题48

已知条件同命题97。如果绕轴AB作任意一个有引力的表面CD（无论它是否是规则平面），假设从已知点A上发散出的物体必定穿过该表面。如果第二个有引力的表面EF使这些物体重新汇集到一个确定的点B上，求表面EF。

如果轴AB与第一个面交于点E，而点D为任意取的一点。设物体进入第一个平面时入射角的正弦与出射角的正弦之比等于任意指定值M与另一指定值N的比，同样，物体进入第二个表面时入射角的正弦与出射角的正弦之比也等于这个比值，延长AB到点G使$BG:CE=(M-N):N$，延长AD至H使$AH=AG$，延长DF至K使$DK:DH=N:M$。连接KB，以D为圆心，DH为半径作一圆，且此圆交KB于点L。作直线BF平行于DL。那么这个点F将与曲线EF相切，当曲线EF绕轴AB旋转时所得的平面即是所求平面。

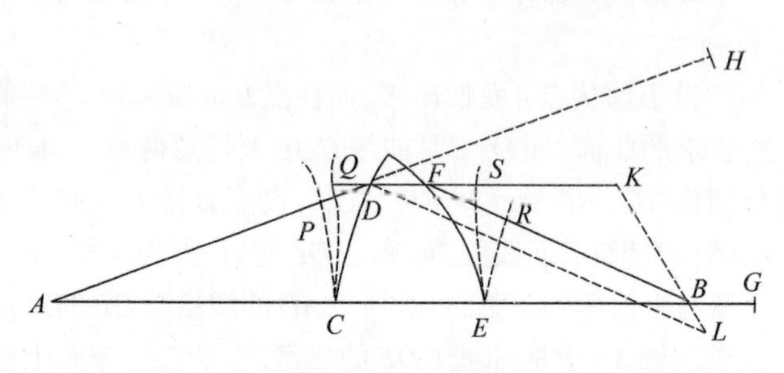

设曲线CP与直线AD处处垂直，且曲线CQ也与直线DF处处垂直，而曲线ER、ES则分别垂直于直线FB、FD，因此$QS=CE$。根据命题97的推论2，$PD:QD=M:N$，同样，DL比DK（或FB比FK）也等于M比N，由分比得，也等于（$DL-FB$）或（$PH-PD-FB$）比FD或（$FQ-QD$），也等于（$PH-FB$）比FQ。又因为$PH=CG$，$QS=CE$，所以$(PH-FB):FQ=(CE+BG-FR):(CE-FS)$。但是因为$BG:CE=(M-N):N$，所以$(CE+BG):CE=M:N$。由分比，得$FR:FS=M:N$。根据命题97的推论2，如果一个物体沿直线$DF$方向落到表面$EF$上，那么$EF$将使物体沿直线$FR$方向运动到点$B$处。由此得证。

附注

同理，上述命题可以一直证明到三个或更多的表面。但是在所有形状中，球形最适用于光学。如果望远镜的物镜由两个球体镜片制成，且其中间充满了水。由于镜片表面会引起光的折射，那么用水来校正由折射引起的误差从而使这个物镜能足够精确，这不是不可能的。因此，这种物镜的效果要比凹透镜和凸透镜的效果都好，这不仅是因为物镜易于操作，精确度高，并且也因为物镜能更精确地折射离镜轴较远的光束。但由于光线有区别，所以折射率也会变，导致光学仪器不能用球形或其他形状的镜片来纠正所有光线引起的误差。所以，除非能纠正由此产生的误差，否则只是致力于纠正其他误差的努力都是白费力气。

卷二　论物体（在阻滞介质中）的运动

第1章　受与速度成正比的阻力作用下的物体运动

命题1　定理1

若一个物体受到的阻力与其速度成正比，则因受阻力损失的运动与运动所经过的距离成正比。

由于在每一个相等的时间微量里失去的运动都与速度成正比，也就是正比于经过距离增量，于是，合比可得，在整个时间中失去的运动与扫过的距离成正比。由此得证。

推论　因此，若该物体在完全隔绝于所有引力的自由空间中，仅靠其惯性运动，且既给定其初始全部运动，也给定它经过部分距离后剩下的运动，则可以求出此物体在无穷大时间中所划过的总距离。因为此总距离与已划过的距离的比值等于初始总运动与该运动中已失去部分的比值。

引理1

与它们自己的差成正比的量连续正比。

设$A:(A-B)=B:(B-C)=C:(C-D)=\cdots\cdots$；则换比可得$A:B=B:C=C:D=\cdots\cdots$。由此得证。

命题2　定理2

若一个物体受与速度成正比的阻力，且只受其惯性力的作用而在相似的介质中运动,取相等的时间间隔,则在每个时间间隔的初始速度形成等比级数,而间隔时间内划过的距离与该速度成正比。

情形1 设时间分为相等微量;如果在每个微量开始时,物体受到正比于速度的一次冲击,则每个时间微量里速度的减少量都正比于同一速度。所以,这些速度与它们的差成正比,因而(根据卷二引理1)成连续正比。因此,如果由相等数量的时间微量构成任意相等的时间,则在这些时间初始速度与从一个连续级数中省略各处间隔相等数目的中间项取得的项成正比。但这些项的比是由中间项等比复合得到,因而它们相等。所以,与这些项成正比的速度,构成等比级数。令那些相等的时间微量减小,其数量增加到无穷大,因此阻力的冲击变得连续;在相等时间微量开始时的速度成连比,在这种情形中也成连比。由此得证。

情形2 根据分比,速度差(每个时间微量中所失去的部分)与总速度成正比;即在每个时间微量中划过的距离与速度失去的部分成正比(由卷一,命题1),所以也与整个速度成正比。由此得证。

推论 若以互相垂直的直线*AC*、*CH*为渐近线作双曲线*BG*,作*AB*、*DG*垂直于渐近线*AC*,任意给定线段*AC*表示物体的初始速度和介质阻力,经过一段时间以后的(速度和介质阻力)用不定直线*DC*表示;则时间可以表示为面积*ABGD*,在该时间内划过的距离可以表示为线段*AD*。因为,若该面积随着点*D*的运动与时间一样的方式均匀增加,直线*DC*将按等比比率与速度按相同方式减少;并在相同时间里,直线*AC*所画出的部分按相同比率减少。

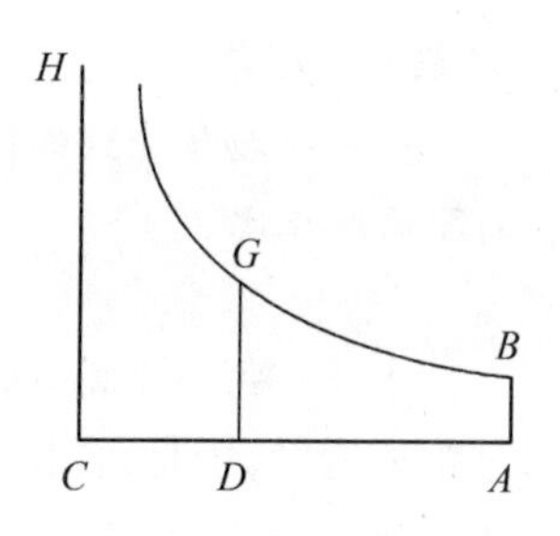

命题3 问题1

在均匀介质中的一个物体,沿直线上升或下降,所受阻力与其速度成正比,同时重力均匀作用于其上,求它的运动。

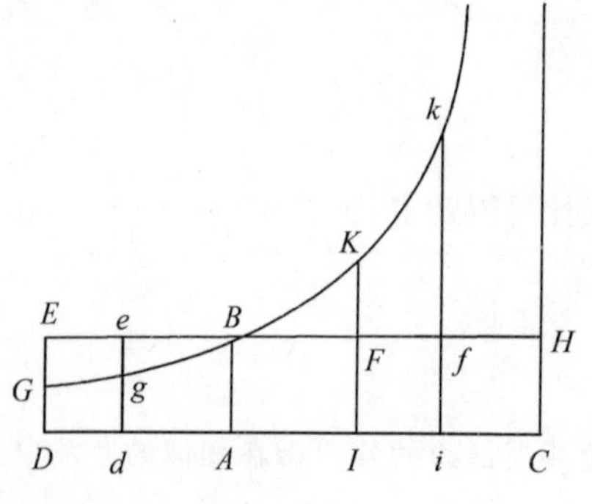

物体上升时,令重力由任意给定矩形*BACH*表示;在开始上升时,直线*AB*另一侧的矩形*BADE*表示介质阻力。通过点*B*,对成直角的渐近线*AC*、*CH*作一条双曲线,截垂线*DE*、*de*于*G*、*g*;上升的物体在时间*DGgd*内划过距离*EGge*;在时间*DGBA*内划过整个上升距离*EGB*;在时间*ABKI*内划过下降距离

BFK；在时间*IKki*内划过下降距离*KFfk*；而物体速度在这些时间段内（正比于介质阻力）分别为*ABED*、*ABed*、0、*ABFI*、*ABfi*；物体下降所能获得的最大速度为*BACH*。

因为将矩形*BACH*分解为无数小矩形*Ak*、*Kl*、*Lm*、*Mn*……，它们与同样多相等时间内产生的速度增量成正比；则0、*Ak*、*Al*、*Am*、*An*……与总速度成正比，因此（由推测）与每个相等时间起始介质阻力成正比。使*AC*比*AK*，或*ABHC*比*ABkK*等于第二个时间间隔内起始重力比阻力；则从重力中减去阻力，*ABHC*、*KkHC*、*LlHC*、*MmHC*……将与在每个时间间隔开始时使物体受到作用的绝对力成正比，且因此（由定律1）与速度的增量成正比，它即与矩形*Ak*、*Kl*、*Lm*、*Mn*……成正比，故（根据卷一引理1）组成一等比级数。所以，若延长直线*Kk*、*Ll*、*Mm*、*Nn*……双曲线相交于*q*、*r*、*s*、*t*……则面积*ABqK*、*KqrL*、*LrsM*、*MstN*……相等。因而相似于相等的时间以及相等的重力。但面积*ABqK*（由卷一引理7推论3和引理8）比面积*Bkq*等于*Kq*比$\frac{1}{2}kq$，或者*AC*比$\frac{1}{2}AK$，那么就等于重力比第一个时间间隔中间时的阻力。同理，面积*qKLr*、*rLMs*、*sMNt*……比面积*qklr*、*rlms*、*smnt*……等于重力比第二，第三，第四……时间间隔中间时的阻力。所以，由于相等的面积*BAKq*、*qKLr*、*rLMs*、*sMNt*……与重力类似，面积*Bkq*、*qklr*、*rlms*、*smnt*……也与每个时间间隔中间时的阻力相似，那么就是（由推测）与速度相似，也与划过的距离相似。取相似量之和、面积*Bkq*、*Blr*、*Bms*、*Bnt*……之和，将相似于划过的总距离；而且面积*ABqK*、*ABrL*、*ABsM*、*ABtN*……也与时间相似。所以，下降的物体在任意时间*ABrL*内划过距离*Blr*，在时间*LrtN*内划过距离*rlnt*。由此得证。上升运动有类似的证明。

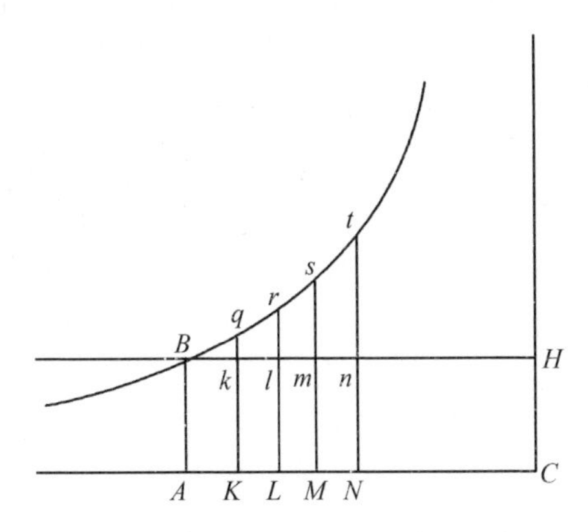

推论1　因此，物体下落所能获得的最大速度与任意给定时间内获得的速度的比值等于不断作用于它之上的给定重力与在该时间末尾阻碍它运动的阻力的比值。

推论2　然而，时间按照等差级数增加时，物体在上升中最大速度与速度的和与下落中的差，都以等比级数减小。

推论3　在相等的时间差中划过的距离的差，也以相同等比级数减少。

推论4　物体划过的距离是两个距离的差，其中一个与开始下落后的时间成正比，另一个与速度成正比；而这两个距离在下落开始时彼此相等。

命题4　问题2

假设任何类似均匀介质中的重力是均匀的，且垂直趋向水平面；其中抛体受正比于其速度的阻力，求其运动。

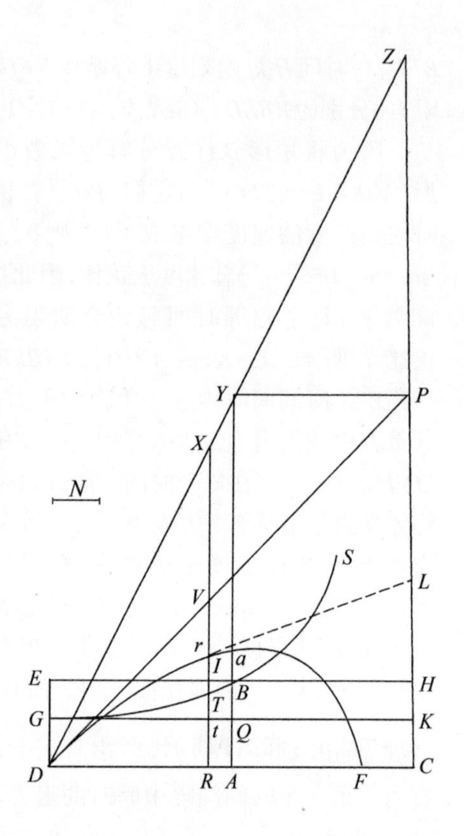

设抛体从任意点D沿任意直线DP方向抛出，运动初始速度由长度DP表示。由点P向水平线DC作垂线PC，截DC于点A，使DA比AC等于来自向上运动时介质阻力的垂直分力比重力；或者（同样的）使得DA与DP的矩形比AC与CP的矩形等于初始运动的点阻力比重力。以渐近线DC、CP作任意双曲线$GTBS$截垂线DG、AB于G和B；补全平行四边形$DGKC$，它的边GK截AB于Q。取一段有线长度N，使它与QB的比等于DC比CP；并且从直线DC上任意点R作其垂线RT，交双曲线于T，交直线EH、GK、DP于I、t和V；在垂线RT上取Vr等于$\frac{tGT}{N}$，或者同样，取Rr等于$\frac{GTIE}{N}$；那么，抛体在时间$DRTG$内进至点r，作曲线$DraF$，此即点r的轨迹；因而抛体在垂线AB上的到达其最大高度a；此后点向渐近线PC趋近，在任意点r处它的速度正比于曲线的切线rL。此即所求。

因为$N:QB=DC:CP=DR:RV$，所以RV等于$\frac{DR\times QB}{N}$，而且Rr（亦即$RV-Vr$，或$\frac{DR\times QB-tGT}{N}$）等于$\frac{DR\times AB-RDGT}{N}$。现令时间由面积$RDGT$表示，且（由运动定律推论2）物体的运动分解为两部分，一为纵向的，另一为横向的。又由于阻力正比于运动，它也被分解为与运动成正比且方向相反的两部分；因而横向运动的长度（由卷二命题2）正比于线段DR，高度（由卷二命题3）正比于面积$DR\times AB-RDGT$，也就是正比于线段Rr。但在运动初始，面积$RDGT=DR\times AQ$，因此该线段Rr（或$\frac{DR\times AB-DR\times AQ}{N}$）比$DR$等于$AB-AQ$或$QB$比$N$，也等于$CP$比$DC$；所以等于初始纵向的运动比横向的运动。由于$Rr$恒正比于高度，$DR$恒正比于长度，而初始时$Rr$比$DR$等于高度比长度，由此$Rr$比$DR$恒等于高度比长度；因此物体将在曲线上$DraF$运动。由此得证。

推论1 因此Rr等于$\frac{DR\times AB}{N}-\frac{RDGT}{N}$；所以，如果延长$RT$到$X$使得$RX$等于$\frac{DR\times AB}{N}$，也即若补全平行四边形$ACPY$，作$DY$截$CP$于$Z$，并延长$RT$交$DY$于$X$；则

Xr 等于 $\frac{RDGT}{N}$，因此与时间成正比。

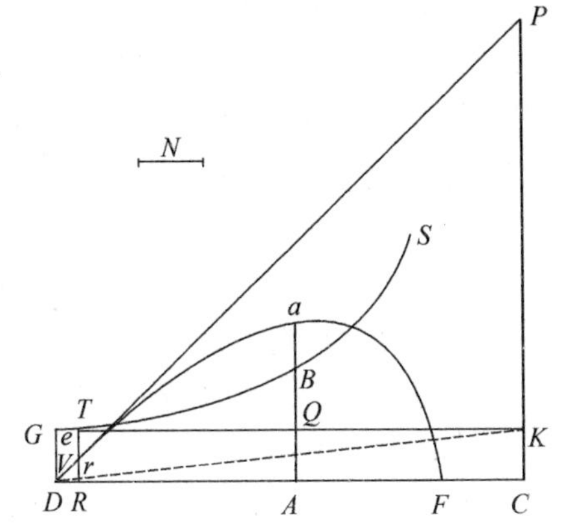

推论2　由此，若在一等比级数中选取无数条线段 CR，或同样的取无数条线段 ZX，则有同样数目的线段 Xr 按等差级数对应。所以通过对数表，曲线 $DraF$ 容易被作出。

推论3　若作抛物线顶点为 D，直径 DG 向下延长，通径比 $2DP$ 等于运动初始全部阻力比重力，则物体从 D 出发沿直线 DP 方向，在阻力均匀的介质中画出曲线 $DraF$ 的速度，与它从同一点 D 出发沿同一直线 DP 方向在没有阻力的介质中画出一抛物线的速度是相同的。因为该抛物线的通径，在运动初始时是 $\frac{DV^2}{Vr}$；而 Vr 等于 $\frac{tGT}{N}$ 或 $\frac{DR \times Tt}{2N}$。但若作一条平行于 DK 的直线，与双曲线 GTS 切于 G，因此 Tt 等于 $\frac{CK \times DR}{DC}$，且 N 等于 $\frac{QB \times DC}{CP}$。所以 Vr 等于 $\frac{DR^2 \times CK \times CP}{2DC^2 \times QB}$，亦即等于（由于 DR 与 DC，DV 与 DP 成正比）$\frac{DV^2 \times CK \times CP}{2DP^2 \times QB}$；又得到通径 $\frac{DV^2}{Vr}$ 等于 $\frac{2DP^2 \times QB}{CK \times CP}$，亦即等于（由于 QB 与 CK，DA 与 AC 成正比）$\frac{2DP^2 \times DA}{AC \times CP}$，因此通径比 $2DP$ 等于 $DP \times DA$ 比 $CP \times AC$；也就是等于阻力比重力。由此得证。

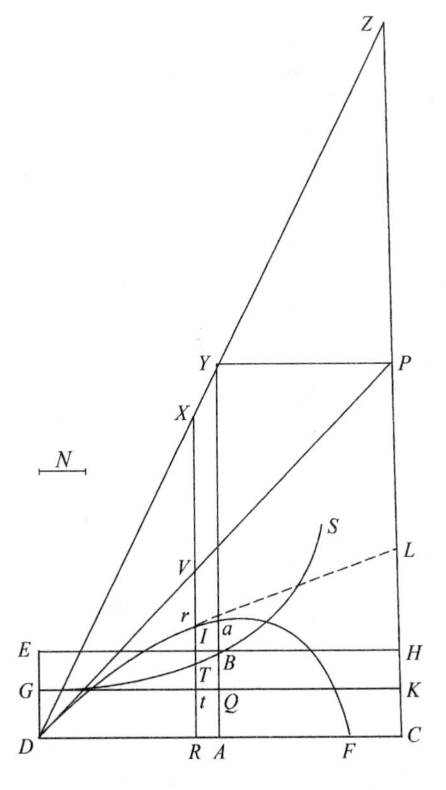

推论4　若一物体从任意点 D 以给定速度抛出，方向沿着任意给定位置的直线 DP，且介质阻力在运动开始时给定，物体划过的曲线 $DraF$ 可被求出。因为速度给定，则抛物线的通径也相当于给定。又取 $2DP$ 比该通径等于重力比阻力，DP 也可求出。其后取点 A 分割 DC，使 $CP \times AC$ 比 $DP \times DA$ 等于重力比阻力，点 A 可求得，由此曲线 $DraF$ 可求得。

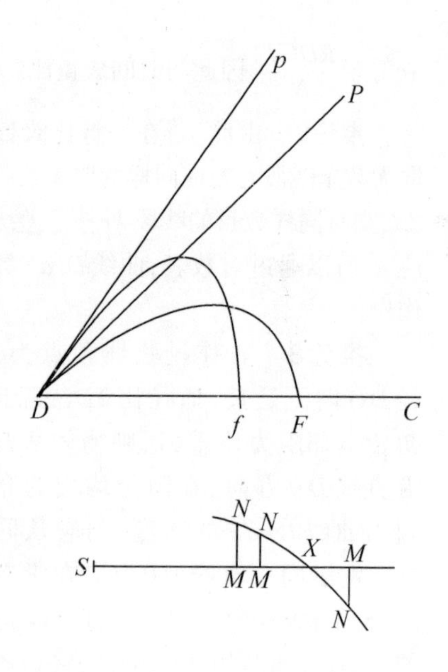

推论5 反之,若曲线*DraF*已知,则物体在每一位置*r*的速度和介质的阻力可以求出。因为$CP\times AC$比$DP\times DA$比值给定,则运动初始时的介质阻力和抛物线的通径可被求出。因此运动的初始速度可被求出,再根据切线*rL*的长度,可求得在任意处*r*,与它成正比的速度和与该速度成正比的阻力。

推论6 但是由于长度2*DP*比抛物线的通径等于重力比在*D*点的阻力,从速度的增加得阻力按相同比率增加,而抛物线通径按比率的二次方增加,显然长度2*DP*仅以此简单比率增加;因此它总与速度成正比;它的增减与角度*CDP*的变化没有影响,除非速度也在变化。

推论7 因此,一种从该现象很近似的求曲线*DraF*的方法显而易见。因此可以得到被抛出物体的阻力和速度。假设两个相似且相等的物体从位置*D*沿不同角度*CDP*和*CDp*以相同速度抛射,并且已知它们落在水平面上的位置*F*、*f*。然后,假设任取一段长度*DP*或*Dp*表示*D*点的阻力,其与重力的比为任意比值,假设此比值以任意长度*SM*表示。然后,经过计算,由假设长度*DP*求出长度*DF*、*Df*;并从计算得到比值$\frac{Ef}{DF}$减去由实验测得的同一比值;此差值以垂线*MN*表示。同样过程重复第二次、第三次,通过一直假设阻力与引力的新比值*SM*得到新的差值*MN*,在直线*SM*的一侧画正差值,并在另一侧画出负差值;通过点*N*、*N*、*N*画出一条规则曲线*NNN*,截直线*SMMM*于*X*,则*SX*即阻力与重力的真实比值,此即所求。根据该比值通过计算出长度*DF*;而长度与假设长度*DP*的比,若等于实验测得长度*DF*与计算出的长度*DF*的比,就是*DP*的真实长度。这些求得以后,你就可以得到物体画出的曲线*DraF*,也得到物体在任一点的速度与阻力。

附注

但是,物体的阻力是与速度成正比,其数学假说意义强于物理假说意义。在完全没有黏度的介质中,物体受到的阻力均与速度的二次方成正比。因为,在运动速度较快的物体作用下,把占更大速度中更多比例的运动在更短时间内传递给等量的介质;因此在相同时间里,由于数量更多的介质受到扰动,运动以正比于该比例的二次方被传递;而阻力(根据运动定律2和3)正比于被传递的运动。因此,让我们来看看这一阻力定律可以产生哪些运动。

第2章 受与速度平方成正比的阻力作用下的物体运动

命题5 定理3

若一个物体受到的阻力与其速度的平方成正比，在均匀介质中运动时只受其惯性力；并按等比级数取时间值，值由小到大排列；则每段时间开始时的速度是同一个等比级数的反比；而每段时间物体划过的距离相等。

由于介质的阻力与速度的平方成正比，而速度的减量与阻力成正比：若时间被分为无数相等微量，则各微量初始速度的平方与相同速度的差成正比。令这些时间微量从直线 CD 上选取的 AK、KL、LM……作垂线 AB、Kk、Ll、Mm……交于以 C 为中心，以 CD、CH 为直角渐近线的双曲线 $BklmG$ 于 B、k、l、m……；那么 AB 比 Kk 等于 CK 比 CA，根据相减法，$AB-Kk$ 比 Kk 等于 AK 比 CA，左右交换，$AB-Kk$ 比 AK 等于 Kk 比 CA；因此等于 $AB\times Kk$ 比 $AB\times CA$。既然 AK 和 $AB\times CA$ 给定，$AB-Kk$ 正比于 $AB\times Kk$；最终，当 AB 与 Kk 重合，正比于 AB^2。通过类似论证，$Kk-Ll$、$Ll-Mm$……分别正比于 Kk^2、Ll^2……。所以线段 AB、Kk、Ll、Mm……的平方正比于它们的差；因此，既然前面已证明速度的平方正比于它们的差，所以这两者级数是相似的。由这些已证明的可推得这些线段所划出的面积的级数与这些速度所划出的距离的级数也是相似的。因此，第一段时间微量 AK 初始的速度以线段 AB 表示，第二段时间微量 KL 初始速度以线段 Kk 表示，第一段时间内经过的长度以面积 $AKkB$ 表示，此后的所有速度可以由以下线段 Ll、Mm……来表示，所划出的长度由面积 Kl、Lm……来表示。由合比可知，若以各微量总和 AM 表示全部时间，以各部分总和 $AMmB$ 表示全部长度，现在假设时间 AM 被分割为 AK、KL、LM……使得 CA、CK、CL、CM……在一个等比级数中，则这些时间在相同等比级数中，而速度 AB、Kk、Ll、Mm……按同一级数的反比排列，且划过的距离 Ak、Kl、Lm……相等。由此得证。

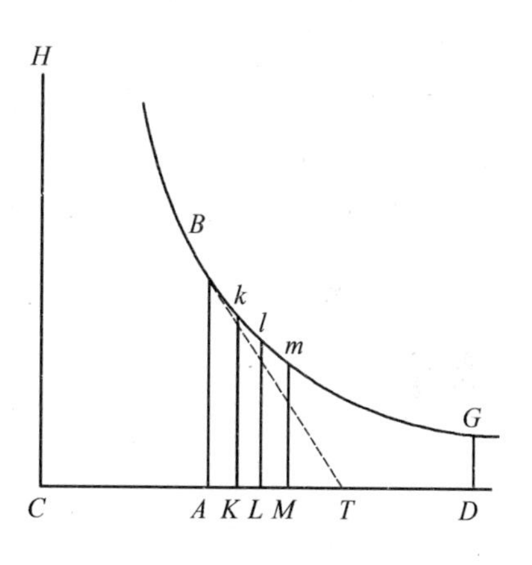

推论1 因此显然若时间以渐近线上任意部分AD表示，该时间初始速度以纵坐标AB表示，而结束的速度以纵坐标DG表示；划过的全部距离以靠近的双曲线面积$ABGD$表示；则在无阻力介质中，任意物体在相同时间AD中以初速度AB划过的距离，由乘积$AB \times AD$表示。

推论2 因此，在阻力介质中划过的距离是给定的，通过将它与物体在无阻力介质中以匀速AB划过的距离之比，等于双曲线面积$ABGD$与乘积$AB \times AD$之比来求得。

推论3 介质的阻力亦可被求出。在运动刚开始时，使它等于一个均匀向心力，使一个下落物体在无阻力介质中、在时间AC内，得到下落速度AB的。因为若作BT切双曲线于B，与渐近线交于T，则直线AT等于AC，表示该初始均匀分布的阻力持续完成抵消速度AB所需时间。

推论4 因此还可以求出该阻力与重力之比，或其他任何已知向心力之比。

推论5 反之亦然，若给定阻力与任何已知向心力之比，则时间AC可被求出，且在此期间，与阻力相等的向心力可以产生与AB成正比的速度；因此也可以求出点B，经过它可以画出以CH、CD为渐近线的双曲线；同样可以求出距离$ABGD$，即物体以初始运动时的速度AB在任意时间AD内划过均匀阻力介质的距离。

命题6 定理4

均质且相等的球体，受到与速度平方成正比的阻力，且仅在惯性力的推动下运动，在与初始速度成反比的时间内，划过相同的距离，而速度失去的部分总速度成正比。

以CD、CH为直角渐近线，作任意双曲线$BbEe$，截垂线AB、ab、DE、de于B、b、E、e；令初速度由垂线AB、DE表示，时间由线段Aa、Dd表示。因而（根据假设）Aa比Dd等于DE比AB，也（根据双曲线性质）等于CA比CD；根据合比可得，等于Ca比Cd。所以面积$ABba$、$DEed$，即划过的距离彼此相等，而初速度AB、DE正与末速度ab、de成正比；所以，由分比定理，与它们速度失去的部分$AB-ab$，$DE-de$成正比。由此得证。

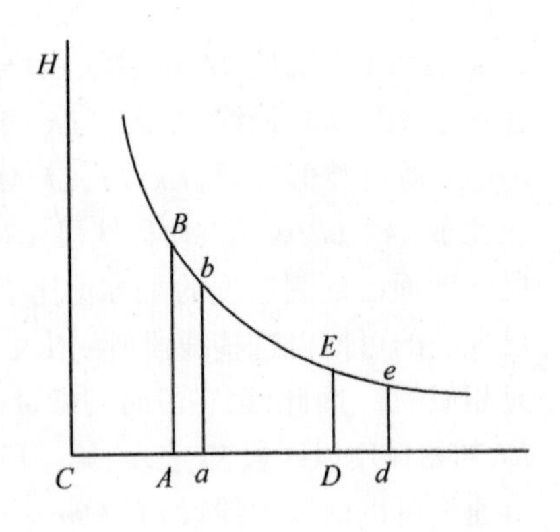

命题7 定理5

若球体的阻力与速度的平方成正比，在与初始运动成正比、与初始阻力成反比的时间，运动部分失去的与其全部运动成正比，而划过的距离与该时间与初速度的乘积成反比。

因为运动失去的部分与阻力与时间的乘积成正比,所以这部分与整体成正比,阻力与时间的乘积与运动成正比,所以时间与运动成正比、与阻力成反比。因此以该比值设定时间微量内,物体失去的部分运动总是与其全部成正比,因此剩余速度也总与初始速度成正比。因为速度的比值给定,其所划过的距离与初始速度与时间的乘积成正比。由此得证。

推论1　因此,若速度相同的物体,所受阻力与直径的平方成正比,则不论均质球以何种方式、任意速度运动,在划过正比于其直径的距离后,所失去的运动都与其整体成正比。因为每个球的运动都与它的速度与质量的乘积成正比,即,与速度与其直径立方的乘积成正比;阻力(根据假设)则与直径的平方与速度的平方的乘积成正比;而时间(根据本命题)与前者成正比,与后者成反比;因此,距离与时间与速度的距离成正比也与直径成正比。

推论2　若等速物体,阻力与其直径的$\frac{3}{2}$次幂成正比,则以任意速度运动的同质球体无论以何种方式运动,在划过正比于直径$\frac{3}{2}$次幂的距离后,运动所失去的部分正比于其整体。

推论3　通常来说,若等速物体所受的阻力与其直径的任意次幂成正比,那么以任意速度运动的同质球体无论以何种方式运动,在运动失去的部分与整体成正比时,所划过的距离与直径的立方除以该幂成正比。设球体直径为D和E;若速度相等,对阻力与D^n和E^n成正比;球体以任意速度运动,其运动失去的部分与全部成正比时,所划过的距离与D^{3-n}和E^{3-n}成正比,而且,同质球体在划过正比于D^{3-n}和E^{3-n}的距离时,其所剩的速度彼此之比等于初始比值。

推论4　若球不均匀,密度较大的球所划过的距离的增量与密度成正比。因为在等速时,运动大小正比于密度,而时间(根据本命题)也正比于运动增量,所划过的距离与时间成正比。

推论5　若球在不同的介质中运动,在其他情况相同时,在阻力大的介质中,距离与较大阻力的减小量成正比。因为时间(根据本命题)的减小量与增加的阻力成正比,而距离与时间成正比。

引理2

任一个生成量(genitum)的瞬(moment),等于每个生成边(generating sides)的瞬乘以这些边的幂指数,并连乘以它们的系数,然后再求总和。

我将其称为生成量的任意一个量,不是由不同部分相加或相减构成的,而是在算术上由一些项通过乘、除或求根产生或获得的；在几何中则由求容积和边，或比例外项和比例内项形成。这类量是乘积、商、根、长方形、平方、立方，平方根和立方根以及类似的量。在这里，我把这些量认为是不确定的和变化的，随着连续运动或流动而增大或减小；我称之的瞬，是指它们的瞬时增减；从而，增量为加上的或正的瞬，减量为减去的或负的瞬。但要注意不能把瞬看成有限小量。有限小量不是瞬，而正是瞬产生的量。我们应将其理解为是有限的量所刚生成的成分。在此引理中我们目的不在于瞬的大小，而只在于瞬刚生成的初始比。若不用瞬，而被增量或减量（也可以称作量的运动、变化和流数）的速率，或与这些速率成正比的有限量来代替，效果是一样的。每个生成边的系数是一个量，由生成量除以该生成边所得到。

所以，本引理的意义是，若由连续流动而增大或减小的瞬任意量A、B、C……，或与它们同比例变化率以a、b、c来表示，则生成矩形AB的瞬或变化等于$aB+bA$；生成的容积ABC的瞬等于$aBC+bAC+cAB$；而这些变量所产生的幂A^2，A^3，A^4，$A^{\frac{1}{2}}$，$A^{\frac{3}{2}}$，$A^{\frac{1}{3}}$，$A^{\frac{2}{3}}$，A^{-1}，A^{-2}，$A^{-\frac{1}{2}}$的瞬分别为$2aA$，$3aA^2$，$4aA^3$，$\frac{1}{2}aA^{-\frac{1}{2}}$，$\frac{3}{2}aA^{\frac{1}{2}}$，$\frac{1}{3}aA^{-\frac{2}{3}}$，$\frac{2}{3}aA^{-\frac{1}{3}}$，$-aA^{-2}$，$-2aA^{-3}$，$-\frac{1}{2}aA^{-\frac{3}{2}}$；通常，任意幂$A^{\frac{n}{m}}$的瞬为$\frac{n}{m}aA^{\frac{n-m}{m}}$。生成量$A^2B$的瞬为$2aAB+bA^2$；生成量$A^3B^4C^2$的瞬为$3aA^2B^4C^2+4bA^3B^3C^2+2cA^3B^4C$；生成量$\frac{A^3}{B^2}$或$A^3B^{-2}$的瞬为$3aA^2B^{-2}-2bA^3B^{-3}$。以此类推。本引理证明如下：

情形1 任意乘积AB，被持续流动增大，当边A和B减少其瞬的一半，即$\frac{1}{2}a$和$\frac{1}{2}b$时，为$A-\frac{1}{2}a$乘以$B-\frac{1}{2}b$，或$AB-\frac{1}{2}aB-\frac{1}{2}bA+\frac{1}{4}ab$；当$A$和$B$增加半个瞬时，乘积变为$A+\frac{1}{2}a$乘以$B+\frac{1}{2}b$或者$AB+\frac{1}{2}aB+\frac{1}{2}bA+\frac{1}{4}ab$。将此乘积减去前一个乘积，超出的$aB+bA$被余下。所以，当变量增加$a$和$b$时，乘积增加$aB+bA$。由此得证。

情形2 设AB恒等于G，则容积ABC或CG（根据情形1）的瞬为$gC+cG$，也即（如果AB和$aB+bA$代替G和g）$aBC+bAC+cAB$。此推理方法对任意变量数的乘积都相同。由此得证。

情形3 设变量A、B和C彼此恒等；则A^2亦即乘积AB的瞬$aB+bA$变为$2aA$；而A^3亦即容积ABC的瞬$aBC+bAC+cAB$变为$3aA^2$。根据同样地论证，任意幂A^n的瞬是naA^{n-1}。由此得证。

情形4 由于$\frac{1}{A}$乘以A是1，则$\frac{1}{A}$的瞬乘以A，与$\frac{1}{A}$乘以a，就是1的瞬，即为0。因此，$\frac{1}{A}$或A^{-1}的瞬是$\frac{-a}{A^2}$。一般地，因为$\frac{1}{A^n}$乘A^n等于1，$\frac{1}{A^n}$的瞬乘以A^n与$\frac{1}{A^n}$乘以naA^{n-1}等于0。因此$\frac{1}{A^n}$或者A^{-n}的瞬是$-\frac{na}{A^{n+1}}$。由此得证。

情形5　由于$A^{\frac{1}{2}}$乘以$A^{\frac{1}{2}}$等于A，$A^{\frac{1}{2}}$的瞬乘以$2A^{\frac{1}{2}}$等于a（根据情形3）；因此$A^{\frac{1}{2}}$的瞬等于$\frac{a}{2A^{\frac{1}{2}}}$或$\frac{1}{2}aA^{-\frac{1}{2}}$。通常，令$A^{\frac{m}{n}}$等于$B$，则$A^m$等于$B^n$，所以$maA^{m-1}$等于$nbB^{n-1}$，$maA^{-1}$等于$nbB^{-1}$，或$nbA^{-\frac{m}{n}}$，因此$\frac{m}{n}aA^{\frac{m-n}{n}}$等于$b$，即等于$A^{\frac{m}{n}}$的瞬。由此得证。

情形6　所以，任意生成量A^mB^n的瞬为A^m的瞬乘以B^n，加B^n的瞬乘以A^m，即$maA^{m-1}B^n+nbB^{n-1}A^m$；不论幂指数$m$和$n$是整数还是分数，正数还是负数。此论证对于更高次幂也是如此。由此得证。

推论1　因此，连续正比的量，若一项给定，则其余项的瞬正比于那些项乘以该项与给定项的间隔项数。令A、B、C、D、E、F连比；若C为给定，其余各项瞬之比为$-2A$、$-B$、D、$2E$、$3F$。

推论2　若在四个成正比的量中，两个内项给定，则外项的瞬正比于该外项。这同样可用于理解给定乘积的变量。

推论3　若两个平方的和或差给定，则变量的瞬与该变量成反比。

附注

我在1672年12月10日致约翰·科林斯（J.Collins）先生的信中，描述一种切线方法，猜测它与司罗斯（Sluse）当时尚未公开的方法是相同的。我附注如下：

这是一种普适方法的特例，或是一种推论，不需要任何麻烦的计算而推广到无论是几何学、力学的曲线切线求解，或以任何方式涉及直线及其他曲线有关的方法中，还可解决有关曲线的曲率、面积、长度、重心等难解问题；它还不（像许德的关于求极大值与极小值方法那样）限于不含无理量的方程，把我这个方法和其他方法结合，可将方程化简为无限级数求解。

信至此结束。最后几句关系到我在1671年写的一篇关于这项研究的论文。此普适方法的基础已包含在上述引理中。

命题8　定理6

若物体在均匀介质中，在重力的均匀作用下，沿一条直线上升或下降；它划过的整个距离分为相等部分，将每一个部分开始时（当物体上升或下落，在重力中加上或减去介质阻力）的绝对力收集起来，则这些绝对力构成等比级数。

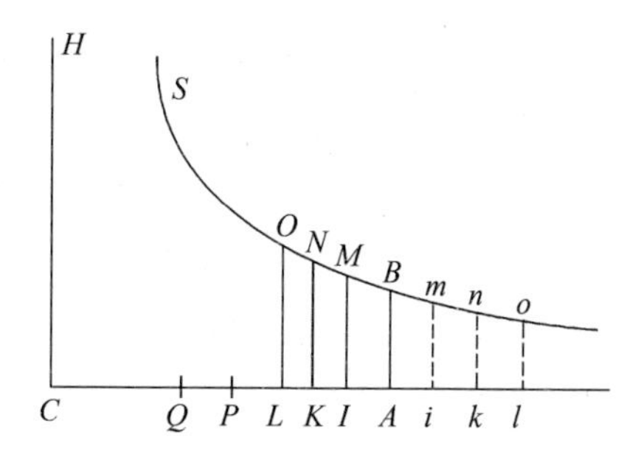

设重力由给定线段AC表示；阻力由不定线段AK表示；下落物体的绝对力由差值

KC表示；物体速度由线段AP表示，它是AK和AC的比例中项，因此正比于阻力的平方根，短线段KL表示给定时间微量中阻力增量，速度的同时增量由线段PQ表示；以C为中心，以CA、CH为直角渐近线，作任意双曲线BNS，交垂线AB、KN、LO于B、N和O。因为AK正比于AP^2，其一个的瞬KL正比于另一个的瞬$2APQ$，即正比于$AP \times KC$；因为速度增量PQ（根据定律2）与生成它的力KC成正比。将KL的比乘以KN的比，则乘积$KL \times KN$正比于$AP \times KC \times KN$；也就是（因为乘积$KC \times KN$给定）正比于AP。在点K与L重合时但双曲线$KNOL$的面积与矩形$KL \times KN$的最终比值为相等。所以，双曲线迅速减小的面积正比于AP。所以，双曲线总面积$ABOL$由恒正比于速度AP的面积微量$KNOL$组成，所以它本身也与速度划过的距离成正比。现将该面积分为相等部分$ABMI$、$IMNK$、$KNOL$……则其绝对力AC、IC、KC、LC……构成等比级数。由此得证。

依据类似论证，在物体的上升过程中，在点A的另一侧取相等面积$ABmi$、$imnk$、$knol$……则可以推知绝对力AC、iC、kC、lC……为连续正比。因此若整个上升和下降距离等分，则所有的绝对力lC、kC、iC、AC、IC、KC、LC……为连续正比。由此得证。

推论1 因此，若以双曲线面积$ABNK$表示划过的距离，则重力、物体的速度和介质的阻力能分别由线段AC、AP和AK表示，反之亦然。

推论2 物体在无限制下落时所得的最大速度可用线段AC表示。

推论3 因此若对于速度的介质阻力已知，则最大速度可以求出，即通过令它与已知速度的比值等于重力与已知阻力的平方根的比值求得。

命题9 定理7

假定上述证明已完成，我说若取圆扇形与双曲线扇形张角的正切值与速度成正比，存在大小合适半径，使物体上升到最高位置所用总时间与该圆的扇形成正比，而由最高位置下落的总时间与该双曲线的扇形成正比。

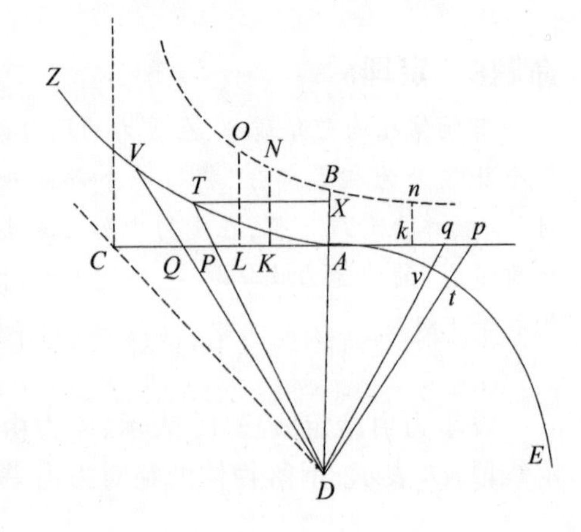

直线AC表示重力，作与之相等的垂线AD，以D为圆心，AD为半径作一个四分之一圆AtE，又作直角双曲线AVZ，轴为AK，顶点为A，渐近线为DC。作Dp、DP；则圆扇形AtD与上升到最高位置的总时间成正比；而双曲线扇形ATD则与由该最高位置下落的总时间成正比；若成立，则切线Ap、AP与速度成正比。

情形1 作直线Dvq在扇形ADt和

三角形ADp上切下瞬，或划过的小微量tDv和qDp，均同时被画出。因为这些微量（由于共同角D）与边的平方成正比，间隔tDv正比于$\frac{qDp \times tD^2}{pD^2}$，即$\frac{qDp}{pD^2}$（由于$tD$给定）。但$pD^2$等于$AD^2+Ap^2$，即$AD^2+AD \times Ak$，或者$AD \times Ck$；而$qDp$等于$\frac{1}{2}AD \times pq$。所以，扇形微量$tDv$正比于$\frac{pq}{Ck}$，也即，正比于速度极小的减小量$pq$，反比于使速度减慢的力$Ck$；因此，正比于速度减小量对应的时间微量。根据合比，在扇形ADt中所有微量tDv之和正比于对应于减小的速度Ap所失去的在每一个微量pq的时间微量的总和，直到该速度减小为零时消失；也就是，整个扇形ADt正比于上升到最高位置的点时间。由此得证。

情形2　作DQV在扇形DAV和三角形DAQ上切下微量TDV和PDQ；这两个微量相互间的比等于DT^2比DP^2，亦即（若TX与AP平行）等于DX^2比DA^2或TX^2比AP^2；由相减法知，等于DX^2-TX^2比DA^2-AP^2。但由双曲线性质，DX^2-TX^2等于AD^2；而由题设，AP^2等于$AD \times AK$。所以两微量彼此的比等于AD^2比$AD^2-AD \times AK$；亦即，等于AD比$AD-AK$或AC比CK；因此扇形的微量TDV等于$\frac{PDQ \times AC}{CK}$；因此等于$\frac{PQ}{CK}$（因AC与AD给定）；亦即，与速度的增量成正比，与生成该增量的力成反比；因此，与对应于该增量的时间微量成正比。根据合比，使速度AP产生全部增加量PQ的时间微量与扇形ATD的微量之和成正比；即全部时间和全部扇形成正比。由此得证。

推论1　因此，若AB等于AC的四分之一，则在任意时间内物体下落所划过的距离，与物体以其最大速度AC在同一时间内匀速运动所划过的距离之比，等于表示下落划过的距离的面积$ABNK$与表示时间的面积ATD之比。因为

$$AC:AP=AP:AK$$

由本卷引理2推论1，

$$LK:PQ=2AK:AP=2AP:AC,$$

所以$LK:\frac{1}{2}PQ=AP:\frac{1}{4}AC$或$AB$，

因为$KN:AC$或$AD=AD:CK$，

两式相乘，得$LKNO:DPQ=AP:CK$。

综上所述，$DPQ:DTV=CK:AC$。

所以，$LKNO:DTV=AP:AC$。

也就是，等于落体速度与其在下落中所能获得的最大速度之比。所以，因为面积$ABNK$和ATD的瞬$LKNO$和DTV与速度成正比，在同一时间里生成的这些面积的所有部分与同一时间里经过的距离成正比；所以从下落开始生成的点面积$ABNK$和ADT，与下落的全部距离成正比。由此得证。

推论2 同理,对于物体上升所划过的距离结论相同,换言之,总距离与在相同时间以均匀速度AC经过的距离之比,等于面积$ABnK$与扇形ADt之比。

推论3 物体在时间ATD内下落达到的速度,与它相同时间里在无阻力空间中所可获得的速度之比,等于三角形APD与双曲线扇形ATD之比。因为在无阻力介质中速度与时间ATD成正比,在有阻力介质中与AP成正比,即与三角形APD成正比。在开始下落时,那些速度相等,面积ATD、APD亦如此相等。

推论4 同理论证,上升速度与物体相同时间里在无阻力空间中所失去的上升运动的速度之比,等于三角形ApD与圆扇形AtD之比;或等于直线Ap与弧At之比。

推论5 因此,物体在有阻力介质中下落所获得的速度AP所需时间,与它在无阻力空间下落获得最大速度AC所需时间之比,等于扇形ADT与三角形ADC之比;而且物体在无阻力介质中由于上升而失去速度Ap的所需时间,与它在有阻力介质中上升中失去相同速度所需时间之比,等于弧At与切线Ap之比。

推论6 因此由给定时间可以求出上升或下落划过的距离。因为物体无限制下落的最大速度是给定的(根据本卷定理6推论2和推论3);因此也可以求出物体在无阻力空间中下落获得这一速度所需要的时间。取扇形ADT或ADt与三角形ADC之比等于给定时间与刚求出的时间之比,则速度AP或Ap、面积$ABNK$或$ABnk$可被求出,它与扇形ADT或ADt之比等于所求距离与刚才求出的在给定时间内以最大速度匀速运动经过的距离之比。

推论7 由此反推,由给定上升或下落的距离$ABnk$或$ABNK$,时间ADt或ADT可求出。

命题10 问题3

假设均匀重力垂直指向地平面,阻力与介质密度与速度平方的乘积成正比:求使物体在任意给定曲线上运动的各处介质密度、物体的速度和介质阻力。

设PQ是与图形所在平面垂直的平面;曲线$PFHQ$与该平面相交于点P和Q;G、H、I、K是物体沿此曲线由F到Q经过的四个点;GB、HC、ID、KE是由这四点向水平面作的四条互相平行的纵坐标线,落在水平线PQ的点B、C、D、E上;又令纵坐标间距BC、CD、DE互相相等。从点G和H作直线GL、HN切曲线于点G、H,且与纵坐标向上的延长线CH、DI交于L和N;完成平行四边形$HCDM$。那

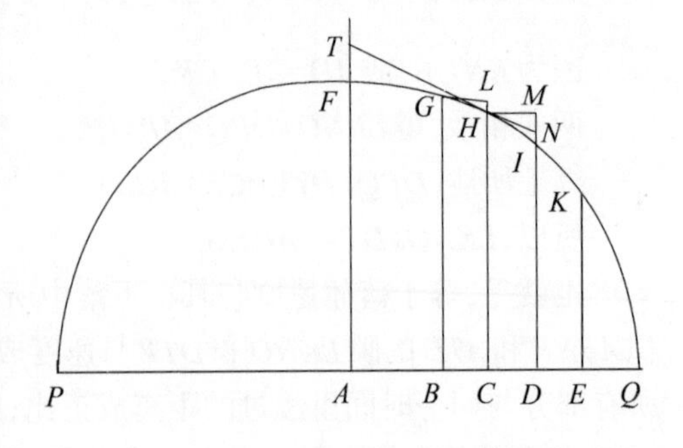

么物体划过弧GH、HI的时间，与物体在该时间里从切点下落的高度LH、NI的平方根成正比；而速度与划过的长度GH、HI成正比，与时间成反比。令T和t表示时间，$\frac{GH}{T}$和$\frac{HI}{t}$表示速度；则在时间t内的速度减少量表示为$\frac{GH}{T}-\frac{HI}{t}$。这个减少量是由阻碍物体的阻力和加速的重力产生。正如伽利略曾证明，受重力划过距离NI的自由落体产生的速度，可使之在相同时间里划过二倍距离，即$\frac{2NI}{t}$；但若物体划过的是弧HI，它只使弧长增加$HI-HN$，或$\frac{MI\times NI}{HI}$；因此只产生速度$\frac{2MI\times NI}{t\times HI}$。令此速度加上述的减量，则得到单独来自阻力的速度减量，即$\frac{GH}{T}-\frac{HI}{t}+\frac{2MI\times NI}{t\times HI}$。因此，由于重力在相同时间里作用下对落体产生速度$\frac{2NI}{t}$，则阻力比重力等于$\frac{GH}{T}-\frac{HI}{t}+\frac{2MI\times NI}{t\times HI}$比$\frac{2NI}{t}$，或$\frac{t\times GH}{T}-HI+\frac{2MI\times NI}{HI}$比$2NI$。

现在将横坐标CB、CD、CE表示为$-o$、o、$2o$，纵坐标CH表示为P；MI表示为任意级数$Qo+Ro^2+So^3+\cdots\cdots$。则级数中第一项以后的所有项，即$Ro^2+So^3+\cdots\cdots$，等于$NI$；纵坐标$DI$、$EK$和$BG$分别为$P-Qo-Ro^2-So^3-\cdots\cdots$，$P-2Qo-4Ro^2-8So^3-\cdots\cdots$，$P+Qo-Ro^2+So^3-\cdots\cdots$。且纵坐标的差$BG-CH$与$CH-DI$的平方，加上$BC$与$CD$的平方，得到弧$GH$、$HI$的平方$oo+QQoo-2QRo^3+\cdots\cdots$以及$oo+QQoo+2QRo^3+\cdots\cdots$，它们的根$o\sqrt{1+QQ}-\frac{QRoo}{\sqrt{1+QQ}}$与$o\sqrt{1+QQ}+\frac{QRoo}{\sqrt{1+QQ}}$就是弧$GH$和$HI$。若从纵坐标$CH$中减去纵坐标$BG$与$DI$的和的一半，从纵坐标$DI$中减去纵坐标$CH$与$EK$的和的一半，剩下$Roo$与$Roo+3So^3$，是弧$GI$和$HK$的正矢。它们与短线段$LH$和$NI$成正比，因而与无限短时间$T$和$t$的平方成正比：比值$\frac{t}{T}$等于$\sqrt{\frac{R+3So}{R}}$，或$\sqrt{\frac{R+\frac{3}{2}So}{R}}$的平方变化；在$\frac{t\times GH}{T}-HI+\frac{2MI\times NI}{HI}$中代入刚才所求$\frac{t}{T}$，$GH$、$HI$、$MI$和$NI$的值，得$\frac{3Soo}{2R}\times\sqrt{1+QQ}$。又由于$2NI$等于$2Roo$，则现在阻力比重力等于$\frac{3Soo}{2R}\sqrt{1+QQ}$比$2Roo$，即等于$3S\sqrt{1+QQ}$比$4RR$。

然后，速度为能够让一物体从任意位置H沿切线HN方向离开，在真空中画出抛物线，且其直径为HC，通径为$\frac{HN^2}{NI}$或$\frac{1+QQ}{R}$。

阻力与介质密度与速度平方的乘积成正比；所以介质密度与阻力成正比，与速度平方成反比；也就是正比于$\frac{3S\sqrt{1+QQ}}{4RR}$，反比于$\frac{1+QQ}{R}$；亦即正比于$\frac{S}{R\sqrt{1+QQ}}$。由此得证。

推论1 若将切线HN向两个方向延长，交任意纵坐标AF于T，则$\frac{HT}{AC}$等于$\sqrt{1+QQ}$，根据前述推导知可以替代$\sqrt{1+QQ}$。因此，阻力比重力等于$3S\times HT$比$4RR\times AC$；速度正比于$\frac{HT}{AC\sqrt{R}}$，介质密度正比于$\frac{S\times AC}{R\times HT}$。

推论2 因此，若曲线$PFHQ$由底或横坐标AC与纵坐标CH之间的关系来定义，如通常那样纵坐标的值分解为收敛级数，此问题可通过级数的前几项轻易地解决；如下例。

例1 令曲线$PFHQ$为直径PQ上方的半圆；求介质密度以使抛物线沿此曲线运动。

点A平分直径PQ，称AQ为n；AC为a；CH为e；CD为o；则DI^2或$AQ^2-AD^2=nn-aa-2ao-oo$，或$ee-2ao-oo$；用我们求根的方法，得

$$DI=e-\frac{ao}{e}-\frac{oo}{2e}-\frac{aaoo}{2e^3}-\frac{ao^3}{2e^3}-\frac{a^3o^3}{2e^5}-\cdots\cdots$$

取$nn=ee+aa$，则

$$DI=ee-\frac{ao}{e}-\frac{nnoo}{2e^3}-\frac{anno^3}{2e^5}-\cdots\cdots$$

在这样一级数中，我以这一方法区分相继的项：我称不含无穷小o的项为第一项；含此量一次方的为第二项，含二次方的为第三项，三次方的为第四项；以此类推以至无穷。且第一项在这里是e，总是表示位于不定量o的起点的纵坐标CH的长度，第二项这里是$\frac{ao}{e}$，表示CH与DN的差，被完成平行四边形$HCDM$切下的短线段MN；因而总是确定切线HN的位置；在此例中，方法是取$MN:HM=\frac{ao}{e}:o=a:e$。第三项这里是$\frac{nnoo}{2e^3}$，表示位于切线与曲线之间的短线段IN；因而确定切角IHN，或曲线在H的曲率。若此短线段IN有有限大小，则它可以由第三项与其以后无穷多个项表示。但，若此短线段减为无穷小，则以后的项比第三项为无穷小，可以略去。第四项决定曲率的变化；第五项是该变化的变化，以此类推。因此，顺便说一下，由此出现了一种不容忽视的方法，利用这些级数可以求解曲线的切线和曲率问题。

现在，级数

$$e-\frac{ao}{e}-\frac{nnoo}{2e^3}-\frac{anno^3}{2e^5}-\cdots\cdots$$

与级数

$$P-Qo-Roo-So^3-\cdots\cdots$$

作比较，将P、Q、R、S写为e、$\frac{a}{e}$、$\frac{nn}{2e^3}$、$\frac{ann}{2e^5}$，将$\sqrt{1+QQ}$写为$\sqrt{1+\frac{aa}{ee}}$或$\frac{n}{e}$；得介质密度与$\frac{a}{ne}$成正比；也就是（由于n已给定）与$\frac{a}{e}$或$\frac{AC}{CH}$成正比，亦即，与切线HT的长度

成正比，它由垂直于半径AF的PQ截取所得；而阻力比重力等于$3a$比$2n$，亦即等于$3AC$比圆的直径PQ；速度则正比于$\sqrt{CH}$。所以，若一个物体从起点F以一适当速度沿平行于PQ的直线运动，介质中各点H处的密度正比于切线HT的长度，且在某一点H处的阻力比重力等于$3AC$比PQ，物体将画出四分之一圆FHQ。

但若同一物体从起点P沿垂直于PQ的直线运动，并在开始时沿着半圆PFQ的弧运动，在圆心A的相对一侧选取AC或a；所以它的符号必须改变，我们必须把$-a$写作$+a$。介质密度与$-\frac{a}{e}$成正比。但自然界中不允许负密度存在，即加速物体运动的密度；所以由P上升的物体自然不可能画出圆的四分之一PF，为产生这一效应，物体应被推动的介质加速，而不是被阻力的介质阻碍。

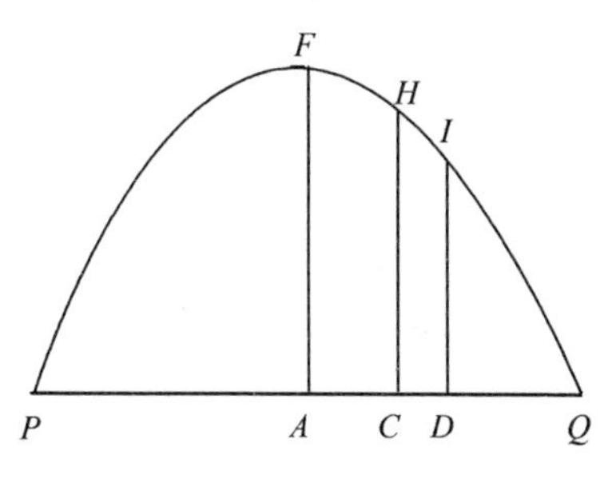

例2　令曲线PFQ为抛物线，它的轴垂直于地平线PQ；求使抛体沿该曲线运动的介质密度。

由抛物线性质，PQ与DQ乘积等于纵坐标DI与某个给定直线段的乘积；设该直线为b，PC为a，PQ为c，CH为e，CD为o，则乘积

$$(a+o)(c-a-o)=ac-aa-2ao+co-oo=b\times DI$$

因此，

$$DI=\frac{ac-aa}{b}+\frac{c-2a}{b}\times o-\frac{oo}{b}$$

现将右边级数第二项$\frac{c-2a}{b}o$写为Qo，第三项$\frac{oo}{b}$写为Roo。但因不存在更多项，故第四项系数S为0。所以，介质的密度与量$\frac{S}{R\sqrt{1+QQ}}$成正比，为0。所以，当介质密度为0时，抛体沿抛物线运动。正如伽利略以前所证明如此。

例3　设曲线AGK为双曲线，其渐近线NX垂直于地平面AK；求使抛体沿此曲线运动的介质密度。

设MX为另一条渐近线，交纵坐标DG的延长线于V；根据双曲线性质，XV与VG的乘积已知。DN与VX的比值也已知，所以DN与VG的乘积也已知。该此乘积为bb；完成平行四边形$DNXZ$，称BN为a，BD为o，NX为c；已知比值VZ比ZX或DN设为$\frac{m}{n}$，则DN等于$a-o$，$VG=\frac{bb}{a-o}$，$VZ=\frac{m}{n}(a-o)$，而GD或$NX-VZ-VG$等于

$$c-\frac{m}{n}a+\frac{m}{n}o-\frac{bb}{a-o}$$

把$\frac{bb}{a-o}$项展开为收敛级数

$$\frac{bb}{a}+\frac{bb}{aa}o+\frac{bb}{a^3}oo+\frac{bb}{a^4}o^3+\cdots\cdots$$

则GD等于

$$c-\frac{m}{n}a-\frac{bb}{a}+\frac{m}{n}o-\frac{bb}{aa}o-\frac{bb}{a^3}o^2-\frac{bb}{a^4}-o^3-\cdots\cdots$$

此级数第二项$\frac{m}{n}o-\frac{bb}{aa}o$被用作$Qo$;第三项$\frac{bb}{a^3}o^2$被用作$Ro^2$,第四项$\frac{bb}{a^4}o^3$被用作$So^3$。而且它们的系数$\frac{m}{n}-\frac{bb}{aa}$,$\frac{bb}{a^3}$和项$\frac{bb}{a^4}$按前面规则写为$Q$、$R$和$S$。完成这步,可得介质密度与

$$\frac{\frac{bb}{a^4}}{\frac{bb}{a^3}\sqrt{1+\frac{mm}{nn}-\frac{2mbb}{n}+\frac{b^4}{aa}}}$$

即

$$\frac{1}{\sqrt{aa+\frac{mm}{nn}aa-\frac{2mbb}{n}+\frac{b^4}{aa}}}$$

成正比,也即,若在VZ上取VY等于VG,则与$\frac{1}{XY}$成正比。因为aa与$\frac{m^2}{n^2}a^2-\frac{2mbb}{n}+\frac{b^4}{aa}$是$XZ$和$ZY$的平方。但阻力与重力的比值被求出等于$3XY$与$2YG$的比值;速度可使该物体画出一抛物体的速度,抛物线顶点为G,直径为DG,通径为$\frac{XY^2}{VG}$。所以,假设介质中每点G处的密度与距离XY成反比,而且任意点G处的阻力比重力等于$3XY$比$2YG$;当物体由起点A出发以适当速度运动时,将画出双曲线AGK。由此得证。

例4 不受限地假设AGK是一条双曲线,以中心为X,渐近线为MX、NX作出,作矩形$XZDN$,其ZD交双曲线于G,交渐近线于V,VG与线段ZX或DN的任意次幂DN^n成反比,幂指数为n:求使抛体沿此曲线运动的介质密度。

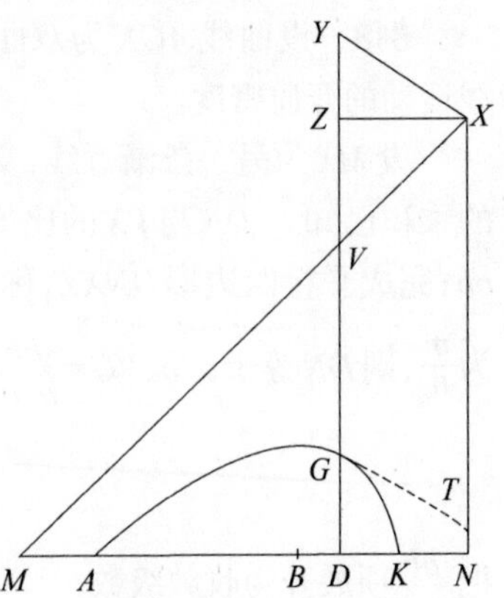

将BN、BD、NX写为A、O、C,设VZ比XZ或DN等于d比e,且VG等于$\frac{bb}{DN^n}$;则$DN=A-O$,$VG=\frac{bb}{(A-O)^n}$,$VZ=\frac{d}{e}(A-O)$,GD或$NX-VZ-VG$等于

$$C-\frac{d}{e}A+\frac{d}{e}O-\frac{bb}{(A-O)^n}$$

将$\frac{bb}{(A-O)^n}$展开为无线级数，得

$$\frac{bb}{A^n}+\frac{nbb}{A^{n+1}}\times O+\frac{nn+n}{2A^{n+2}}\times bbO^2+\frac{n^3+3nn+2n}{6A^{n+3}}\times bbO^3+\cdots\cdots$$

则GD等于

$$C-\frac{d}{e}A-\frac{bb}{A^n}+\frac{d}{e}O-\frac{nbb}{A^{n+1}}O-\frac{nn+n}{2A^{n+2}}bbO^2-\frac{n^3+3nn+2n}{6A^{n+3}}bbO^3+\cdots\cdots$$

该级数的第二项$\frac{d}{e}O-\frac{nbb}{A^{n+1}}O$被用作$Qo$，第三项$\frac{nn+n}{2A^{n+2}}bbO^2$被用作$Roo$，第四项$\frac{n^3+3nn+2n}{6A^{n+3}}bbO^3$被用作$So^3$，因此在任意处$G$点处的介质密度$\frac{S}{R\sqrt{1+QQ}}$等于

$$\frac{n+2}{3\sqrt{A^2+\frac{dd}{ee}A^2-\frac{2dnbb}{eA^n}A+\frac{nnb^4}{A^{2n}}}}$$

因此，若在VZ上取VY等于$n\times VG$，则密度与XY成反比。因为A^2与$\frac{dd}{ee}A^2-\frac{2dnbb}{eA^n}A+\frac{nnb^4}{A^{2n}}$是$XZ$和$ZY$的平方。但在同一点$G$处介质的阻力比重力等于$3S\times\frac{XY}{A}$比$4RR$，即等于$XY$比$\frac{2nn+2n}{n+2}VG$。此处速度使物体沿顶点为$G$，直径为$GD$，通径为$\frac{1+QQ}{R}$或$\frac{2XY^2}{(nn+n)\times VG}$的抛物线运动。

附注

按与推论1相同的方法，得介质密度与$\frac{S\times AC}{R\times HT}$成正比，若假设阻力正比于速度$V$的任意次幂$V^n$，则介质密度正比于

$$\frac{S}{R^{\frac{4-n}{2}}}\times\left(\frac{AC}{HT}\right)^{n-1}$$

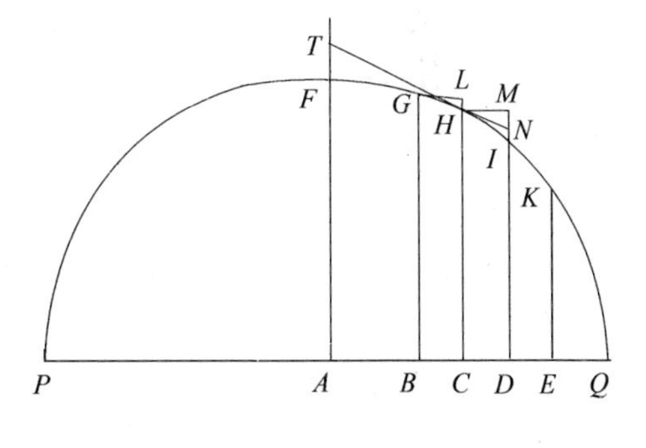

因此，若能求出一条曲线，使得$\frac{S}{R^{\frac{4-n}{2}}}$和$\left(\frac{HT}{AC}\right)^{n-1}$，即$\frac{S^2}{R^{4-n}}$与$(1+QQ)^{n-1}$的比值为给定的；则物体在阻力等于速度$V$的任意次幂$V^n$的均匀介质中将沿此曲线运动。但是让我们回到更简单的曲线上。

因为除非在无阻力介质中，否则不存在一条抛物线上运动，而这里所划出的双曲线运动是由一个连续阻力产生；显然抛体在均匀阻力介质中的轨迹更近似于双曲线而不是抛物线。这样的轨迹曲线确实属于双曲线类型，但它的顶点距渐近线更远，而在远离顶点处比这里所讨论的双曲线距渐近线更近。但是，彼此的差别并不

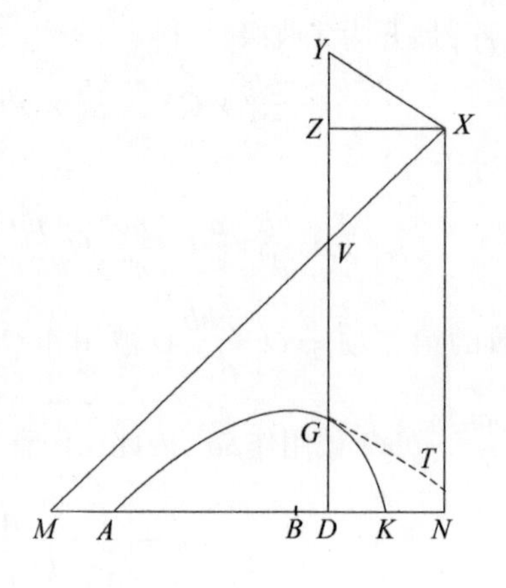

太大，在实践中可以足够适宜地以后者代替前者，也许这些今后比双曲线更有用，它更精确，但同时也更复合。它们可采用如下方法加以利用。

完成平行四边形$XYGT$，直线GT与双曲线相切于G，因而在G点处的介质密度与切线GT成反比，速度与$\sqrt{\frac{GT^2}{GV}}$成正比；阻力比重力等于GT比$\frac{2nn+2n}{n+2}\times GV$。

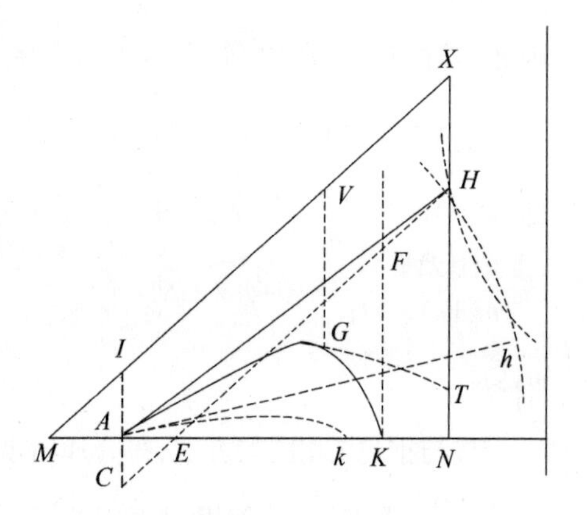

因此，若由A处所抛出的物体沿直线AH的方向作双曲线AGK，延长AH交渐近线NX于H，作AI与它平行并与另一条渐近线MX相交于I；则A处的介质密度与AH成反比，物体速度与$\sqrt{\frac{AH^2}{AI}}$成正比，阻力比重力等于AH比$\frac{2nn+2n}{n+2}\times AI$。由此产生以下规则。

规则1　若保持A点的介质密度以及抛出物体的速度不变，角NAH被改变；则长度AH、AI、HX保持不变。因此，若在任何一种情况下求出这些长度，则由任意已知角NAH易求得双曲线。

规则2　若保持角NAH与A点处的介质密度不变，抛出物体的速度被改变，则长度AH保持不变；而AI与速度的平方成反比例变化。

规则3　若保持角NAH、物体在A点的速度以及加速重力不变，而A点的阻力与运动引力的比值以任意比例增大；则AH与AI的比值也以相同比例增大；而前述抛物线的通径保持不变，与它成正比的长度$\frac{AH^2}{AI}$也不变；因此AH以同一比例减小，而AI则以此比例的平方减小。但当体积不变而比重减小，或当介质密度增大，或当体积减小，而阻力以比重量更小的比例减小时，阻力与重量的比值增大。

规则4　因为在靠近双曲线顶点的介质密度大于在点A处的密度，所以为求平均密度，需先求出最短切线GT与切线AH之比，而且A点处的密度的增加应略大于这两条切线的和的一半与最短切线GT之比值。

规则5　若长度AH、AI给定，要画出图形AGK，延长HN到X，使HX比AI等于$n+1$比1；以X为中心，MX、NX为渐近线，通过点A画出双曲线，使AI比任意直线VG

等于XV^n比XI^n。

规则6　数n越大，物体从A上升的双曲线就越精确，而向K下落时就越不精确；反之亦然。圆锥双曲线保持平均比，并比其余曲线更简单。所以，若双曲线属于这一类，要求出抛体落在通过点A的任意直线上的点K，延长AN交渐近线MX、NX于M、N，取NK等于AM。

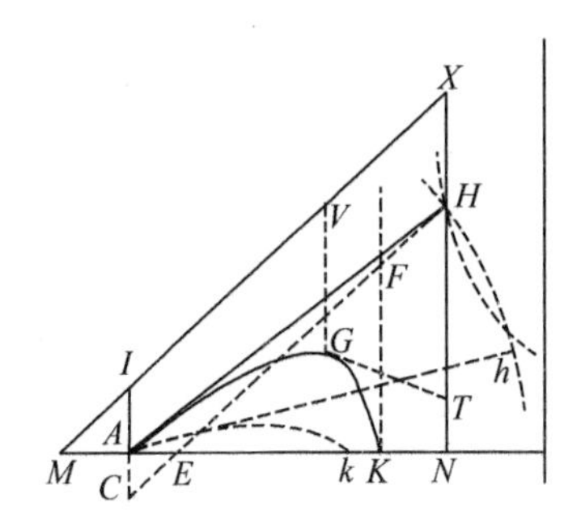

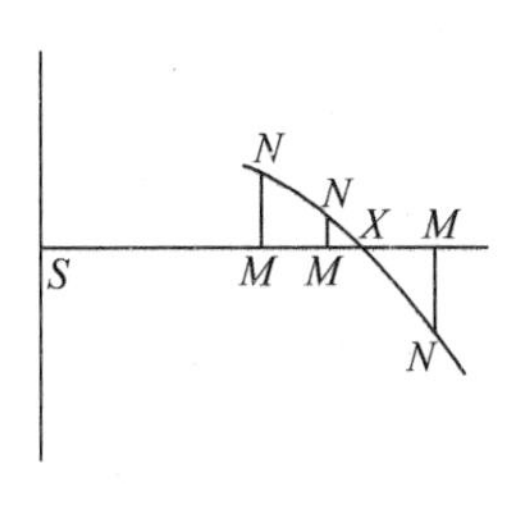

规则7　因而从此现象中易得一种求这条双曲线的简便方法。令两个相似且相等的物体以相同速度、不同角度HAK、hAk抛出，落在地平面上的点K和k处；记下AK与Ak的比值，设其为d比e。作任意长度的垂线AI，并设长度为AH或Ah，然后用作图法，或使用直尺与指南针，收集AK、Ak的长度（根据规则6）。若AK与Ak的比等于d与e比值，则AH长度假设正确。若不然，则在不定直线SM上取SM等于所设AH的长度，作垂线MN等于两者比值的差$\frac{AK}{Ak}-\frac{d}{e}$乘以任意给定直线。由类似方法，通过一些$AH$的假设长度，发现一些点$N$；通过所有这些点作规则曲线$NNXN$，交直线$SMMM$于$X$。最后，设$AH$等于横坐标$SX$，再由此求出长度$AK$；则这些长度比$AI$的假设长度，和这最后假设的长度$AH$，等于实验测出的$AK$比最终求得的长度$AK$，就是所求的$AI$和$AH$的真实长度，而给定这些后，也就可求出$A$处的介质阻力与重力的比等于$AH$比$\frac{4}{3}AI$。设介质密度按规则4增大，若上面求出的阻力也以同样比例增大，则它会变得更为精确。

规则8　已求出长度AH、HX；如果要求直线AH的位置，使以该求出的速度抛出的物体能落在任意点K处。通过点A和K作地平线的垂直线AC、KF；AC竖直向下，并等于AI或$\frac{1}{2}HX$。以AK、KF为渐近线，作双曲线，它的共扼双曲线通过点C；以A为圆心，间隔AH为半径画一圆交该双曲线于点H；则沿直线AH方向抛出的物体将

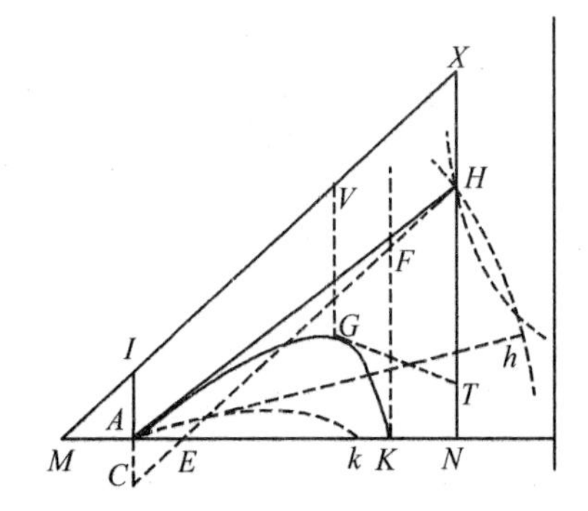

落在点K处，由此得证。

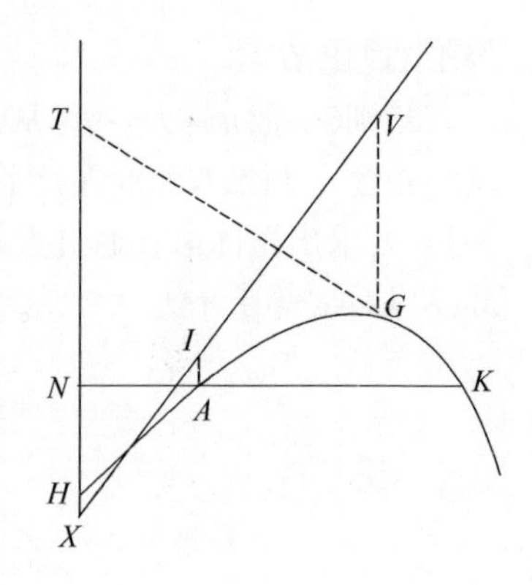

因为长度AH已求出的缘故，点H必定在画出的圆上，作CH交AK和KF于E和F；因为CH、MX互相平行，AC与AI相等，所以AE等于AM；所以也等于KN，而CE比AE等于FH比KN，所以CE与FH相等。所以点H又落在以AK、KF为渐近线作出的双曲线上，其共轭双曲线通过点C；因此求出了该双曲线与所画出的圆周的公共交点，由此得证。

应当注意的是，不论直线AKN与地平线是平行，或以任意角度倾斜，上述操作都是相同的；由两个公共交点H、h得到两个角NAH、NAh；在力学实践中，一次画一个圆就足够了，然后用长度不定的尺子向点C作CH，使其在圆与直线FK之间的部分FH等于点C与直线AK之间的部分CE。

有关叙述双曲线的结论都易应用于抛物线。因为，若以$XAGK$表示一条抛物线，在顶点X与一条直线XV相切，纵坐标IA、VG与横坐标XI、XV的任意次幂XI^n、XV^n成正比；作XT、GT、AH，使XT平行于VG，令GT、AH与抛物线相切于G和A：则由任意A处，沿直线AH以一适当速度抛出的物体，在每个点G处的介质密度与切线GT成反比时，画出这条抛物线。在此例中，在G点处的速度为使物体在无阻力空间中画出圆锥抛物线，其以G为顶点，VG向下的延长线为直径，$\frac{2GT^2}{(nn-n)}$为通径。G点处的阻力比重力等于GT比$\frac{2nn-2n}{n-2}VG$。因此，若NAK表示地平线，保持点A处的介质密度与抛出物体的速度不变，不论角NAH如何变化，长度AH、AI、HX都保持不变；因此可以求出抛物线的顶点X，以及直线XI的位置；若取VG比IA等于XV^n比XI^n，可求出抛物线上所有的点G，即抛体所经过它们的轨迹。

第3章　论所受阻力部分正比于速度、部分正比于速度平方时物体的运动

命题11　定理8

若物体所受阻力部分正比于速度、部分正比于速度平方，且在均匀的介质中只

受惯性力的作用而运动；并且把时间段取为等差级数；则与速度成反比的量在增加某个已知量后，变为一等比级数。

以C为中心，$CADd$和CH为直角渐近线作双曲线BEe，设AB、DE、de平行于渐近线CH。在渐近线CD上A、G为给定点；若时间由均匀增加双曲线面积$ABED$表示，则以GD为其倒数的长度DF与已知直线CG组成CD所表示的速度按等比级数增大。

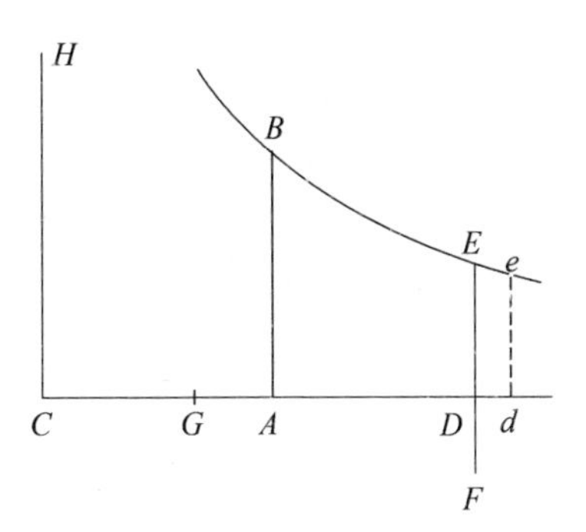

这是因为，设小面积$DEed$为时间的极小增量，则Dd与DE成反比，因此与CD成正比。所以，$\frac{1}{GD}$的减量$\frac{Dd}{GD^2}$（根据卷二引理2）也与$\frac{CD}{GD^2}$或$\frac{CG+GD}{GD^2}$成正比，即与$\frac{1}{GD}+\frac{CG}{GD^2}$成正比。所以，当时间$ABED$均匀地增加已知微量$EDde$时，$\frac{1}{GD}$按照与速度相同的比减小。因为速度的减少量正比于阻力，即（根据假设）正比于两个量之和，其中一个正比于速度，另一个正比于速度的平方；而$\frac{1}{GD}$的减量与$\frac{1}{GD}+\frac{CG}{GD^2}$成正比，其中前者是$\frac{1}{GD}$本身，后者$\frac{CG}{GD^2}$正比于$\frac{1}{GD^2}$；因此$\frac{1}{GD}$与速度成正比，二者的减量相似。且若量$GD$与$\frac{1}{GD}$成反比，并增加已知量$CG$；在时间$ABED$均匀增加时，它们的和$CD$按等比级数增大。由此得证。

推论1 所以，若点A和G给定，时间由双曲线面积$ABED$表示，则速度可以由GD的倒数$\frac{1}{GD}$表示。

推论2 取GA比GD等于任意时间$ABED$初始速度的倒数比该时间结束时速度的倒数，则点G可以求出。求出后，则可由其他任意已知的时间求出速度。

命题12 定理9

在同样假设条件下，我说，若将划过的距离取为一等差级数，则速度在增加一个已知量后变为一等比级数。

设在渐近线CD上点R已知，作垂线RS交双曲线于S，设划过的距离以双曲线面积$RSED$表示；则速度正比于长度GD，并与已知线CG构成的长度CD，当距离$RSED$按等差级数增大时，其按等比级数减小。

因为距离增量$EDde$为已知的，GD的减量短线段Dd与ED成反比，因此与CD

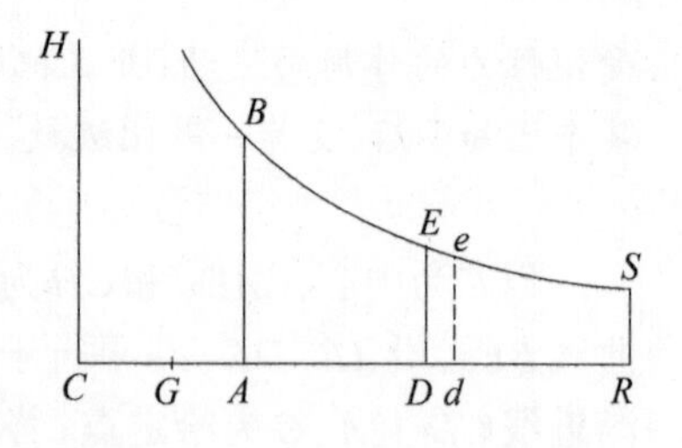

成正比；也就是同一个GD与已知长度CG的和。而在划过已知距离间隔$DdeE$所需的正比于速度的时间里，速度的减少量与阻力乘以时间成正比，即与两个量之和成正比，与速度成反比，这两个量中其一与速度成正比，另一个与速度的平方成正比；因此与两个量的和成正比，其中一个已知，另一个与速度成正比。所以，速度和直线GD的减少量正比于已知量与一个减量的乘积；且因为两个减量相似，两个减小的量点相似，即速度与直线GD也总相似。由此得证。

推论1 若速度以长度GD表示，则划过的距离与双曲线面积$DESR$成正比。

推论2 若任意假设点R，通过取GR比GD等于初始速度比划过距离$RSED$后的速度，则点G可以求出。点G求得后，可由已知速度求出距离；反之亦然。

推论3 因此，由于由已知时间（根据命题11）可以求出速度，而（由本命题）距离又可以由已知速度求出，所以由已知时间可求出距离；反之亦然。

命题13 定理10

假设一物体受向下的均匀重力吸引而沿直线向上或向下运动；同样，它所受阻力部分与其速度成正比，部分与其平方成正比：若通过其共轭直径端点作几条平行于圆和双曲线直径的直线，速度与平行线上开始于一已知点的线段成正比，则时间与由圆心向线段端所作直线截取的扇形面积成正比；反之亦然。

情形1 首先设物体上升，以D为圆心，任意半径DB作圆的四分之一$BETF$，过半径DB的端点B作不确定直线BAP平行于半径DF。其上有已知点A，取线段AP与速度成正比。由于阻力的一部分与速度成正比，另一部分与速度的平方成正比，设总阻力正比于$AP^2+2BA\times AP$①。连接DA、DP，与圆相交于E和T，重力由DA^2表示，使得重力与P处的阻力比值等于DA^2比$AP^2+2BA\times AP$；则上升点时间正比于圆的扇形EDT。

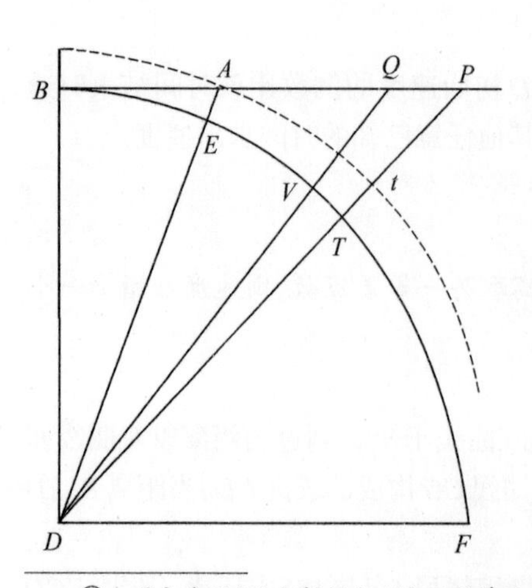

因为，作DVQ，分割出速度AP的瞬PQ，和对应于时间给定的扇形DET的瞬DTV；速度的减量PQ与重力DA^2与阻力$AP^2+2BA\times AP$和成正比；即（根据《几何

① 原文为'BAP'，但根据上下文及数学原理，此处应为两部分线段乘积$BA\times AP$。下文BPQ同理。

原本》第二卷命题12),正比于DP^2。而与PQ成正比的面积DPQ正比于DP^2,面积DTV比面积DPQ等于DT^2比DP^2,因此,DTV与已知量DT^2成正比。所以,面积EDT减去已知微量DTV后,随着时间的比率均匀减小,因此与整个上升时间成正比。

情形2　若物体的上升速度以长度AP表示,如上,则阻力被假定为正比于$AP^2+2BA\times AP$;而若重力小到不能用DA^2表示,取BD的长度使AB^2-BD^2与重力成正比,再DF垂直且等于DB,通过顶点F作双曲线$FTVE$,共轭半径为DB和DF,交DA于E,交DP、DQ于T和V;则上升运动点时间与双曲线扇形TDE成正比。

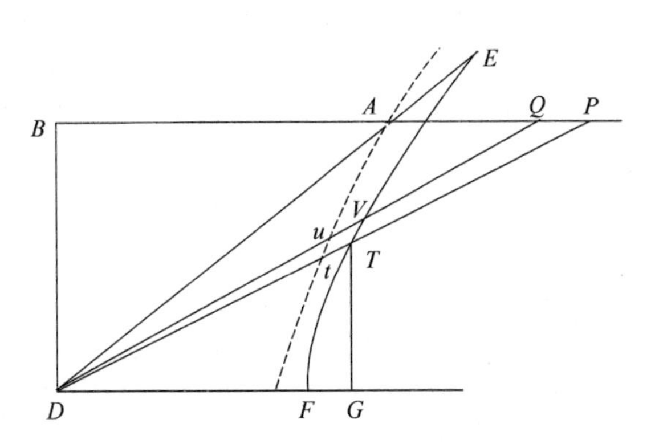

因为在已知时间微量中产生的速度减量PQ正比于阻力$AP^2+2BA\times AP$与重力AB^2-BD^2之和,也即,正比于BP^2-BD^2,但面积DTV比面积DPQ等于DT^2比DP^2;所以,若作GT垂直于DF,则等于GT^2或GD^2-DF^2比BD^2,也等于GD^2比BP^2,根据分比,等于DF^2比BP^2-BD^2。因此,由于面积DPQ与PQ成正比,亦即,与BP^2-BD^2成正比,因此面积DTV与已知量DF^2成正比。所以,在每一个相等的时间微量内,通过减去同样多的微量DTV,面积EDT将均匀减小,因此与时间成正比。由此得证。

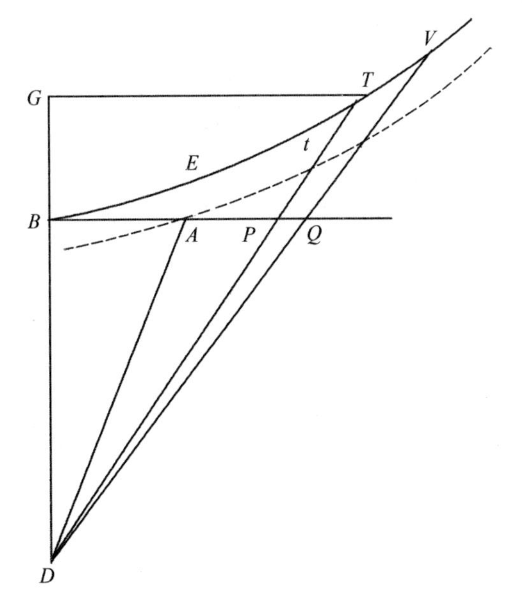

情形3　设AP为物体下落的速度,$AP^2+2BA\times AP$为阻力,BD^2-AB^2为重力,角DBA为直角。若以D为中心,B为顶点,作直角双曲线$BETV$交DA、DP和DQ的延长线于E、T、V;则此双曲线的扇形DET与整个下落时间成正比。

因为速度的增量PQ,和与它成正比的面积DPQ,正比于重力与阻力之差,亦即,等于$BD^2-AB^2-2BA\times AP-AP^2$或$BD^2-BP^2$。面积$DTV$比面积$DPQ$等于$DT^2$比$DP^2$;所以等于$GT^2$或者$GD^2-BD^2$比$BP^2$;也等于$GD^2$比$BD^2$,根据分比,等于$BD^2$比$BD^2-BP^2$。因此,由于面积$DPQ$与$BD^2-BP^2$成正

比，面积DTV与已知量BD^2成正比。所以，在相等的时间微量内加上同样多的微量DTV后，面积EDT将均匀增加，因此与下落时间成正比。由此得证。

推论 若以D为中心，以DA为半径，通过顶点A作弧At与弧ET相似，其对角也是ADT，则速度AP与物体在时间EDT内于无阻力距离内因上升所失去或由于下降所增加的速度之比，等于三角形DAP的面积与扇形DAt的面积之比；因此，此速度可以由已知的时间求出。因为在无阻力的介质中速度与时间成正比，所以也与这个扇形成正比；在有阻力介质中，速度正比于三角形；而且在这两种介质中，当它极小时，趋于等比，扇形与三角形也同理。

附注

物体上升时，亦可证明这种例子，重力小得不足以用DA^2或AB^2+BD^2表示的，又大于以AB^2-BD^2来表示时，因此只能用AB^2表示。但我要尽快讨论其他问题。

命题14 定理11

在相同假设中，若阻力与重力的合力按等比级数取，则物体上升或下降所划过的距离与表示时间的面积与另一个按等差级数增减的面积的差成正比。

取AC（在三个图里）与重力成正比，AK与阻力成正比；这二者取在点A的同侧，

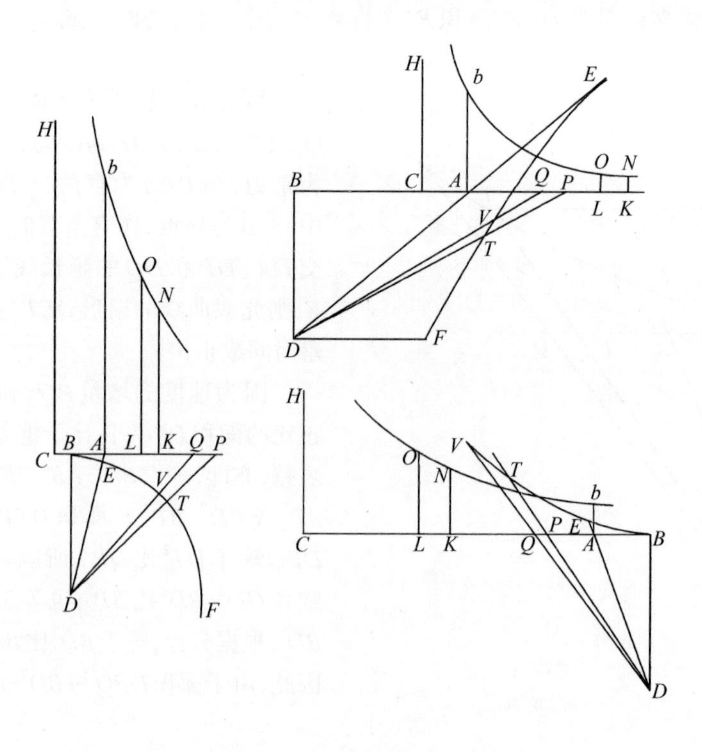

若物体下降则取在两侧。作垂线Ab使它比DB等于$DB^2:4BA\times CA$；以CK、CH为直角渐近线作双曲线bN；再作KN垂直于CK，则面积$AbNK$在力CK按等比级数取值时按等差级数增减，因此物体到其最大高度的距离与面积$AbNK$减去面积DET的差成正比。

因为AK与阻力成正比，即与$AP^2+2BA\times AP$成正比；设任意已知量Z，设AK等于$\frac{AP^2+2BA\times AP}{Z}$；则（根据本卷引理2）$AK$的瞬$KL$等于$\frac{2PQ\times AP+2BA\times PQ}{Z}$即$\frac{2PQ\times BP}{Z}$，而面积$AbNK$的瞬$KLON$等于$\frac{2PQ\times BP\times LO}{Z}$即$\frac{PQ\times BP\times BD^3}{2Z\times CK\times AB}$。

情形1 若物体上升，重力与AB^2+BD^2成正比，BET是一个圆，则与重力成正比的直线AC等于$\frac{AB^2+BD^2}{Z}$，而DP^2即$AP^2+2BA\times AP+AB^2+BD^2$等于$AK\times Z+AC\times Z$或$CK\times Z$。所以，面积$DTV$与面积$DPQ$的比值为$DT^2$或$DB^2:CK\times Z$。

情形2 若物体上升，重力与AB^2-BD^2成正比时，则直线AC等于$\frac{AB^2-BD^2}{Z}$，且$DT^2:DP^2$等于DF^2或DB^2比BP^2-BD^2或$AP^2+2BA\times AP+AB^2-BD^2$，也即，比$AK\times Z+AC\times Z$或$CK\times Z$。因此，面积$DTV$与面积$DPQ$的比值等于$DB^2:CK\times Z$。

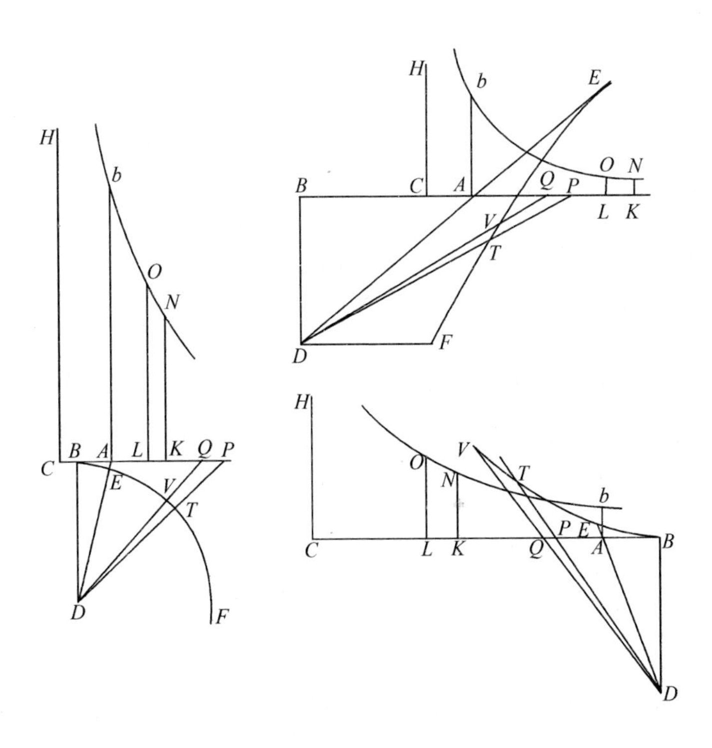

情形3 由相同论证，若物体下降，因此重力与BD^2-AB^2成正比，直线AC等于$\frac{BD^2-AB^2}{Z}$；则面积DTV与面积DPQ的比值为DB^2比$CK\times Z$，同上。

因此，由于这些面积总是等于这个比值，若对面积DTV表示恒等于其时间的瞬，将其表示为任意确定的矩形$BD\times m$，则面积DPQ，即$\frac{1}{2}BP\times PQ$比$BD\times m$等于$CK\times Z$比BD^2，因此$PQ\times BD^3$等于$2BD\times m\times CK\times Z$，而上面求出的面积$AbNK$的瞬$KLON$成为$\frac{BP\times BD\times m}{AB}$。面积$DET$减去它的瞬$DTV$或$BD\times m$，则保留$\frac{AP\times BD\times m}{AB}$。所以，瞬的差，即面积之差的瞬，等于$\frac{AP\times BD\times m}{AB}$；因此（由于$\frac{BD\times m}{AB}$为已知量）与速度$AP$成正比；即与物体在上升或下落中划过距离的瞬。所以，两面积之差与正比于瞬且与之同时开始或同时消失的距离的增减量成正比。由此得证。

推论 若以M表示面积DET除以直线BD所得长度；另取一个长度V与长度M的比值等于线段DA与DE的比值；则物体在有阻力介质中上升或下降的总距离，比在无阻力介质中在相同时间内由静止下落的距离，等于前述面积差$\frac{BD\times V^2}{AB}$；因此由已知时间求出。因为在无阻力介质中距离与时间的平方成正比，或与V^2成正比；又由于BD与AB已知，也正比于$\frac{BD\times V^2}{AB}$。此面积等于面积$\frac{DA^2\times BD\times M^2}{DE^2\times AB}$，$M$的瞬是$m$，所以此面积的瞬是$\frac{DA^2\times BD\times 2M\times m}{DE^2\times AB}$。而此瞬与前述两个面积$DET$与$AbNK$之差的瞬的比值，即$\frac{AP\times BD\times m}{AB}$，等于$\frac{DA^2\times BD\times M}{DE^2}$比$\frac{1}{2}BD\times AP$，即$\frac{DA^2}{DE^2}\times DET$比$DAP$；因此，当面积$DET$与$DAP$为极小值时，比值为等量。因此，当所有这些面积都为极小值时，面积$\frac{BD\times V^2}{AB}$和面积DET与$AbNK$的差有相等的瞬；因此二者相等。由于在下落开始与向上运动结束时的速度；在两种介质中所经过的距离，是趋于相等的，因此二者之比等于面积$\frac{BD\times V^2}{AB}$比面积DET与$AbNK$之差；况且，由于在无阻力介质中距离连续之比为$\frac{BD\times V^2}{AB}$，而在有阻力介质中，距离连续之比为面积DET与$AbNK$的差；由此必然得出，在二种介质中，在相同时间内所划过的距离之比，等于面积$\frac{BD\times V^2}{AB}$比面积DET与$AbNK$之差。由此得证。

附注

球体在流体中的阻力部分来源于黏性，部分来源于摩擦，部分来源于介质密度。

其中我说，关于流体介质密度的阻力那部分，正比于速度的平方；另一部分阻力，即来源于流体的黏性的那部分是均匀的，或正比于时间的瞬；因此，我们现在可以进而讨论这种物体的运动，它所受阻碍部分来源于一个均匀的力，或正比于时间的瞬，部分正比于速度的平方。但是，在前面的命题8、命题9及其推论，就已为解决此类问题扫清了道路。因为在这些命题中，对向上运动物体的重力所带来的均匀阻力，以介质的黏滞性所产生的均匀阻力取代，仅当物体只受惯性力运动时；而当物体沿直线向上运动时，把均匀力加在重力上，当物体沿直线下落时，则减去它。还可进而讨论受到阻碍部分是均匀的力，部分正比于速度，部分正比于速度的平方的物体的运动。而在前述的命题13和14中为此开辟了道路，其中，来源于介质黏性的均匀阻力代替重力，或者如同以前那样以合力代替。但我要尽快研究其他问题的。

第4章　论物体在阻力介质中的圆周运动

引理3

设PQR为一以相同角度与所有半径SP、SQ、SR等相交螺旋线。作直线PT交螺旋线于任意点P，交半径SQ于T；作PO、QO与螺旋线垂直相交于O，连接SO。若点P和Q趋近重合，则角PSO成为直角，而乘积$TQ \times 2PS$与PQ^2的最终的比成为等量的比。

因为，根据直角OPQ、OQR中减去大小相等的角SPQ、SQR，余角OPS、OQS仍相等。故经过点O、P、S的圆也一定经过点Q。设点P与Q重合，则此圆在P、Q重合处与螺旋线相切，因此圆与直线OP垂直相交。故OP成为此圆的直径，而位于半圆上的角OSP是直角。由此得证。

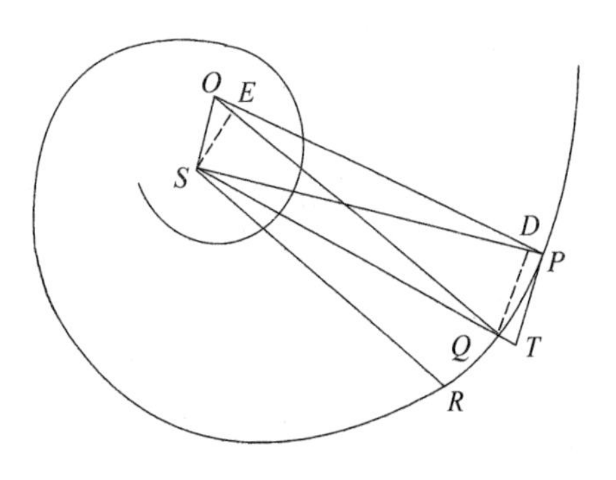

作直线QD、SE垂直于OP，则直线最终的比等于$TQ:PD=TS$或$PS:PE=2PO:2PS$；以及$PD:PQ=PQ:2PO$；两式对应相乘得$TQ:PQ=PQ:2PS$。因此$PQ^2=TQ \times 2PS$。由此得证。

命题15 定理12

若各点处的介质密度与该点到不动中心的距离成反比，且向心力与密度的平方成正比，则物体在一螺旋线上运动，此线以同一已知角度与所有转向中心引出的半径相交。

假设所有条件与前述引理3相同，延长SQ到V使SV等于SP。设物体在任意时间在阻力介质中划过极小弧PQ，而在两倍的时间里经过极小弧PR；则弧的减少量源于阻力，或源于与在无阻力介质中相同时间内划过的弧的差，相互间的比值与产生各自所用时间的平方成正比；所以，弧PQ的减量是弧PR的减量的四分之一。因此，若取面积QSr等于面积PSQ，则弧PQ的减量也等于短线Rr的一半；所以，阻力与向心力之比等于$\frac{1}{2}Rr$短线与同时生成的TQ之比。因为物体在点P受到的向心力与SP^2成反比，而（根据卷一引理10）该力生成的短线TQ正比于一个复合量，它与该力和划过弧PQ所用的时间的平方（在此忽略阻力，因为它相比向心力无限小）成正比，据此导出$TQ \times SP^2$，亦即（根据前述引理3）$\frac{1}{2}PQ^2 \times SP$与时间的平方成正比，因此时间正比于$PQ \times \sqrt{SP}$；而在物体划过弧$PQ$的时间里的速度与$\frac{PQ}{PQ \times \sqrt{SP}}$或$\frac{1}{\sqrt{SP}}$成正比，即与$SP$的平方根成反比。由类似论证，划过弧$QR$的速度与$SQ$的平方根成反比。现在，弧$PQ$与$QR$互相之间的比等于速度的比，即等于$SQ$比$SP$的平方根，或等于$SQ$比$\sqrt{SP \times SQ}$；又因为角$SPQ$、$SQr$相等，面积$PSQ$、$QSr$相等，弧$PQ$比弧$Qr$等于$SQ$比$SP$。取比例部分之差得，弧$PQ$比弧$Rr$等于$SQ$比$SP-\sqrt{SP \times SQ}$，或$\frac{1}{2}VQ$。因为点$P$与$Q$重合时，$SP-\sqrt{SP \times SQ}$与$\frac{1}{2}VQ$的最终比为等量比。因为阻力产生的弧$PQ$的减量或它两倍$Rr$与阻力与时间的平方的乘积成正比，所以阻力与$\frac{Rr}{PQ^2 \times SP}$成正比。但是$PQ$比$Rr$等于$SQ$比$\frac{1}{2}VQ$，且因此$\frac{Rr}{PQ^2 \times SP}$等于$\frac{\frac{1}{2}VQ}{PQ \times SP \times SQ}$，即等于$\frac{\frac{1}{2}OS}{OP \times SP^2}$。因为点$P$与$Q$重合时，$SP$与

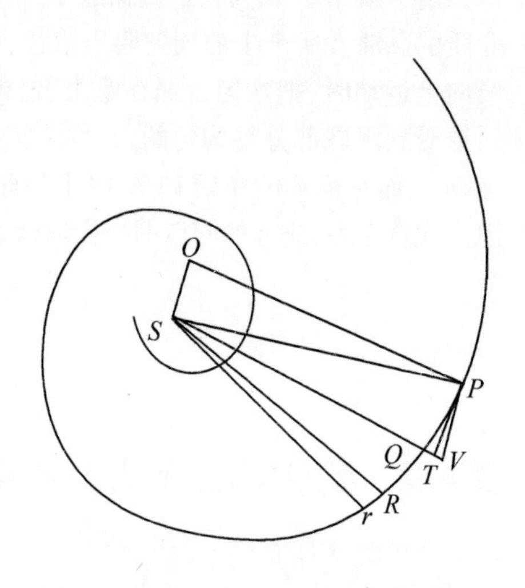

SQ也重合，角PVQ成为直角；又因三角形PVQ、PSO相似，PQ比$\frac{1}{2}VQ$等于OP比$\frac{1}{2}OS$。所以$\frac{OS}{OP\times SP^2}$与阻力成正比，即与点P的介质密度与速度平方之积成正比。除以速度的平方部分$\frac{1}{SP}$，则剩下P处的介质密度，为$\frac{OS}{OP\times SP}$。设螺旋线为已知，因为OS比OP为已知，点P处介质密度正比于$\frac{1}{SP}$。所以，在密度与距离SP成反比的介质中物体将在该螺旋线上运动。由此得证。

推论1　在任意P点处的速度，恒等于物体在无阻力介质中受相同向心力、以距中心相同距离做圆周运动的速度。

推论2　若距离SP已知，则介质密度与$\frac{OS}{OP}$成正比，但若距离未知，则与$\frac{OS}{OP\times SP}$成正比。所以，螺旋线适用于介质任何密度。

推论3　在任意P点处的阻力比同一位置的向心力等于$\frac{1}{2}OS:SP$。因为力彼此的比等于$\frac{1}{2}Rr:TQ$，或等于$\frac{\frac{1}{4}VQ\times PQ}{SQ}$比$\frac{\frac{1}{2}PQ^2}{SP}$，即等于$\frac{1}{2}VQ$比$PQ$，或$\frac{1}{2}OS$比$OP$。所以已知了螺旋线，也就已知了阻力与向心力的比值；反之亦然，根据该已知比值也可求出螺旋线。

推论4　物体不会沿螺旋线运动，除非其阻力小于向心力的一半。令阻力等于向心力的一半，螺旋线与直线PS重合，物体在该直线上落向中心，其速度比之前在抛物线例子中证明过的沿抛物线（卷一定理10）在无阻力介质中下落的速度，等于1比2的平方根。并且下落时间与速度成反比，因此是可求出的。

推论5　因为在到中心等距处，在螺旋线PQR上的速度等于在直线SP上的速度，而且螺旋线的长度比直线PS的长度为已知值，即等于$OP:OS$；沿螺旋线下落的时间与沿直线下落的时间的比也为相同比值，因此是可求出的。

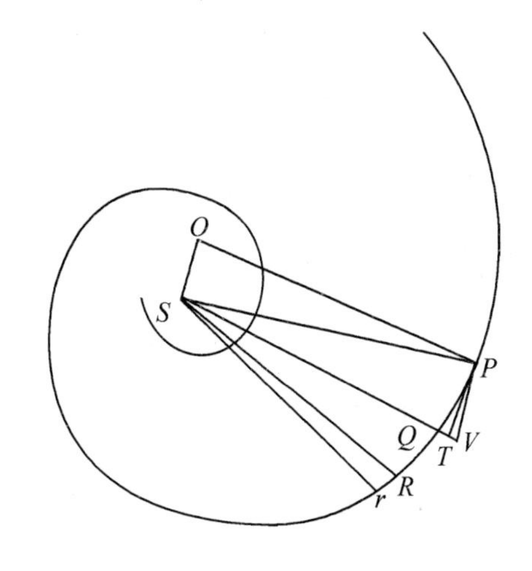

推论6　若从中心S以任意间隔作出两个圆；且保持两圆不变，使螺旋线与半径PS的交角任意改变；则物体在两个圆PS之间沿螺旋线环绕数正比于$\frac{PS}{OS}$，或正比于螺旋线与半径PS夹角的正切；而同一环绕的时

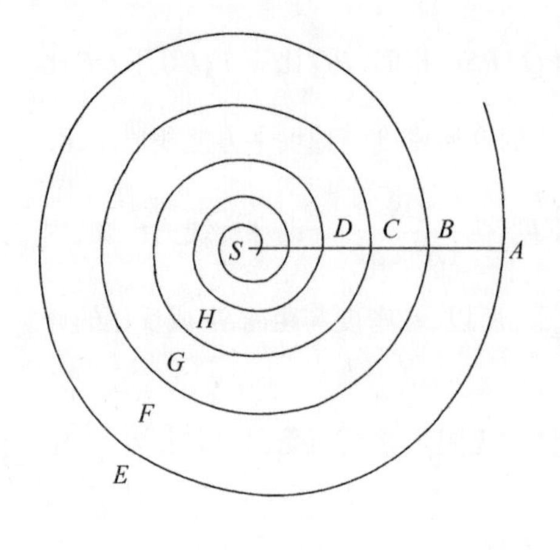

间正比于$\frac{OP}{OS}$,即正比于同一个角的正割,或与介质密度成反比。

推论7 若一个物体在密度反比于其位置离中心距离的介质中,沿任意曲线AEB绕该中心运动,且第一个半径AS在B点的交角与在A点相同,其所具有的速度与其在A点的速度的比与到中心的距离的平方根成反比(即正比于AS比AS与BS的比例中项),该物体将划过无数个相似的环绕轨迹BFC、CGD,等等,割半径AS为连续正比的部分AS、BS、CS、DS等。但环绕时间正比于轨迹周长AEB、BFC、CGD等,反比于物体在这些起点A、B、C等处的速度,即正比于$AS^{\frac{3}{2}}$、$BS^{\frac{3}{2}}$、$CS^{\frac{3}{2}}$等。而其间物体到达中心的总时间比首个环绕时间,等于所有连比项$AS^{\frac{3}{2}}$、$BS^{\frac{3}{2}}$、$CS^{\frac{3}{2}}$等至无穷之总和,比首项$AS^{\frac{3}{2}}$;即非常近似地等于首项$AS^{\frac{3}{2}}$比前两项的差$AS^{\frac{3}{2}}-BS^{\frac{3}{2}}$,或$\frac{2}{3}AS$比$AB$。因此,易求得总时间。

推论8 据此也可以足够近似地推知,物体在密度或者均匀或者服从任意设定规律变化的介质中的运动。以S为中心,以成连比的半径SA、SB、SC等画出同样数量的圆;设在之前讨论的介质中,在其中任意两个圆之间的环绕时间与在相同圆之间在当前介质中的环绕时间之比,近似等于拟定介质中这两个圆之间的平均密度,与前述介质的平均密度之比;而且在前述介质中上述螺旋线交半径AS的夹角的正割与在当前介质中新螺旋与同一半径的交角的正割成正比;以及在同样两个圆之间环绕的次数都近似正比于这些交角的正切;若对每两个圆之间都这样做,则运动连续通过所有圆。据此方法可以不费力猜想物体在任意规则介质中环绕的比率和时间。

推论9 虽然这些偏心运动是沿近似于椭圆的螺旋线,然而若猜想这些螺旋线的每次环绕是在相同距离进行的,而且其接近中心的程度与前述螺旋线相同,则我们也可以理解这类螺旋线运动的物体是以何种方式进行。

命题16 定理13

若介质在每个位置的密度与该处到不动中心的距离成反比,且向心力与同一距离的任意次幂成反比;我说,则物体沿一条螺旋线的环绕,其与所有指向中心的半径以已知角度相交。

本命题的证明方法与上一个命题相同。因为若在P处的向心力与距离SP的任

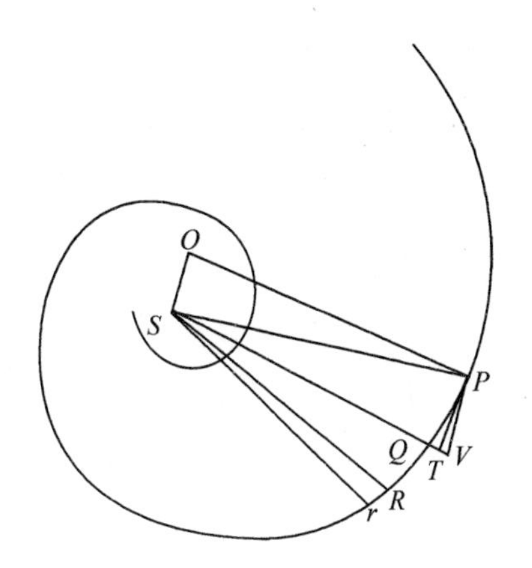

意次幂SP^{n+1}(指数为$n+1$)成反比,同上,可以推得物体经过任意弧PQ的时间与$PS\times PS^{\frac{1}{2n}}$成正比;$P$点的阻力与$\frac{Rr}{PQ^2\times SP^n}$成正比,或正比于$\frac{\left(1-\frac{1}{2}n\right)\times VQ}{PQ\times SP^n\times SQ}$,因此正比于$\frac{\left(1-\frac{1}{2}n\right)\times OS}{OP\times SP^{n+1}}$,即$\left[\text{因}\frac{\left(1-\frac{1}{2}n\right)\times OS}{OP}\text{是已知量}\right]$与$SP^{n+1}$成反比。

因此,由于速度与$SP^{\frac{1}{2n}}$成反比,因此P点密度与SP成反比。

推论1　阻力比向心力等于$\left(1-\frac{1}{2}n\right)\times OS$比$OP$。

推论2　若向心力与SP^3成反比,则$1-\frac{1}{2}n$等于0;因此阻力与介质密度均为0,如同卷一命题9。

推论3　若向心力与半径SP的任意次幂成反比,其指数大于3,则正阻力变为负阻力。

附注

本命题与上个命题都与密度不相同的介质有关,应被理解为物体运动是如此之小的情况,以至于在物体一侧的介质密度大于另一侧的忽略不计。我猜想,其他因素保持不变,阻力正比于密度。因此,在阻力不正比于密度的介质中,密度必须迅速增大,或减小,以使阻力超出的部分能够抵消或不足的部分被补足。

命题17　问题4

已知一个物体的速度规律,即能沿一条已知螺旋线环绕,求介质的向心力和阻力。

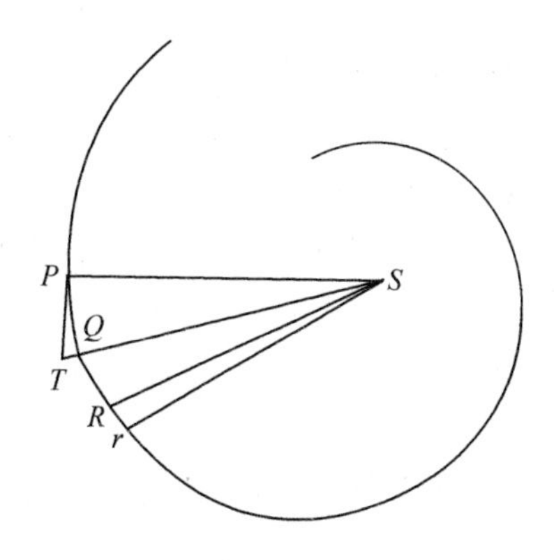

设该螺旋线为PQR。根据物体划过极小弧PQ时的速度,可以求出时间;而根据高度TQ正比于向心力,以及时间的平方,可以求出向心力。然后根据相同时间微量中画出的面积PSQ和QSR的差RSr,可以求出物体速度变慢量;而根据这一变慢量可以求出阻力和介质密度。

命题18　问题5

已知向心力规律,求使一物体沿已知螺旋线运动的介质各处的密度。

从向心力必定求出各处的速度;然后从速度的变慢求出介质密度。如同前一命题。

但是,我已在本卷命题10和引理2中,解释了解决此类问题的方法;也不再耽搁读者时间于此类烦琐问题。现在我将增加一些关于运动物体的力、关于迄今为止解释过的以及类似的运动发生于其中的介质的密度和阻力有关的内容。

第5章　论流体的密度、压力和流体静力学

流体的定义

流体是一种各部分能屈服于所受作用力,且屈服能使各部分之间容易发生运动的物体。

命题19　定理14

在任意静止不动的容器内,盛放容纳的均匀静止液体的所有部分在各向都被压缩(不考虑凝结力、重力以及所有向心力)时,其所有部分在各方面都受到的压力相等,并会保持在各自位置而不产生运动。

情形1　设流体容纳于球形容器ABC内,各方向均匀受到压力,我说那么这些压力不会使流体的任何部分运动。这是因为,若任意部分D运动,那么所有方向上到中心距离相等的所有类似部分必须同时也做类似的运动;因为它们所受压力都是相似而且相等的;并且排除了所有不是源于该压力引起的其他运动。而若这些部分都向中心附近靠近,那么流体必然向球心聚集,这与题设矛盾;若它们背离球心,那么流体必定向球表面汇聚,也与题设矛盾。它们不能向任何方向

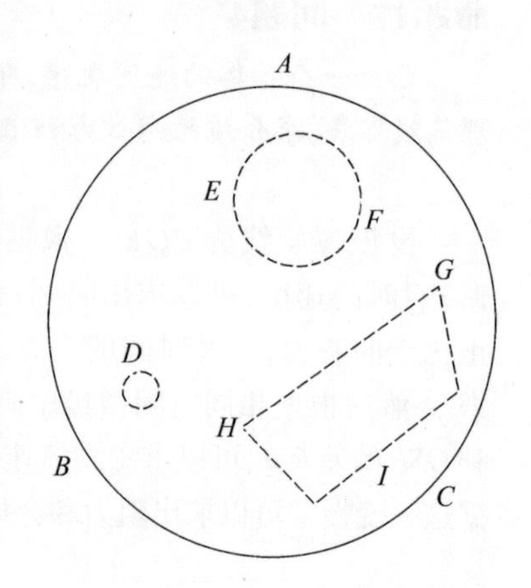

运动，只能保持与中心的距离不变，因为同样的原因可以使它们反方向运动；而同一部分不可能同时向相反的两个方向运动，故流体的每个部分都不会离开其原位置。由此得证。

情形2　现在我说，本流体内的所有球形部分在各个方向受到的压力相等。因为设*EF*为流体的一个球体部分；若它不是受到各个方向相等的压力，压力较小方向会压力增大到各方向压力相等；而这部分（根据情形1）将停留在自己位置。但在压力增加之前，它们会停留在自己位置（根据情形1）；又根据流体定义，在增加新的压力后，它们将会离开这些位置运动，两个结论相互矛盾。故球体*EF*各个方向所受压力不相等的说法是错误的。由此得证。

情形3　另外我说，球面不同部分所受压力相等。因为球体接触部分在接触点处彼此共同施加相等的压力（根据定律3）。但（根据情形2）它们在各方向都被施加相同的压力。故球体的任意两个不接触的部分，因为能与这二者都接触的中间部分的作用，相互间也受到相等的压力。由此得证。

情形4　我说，流体的所有部分在各个方向受到的压力相等。因为任意两部分都与球体部分的在某些点接触；在那里它们对这些球体部分施加相等的压力（根据情形3），因而受到的反作用力也相等（根据定律3）。

情形5　因此，由于流体的任意部分*GHI*被流体其余部分包围在内，如同在容器中，在各方向受到的压力相等，而且它的各部分彼此相互同等挤压，因而相互静止；显然流体*GHI*的所有部分在各方向受到压力，相互同等地挤压而保持静止。由此得证。

情形6　所以，若流体容纳在一个塑性材料或非刚体的容器中，且各方向所受压力不相等，那么根据流体定义，容器也将屈服于较大的压力。

情形7　所以，在无弹性的或刚体容器中，流体不会在一个方向维持较其他方向更大的压力，而会在短时间内向它屈服；因为容器的刚性内壁不会与流体一同屈服，而屈服的流体会挤压容器相反方向的两边，这样压力在各方面趋于相等。因为流体一旦屈服于压力较大的部分而运动，随即受到容器反方向两面内壁阻力的对抗，在短时间让各方向的压力减为相等，而不发生局部运动；据此知，流体的各部分（根据情形5）彼此相互同等大小挤压，互相保持静止。由此得证。

推论　因此流体各部分相互之间的运动，不会因外表面所传递的压力而改变，除非外表面的形状发生改变，或流体所有部分间彼此相互压迫更强或更弱，使它们相互间的滑动有或多或少的困难。

命题20　定理15

若球形流体的所有部分，到球心等距时均匀，放在同心的球形底部，重力朝向整体的中心，那么底部所承受的是一个圆柱体的重量，其底等于底部的表面，而高度等于覆盖的流体高度。

设DHM为底部的外表面，AEI为流体的上表面。流体被无数个球面BFK、CGL……分为厚度相等的同心球壳；设重力只作用于每个球壳的外表面，而且对球面上相等的部分作用相等。因而外表面AEI只受到其自身固有重力的作用，此力使外表面所有部分受到压力，并且第二个表面BFK（根据命题19）受到相等的压力。同样地，第二个表面BFK也受到其自身固有重力作用，叠加在前一个力上使压力加倍。第三个表面CGL受该力的大小，按其大小在其自身重力之外加上这一压力的作用，使压力增为三倍。用类似的方法，第四个表面受到的压力是四倍，第五个表面受到的是五倍压力，依此类推。因此，作用于每个表面的压力并不与上层流体的体积量成正比，而是与到达流体外表面的层数成正比；等于最低层球壳重力乘以层数；也即等于与上述柱体的最后的比是相等的比的一个体积的重量（当层数无限增加、层厚无限减小，以至于下表面到上表面的重力作用变得连续）。故，下表面承受着上述确定柱体的重量。由此得证。

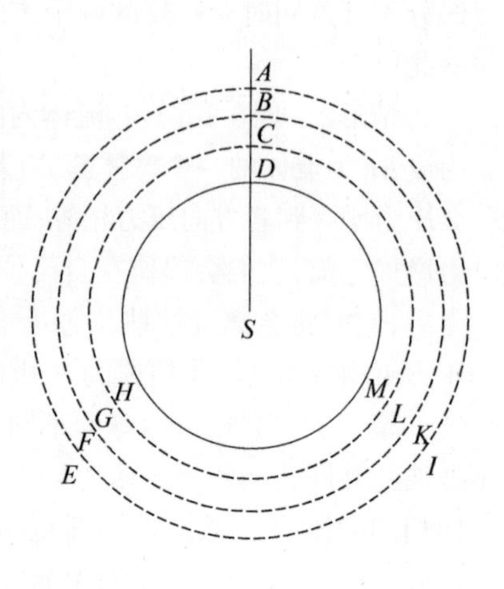

根据类似论证，在本命题可显而易见得出，流体的重力按与中心的距离的任意给定比率减小，以及流体的上面较稀薄、下面较稠密，由此得证。

推论1 底部不受到其上面全部的流体重量压力，只承受本命题中所描述的部分重量；其余重量为球形流体的曲面所承受。

推论2 在与中心等距处压力的量恒相等，不论受到力的表面是与地平面平行、垂直或斜交，不论流体是从受压表面沿直线向上流或从弯曲的洞穴和斜向隧道流，也不论通道是规则的或不规则的、宽或窄的。压力不因上述条件而被任何改变，通过应用本定理到各种流体的情况使得到证明。

推论3 根据同样证明还可以推得（根据命题19），重流体各部分不从相互压在上面的重量的压力而获得运动。受压缩而产生的运动除外。

推论4 因此，若另一个比重相同且不可压缩的物体浸没于此流体中，它不从压于其上部的重量的压力而获得运动；既不下沉也不上浮，也不改变外形。若它是球形，尽管有此压力，它仍保持球形；若它是立方形，那么仍保持立方形，而且，不论它是柔软的，或是易流动的；也不论它是在该流体中自由流动或贴在底部。因为流体内部任何部分与浸没其中的部分状态相同；而且有相同的尺度、外形和比重的浸没部分，其情形都相似。若浸没的部分保持其重量，液化而转变成流体形态，那么此部分若原先是上浮的、下沉的,或受某种压力被赋予新形状的,则现在也将类似地仍然上浮、下沉或变为新形状;这是由于其重力和运动的其他原因得以保持。但是(根据命题19,情形5),它现在将静止保持其原形状。故与上一例子相同。

推论5 若物体的比重大于接触它的流体下沉;而且比重较轻的将会上浮,所得到的运动和形状变化与其重力所超过或不足部分成正比。因为超过或不足的部分的作用如同一个冲击,与流体各部分取得的平衡因之受到作用;这可类比于与天平一边的重量增减的情况。

推论6 故处于流体中的部分受两重重力:其一是真正和绝对的,另一种是表象的、通常的和相对的。绝对重力是使物体趋于竖直向下的全部的力;相对和通常的重力是重力超出的部分,它使物体较周围的流体更趋于竖直向下。前一种重力使所有流体和物体的部分被重力作用在适当的位置;故它们的重量合在一起即构成总重量。因为整体合在一起是重的,正如可由盛满液体的容器检验;点重量等于所有部分的重量之和,因此由它们组成的。另一种重力并不使物体在其位置受重力作用;即通过彼此相互比较它们并没有更重,但阻碍彼此的下沉趋向,就像没有重量那样保持在原处。空气中不比空气重的物体,通常被认为是没有重量的。而比空气重的物体通常是有重量的,因为它们不能被空气的重量所支承。通常重量无非是物体的重量超出空气重量的部分。因而通常没有重量的物体,称为轻物体,它们轻于空气,被向上支承,但这只是相对地轻,不是真正的,因为它们在真空中仍下沉的。类似在水中,物体由于其重量决定下沉或上浮表现出重或是轻;它们相对的、表面的重或轻是它们的真正重量超出或不足于水的重量的部分。但是那些重于流体而不下沉,轻于流体而不上浮的物体,即使它们的真正重量增加了总重量,但通常来说,它们在水中没有相对重量。这些例子可以作类似的证明。

推论7 已证明的关于重力的结论,对所有其他向心力也成立。

推论8 因此,若介质受到其自重或其他任意向心力的作用,在其中运动的某一物体受到更强烈的同一种力的作用;力之差即引起运动力,在前面的命题中称之为向心力。但若物体受该力作用较弱,那么力之差变为离心力,而且只能如此来处理。

推论9 但是,因为流体的压力不改变浸没其中的物体的外形,因而(根据命题19推论)也不改变其内部各部分相互间的位置;因而,若动物浸没流体中,而且所有的感觉是来自各部分的运动,那么流体既不损害浸入的身体,也不唤起任何感觉,除非身体受到压缩。所有被流体所包围的物体系统都与此情况相同。系统的所有部分都像在真空中那样受到同样运动的推动,只保持相对重量;除非流体有些阻碍它们的运动,或需要压力与之结合。

命题21 定理16

设某一流体的密度与压力成正比,其各部分受与到中心距离平方成反比的向心力的竖直向下吸引：我说，若该距离是连比，那么流体密度在相同距离处也是连比。

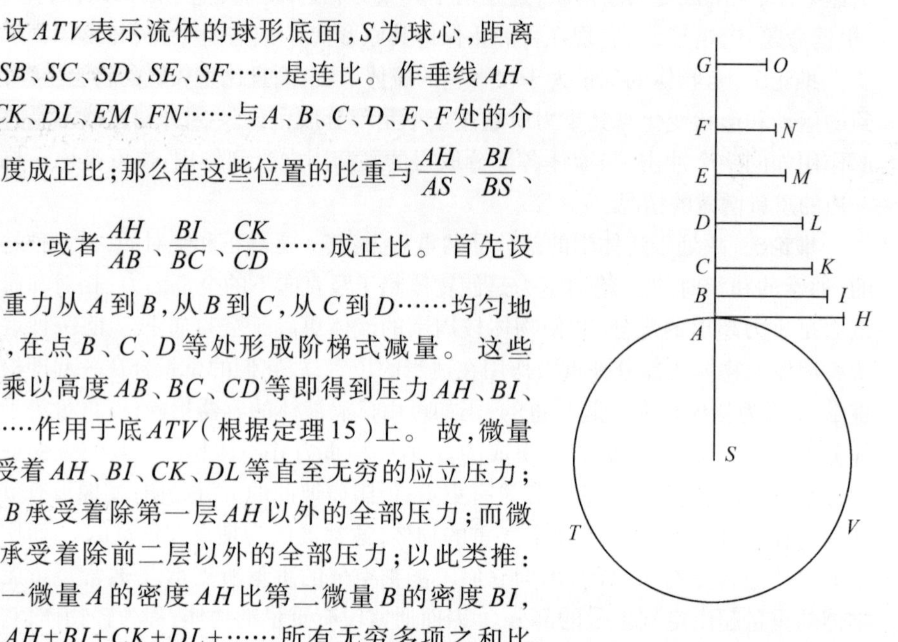

设 ATV 表示流体的球形底面，S 为球心，距离 SA、SB、SC、SD、SE、SF……是连比。作垂线 AH、BI、CK、DL、EM、FN……与 A、B、C、D、E、F 处的介质密度成正比；那么在这些位置的比重与 $\frac{AH}{AS}$、$\frac{BI}{BS}$、$\frac{CK}{CS}$……或者 $\frac{AH}{AB}$、$\frac{BI}{BC}$、$\frac{CK}{CD}$……成正比。首先设这些重力从 A 到 B，从 B 到 C，从 C 到 D……均匀地连续，在点 B、C、D 等处形成阶梯式减量。这些重力乘以高度 AB、BC、CD 等即得到压力 AH、BI、CK……作用于底 ATV（根据定理15）上。故，微量 A 承受着 AH、BI、CK、DL 等直至无穷的应立压力；微量 B 承受着除第一层 AH 以外的全部压力；而微量 C 承受着除前二层以外的全部压力；以此类推：故第一微量 A 的密度 AH 比第二微量 B 的密度 BI，等于 $AH+BI+CK+DL+$……所有无穷多项之和比 $BI+CK+DL+$……所有无限多项之和。而第二微量 B 的密度 BI 比第三微量 C 的密度 CK，等于 $BI+CK+DL+$……之和比 $CK+DL+$……之和。故这些和与它们之差 AH、BI、CK……成正比，所以差成连比。所以，由于在 A、B、C 等处的密度正比于 AH、BI、CK 等，它们也成连比。间隔地进行取值，在成连比的距离 SA、SC、SE 处，密度 AH、CK、EM 也成连比。由类似论证，在成连比的任意距离 SA、SD、SG 处，密度 AH、DL、GO 也成连比。现在设 A、B、C、D、E 等点重合，使比重级数由底 A 到流体顶部的成为连续的，那么在成连比的任意距离 SA、SD、SG 处，也成连比的密度 AH、DL、GO 仍将维持连比。由此得证。

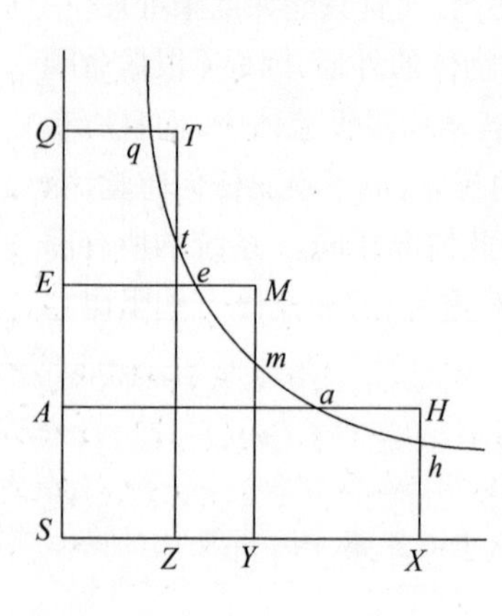

推论 若在 A、E 两处的流体密度已知，那么可以求出任意一点 Q 的密度。以 S 为中心，以 SQ、SX 直角渐近线作双曲线交垂线 AH、EM、QT 于 a、e 和 q，交渐近线 SX 的垂线 HX、MY、TZ 于 h、m 和 t。作面积 $YmtZ$ 比给定面积 $YmhX$ 等于给定面积 $EeqQ$ 比给定面积 $EeaA$；延长直线 Zt 截取线段 QT 与密度成正比。因为，若直线 SA、SE、SQ 成连比的，则面积 $EeqQ$、$EeaA$ 相等，而与它们成正比的面积 $YmtZ$、$XhmY$ 也相等；而直线 SX、SY、SZ，即 AH、EM、QT 成连比，正如它们所应当的,若直线SA,SE,SQ按其他次序成连比序列,那么因为双曲线面积成正比,直线AH、EM、QT也按相同的次序构以另一连比量成连比序列。

命题22 定理17

设任意流体的密度与压力成正比,其各部分受与中心距离平方成反比的重力吸引而竖直向下:我认为,若取距离为调和级数,在这些距离上的流体密度构成一个等比级数。

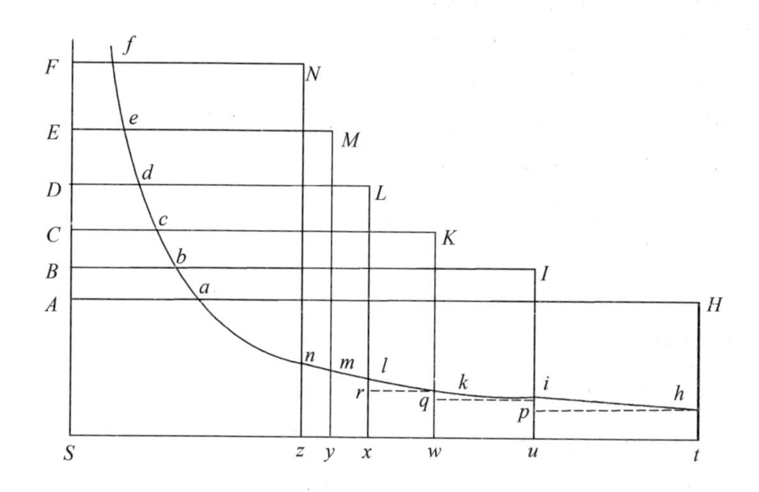

设S为中心,距离SA、SB、SC、SD、SE按等比级数取。作垂线AH、BI、CK……与A、B、C、D、E等处的流体密度成正比,而相同位置的比重那么正比于$\frac{AH}{SA^2}$、$\frac{BI}{SB^2}$、$\frac{CK}{SC^2}$、……。设这些重力,第一个从A到B,第二个从B到C,第三个从C到D,……是均匀连续的,它们乘以高度AB、BC、CD、DE……或者,同样地,乘以距离SA、SB、SC……与这些高度成正比,那么得到压力的表示$\frac{AH}{SA}$、$\frac{BI}{SB}$、$\frac{CK}{SC}$、……。故,因为密度与这些压力之和成正比,那么密度之差$AH-BI$,$BI-CK$等与这些和$\frac{AH}{SA}$、$\frac{BI}{SB}$、$\frac{CK}{SC}$之差成正比。以S为中心,SA、Sx为渐近线,作任意双曲线,交垂线AH、BI、CK等于a、b、c等,截渐近线Sx上的垂线Ht、Iu、Kw于h、i、k;那么密度之差tu、uw等将与$\frac{AH}{SA}$、$\frac{BI}{SB}$等成正比,又矩形$tu\times th$、$uw\times ui$……也即矩形tp、uq、……与$\frac{AH\times th}{SA}$、$\frac{BI\times ui}{SB}$……成正比也即正比于Aa、Bb等。这是因为,根据双曲线的特性,SA比AH或St等于th比Aa,故$\frac{AH\times th}{SA}$等于Aa。根据类似论证,$\frac{BI\times ui}{SB}$等于Bb,……。但

Aa、Bb、Cc等成连比，故与它们之差$Aa-Bb$、$Bb-Cc$……成连比，故矩形tp、uq……也正比于这些差值；也等于矩形之和$tp+uq$，或者$tp+uq+wr$与差值$Aa-Cc$或$Aa-Dd$之和的比。假设这些项中的一些与所有差之和，如$Aa-Ff$，与所有矩形$zthn$之和成正比。增加项数并减小点A、B、C等之间的距离至无穷，那么这些矩形将等于双曲线面积$zthn$，因此差$Aa-Ff$与此面积成正比。现任意距离SA、SD、SF按调和级数取，那么差$Aa-Dd$、$Dd-Ff$相等；故面积$thlx$、$xlnz$与这些差成正比且相等，故密度St、Sx、Sz，即AH、DL、FN成连比。由此得证。

推论 因此，若已知流体的任意两个密度为AH、BI，那么其差值tu对应的面积$thiu$可被求出；故取面积$thnz$比那个已知面积$thiu$等于差值$Aa-Ff$比$Aa-Bb$，可以求出任意高度SF的密度FN。

附注

根据类似论证可以证明，若流体各微量的重力与到中心距离的立方成正比减小，与距离SA、SB、SC……的平方（即$\frac{SA^3}{SA^2}$、$\frac{SA^3}{SB^2}$、$\frac{SA^3}{SC^2}$）成反比，按等差级数取值，密度AH、BI、CK……构成等比级数。而若重力以正比于距离的四次幂减小，反比于距离的立方（即$\frac{SA^4}{SA^3}$、$\frac{SA^4}{SB^3}$、$\frac{SA^4}{SC^3}$……）按等差级数取值，密度AH、BI、CK……构成等比级数。依次类推以至无穷。而且，若流体各微量的重力在所有距离是相同的，且距离为等差级数，那么密度是等比级数，正如哈雷博士的发现。若重力正比于距离，而距离的平方为等差级数，那么密度是等比级数。依次类推以至无穷。当流体因压缩集聚的密度与压力成正比；或者同样的，由流体占据的空间与此力成反比。可以设想一些其他的压缩规律，如压力的立方与密度的四次幂成正比，或力的立方比等于密度的四次比：在此情况下，若重力与到中心距离的平方成反比，那么密度与距离的立方成反比。设压力的立方正比于密度的五次方；若重力与距离的平方成反比，那么密度与距离的$\frac{3}{2}$次幂成反比。设压力正比于密度的平方，重力与距离的平方成反比，那么密度与距离成反比。将所有情况过一遍会很乏味。仅就我们的空气而言，此结果取自实验，它的密度精确地或至少是非常接近地与压力成正比；故地球大气中的空气密度与上面全部空气的重量成正比，即与气压计中的水银高度成正比。

命题23 定理18

若流体由相互离散的微量构成，密度正比于压力，那么各微量的离心力与它们中心之间的距离成反比。反之亦然，若各微量相互离散，离散力与它们中心之间的距离的平方成反比，由此组成的弹性流体密度正比于压力。

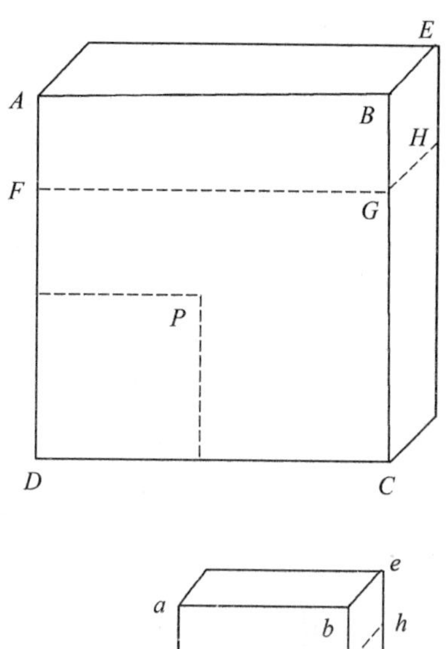

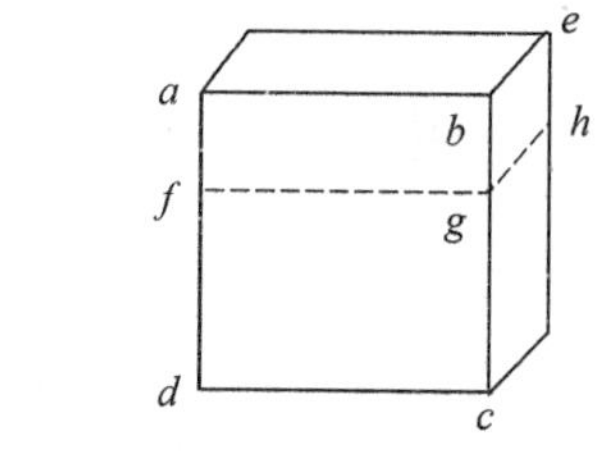

设流体装在立方体空间ACE中，然后被压缩减小成较小的立方体空间ace；各微量在两个空间中位置关系保持彼此相似，距离与立方的边AB、ab成正比；而介质的密度与包含的空间AB^3、ab^3成反比。在大立方体一个面$ABCD$取一正方形DP等于小立方体的平面db；根据题设，正方形DP压缩其内部流体的压力，比正方形db压缩其内部流体的压力，等于介质相互之间的比，即等于ab^3比AB^3。但正方形DB压缩其内部流体的压力比正方形DP压缩其内部相同流体的压力，等于正方形DB比正方形DP，即等于AB^2比ab^2。根据错比得，正方形DB压缩流体压力与正方形db压缩其内部流体压力的比值等于ab比AB。过两个立方体的中间作平面FGH和fgh，把流体分为两部分。这两部分以它们受到平面AC、ac相同的压力相互挤压，两者比值等于ab比AB：故保持该压力的离心力也有相同比值。在两个立方体中，被平面FGH和fgh隔开的微量数量相同，位置相似，所有微量作用于整体的力与各微小量间相互作用的力成正比。故在大立方体中被平面FGH隔开的各微量之间的作用力与在小立方体中被平面fgh隔开的各微量之间的作用力的比值等于ab比AB，即与微量间的距离成反比。由此得证。

反之亦然，若某个微量的力与距离成反比，即与立方体的边AB、ab成反比；那么力之和也比值相同，而边DB、db的压力与力之和成正比；正方形DP的压力比边DB的压力等于ab^2比AB^2。根据错比，得到正方形DP的压力比边db的压力等于ab^3比AB^3；即在一个的压力比在另一个的压力等于前者密度比后者密度。由此得证。

附注

依据类似论证，若微量的离心力比中心距的平方成反比，则压力的立比与密度的四次幂成正比。若离心力与距离的三次或四次幂成正比，那么压力的立方与密度的五次幂或六次幂成正比。一般来说，若D是距离，E是被压缩流体的密度，离心力与距离的任意次幂D^n成反比，其指数为n，压力与幂E^{n+2}的立方根成正比，其指数为$n+2$；反之亦然。所有这些事情将被理解为微量间的离心力终止于相邻微量，磁体提供了一个例子。当它们的同一类磁体靠近它们时，它们的磁力特性几乎被终止。磁体的磁力会因间隔的铁板而减弱，几乎终止于该铁板：因为远处的物体与其说受磁体的吸引，不如说受铁板的吸引。按此方法，各微量排斥与它同类的相邻微量，而对较远处的微量无力的作用，那么这种微量所组成的流体与本命题所对待的流体一致。若微量的力向各向无限扩散，则要构成具有相同凝结的较大量的流体，需要更大的凝结力。但弹性流体是否由这种相互排斥的微量组成，是个物理学问题。我们已对这种微量组成的流体性质做了数量上证明，因此哲学家们可以抓住机会对此讨论问题。

第6章　论摆动物体的运动与阻力

命题24　定理19

几个摆动物体（下简称摆体）的摆动中心到悬挂中心的距离相等，则摆体间的质量之比等于在真空中重量之比乘以摆动时间比的平方。

由于一个已知力在给定时间内能使给定质量产生的速度与这个力和时间成正比，对质量自身来说成反比。当力或时间越大，或质量越小，则所产生的速度越大。这是第二运动定律的内容。若摆的长度相同，在到摆的相等距离处运动的力与重量成正比：则若两个摆体划过的弧相等，把这两个弧分为若干相等部分；由于摆体划过弧的对应部分所用的时间与摆动总时间成正比，摆过各对应部分的速度彼此之比，与运动力和摆动总时间成正比，与质量成反比：故质量与摆动的力和时间成正比，与速度成反比。但速度与时间成反比，因而时间正比于速度反比于时间的平方，所以质量与运动力和时间的平方成正比，即正比于重量与时间的平方。由此得证。

推论1　因此，若时间相等，则各摆体质量与重量成正比。

推论2　若重量相等，则质量与时间的平方成正比。

推论3　若质量相等，则重量与时间的平方成反比。

推论4　在其他情况都不变时，由于时间的平方与摆长成正比，故若时间与质量都相等，则重量正比于摆长。

推论5　一般来说，摆体的质量与重量和时间平方成正比，反比于摆长。

推论6　但在无阻力介质中，摆体的质量与相对重量和时间平方成正比，与摆长成反比。如前面的证明，相对重量是引起物体在任意重介质中运动的力；故它在无阻力介质中的作用与真空中的绝对重量的作用相同。

推论7 因此出现一种方法，用以比较物体各自中的质量以及同一物体在不同位置的重量，以知道重力变化。通过做极其精确的实验，我发现物质所含质量总是与它们的重量成正比。

命题25 定理20

在任意介质中，摆体受到的阻力与时间的瞬成正比，与在比重相同的无阻力介质中运动的摆体，它们在相同时间内摆动时都会画出一条摆线，而且共同经过成正比的弧段。

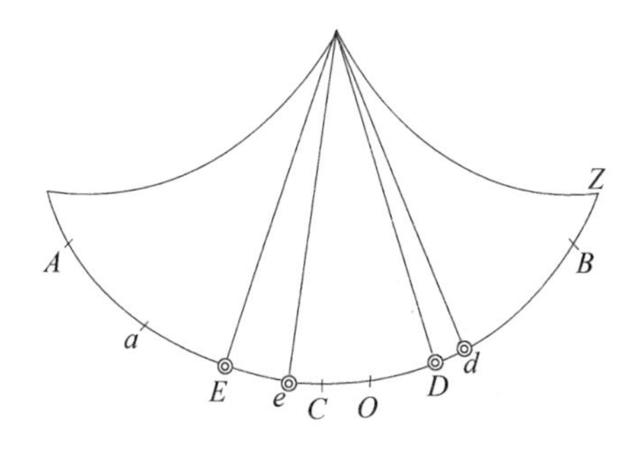

设 AB 为一段摆线的弧，是由物体 D 在无阻力介质中摆动时，在任意时间内划过的轨迹。两等分该弧于 C 点，由此 C 为最低点；则物体在任意点 D，或 d，或 E 受到的加速的力，与弧长 CD，或 Cd，或 CE 成正比。设该力由这些弧表示；由于阻力正比于时间的瞬，因而是给定的，设它以摆线弧的给定弧段 CO 表示，取弧 Od 比弧 CD 等于弧 OB 比弧 CB：且摆体在有阻力介质中的 d 点处受到的力为 Cd 超出阻力 CO 的部分，由弧 Od 表示，它与摆体 D 在无阻力介质中的点 D 受到的力之比，等于弧 Od 比弧 CD；因此在点 B 处，等于弧 OB 比弧 CB。故若两个摆体 D、d 从点处 B 受到这两个力的推动，由于力在开始时与弧 CB 和 OB 成正比，则初始的速度与所划过的弧有相同比值，设该弧为 BD 和 Bd，则余下的弧 CD、Od 也有相同比值。故与弧 CD、Od 成正比的力保持在开始时相同比值，因而摆体以相同比值划出弧。因此，力、速度和余下的弧 CD、Od 恒与总弧长 CB、OB 成正比，而余下的弧是同时划出的。故两个摆体 D 和 d 同时到达点 C 和 O；在无阻力介质中的那个摆动到达点 C，而另一个在有阻力介质中的那个摆动到达点 O。现在，由于在 C 和 O 的速度与弧 CB、OB 成正比，摆体经过更远的弧时仍以相同比值。设这些弧为 CE 和 Oe。在无阻力介质中的摆体 D 在 E 处受到的阻力与 CE 成正比，而在有阻力介质中的摆体 d 在 e 处受到的阻力与力 Ce 与阻力 CO 的和成正比，即正比于 Oe；因此两个摆体受到的阻力与弧 CB、OB 成正比，即正比于弧 CE、Oe；故给定比值速度减少量之比也为相同的该给定比值。故速度以及以该速度划过的弧之比恒等于弧 CB 和 OB 的给定比值。因此，若整个弧长 AB、aB 按同一比值选取，则摆体 D 和 d 同时划过那些弧，在点 A 和 a 同时失去全部运动。因此整个摆动是等时的，或在相同时间内完成的；而那些共同经过弧长 BD、Bd，或 BE、

Be与总弧长BA、Ba成正比。由此得证。

推论 所以，在有阻力介质中，最快的摆动并不在最低点C，而是在扫过的总弧长Ba的两等分点O。摆体从该点摆向a的减速比率与它由B落向O的加速比率相同。

命题26 定理21

受与速度成正比的阻力作用的摆体，沿其在摆线上等时摆动。

因为，若两摆体到悬挂中心处等距，摆动中划过的弧长不等，但在对应弧段部分的速度之比等于总弧长之比；则与速度成正比的阻力之比也等于此弧长比。因此，若在与弧长成正比的源自重力的力上加上或减去这些阻力，其和或差之比也为相同比；又由于速度的增量或减量与这些和或差成正比，速度总是与总弧长成正比；因此，若速度在某种情形下与总弧长成正比，则它们将总是保持相等比值。但在运动初始时，当摆体开始下落并划过弧时，此刻与弧成正比的力生成的速度正比于弧。因此速度总是与即将经过的总弧长成正比，因此这些弧点在同时划出。由此得证。

命题27 定理22

若摆体的阻力与速度的平方成正比，则在阻力介质中摆动的时间与在同比重但无阻力介质中摆动的时间差，近似地与摆动划过的弧长成正比。

因为设等长摆在阻力介质中经过不等的弧长A、B；且沿弧A摆动的物体的阻力比在B弧上对应部分的阻力等于速度平方之比，也就近似等于AA比BB。若弧B的阻力比弧A的阻力等于AB比AA，在弧A和B的摆动时间相等（根据前一命题）。因此弧A上的阻力AA或弧B上的阻力AB在弧A上产生的时间超过在无阻力介质中的时间；而阻力BB在弧B上产生的时间超过在无阻力介质中的时间。而这些超出量近似与有效力AB和BB成正比，即与弧A和B成正比。由此得证。

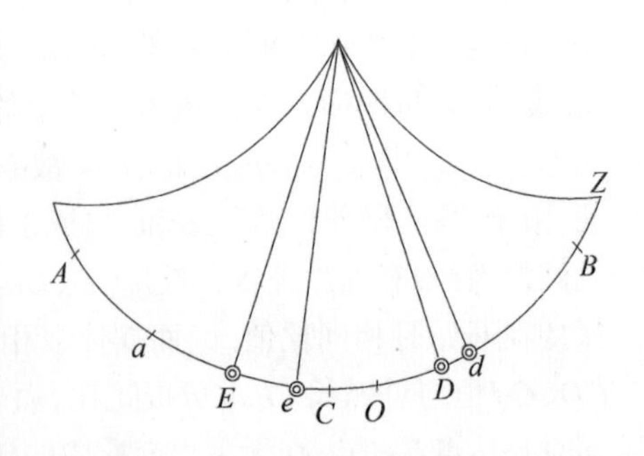

推论1 因此，由在有阻力介质中不相等的弧的摆动时间可以求出在同比重的无阻力介质中的摆动时间。由于这个时间差比在短弧摆动时间超出在无阻力介质中的时间等于弧的差比短弧。

推论2 越短的弧，摆动越有等时性，极小摆动与在无阻力介质中摆动在近似同时完成。但是做较大弧摆动所需时间略长，由于在摆体下落中受到阻力使时间被延长，下落所划过的长度关于随后的上升所遇到的使时间缩短的阻力。但是，摆动时间的长短似乎由于介质的运动而延长。由于减速的摆体其阻力与速度比值较小，加速的摆体该比值较匀速运动更大；由于介质从摆体获得运动，与它们做同向前进，在前一种情形受到的推动较大，后一种情形较小；因此随摆体运动或快或慢变化。因此就与速度相比，摆体在下落时阻力较大，而在上升时阻力较小；此二者导致时间的延长。

命题28　定理23

若摆体在沿摆线摆动，阻力与时间的变化率成正比，则阻力与重力之比等于下落所划过的整个弧长与随后上升的弧长的差值，比摆长的两倍。

设BC为下落划过的弧长，Ca为上升划过的弧长，Aa为弧差：保持其他条件与命题25的作图和证明相同，则摆体在任意点D受到的作用力比阻力等于弧CD比弧CO，CO是差Aa的一半。因此，在摆线的起点或最高点，摆体所受到的力也即重力，比阻力等于最高点与最低点C之间的弧比弧CO；也即（弧长翻倍），等于整个摆弧或摆长的两倍比弧Aa。由此得证。

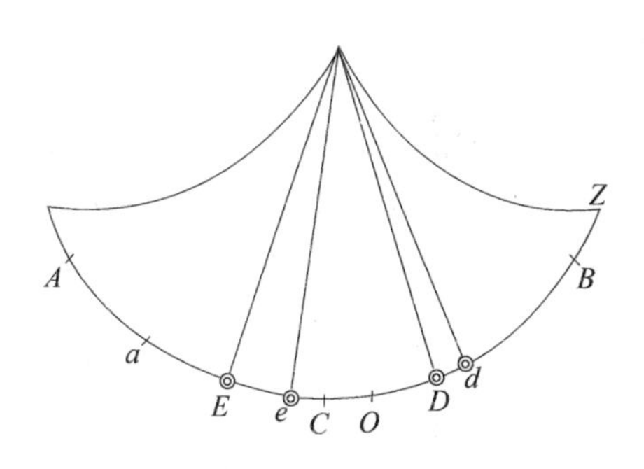

命题29　问题6

设沿摆线摆动的摆体的阻力与速度的平方成正比；求各处的阻力。

设Ba为一次完整摆动的弧长，C为摆线最低点，CZ为整个摆线的一半，也等于摆长。需求出在任意点D摆体的阻力。分割无穷直线OQ于O、S、P、Q点，使（作垂线OK、ST、PI、QE，以O为中心，OK、OQ为渐近线，作双曲线$TIGE$交垂线ST、PI、QE于T、I和E，过点I作KF平行于渐近线OQ，交渐近线OK于K，交垂线ST和QE于L和F）双曲线面积$PIEQ$比双曲线面积$PITS$等于摆体下降经过的弧BC比上升经过的弧Ca；且面积IEF比面积ILT等于OQ比OS。然后垂线MN截取双曲线面积$PINM$，使该面积比双曲线面积$PIEQ$等于弧CZ比下降划过的弧BC。若垂线RG截取的双曲线面积$PIGR$，使之比面积$PIEQ$等于任意弧CD比整个下降划出的弧长BC，则在任意点D处的阻力比重力等于面积$\frac{OR}{OQ}IEF-IGH$比面积$PINM$。

因为，由于在Z、B、D、a处，源于重力的力作用于摆体，其与面积CZ、CB、CD、Ca成正比，而这些弧与面积$PINM$、$PIEQ$、$PIGR$、$PITS$成正比；令这些面积分别表示这些弧和力。设Dd为摆体下落中划过的极小距离；以夹在平行线RG、rg之间的极小面积$RGgr$表示，延长rg至h，使得$GHhg$和$GRgr$同时为面积IGH、$PIGR$的瞬时减量。则面积$\frac{OR}{OQ}IEF-IGH$的增量$GHhg-\frac{Rr}{OQ}IEF$，或者$Rr\times HG-\frac{Rr}{OQ}IEF$比面积$PIGR$的减量$RGgr$或$Rr\times RG$，等于$HG-\frac{IEF}{OQ}$比$RG$；因此等于$OR\times HG-\frac{OR}{OQ}IEF$比$OR\times GR$或$OP\times PI$，也即（由于$OR\times HG$，$OR\times HR-OR\times GR$、$ORHK-OPIK$、$PIHR$和$PIGR+IGH$相等）$PIGR+IGH-\frac{OR}{OQ}IEF$比$OPIK$。故而，若面积$\frac{OR}{OQ}IEF-IGH$称为$Y$，同时如果已知面积$PIGR$的减量$RGgr$，则面积$Y$的增量与$PIGR-Y$成正比。

若以V表示摆体在D处源于重力的力，它与将要经过的弧CD成正比，令R表示阻力，则$V-R$为摆体在D处受到的合力，故速度增量与$V-R$与产生它的时间间隔的乘积成正比。而速度本身又与同时划过的距离增量成正比而与同一个时间间隔成反比。因此，由于命题条件，阻力与速度平方成正比，阻力增量（根据引理2）与速度与速度增量的乘积成正比，即与距离的瞬与$V-R$的乘积成正比；因此，若已知距离增量与$V-R$成正比，即若力V以$PIGR$表示，阻力以任意另外的面积Z表示，则与$PIGR-Z$成正比。

因此，面积$PIGR$减去已知的瞬而均匀减小，而面积Y按$PIGR-Y$之比增大，面积Z按$PIGR-Z$之比增大。因此，若面积Y和Z是同时开始且在开始时相等，则它们通过加上相等的瞬而持续相等；以同样的方式减去相等的瞬而减小并同时消失。反之，若它们同时开始、同时消失，它们会有相等的瞬且总是相等。因而，若阻力Z增加，则摆体上升和速度所经过的弧Ca同时减小；在趋近于C点时，而整个运动和阻力一起消失，所以阻力比面积Y消失得更快。当阻力减小时，则又发生相反的结果。

面积Z开始和结束于阻力为0处，即当弧CD等于弧CB且直线RG遇到直线QE上时运动开始；同时弧CD等于弧Ca，且直线RG遇到直线ST上时运动停止。面积Y或$\frac{OR}{OQ}IEF-IGH$也产生、消失于阻力为0处。因此在该处$\frac{OR}{OQ}IEF$和IGH相等；即（如下图所示）在该处直线RG相继遇到直线QE和ST上时。因此这些面积同时开

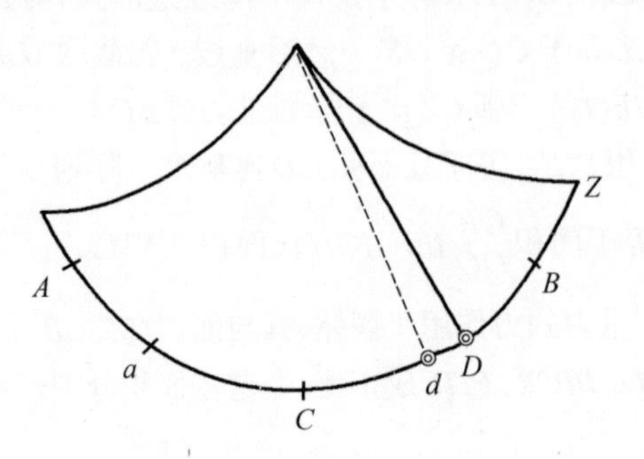

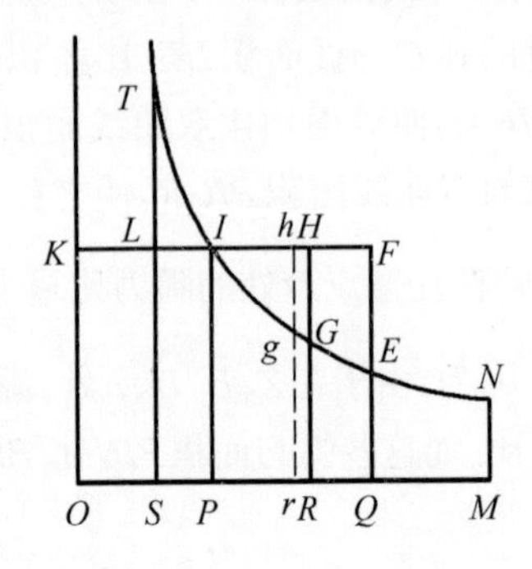

始和同时消失，因此总是相等。所以，面积$\frac{OR}{OQ}IEF-IGH$等于表示阻力的面积Z，它与表示重力的面积$PINM$之比等于阻力与重力之比。由此得证。

推论1　所以，在最低位置C，阻力比重力等于面积$\frac{OP}{OQ}IEF$比面积$PINM$。

推论2　当面积$PIHR$比面积IEF等于OR比OQ处时，阻力成为最大值。由于在此情形下它的变化率（即，$PIGR-Y$）为0。

推论3　也可以求出在每个位置的速度，它与阻力的平方根成正比变化，而且在运动初始时等于在无阻力介质中沿相同摆线摆动的摆体速度。

但是，鉴于在本命题中求解阻力和速度有困难的原因，我们思考补充以下命题。

命题30　定理24

若直线aB等于摆体所划过的摆线弧长，过其上任意点D作垂线DK，该垂线比摆长等于摆体在弧上该点处受到的阻力比重力：则在整个下降过程和随后的整个上升过程所划过的弧之差乘以那些弧的和的一半，等于所有垂线围成的面积BKa。

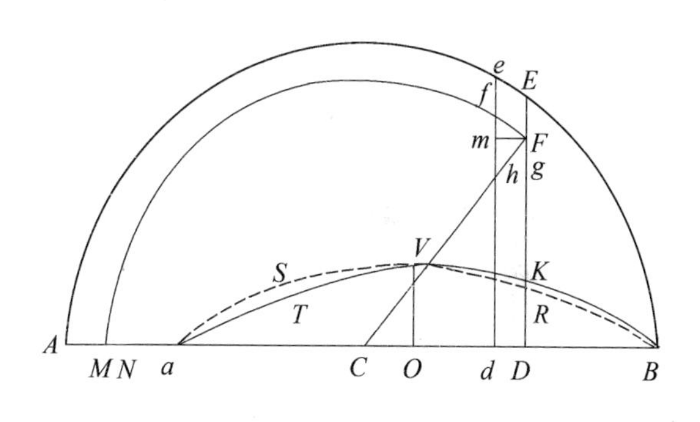

设一次完整摆动划过的摆线的弧长由与它相等的直线aB表示，而在真空中经过的弧长以长度AB表示。点C处两等分AB，则C表示此摆线的最低点，而CD与重力所产生的力成正比，它使摆体在点D受到沿摆线切向的作用，它与摆长之比等于在D点的力比重力。因此，设长度CD表示该力，而以摆长表示重力；若在DE上取DK比摆长等于阻力比重力，则DK表示阻力。以C为中心，间隔CA或CB为半径，作半圆$BEeA$。设物体在极短时间内划过距离Dd；作垂线DE、de交半圆于E、e，则垂线与摆体在真空中从点B下落到D和d所获得的速度成正比。这些由卷一命题52证明。故设这些速度以垂线DE、de表示；设DF为摆体在有阻力介质中从B下落到D的速度。如以C为圆心、间隔CF为半径作圆FfM交直线de和AB于f和M，则M为摆体，此后在上升中不进一步受阻力作用时可到达的位置，df为其在d点获得的速度。因此，若Fg表示摆体经过极短距离Dd时，由于介质阻力而失去速度的瞬；而取CN等于Cg；则N是摆体不再受到阻力可以上升到点，而MN表示源于速度损失造成的上升减量。作Fm垂直于df，则阻力DK生成的速度DF的减量Fg与力CD生成的同一速度的增量fm之比，等于生成力DK比CD。但由于三角形Fmf、Fhg、FDC相似，fm比Fm或Dd等于CD比DF；

根据错比，得Fg比Dd等于DK比DF。而Fh比Fg也等于DF比CF；也根据错比，得到Fh或MN比Dd等于DK比CF或CM；故，所有$MN\times CM$之和等于$Dd\times DK$所有之和。在动点M设直角纵坐标总等于不定直线CM，它在连续运动中划过长度Aa；由运动划出的四边形，或与之相等的矩形$Aa\times\frac{1}{2}aB$，等于所有$MN\times CM$之和，因而等于所有$Dd\times DK$之和，即等于面积$BKVTa$。由此得证。

推论 因此，从阻力的定律，和弧Ca、CB的差Aa，可以近似求出阻力与重力之比。

由于，若阻力DK是均匀的，则图形$BKTa$是Ba和DK之下的矩形；因而$\frac{1}{2}Ba$与Aa之下的矩形等于Ba与DK之下的矩形，DK等于$\frac{1}{2}Aa$。因此，由于DK表示阻力，摆长表示重力，阻力比重力等于$\frac{1}{2}Aa$比摆长；这些都与命题28的证明相符。

若阻力与速度成正比，则图形$BKTa$接近于椭圆。因为，若摆体在无阻力介质中的一次完整摆动划过弧长BA，在任意点D的速度应与直径AB上的圆的纵坐标DE成正比。故，由于Ba是在有阻力介质中，BA是在无阻力介质中近似与时间成正比划过的，因此在Ba上各点的速度比在BA上对应点的速度约等于Ba比BA，而在有阻力介质中点D的速度与在直径Ba上画出的椭圆弧的纵坐标成正比；因此图形$BKVTa$接近于椭圆。由于假定阻力与速度成正比，令OV表示在中点O的阻力；以中心O，半轴OB、OV作椭圆$BRVSa$，接近等于图形$BKVTa$及其相等矩形$Aa\times BO$。故$Aa\times BO$比$OV\times BO$等于该椭圆面积比$OV\times BO$；即，Aa比OV等于半圆面积比半径的平方，或约等于11比7；故$\frac{7}{11}Aa$比摆长等于摆体的阻力比其重力。

若阻力DK与速度平方的变化率成正比，则图形$BKVTa$接近于抛物线，顶点为V，轴为OV，因而接近于$\frac{2}{3}Ba$和OV之下的矩形。故$\frac{1}{2}Ba$乘以Aa等于$\frac{2}{3}Ba\times OV$，故OV等于$\frac{3}{4}Aa$；故摆动体在点O的阻力比其重力等于$\frac{3}{4}Aa$比摆长。

我认为，这些结论对于实际应用足够准确。由于一椭圆或抛物线$BRVSa$在中点V处落在图形$BKVTa$上，若在BRV或VSa的一侧大于它，另一侧小于它，因而接近与之相等。

命题31　定理25

若摆动体的阻力在划过弧成正比的部分按已知比率增大或减小，则下降划过的弧与随后上升所划过的弧长差按同一比率增大或减小。

因为此差是来源于介质阻力对摆的减速造成，且应与速度减少总量和与它的减速阻力成正比。在上一命题中直线$\frac{1}{2}aB$与弧CB、Ca的差Aa之下的矩形等于面积$BKTa$。而如果长度aB保持不变,该面积与纵坐标DK增大或减小成正比;即与阻力成正比,因而与长度aB与阻力的乘积成正比。故Aa与$\frac{1}{2}aB$之下的矩形与aB与阻力的乘积成正比,故Aa与阻力成正比。由此得证。

推论1　因此,若阻力与速度成正比,在同一介质中弧之差与经过的总弧长成正比;反之亦然。

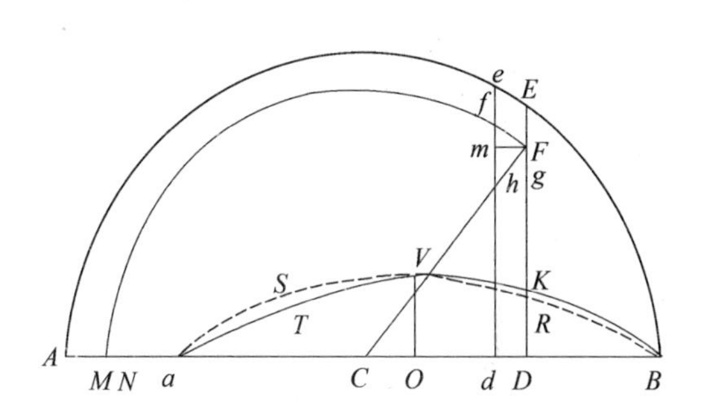

推论2　若阻力与速度平方变化成正比,则此差与该弧长平方的变化率成正比;反之亦然。

推论3　通常来说,若阻力与速度的三次或其他任意次幂成正比,该差与整个弧长的相同次幂成正比;反之亦然。

推论4　若阻力部分与速度的一次幂成正比,部分与它的平方成正比,则该差部分与整个弧长的一次幂成正比,部分与其平方成正比;反之亦然。因此,阻力及速度间的定律和比与该差及弧长间的定律和比是相同的。

推论5　因此,若摆相继划过不等的弧,能求出该差相对于该弧长的增量或减量比,也可以求出对于较大或较小速度阻力的增量或减量比。

总注

根据这些命题,我们可以通过在介质中摆动摆体来求出介质的阻力。我通过以下实验求出了空气阻力。我用一根在细线牢固的钩子上悬挂了一个木球,重$57\frac{7}{22}$盎司,直径$6\frac{7}{8}$英寸,使得钩子距球的摆动中心$10\frac{1}{2}$英尺。我在悬线上距悬挂点10英尺1英寸处标记一点;并在与该点等长的地方放置了一把刻有英寸度数的直尺,借助这套装置,我观察摆体所划过的弧长。然后我记下球的摆动次数,在此期间球失去其运动的$\frac{1}{8}$。若摆体被从其垂直位置拉开2英寸,然后放手,则在其整个下落中划过一个2英寸的弧,且由下落和随后的上升构成的第一次全摆动中,划过约4英寸弧,经过164次摆动失去了其运动的$\frac{1}{8}$,以使其最后一次上升中划过$1\frac{3}{4}$英寸弧。若它第一次下落划过4英寸的弧长,则经过121次全摆动失去其运动的$\frac{1}{8}$,

以使其最后一次上升中划过弧长$3\frac{1}{2}$英寸。若第一次下落划过弧长为8、16、32或64英寸，那么它分别经69、$35\frac{1}{2}$、$18\frac{1}{2}$、$9\frac{2}{3}$次摆动失去其运动的$\frac{1}{8}$。因此，在第1、2、3、4、5、6次情形中，第一次下落与最后一次上升所划过的弧长差分别为$\frac{1}{4}$、$\frac{1}{2}$、1、2、4、8英寸。在每次情形中差除以摆动次数，则在划过弧长为$3\frac{3}{4}$、$7\frac{1}{2}$、15、30、60、120英寸的一次平均摆动中，下落与随后上升划过的弧长差分别为$\frac{1}{656}$、$\frac{1}{242}$、$\frac{1}{69}$、$\frac{4}{71}$、$\frac{8}{37}$、$\frac{24}{29}$英寸。在较大的摆动中这些差近似地与经过弧长的平方成正比，而在较小的摆动中的比略大于该比；故（根据本卷命题31推论2）球的阻力在运动迅速时近似地与速度的平方成正比，而在运动较慢时的比略大于该比。

现在设V表示每次摆动中的最大速度，A、B、C为已知量，设弧长差为$AV+BV^{\frac{3}{2}}+CV^2$。由于在摆线上最大速度与摆动扫过弧长的$\frac{1}{2}$成正比，而在圆上则与该弧的$\frac{1}{2}$弦成正比；故弧长相等时，摆线上的速度大于圆周上的速度，比为弧的$\frac{1}{2}$比其弦；但圆运动的时间大于摆线运动的时间，其比值与速度成反比；显然该项弧差（与阻力与时间平方乘积成正比）在两种曲线上近似相同：摆线运动中，该差一方面近似地与弧与弦之比值的平方成正比而随阻力一起增加，由于速度按该一次比值增大；并随时间的平方以同一平方比值减小。故要将所有这些观察化简为在摆线中，我们必须取与圆周上得到的相同的弧差，并设最大速度近似地与半摆弧或整摆弧成正比，即与数$\frac{1}{2}$、1、2、4、8、16成正比。故在第2、4、6次情形中，V取1、4和16；在第2次中弧差$\frac{\frac{1}{2}}{121}=A+B+C$；在第4次中，$\frac{2}{35\frac{1}{2}}=4A+8B+16C$；在第6次中，$\frac{8}{9\frac{2}{3}}=16A+64B+256C$。化简方程组得$A=0.0000916$，$B=0.0010847$，$C=0.0029558$。故弧差与$0.0000916V+0.0010847V^{\frac{3}{2}}+0.0029558V^2$成正比；因而由于（将命题30应用此情形中）在速度为V的摆动弧的中间，球阻力比其重量等于$\frac{7}{11}AV+\frac{7}{10}BV^{\frac{3}{2}}+\frac{3}{4}CV^2$比摆长，代入刚才求出的数值，球的阻力比其重量等于$0.0000583V+0.0007593V^{\frac{3}{2}}+0.0022169V^2$比悬挂中心与直尺之间的摆长，即121英寸。因此，由于V在第2次情形中为1，第4次为4，第6次为16，阻力比球重量在第2次情形中等于0.0030345比121；第4次为0.041748比121；第6次为0.61705比121。

在第6次情形中，细线上标记的点划过的弧长为$120-\frac{8}{9\frac{2}{3}}$，即$119\frac{5}{29}$英寸。因此，

由于半径为121英寸，而悬挂点与球心之间的摆的长度为126英寸，球心划过的弧长$124\frac{3}{31}$英寸。由于空气阻力，摆体的最大速度并不在划过弧的最低点处，而是靠近于整个弧的中点处，该速度约等于球在无阻力介质中下落划过该弧的一半长，即$62\frac{3}{62}$英寸所获得的最大速度，且在摆线上简化摆动而得到的摆线运动的速度；故该速度等于球从相当于该弧正矢的高度下落划出而获得的速度。但摆线的正矢比$62\frac{3}{32}$英寸的弧等于同一段弧长比252英寸摆长的两倍，故等于15.278英寸。故摆体的速度是同一物体下落划过15.278英寸的距离所获得的速度。因此球以该速度遇到的阻力比其重量等于0.61705比121，或（若只考虑阻力与速度的平方成正比）等于0.56752比121。

我通过一个流体静力学实验发现，这个木球的重量比等体积水球的重量等于55比97；因此，由于与121比213.4相同，当这样的水球以如上速度运动时遇到的阻力比其重量等于0.56752比213.4，即等于$1:376\frac{1}{50}$。由于水球在以匀速连续的速度经过的30.556英寸长度的时间内，可以产生下落水球的全部速度，因此，在相同时间里均匀而连续的阻力将按$1:376\frac{1}{50}$的比值完全抵消一个速度，它与另一个之比为即总速度的部分$\frac{1}{376\frac{1}{50}}$。所以在球以匀速连续运动划过其半径的长度，或$3\frac{7}{16}$英寸所需的时间里失去其运动的$\frac{1}{3342}$部分。

我也计数了摆体失去其运动的$\frac{1}{4}$的摆动次数。在如下表格中，首行数字表示首次下落划过的弧长，单位是英寸；中间一行数字表示末次上升划过的弧长；最下一行数字是摆动次数。我描述这个实验是由于它比失去运动$\frac{1}{8}$的实验更精确。我把计算留给有意愿的读者。

首次下落	2	4	8	16	32	64
末次上升	$1\frac{1}{2}$	3	6	12	24	48
摆动次数	374	272	$162\frac{1}{2}$	$83\frac{1}{3}$	$41\frac{2}{3}$	$22\frac{2}{3}$

之后，我在同一根细线上系一直径2英寸，重$26\frac{1}{4}$盎司的铅球，使球心与悬挂点间距为$10\frac{1}{2}$英尺，我计数了运动失去其给定部分的摆动次数。在下面第一个展

示失去总运动$\frac{1}{8}$的摆动次数；第二个表为失去总运动的$\frac{1}{4}$的摆动次数。

首次下落	1	2	4	8	16	32	64
末次上升	$\frac{7}{8}$	$\frac{7}{4}$	$3\frac{1}{2}$	7	14	28	56
摆动次数	226	228	193	140	$90\frac{1}{2}$	53	30
首次下落	1	2	4	8	16	32	64
末次上升	$\frac{3}{4}$	$1\frac{1}{2}$	3	6	12	24	48
摆动次数	510	518	420	318	204	121	70

从第一个表中选择第3、5、7次记录，这些观察中的最大速度分别以1、4、16表示，并同上一般取量V，在第3次观察中得方程$\frac{\frac{1}{2}}{193}=A+B+C$，第5次观察得方程$\frac{2}{90\frac{1}{2}}=4A+8B+16C$，第7次观察有$\frac{8}{30}=16A+64B+256C$。化简方程组得$A=0.001414$，$B=0.000297$，$C=0.000879$。因此，以速度$V$运动的球的阻力比其自身重量$26\frac{1}{4}$盎司等于$0.0009V+0.000208V^{\frac{3}{2}}+0.000659V^2$比摆长121英寸。若我们只取阻力中正比于速度平方的部分，则它与球的重量之比等于$0.000659V^2$比121英寸。而在第一次实验中这部分阻力比木球重量$57\frac{7}{22}$盎司等于$0.002217V^2$比121；且因此木球的阻力比铅球的阻力（它们的速度相同）等于$57\frac{7}{22}$乘以0.002217比$26\frac{1}{4}$乘以0.000659，等于$7\frac{1}{3}$比1。两球的直径分别为$6\frac{7}{8}$英寸和2英寸，其平方比为$47\frac{1}{4}$比4，约等于$11\frac{13}{16}$比1。因此这等速球的阻力之比小于直径比的平方。但我们没能考虑细线的阻力，它当然相当可观，应当从已求出的摆体的阻力中减去。我无法准确确定它的值，但发现它大于较小的摆体的总阻力的$\frac{1}{3}$；因此我总结得出，在减去细线的阻力后，球的阻力之比约等于直径比的平方。由于$7\frac{1}{2}-\frac{1}{3}$比$1-\frac{1}{3}$，或$10\frac{1}{2}$比1与直径之比$11\frac{13}{16}$比1的平方差别不是很大。

因细线阻力在越大的球上瞬越小，我也尝试以直径为$18\frac{3}{4}$英寸的球做了实验。悬挂点与摆动中心之间的摆长为$122\frac{1}{2}$英寸，悬挂点与线上节点间距$109\frac{1}{2}$英寸，在摆体首次下落中节点划过弧长32英寸。在末次上升中间一节点划过弧长28英寸，中间摆动5次。弧长的和或一次平均摆动总长60英寸；弧的差为4英寸。其$\frac{1}{10}$部分，或在一次平均摆动中下落与上升的差是$\frac{2}{5}$英寸。因而半径$109\frac{1}{2}$英寸比$122\frac{1}{2}$英寸，等于节点在一次平均摆动中划过的总弧长60英寸比球心在一次平均摆动中划过的总弧长$67\frac{1}{8}$英寸；如同弧差$\frac{2}{5}$与新的弧差0.4475之比。若保持划过的弧长不变，摆长按126比$122\frac{1}{2}$的比例增大，则摆动时间增加，且摆动速度按同一比值的平方根减小；使得下落与随后上升划过的弧长差0.4475保持不变。之后若划过的弧长按$124\frac{3}{31}$比$67\frac{1}{8}$增大，则差值0.4475按该比值的平方增大为1.5295。如是有赖于摆的阻力与速度的平方成正比这一假设。因此，若摆扫过的总弧长为$124\frac{3}{31}$英寸，悬挂点与摆心之间距离为126英寸，则下落与随后上升的弧长差将为1.5295英寸。这个差乘以摆球的重量208盎司，得318.136。又在上面提到木球摆中，当摆心到悬挂点长为126英寸，划出的总弧长为$124\frac{3}{31}$英寸时，下降与上升的弧差为$\frac{126}{121}$乘以$\frac{8}{9\frac{2}{3}}$。此值乘以摆球重量$57\frac{7}{22}$盎司，得49.396。但我将差乘以球的重量目的在于求其阻力。由于该差源于阻力，并正比于阻力、反比于重量。故阻力之比等于318.136比49.396。但较小球阻力中与速度成正比的部分，与总的阻力之比为0.56752比0.61675，即等于45.453比49.396。而在较大球中阻力的部分约等于总阻力，故这些部分间之比约等于318.136比45.453，即等于7比1。但球的直径为$18\frac{3}{4}$英寸和$6\frac{7}{8}$英寸。它们的平方$351\frac{9}{16}$与$47\frac{17}{64}$之比等于7.438比1，亦即约等于球阻力7和1之比。这些比的差不可能大于细线产生的阻力。因此对于相等的球，阻力中与速度平方成正比的那部分，在速度相同时，也与球直径的平方成正比。

不过，我在这些实验中所使的最大球不是完美的球形，因而在上述计算中，出于简化目的而忽略了一些细节；在一个本身不是非常精确的实验中不必为计算的精确性而担心。因此我希望再用更大、更多、形状更精确的球做这些实验，由于真空中的证明有赖于此。若选取球按几何比例，设直径为4、8、16、32英寸，可从按级数实验数据推论出使用更大的球应发生的情况。

为比较不同流体彼此间的阻力，我做了如下尝试。我获得了一个木箱，长4英尺，宽1英尺，高1英尺。揭掉木箱盖子，我将其注满泉水，摆体浸入其中，我使它在水中摆动。我得出重$166\frac{1}{6}$盎司、直径$3\frac{5}{8}$英寸的铅球在其内的摆动情况如下表所示；由悬挂点到细线上某个节点的摆长为126英寸，到摆心长$134\frac{3}{8}$英寸。

首次下落标记点弧长，单位英寸	64	32	16	8	4	2	1	$\frac{1}{2}$	$\frac{1}{4}$
末次上升弧长，单位英寸	48	24	12	6	3	$1\frac{1}{2}$	$\frac{3}{4}$	$\frac{3}{8}$	$\frac{3}{16}$
正比于失去运动的弧长差，单位英寸	16	8	4	2	1	$\frac{1}{2}$	$\frac{1}{4}$	$\frac{1}{8}$	$\frac{1}{16}$
水中的摆动次数			$\frac{29}{60}$	$1\frac{1}{5}$	3	7	$11\frac{1}{4}$	$12\frac{2}{3}$	$13\frac{1}{3}$
空气中的摆动次数		$85\frac{1}{2}$	287	535					

在第4列实验中，失去相等运动的摆动次数在空气中为535，在水中为$1\frac{1}{5}$次。在空气中的摆动确实略快于在水中的摆动。但若在水中的摆动按运动在两种介质中相等，这样之比加快，失去与以前相同的运动所得到的在水中的摆动次数却仍然是$1\frac{1}{5}$；由于阻力增大，时间的平方按与之相同的比值的平方减小。因此，等速的摆体，在空气中经过535次和在水中经过$1\frac{1}{5}$次摆动，失去的运动相等。故摆在水中的阻力比在空气中的阻力等于535比$1\frac{1}{5}$。这是第4列情况中的总阻力之比。

现设$AV+CV^2$表示在空气中球以最大速度V摆动时，下落与随后上升划过的弧差；由于在第4列情况中最大速度比第1列情况中的最大速度等于1比8；在第4列情况中的弧差比第1列情况中的弧差等于$\frac{2}{535}$比$\frac{16}{85\frac{1}{2}}$，或等于$85\frac{1}{2}$比4280；在这两个情况中以速度表示为1和8，弧差表示为$85\frac{1}{2}$和4280，则$A+C=85\frac{1}{2}$，$8A+64C=4280$或$A+8C=535$；化解方程组，得$7C=449\frac{1}{2}$即$C=64\frac{3}{14}$，$A=21\frac{2}{7}$；故与$\frac{7}{11}AV+\frac{3}{4}CV^2$成正比的阻力，化简为$13\frac{6}{11}V+48\frac{9}{56}V^2$。故在第4列情形中，速度为1，总阻力比其与速度平方成正比的部分等于$13\frac{6}{11}+48\frac{9}{56}$或$61\frac{12}{17}$比$48\frac{9}{56}$；故摆体在水中的阻力比在空气中的阻力与速度平方成正比的部分，并在物体快速运动时它是唯一需要考虑的，为$61\frac{12}{17}$比$48\frac{9}{56}$乘以535比$1\frac{1}{5}$，即571比1，若摆体在水中摆动时细线整体没入水中，其阻力会更大；因此，在水中的摆动阻力与速度平方成正比的部分（快速运动物体唯一需要考虑的），比以相同速度在空气中完全相同的摆的摆动阻力，等于约850比1，即约等于水的密度比空气密度。

在此计算中，我们也应考虑摆体在水中的那部分阻力（取此处阻力正比于速度平方的部分）；但是我发现（这有可能看起来奇怪）在水中阻力的增加率大于速度比的平方。在寻找其原因时偶然想到，箱子相对于摆球的大小而言太狭窄了，由于狭窄度阻碍了水屈服于摆球的运动。因为当我将一个直径仅为1英寸的摆球浸入水中时，阻力接近于按速度的平方比率增加。我尝试用一个双球摆对此进行实验，位置比较低、比较轻的球在水中摆动，而位置比较高的、较重大的被固定在细线上刚好高过水面的地方，在空气中摆动，辅助摆的运动，使之持续更久。这个装置的实验结果如下表所示。

首次下落弧长	16	8	4	2	1	$\frac{1}{2}$	$\frac{1}{4}$
末次上升弧	12	6	3	$1\frac{1}{2}$	$\frac{3}{4}$	$\frac{3}{8}$	$\frac{3}{16}$
正比于失去运动量弧长差	4	2	1	$\frac{1}{2}$	$\frac{1}{4}$	$\frac{1}{8}$	$\frac{1}{16}$
摆动次数	$3\frac{3}{8}$	$6\frac{1}{2}$	$12\frac{1}{12}$	$21\frac{1}{5}$	34	53	$62\frac{1}{5}$

为比较两种介质相互的阻力，我也曾用铁摆试验在水银中的摆动。铁线长约为3英尺，摆球直径约为$\frac{1}{3}$英寸。在铁线刚好高过水银处，固定了一个大到足以使摆体运动一段时间的铅球。然后在一个约能盛3磅水银的容器中先后注满水银和普通水，以使摆体相继在这种不同的流体中摆动，我能求出它们的阻力比值；得水银的阻力比水的阻力约等于13或14比1；即等于水银密度比水的密度。我又用了稍大的摆球，其中一个球的直径约$\frac{1}{2}$或$\frac{2}{3}$英寸，得到水银阻力比水阻力约等于12或10比1。但前一个实验更为可信，由于在后者中容器相对于浸入其中的摆球相比太窄；容器应当与球一同被放大。我打算以更大的容器用熔化的金属以及其他冷的和热的液体中重复此类实验；但我没有时间全部试验；此外，由以上描述得，好像足以表明快速运边的物体的阻力近似与它们在于其中运动的流体的密度成正比。我不能说非常精确，由于密度相同时，黏性大的流体其阻力无疑大于流动性大的；如冷油大过热油，热油大过雨水，而雨水大过酒精。但在很容易流动的液体中，如在空气、淡水和食盐水、酒精、松脂油和盐类溶液，通过蒸馏去掉杂质并被加热的油、在浓硫酸中、在水银和熔化的金属中，以及任何像这样通过摇动容器对它们施加压力可

以使其运动保持一段时间，并且在倒出时容易分解成滴状，我不怀疑已确立的规则足够精确，特别是当实验是用更大的摆体并运动更快的速度来做。

最后，由于某些人有一种观点即存在某种极为稀薄而细微的以太介质，可以自由渗透所有物体的孔隙；而这种渗透物体细孔的介质必定会引起某种阻力；为检验运动物体所受到的阻力只是来自它们的外表面，或是其内部部分也受到作用于其表面显著的阻力的作用，我设计了如下实验——用11英尺长的线把一只圆枞木箱悬起来，通过一钢圈挂在一牢固的钢制钩子上成上述长度的摆。钢钩的上部为锋利的凹口，使得钢圈的上部在该口上能更自由地运动；线系在钢圈的下部。准备好摆以后，我把它从垂直位置拉开约6英尺的距离，并处在垂直于钩上凹口的平面上，这样可使摆在摆动时钢圈不会在钢钩上前后滑动；由于悬挂点位于钢圈与钩上凹口的接触点，是应当保持静止。我精确标记了摆拉到的位置，然后释放，并记下了第1、2、3次摆动所回到的三个位置。我将此重复多次，使得我可以尽可能精确地发现摆动位置。然后我在箱子中装满铅或其他在手边的重金属。但首先我在称量了空箱子以及缠在箱子上的线，和由钢钩到箱子之间线的一半的重量。由于当摆从垂直位置被拉开时，悬挂摆的线总以其一半重量作用于摆。在此重量之上我又加上了箱内容纳的空气的重量。空箱的总重量约为其中装满金属后箱子重量的$\frac{1}{78}$。由于箱子装满金属后，会把线拉伸，摆长增加，我适当缩短线使它的摆长与以前空箱摆动时相同。然后把摆拉到第一个标记的位置处并释放，大约我数了77次摆动，箱子回到第二个标记位置，同样经过相同摆动次数回到第三个位置，其后摆动同样次数回到第四个位置。由此我得出结论，装满重物的箱子所受到的总阻力，与空箱阻力之比不大于78∶77。由于若阻力相等，则装满的箱子的惯性是空箱的惯性的78倍，这将使它的摆动运动持续同样倍数的时间，因而应在78次摆动后回到标记点。但实际上它是在77次摆动后回到标记点的。

因此，设A表示在箱子外表面的阻力，B表示对空箱内表面的阻力，若等速物体内各部分的阻力与物质成正比，或与受到阻力的微量数成正比，则$78B$是装满的箱子内部所受阻力；因而空箱的总阻力$A+B$比装满的箱总阻力$A+78B$，等于77比78，由分比法，$A+B$比$77B$等于77比1；因而$A+B$比B等于77乘77比1，再由分比法，A比B等于5928比1。故空箱在其内部的阻力要比其外表面的阻力小5000倍以上。该结果取决于这样的假设，即装满的箱子其较大的阻力不是源自任何其他的潜在的原因，而只能是源于某种稀薄流体对箱内金属的作用。

我对此实验凭记忆叙述的，做记录的纸已丢失；故我有义务省去一些已淡出我记忆的部分；我也没有时间将实验重做一次。我第一次实验时，钢钩太软，装满的箱很快就减慢。我发现原因是钩子强度不足以承受箱子的重量，以至于使前后摆动过程中钩子一会儿这边，一会儿那边地弯曲。因此我又做了一只足够强度的钩子，悬挂点保持不动，然后发生上述所有记录。

第7章　论流体运动和其对抛射体的阻力

命题32　定理26

假设两个相似的物体系统由数目相同的微量组成，令对应的微量相似而且成正比，一个系统中的每一个对另一系统中的每一个彼此间位置相似且相互间密度是给定比值；设它们彼此在正比的时间内开始相似的运动。若在同一系统的微量不相互接触，除非在反射的瞬间；既不吸引也不排斥，除非受到与对应微量的直径成反比、与速度平方成正比；说明这些系统中的微量将在成正比的时间里继续彼此之间的相似运动。

假如将一个系统中的微量与另一个系统中相对应的微量进行比较，在相似的位置的相似的物体，说明当它们在成正比时间互相之间做相似运动时，在时间之末处于相似的位置上。因而时间是成正比，在此期间相对应的微量划出相似轨迹的相似且成正比的部分。所以，若我们假设两个这样的系统，其对应微量由于在运动开始时相似，则将继续这种相似的运动与另一个微量彼此相遇；由于若它们不受力的作用，根据运动第一定律知，将做匀速直线运动。但若它们彼此受到某一种力的作用，而且这些力与对应微量的直径成正比，与速度的平方成反比，且由于这些微量位置相似且受的力成正比，且由所有对应微量受到推动的作用力复合而成的合力（根据运动定律推论2）有相似的方向，而且作用效果与根据各微量相似的中心位置所发出的力相同；而且这些合力彼此间的比等于合成它们的各分力的比，即，与对应微量的直径成反比，与速度的平方成正比：所以将使对应微量持续经过该轨迹。若这些中心是静止的，上述结论是成立的（根据卷一命题4推论1和8）；但若它们被移动，根据移动的相似性，它们彼此的位置关系在系统微量中保持相似，以使微量划出图形所引起的变化也仍然相似。所以，对应于相似微量的运动保持相似，直至它们初次相遇；由此产生的碰撞和反射相似：而这又引起微量彼此之间的相似运动（根据刚才说明的原因），直到它们再次彼此相互碰撞。如此继续直至无穷。由此得证。

推论1　因此，若任意两个物体，其系统的对应微量相似且位置也相似，以相似的方式在它们之中以成正比的时间运动，且大小密度之比等于对应微量大小以及密度之比，这些物体将在正比的时间内以相似方式继续运动；由于两个系统中较大部分以及微量的情况完全相同。

推论2 若两个系统中所有相似且位置相似的部分在它们中彼此静止；且其中两个大过其他的在两个系统中都保持对应，沿位置相似的直线开始以任何相似的方式运动，则它们会引起系统中其余部分的相似运动，并会因此在这些部分中以相似方式在成正比的时间内维持运动；因而将划过与它们直径成正比的距离。

命题33　定理27

假设在同样条件下，我认为系统中较大的部分受到的阻力与其速度的平方比、直径的平方比以及系统中该部分的密度一次方比的乘积成正比。

因为阻力中的一部分源自系统各微量间彼此作用的向心力或离心力，部分来自各微量与较大部分间的碰撞和反射。前一种阻力相互间的比等于引起它们的总运动力的比，也即等于总加速力与对应部分的物质量的乘积之比；即（根据假设）与速度的平方成正比，与对应微量间的距离成反比，与对应部分的质量成正比：因此，由于一个系统中各微量间距比另一个系统各微量的间距，等于前一个系统的微量或部分的直径比另一个系统的对应微量或部分的直径，而且由于质量与各部分的密度和直径的立方成正比，所以阻力彼此间的比与速度的平方、直径的平方以及系统各部分的密度的乘积成正比。由此得证。

后一种阻力与对应的反射次数与力的乘积；但反射次数的比与对应部分的速度成正比，与反射间距成反比。而反射力与速度与对应部分的大小和密度的乘积成正比；即与速度与这些部分的直径立方以及密度的乘积成正比。于是，所有这些比值相乘，对应部分阻力彼此间的比与速度的平方、直径的平方以及各部密度的乘积成正比。由此得证。

推论1 所以，若这些系统是两个弹性流体，与我们的空气相似，它们的部分间彼此保持静止；而两个相似物体的大小与密度均与流体的部分成正比，沿着位置相似的直线方向被抛出；流体微量相互作用的加速力与被抛射物体的直径成反比，与其速度的平方成正比；则此二物体将在成正比的时间内在流体中引起相似的运动，并将划过相似的且与其直径的距离成正比。

推论2 在同样流体中，快速运动的一个抛体遇到的阻力近似与其速度的平方成正比。由于若远处的微量彼此相互作用的力按速度的平方比例增大，则抛体所受阻力精确与同一个比的平方成正比；因此在一种介质中，若其各部分在相互彼此间无作用力的距离上，则阻力精确地与速度平方成正比。设有三种介质A、B、C是由相似且相等并均匀等距分布的部分组成。设介质A和B的相互远离、相互作用力与T和V成正比；设介质C的部分完全隔离这种力。若四个相等的物体D、E、F、G运动进入这些介质中，前两个物体D和E进入前两种介质A和B中，另外两个物体F和G进入第三种介质C中；若物体D的速度比物体E的速度，和物体F的速度比物体G的速度，等于力T与力V的比值的平方根；物体D的阻力比物体E的阻力，和物体F的阻力比物体G的阻力，等于速度的平方之比；所以，物体D的阻力比物体F的阻力等于物体E的阻力比物体G的阻力。设物体D与F速度同样快，物体E与G速度也如此；以任意比增大物体D和F的速度，按同样比的平方减小介质B的微量的力，介质B将任意接近介质C的形态和条件；所以，大小相等且速度相等的物体E和G在这些介质中的阻力将持续趋近相等，使得它们之差最终变得小于任意给定差值。因此，由于物体D和F彼此间的阻力的比等于物体E和G的阻力的比，它们也将类似地趋于相等的比值。所以，当物体D和F以极快的速度运动时，受到的阻力极其近于相等；因此由于物体F的阻力与速度的平方成正比，物体D的阻力也约等于同一比值。

推论3　运动很快的物体在弹性流体中的阻力几乎与流体部分因没有离心力因而不相互远离一样；只要流体的弹性来自微量的向心力，且物体如此之快，以至于不允许微量有足够时间相互作用。

推论4　因此在其相距较远的各部分彼此不远离的介质中，由于相似且等速的物体的阻力与直径的平方成正比，等速极快的运动的物体，其在弹性流体中所受的阻力近似与直径的平方成正比。

推论5　由于相似、相等且等速的物体在同样密度且其微量不相互远离的介质中，将在相等的时间与等量的物质相换，不论组成介质的微量是较多且小或是较少且大，因而对这些物质施加了相等量的运动，反过来(根据运动定律3)又受到前者相等的反作用，也即，受到相等的阻力；所以，显然在密度相同的弹性流体中，当物体极快速运动时，它们的阻力近似相等，不论流体是由较粗糙的或非常细小的部分所构成。对于速度极大的抛体，其阻力并不因介质的细微性而明显减小。

推论6　对弹性力来自微量的离心力的流体中，所有这些上述结论均成立。但若这种力来源于某种其他原因，像来自羊毛球或树枝那样的微量膨胀，或其他任何原因，使微量相互间的自由运动受到阻碍，由于介质的流动性变小，阻力较上述推论中更大。

命题34　定理28

在由相等且自由分布于等距上的微量所组成的稀薄介质中，划出的直径相等的一个球或一个柱体沿圆柱的轴以相等速度运动，则球的阻力是圆柱阻力的一半。

由于对同样物体作用相同，不论物体是在静止介质中运动，或介质微量以相同

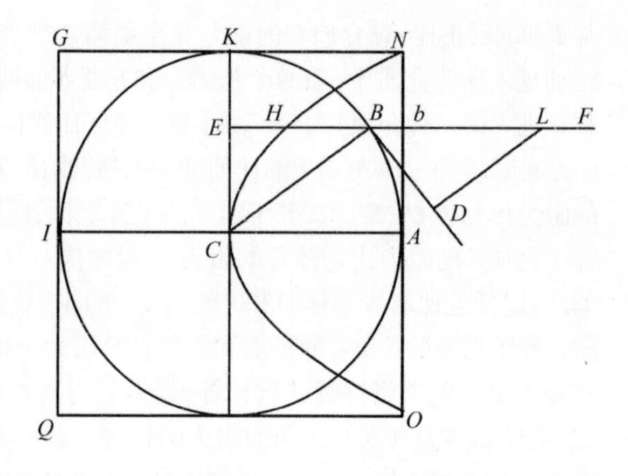

运动撞击处于静止的物体(根据运动定律推论5),让我们考虑物体是静止时,看看它受到运动介质的怎样的推力。因此,令$ABKI$表示以C为球心,CA为半径,设介质微量以已知速度沿平行于AC的直线方向作用于球体;设FB为这些直线中的一条,在FB上取LB等于半径CB,引BD与球相切于B。在KC和BD上作垂线BE、LD;则一个介质微量沿FB方向斜向地在B点碰撞球体的力,比相同微量与圆柱$ONGQ$(围绕球体的轴ACI画出)垂直相碰于b的力,等于LD比LB,或BE比BC。并且,由于这个力沿其相碰方向FB或AC移动球体的效率,比移动球沿其确定方向相同的力,即沿直线碰撞球体的直线BC方向,推动球体的效率,等于BE比BC。联合这些比式,一个微量沿直线FB斜向碰在球体上,推动此球沿其入射方向运动的效力,比相同微量沿相同直线垂直碰在圆柱上推动它沿相同方向运动的效力,等于BE^2比BC^2。因此,若在垂直于圆柱NAO底面的圆且等于半径AC的bE上取bH等于$\frac{BE^2}{CB}$,则bH比bE等于微量在球体上的效力比它在圆柱的效力。所以,由所有直线bH组成的体比由所有直线bE组成的体等于所有微量作用于球体的效力比所有微量作用于圆柱的效力。但这些体中的前者是抛物面,其顶点为C,主轴为CA,通径为CA,而后一个体是一个与抛物面外接的圆柱体。所以,介质作用于球体的合力是它作用于圆柱体合力的一半。所以,若介质微量静止,圆柱体和球体以相等速度运动,则球体的阻力为圆柱体阻力的一半。由此得证。

附注

用同样方法可以比较其他形状的阻力;并能求出最适于在阻力介质中继续其运动的形状。比如在以O为中心以OC为半径的圆形底面$CEBH$上,高度OD构作一平截头圆锥体$CBGF$,在沿轴向D运动时,受到的阻力小于任何底面与高度均相同的平截头圆锥体;高度OD在Q二等分,延长OQ到S使QS等于QC,则S为需要求出的平截头锥体的顶点。

顺便指出,由于角CSB总为锐角,由此可知,若体$ADBE$是根据椭圆形或卵形线$ADBE$环绕其轴AB旋转所成,而生成的图形又在点F、B和I处与三条直线FG、GH、HI相切,使GH在切点B垂直于轴,而FG、HI与GH的夹角FGB、BHI为135°:

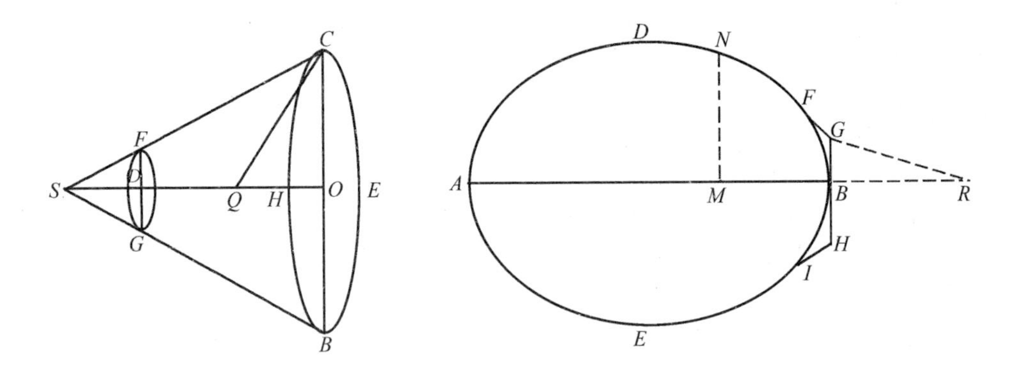

由图形$ADFGHIE$环绕同一个轴AB旋转所成的体，其阻力小于前述体，当二者都沿它们的轴AB方向运动且以各自的极点B为最前面时。我认为，此命题在造船业中有用。

若图形$DNFG$是这样的曲线，即当从其上任意点N作垂线NM于轴AB上，且由已知点G作直线GR，与在N与该图形相切的直线平行，与轴延长线相交于R，MN比GR等于GR^3比$4BR\times GB^2$，此图形环绕其轴AB旋转所成的体，当在前述稀薄介质中从A向B运动时，所受到的阻力小于任何其他长度与宽度均相同的圆形体。

命题35　问题7

若一种稀薄介质根据极小的、静止的、大小相等的微量构成，且自由地分布于彼此相等距离处：求一个球体匀速运动在此介质中受到的阻力。

情形1　设有一直径与高度相同的圆柱体，沿轴向在同样介质中以相同速度运动；设介质的微量落在球或柱体上，以尽可能大的力反弹回来。由于球体的阻力（根据上一命题）仅为圆柱体阻力的一半，而球体比圆柱体等于2比3，且圆柱体把垂直落于其上的微量以最大的力反弹，传给它们的速度是其本身的二倍；可知柱体匀速运动划过其轴长的一半距离时，传给微量的运动比圆柱体的总运动等于介质密度比柱体密度；而球体在匀速向前运动划过其直径长度的距离时，传给微量相同的运动的量；在它匀速划过其直径的三分之二距离的时间内，它传给微量的运动比球体的总运动等于介质密度比球体密度。所以，球受到的阻力，比它匀速向前通过其直径的三分之二的时间内使其全部运动被抵消或生成出来的力，等于介质密度比球体的密度。

情形2　我们设介质微量碰到球体或圆柱体后并不反弹；则其与微量垂直碰撞时会把自身的速度直接传给它们，因此受到的阻力只有上例的一半，而球体受到的阻力也只有其一半。

情形3　我们设介质微量从球体返回的速度既不是最大，也不为零，而是一个平均速度；则球的阻力为第一例的阻力与第二例的阻力的平均比例。由此得证。

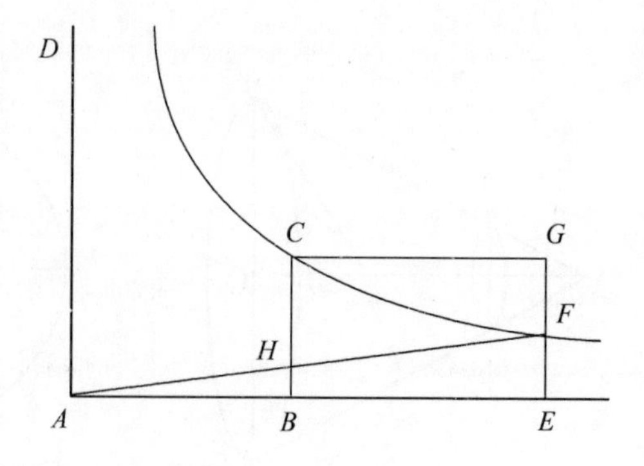

推论1　因此如果球体与微小量硬度都是无限大的，而且隔绝所有弹性力，因而也隔绝所有反弹力，则球体的阻力比它在球在划过其直径的三分之四距离的时间内使其全部运动被抵消或生成的力，等于介质密度比球体密度。

推论2　球体阻力在其他条件不变时，与速度平方变化成正比。

推论3　球体阻力在其他条件不变时，与直径平方变化成正比。

推论4　球体阻力在其他条件不变时，与介质密度变化成正比。

推论5　球体阻力与速度的平方、直径平方和介质密度三者乘积成正比。

推论6　因此，球体的运动及其阻力可以这样表示，设AB为时间，在其间球体由于均匀持续的阻力而失去全部运动，作AD、BC垂直于AB。设BC为全部运动，过点C，以AD、AB为渐近线，作双曲线CF。延长AB到任意点E。作垂线EF交双曲线于F。完成平行四边形$CBEG$，作AF交BC于H。因此，若球体在任意时间BE里，在无阻力介质中以其初始运动BC均匀划过以平行四边形表示的距离$CBEG$，同一球在有阻力介质中相同时间里划过以双曲线面积表示的距离$CBEF$；在该时间结束时它的运动以双曲线的纵坐标EF表示，失去的运动部分表示为FG。在同一时间结束时其阻力以长度BH表示，失去的阻力部分表示为CH。所有这些可以根据卷二命题5推论1和3得到。

推论7　因此，若在时间T内，球体受均匀持续的阻力R的作用而失去其全部运动M，则同样的球体在时间t内，在阻力R与速度平方成正比减小的有阻力介质中，失去了其运动M的部分$\frac{tM}{T+t}$，而剩下$\frac{TM}{t+T}$部分，所划过的距离比它在相同时间t内以均匀运动的M所划过的距离，等于数$\frac{T+t}{T}$的对数乘以数2.302585092994比数$\frac{t}{T}$，因为双曲线面积$BCFE$比矩形$BCGE$也为此比。

附注

在此命题中，我已展示了球形抛体在不连续介质中的阻力及受阻滞，而且表明此阻力，与该球体以均匀持续的速度划过其直径的三分之二距离的时间中能使其总运动被抵消或生成的力的比，等于介质密度比球体密度，只要是球体与介质微量是完美的弹性体,且受最大反弹力;当球体与介质微量的硬度无限大并且隔绝任何反弹力时,这种力减小为一半。但在连续介质中,如水、热油、水银,球体在其中穿过时并不与所有产生阻力的流体微量相碰,而只是压迫邻近的微量,这些微量压迫更远,再压迫其他微量,以此类推;在这种介质中阻力又减小一半。在这些流动性极强的介质中遇到的阻力,与当它以匀速划过其直径的$\frac{8}{3}$距离所用的时间内,使其全部运动被抵消或生成的力的比,等于介质密度比球体密度。此即我在后面努力证明的内容。

命题36 问题8

描述球从圆柱形容器底部孔洞中流出的水的运动。

设$ACDB$为圆柱形容器,AB为上开口,CD为平行于地平面的底,EF为桶底中间的圆孔,G为圆孔的中心,GH为容器的轴垂直于地平面。并设圆柱形冰块$APQB$与容器内腔宽度相等并且共轴,以匀运持续下降,其各个部分一与表面AB接触即融化为水,在其重力作用流入容器中,并且在下降中形成急流或水柱$ABNFEM$,穿过孔洞EF并恰好将它填满。设冰块匀速下降的速度和毗邻圆AB内的水流速度等于水下降划过距离IH所获得的速度;设IH与HG位于同一直线上;过点I作直线KL平行于地平面,交冰块的两边于K和L。则水从孔洞EF流出的速度等于从I下落距离IG所获得的速度。因此,根据伽利略的定理,IG比IH等于水从孔洞流出速度比水在圆AB的流速的平方,这就是等于圆AB与圆EF比值的平方;这些圆都与在相同时间里等量穿过它们并完全把它们填满的水流速度成反比。我们现在考虑的是水流趋向地平面方向的速度。但是平行于地平面的运动使水流各部分彼此趋近;由于它既不是源于重力,又一点也没改变重力引起的流向地平面的运动。我们的确要假设水的各个部分有些许内聚力,使水在下落时以与地平面平行的运动相互靠近以形成单一的急流,防止它们分解为几个急流;但源于这种内聚力产生的平行于地平面的运动不在此次考虑范围。

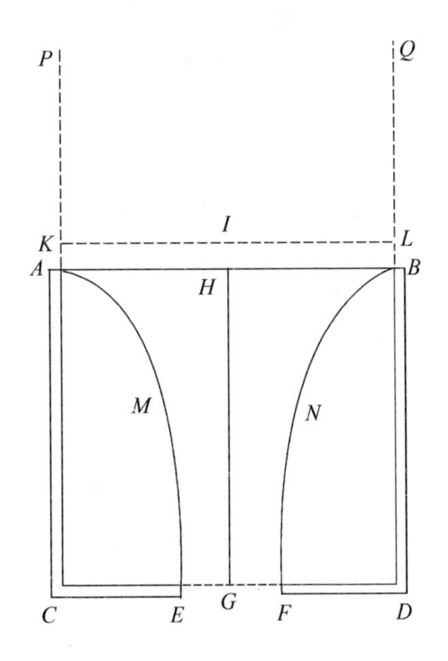

情形1 想象包围水流$ABNFEM$的容器整个腔内都充满了冰,使水从冰中穿过像流过漏斗那样。若水流只是非常接近冰但不接触;或者等价地,若冰面足够光滑,水虽然与之接触,

完全自由地流过它，不受一点阻力；水将像以前一样以相同速度从孔洞EF中流过，而水柱$ABNFEM$的总重量是像以前那样把水从孔洞挤出的力，容器底则支持着环绕该水柱的冰的重量。

现在让桶中的冰融化成水；流出的水保持不变，如同其流速仍像从前一样。它不会变小，是由于融化的冰也努力下落；它不会变大，是由于已成为水的冰不可能下落，除非对其他下落水的阻碍等于自身下落。同样的力在流动的水中总是产生同样的速度。

但在位于容器底的孔洞，由于流水微量有斜向的运动，水流速度应稍大于从前。由于现在水的微量不是都垂直地流过孔洞，而是自容器侧边的各处流下并向孔洞汇聚，以斜向运动通过它；并且在汇聚向孔洞时合成一股水流，其在孔洞下侧的直径略小于在孔洞本身直径：它的直径与孔洞的直径的比等于5比6，若我测量直径长度准确，该比值非常接近$5\frac{1}{2}$比$6\frac{1}{2}$。我得到一块很薄的平板，在中间穿一孔洞，洞直径约为$\frac{5}{8}$英寸。为不使流水被加速使得水流更细，这块平板不是固定在容器底而是在容器边，使水沿平行于地平面的直线方向流出。然后将容器注满水，我放开孔洞使水流出；在距孔洞约半英寸处非常精确地测得水流的直径为$\frac{21}{40}$英寸。所以该圆洞与水流的直径比值非常近似地等于25:21。所以，水流过孔洞时从所有方面汇聚，在流出容器后该汇聚作用使水流变得更细，这种变细使水流加速到距孔洞半英寸，在该距离处水流比孔洞处更小，而速度更大，其比值为$25\times25:21\times21$，或非常接近17:12；即约为$\sqrt{2}:1$。现在，从这个实验可以确定，在给定时间内，从容器底孔洞流出的水量，等于在相同时间内以上述速度从另一个圆洞中流出的水量，后者与前者直径的比为21比25。因此，通过孔洞本身的水流的下落速度约等于一重物自容器停滞水的一半高度落下所获得的速度。但水在流出后，因受到汇聚作用的加速，在它到达约为孔洞直径的距离处时获得的更大的速度与另一个速度的比约为$\sqrt{2}:1$；一个重物差不多要从容器内停滞的水的整个高度处下落才能获得这一速度。

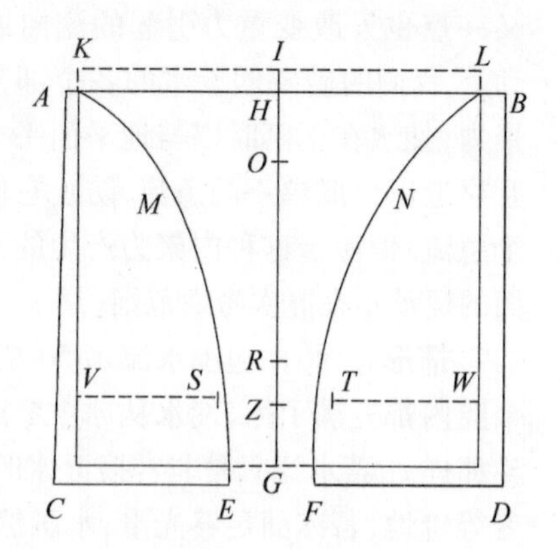

所以，在以下的内容中，水流的直径由我们称为EF的较小孔洞表示。假设另一个平面VW在孔洞EF的上方，与孔平面平行，置于到孔洞的距离为同一孔洞的直径处，并被打出一个更大的孔ST，其大小使流过下方孔洞EF的水把它刚好填满。因此，该孔洞的直径与下方孔洞直径的比约为25∶21。通过这种方法，水将垂直从下面的孔洞流出；而且流出的水量是按照最后一个孔洞的大小，将非常接近与本问题的解相同。两个平面之间的空间与下落的水流可被认为是容器底。为了使解更简单和数学化，最好取下平面为容器底，并假设水像通过漏斗那样从冰上流过，通过下平面上的孔洞*EF*流出容器，并持续保持其运动，而冰保持静止。所以，在以下令*ST*为以*Z*为中心作的圆洞直径，容器中的水为流体时全部从该孔洞流出。而设*EF*为孔洞的直径，水流过它时把它恰好全部占满，无论流经它的水是从上方的孔洞*ST*，还是像穿过漏斗那样从容器的冰块中间落下。设上孔*ST*的直径比下孔*EF*的直径约等于25∶21，令两个孔所在平面之间距离等于小孔洞的直径*EF*。则水从容器中穿过孔洞*ST*向下流过的水的速度，与一物体从*IZ*一半高度下落到同样孔洞时所获得的速度相同；而两种流经孔洞*EF*的水流速度，都等于一物体从整个高度*IG*下落所获得的速度。

情形2 若孔洞*EF*不在容器底的中间，而是在其他某些部位，则若孔大小一样，水流出的速度与之前相同。下落到同样的高度虽然重物沿斜线比沿垂直线需要更长的时间，但在这两个例中它所获得的下落速度相同，如伽利略所证。

情形3 水从容器侧边孔流出的速度是一样的。因为若孔很小，使得表面*AB*与*KL*之间的间隔可以感觉不到，而沿水平方向流出的水流形成抛物线图形；由该抛物线的通径可知，水流速度是一物体自容器内停滞水高度*IG*或*HG*下落所获得的速度。通过实验我发现，若孔以上停滞水高度为20英寸，而孔高出与地平面平行的平面也是20英寸，则从孔洞喷出的水流落在该平面上的点，距孔洞平面的垂直距离非常近似等于37英寸。因而没有阻力的水流应落在距离此平面上40英寸处，抛物线形状水流的通径为80英寸。

情形4 若水流向上，其以相同速度向外喷出。由于向上喷出的小水流，垂直运动上升到*GH*或*GI*，即容器中停滞水的高度；排除它所受到的微小空气阻力影响；所以它喷出的速度与它从该高度下落获得的速度相等。停滞水的每个微量在所有方向都受到相等的压力（根据卷二命题19），并屈服于此压力，倾向于总是以相等的力向某处流出，不论是穿过容器底的孔洞下落，或是自容器侧边的孔洞沿水平方向喷出，或是进入管道从管道上部的小孔流出。这一结果不仅仅是论证出来的，也是根据上述著名实验所证明的，水流出的速度与本命题中所导出的结果完全相同。

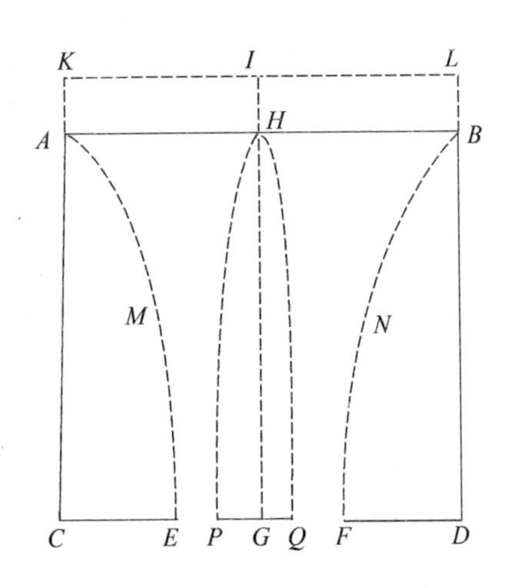

情形5 不论孔是圆形、正方形、三角形，或其他形状，只要面积与圆形相等，水流的速度都相等；由于水流速度不依赖于孔洞形状，

只取决于孔洞低于平面*KL*以下的深度。

情形6 若容器*ABCD*的下部被停滞水所浸没，且停滞水在容器底的高度为*GR*，则在容器内的水从孔*EF*流入停滞水的速度等于水自高度*IR*落下所获得的速度；由于容器内低于停滞水表面的所有水的重量都受到停滞水的重量的支撑而平衡，因而对容器内水的下落运动不加速。该情形通过测定水流出的时间的实验也可揭示。

推论1 因此，若水的深度*CA*延伸到*K*，使*AK*比*CK*等于容器底任意位置上的孔的面积与圆*AB*的面积的比的平方，则水流速度等于水从高度*KC*落下所获得的速度。

推论2 且使水流出的全部运动产生的力等于一个圆柱形水柱的重量，其底为孔洞*EF*，高度为2*GI*或2*CK*。由于在水流等于该水柱时，它以自身重量从高度*GI*下落所获得的速度等于它流出的速度。

推论3 在容器*ABDC*中所有水的点重量比压迫水流出的部分水的重量，等于圆*AB*与*EF*之和比二倍圆*EF*。由于设*IO*为*IH*与*IG*的比例中项，则从孔*EF*流出的水，在水滴从*I*下落划过高度*IG*的时间，等于以圆*EF*为底，2*IG*为高的柱体，也即，等于以*AB*为底，2*IO*为高的圆柱体。由于圆*EF*比圆*AB*等于高度*IH*比高度*IG*的开方；也即等于比例中项*IO*比高度*IG*。而且，在水滴从*I*下落划过高度*IH*的时间，流出的水等于以圆*AB*为底，2*IH*为高的圆柱体；在水滴从*I*下落经过*H*到*G*划过高度差*HG*的一段时间，流出的水，即体*ABNFEM*内所有的水，等于圆柱体之差，即等于以*AB*为底，2*HO*为高的圆柱体。所以，容器*ABDC*中所有的水比上述体*ABNFEM*中的下落的水，等于*HG*比2*HO*，即，等于*HO*+*OG*比2*HO*，或者*IH*+*IO*比2*IH*。但在体*ABNFEM*中的所有水的重量都用于把水压迫出容器；因而容器中所有水的重量比使水外流的水的重量等于*IH*+*IO*比2*IH*，因以等于圆*EF*与*AB*之和比2倍圆*EF*。

推论4 因此容器*ABDC*中所有水的重量比另一部分由容器底部承受着的水的重量，等于圆*AB*与*EF*之和比这二者之差。

推论5 该容器底承受着的部分的重量比压迫水流出的重量等于圆*AB*与*EF*之差比小圆*EF*，或等于桶底面积比二倍孔洞。

推论6 压迫容器底的重量部分比垂直压迫的总重量等于圆*AB*比圆*AB*与*EF*之和，或等于圆*AB*比圆*AB*的二倍减去容器底面积之差。因压迫容器底的重量部分比容器中水的总重量等于圆*AB*与*EF*之差比这二者的和（根据推论4）；而容器中水总重量比垂直压迫容器底的水总重量等于圆*AB*比圆*AB*与*EF*之差。因此，根据错比，压迫容器底的重量部分比垂直压迫容器底的所有水的重量等于圆*AB*比圆*AB*与*EF*之和，或比二倍圆*AB*减容器底之差。

推论7 若在孔*EF*的中间放一小圆*PQ*，以*G*为圆心，平行于地平面，则该小圆承受的水的重量大于以该小圆为底，高为*GH*的水圆柱重量的三分之一。由于设

*ABNFEM*为下落的急流，轴为*GH*，令所有的水其流动性对该急流即时而迅速地下落是不需要的，包括急流周围的与小圆之上的水都冻结。令*PHQ*为小圆之上冻结的水柱，顶点为*H*，高为*GH*。设这样的水柱以其自身全部重量而下落。且既不依靠也不挤压*PHQ*，而是自由且没有摩擦地滑动，也许除非在开始下落时紧挨着冰柱顶点的急流或许会趋于凹形。由于围绕着下落急流的冻结水*AMEC*、*BNFD*，其内表面*AME*、*BNF*朝着该下落急流弯曲，因而大于以小圆*PQ*为底，高为*GH*的圆锥体；即大于底与高与相同的柱体的三分之一。所以，小圆所承受的水柱的重量大于该圆锥的重量，或大于柱体的三分之一。

推论8　当圆*PQ*很小时，它所承受的水的重量似乎小于以该圆为底，高为*HG*的水柱重量的三分之二。由于，在上述假设条件下，想象以该小圆为底的半椭球体，其半轴或高为*HG*。该图形等于那个柱体的三分之二，并包含在冻结水柱*PHQ*内，其重量为小圆片承受。由于虽然水的运动是趋向直接向下的，而该柱的外表面与底*PQ*交角为锐角，水在其下落中被持续加速，因这种加速使其变细。因此，由于该角小于直角，该柱的下部分位于半椭球内。其上部也为一锐角或一点；因为水流是自上而下的，水在顶点的水平运动必定无穷大于流向地平线的运动。而且圆*PQ*越小，柱体的顶部越尖；圆片缩为无穷小时，角*PHQ*也缩为无穷小，所以柱体位于半椭球之内。所以，柱体小于半椭球，或小于以该小圆为底，高为*GH*的柱体的三分之二。所以，小圆承受的水的力等于该柱体的重量，周围的水则被用以施加造成水流出孔洞。

推论9　当圆*PQ*很小时，它所承受的水的重量约等于以该小圆为底、高为$\frac{1}{2}GH$的水柱重量，因为该重量为前述圆锥体与半球重量的算术平均值。但若此圆不是非常小，但被增大到与孔径*EF*相等，它将承受垂直于其上所有的水的重力，也即，以此小圆为底，*GH*为高的圆柱形水的重量。

推论10　据我所知，小圆片承受的重量与以该小圆为底，高为$\frac{1}{2}GH$的水柱重量的比值等于$EF^2:(EF^2-\frac{1}{2}PQ^2)$，或约等于圆*EF*比该圆减去小圆*PQ*的一半之差。

引理4

若一个圆柱体沿其长度方向匀速前进，受到的阻力完全不随其长度的增大或减小而改变；因而它的阻力与一个相同直径所作圆，且沿垂直于圆面方向匀速前进的阻力相同。

由于其侧面一点也不向着运动方向；当圆柱长度无限缩小为0时其变为圆。

命题37 定理29

若在一种被压缩的、无限的和非弹性的流体中，一圆柱体沿自身长度方向匀速前进，则源于其横截面的阻力，比它运动四倍自身长度的时间内使全部运动被抵消或生成的力，约等于介质与圆柱体密度之比。

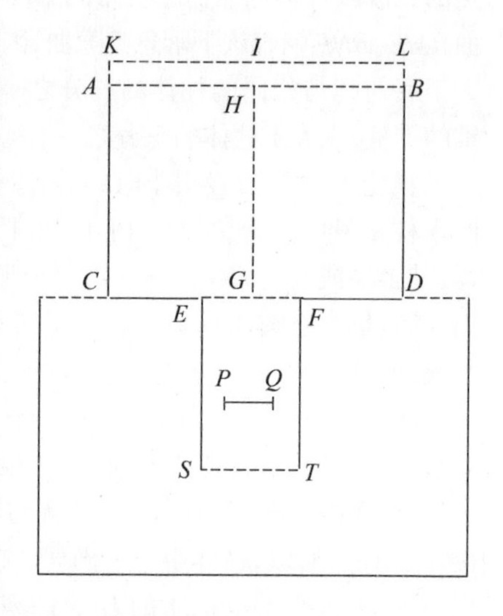

由于设容器$ABDC$的底CD与停滞水面接触，水从容器内通过垂直于地平面的圆柱形管道$EFTS$流入停滞水中；令小圆PQ与地平面平行地放置于管道中间任意处；延长CA到K，使AK比CK等于管道EF的孔减去小圆PQ之差比圆AB的平方。则（根据命题36情形5、情形6和推论1）水穿过小圆与容器之间的环形空间的流动速度与水下落划过高度KC或IG所获得的速度完全相同。

（根据命题36推论10）若容器的宽度是无穷大，使得短线段HI消失，高度IG、HG相等；则水流下压迫小片的力比以此小圆为底，高为$\frac{1}{2}IG$的水柱重量，约等于$EF^2:(EF^2-\frac{1}{2}PQ^2)$。由于匀速流下通过整个管道的水对小圆$PQ$的力，无论它放置在管道内任意处都是一样的。

假设现关闭管道口EF、ST，在被各个方向压缩的流体中小圆上升，并在上升时压迫其上方的水通过小圆与管道壁之间的空间向下流动。则小圆上升速度比下降的速度，等于圆EF与PQ之差比圆PQ；而小圆上升速度比这两个速度之和，即比向下流过上升小圆的水的相对速度，等于圆EF与PQ之差比圆EF，或等于EF^2-PQ^2比EF^2。设该相对速度等于小圆保持不动时，使上述证明水通过环形空间的速度，即等于水下降经过高度IG所获得的速度；则水的力对该上升小圆与以前相同（根据运动定律推论5）；即上升小圆的阻力比以该小圆为底，高为$\frac{1}{2}IG$的水柱重量，约等于$EF^2:(EF^2-\frac{1}{2}PQ^2)$。而这个小圆的速度比水下降经过高度$IG$所获得的速度等于$EF^2-PQ^2$比$EF^2$。

设管道宽度被增加到无穷大；则EF^2-PQ^2比EF^2和EF^2比$EF^2-\frac{1}{2}PQ^2$最终成为等量之比。所以，小圆现在的速度等于水下落划过高度IG所获得的速度；其阻力则成为等于以该小圆为底，高为IG的一半的水圆柱重量，该水圆柱从此高度下落必能获得小圆上升的速度;且在此下落时间,水圆柱可以以这个速度划过四倍其长度的距离。但是以此速度沿其自身长度方向前进的柱体的阻力与小圆的阻力相同(根据引理4),因而近似等于在它划过四倍自身长度时生成其运动的力。

若圆柱体长度被增大或减小,则其运动和划过其四倍自身长度所用的时间,也同样比例增大或减小;因而那个力增大或减小的运动得以抵消或生成的力保持不变;由于时间也等比例增大或减少了;所以该力仍等于圆柱体的阻力,因为(根据引理4)该阻力也保持不变。

若柱体的密度被增大或减小,它的运动以及使其运动能在相同时间内生成或抵消的力,也以相等比例增大或减小。因此任意圆柱体的阻力比其在运动过其四倍自身长度期间使其全部运动被生成或抵消的力,近似等于介质密度比圆柱体密度。由此得证。

一种流体必须是因压缩而成为连续的;它必须连续且非弹性,以致压缩产生的压力被瞬间传播;而相等的力作用于运动物体上不会引起阻力的改变。源于物体运动所产生的压力在消耗产生流体各部分的运动中,由此产生阻力,但源于流体压缩而产生的压力,不论它多么强,只要它被瞬间传播,就不在流体的部分产生运动,不会对在其中的所有运动产生改变;因而既不增大也不减小阻力。确切地说,源于压缩产生的流体作用不会使运动物体的尾部压力大于头部,因而在此命题中不会使阻力减小。若压缩力的传播无限快于受压物体的运动,则头部的压缩力不会大于尾部的压缩力。但是若流体是连续且非弹性的,则压缩作用可以得到无限快且瞬时传播。

推论1　在无限连续的介质中沿其自身长度方向匀速运动的圆柱体,它的阻力与速度平方、直径平方,以及介质密度的乘积成正比。

推论2　若管道的宽度不能增加到无穷大,圆柱体沿其自身长度方向在管道内的停滞介质中运动,它的轴一直与管道轴重合,其阻力比在它划动过其四倍自身长度的时间内,使其全部运动生成或被抵消的力等于 EF^2 比 $EF^2-\frac{1}{2}PQ^2$ 乘以 EF^2 比 EF^2-PQ^2 的平方乘以介质比柱体密度。

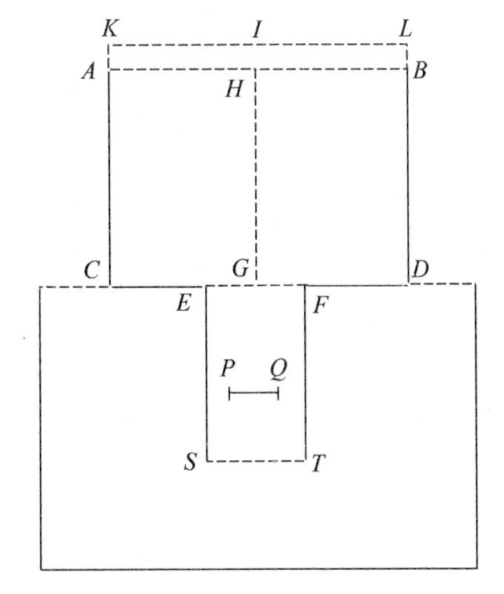

推论3　同样假设,长度 L 比圆柱体四倍长度等于 $EF^2-\frac{1}{2}PQ^2$ 比 EF^2 乘以 EF^2-PQ^2 比 EF^2 的平方:则圆柱体阻力比柱体划动过长度 L 期间使其全部运动得以生成或抵消的

力，等于介质比柱体密度。

附注

在此命题中只探究了源于圆柱体横截面大小引起的阻力，忽略了源于运动倾斜的阻力。由于，如命题36情形1一样，运动倾斜使容器中的水从各个方向向孔EF汇聚，阻碍水从该孔洞流出，所以在本命题中，水的各部分受到圆柱前端的压迫，运动倾斜屈服于这种压力，并向所有方向扩散，阻碍水通过水柱头部附近流向尾部，造成流体被移动到较远处；且使阻力的增加到大致等于它使流出水桶的水减少，即近似等于25比21的平方。同样与前述命题情形1一样，假设容器中所有围绕着急流的水都被冻结，使水的各部分能垂直而极其充沛地通过孔洞EF，而其运动倾斜与无用部分都保持不运动，所以在本命题中，则使斜向运动可以得以消除，水的各部分可以自由穿过水柱，水的各部分能直接而迅速地屈服于斜向运动，只有其横截面产生的阻力被保持，由于它不能被减小，除非使圆柱直径变小；所以必须想象做斜向和无用运动并产生阻力的流体部分，在柱体两端彼此保持静止和连贯，并与柱体连接在一起。令$ABCD$为一矩形，AE和BE为二段抛物线弧，轴为AB，通径比柱体下落以获得运动速度所划过的距离HG，等于HG比$\frac{1}{2}AB$。设DF与CF为另两段以轴CD作出的抛物线弧，其通径为前者的四倍；将此图形关于轴EF环绕得到一个体，其中间部分$ABDC$是我们在讨论的圆柱体，其两端部分ABE和CDF则包含着彼此静止的流体部分，并凝固为两个坚硬物体与圆柱体的两端黏附在一起如同一头一尾。若这样的体$EACFDB$沿其轴长FE方向向着E的方向移动，则其阻力约等于我们在本命题中所讨论的例子；即，阻力比它匀速运动划过长度$4AC$期间使圆柱体的全部运动被抵消或生成的力，约等于流体密度比柱体密度。而且（根据命题36推论7）该阻力与该力的比至少为2∶3。

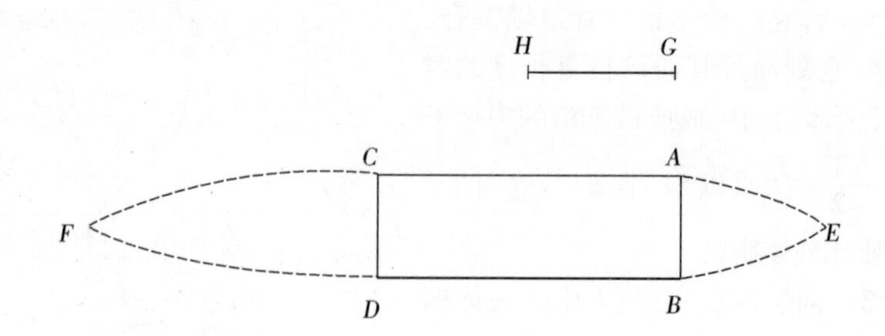

引理5

若将宽度相同的一个圆柱体、一个球体和一个椭球体连续地放入圆柱形管道中间，并使它们的轴与管道轴重合，则这些物体对流过管道的水的阻碍相等。

由于管道壁与圆柱体、球体和椭球体之间使水能通过的空间是相等的；则等大的空间流过的水相等。

由在命题36推论7中已解释过的，本引理为真的前提是，位于圆柱体、球体，或椭球体上方所有的水，其流动性对于水尽快地通过不是必要的，都被凝结起来。

引理6

在相同假设下，上述物体被流经管道的水同等地作用。

根据引理5和（运动）定律3，显然成立。由于水与物体间的作用是相互的、相等的。

引理7

若水在静止管道中，这些等速移动物体沿相反方向通过管道，则它们彼此间的阻力是相等的。

根据前一引理，这是显然的，由于它们彼此之间的相对运动保持一致。

附注

所有凸的且圆的物体，其轴与管道轴重合，与此情形是相同的。某些差别源于或大或小的摩擦；但我们在这些引理中假设物体是十分地光滑，而介质没有黏性与摩擦；而流体的各部分，以其斜向和多余运动干扰、阻碍、减慢水流过管道，像冻结的水那样被固定起来，并以前一命题的附注中所解释的方式与物体的头部和尾部相黏附，彼此间保持静止；因而在随后，我们要讨论截面极大的圆形物体所可能遇到的极小阻力。

当漂浮在流体上的物体向前直线移动时，造成流体在其头部上升，而在其尾部下沉，尤其当它们是钝形；因而它们遇到阻力略大于头尾都是锐角的物体。在弹性流体中运动的物体，若其前后均为钝形，使其前部的流体压缩，使其后部流体舒张；因此所遇到的阻力也略大于头尾都是锐角的物体。但在这些引理和命题中，我们没处理弹性流体，只处理了非弹性流体；没处理漂浮在流体表面的物体，而处理了深浸于其中的。且一旦在非弹性流体中物体的阻力已知，我们即可以在像空气一样的弹性流体中，和在像湖泊和海洋一样的停滞流体表面上，略微增加一些阻力。

命题38 定理30

若一个球体在一种压缩了的、无限的、非弹性的流体中均匀移动，则其阻力比在它划过其直径的$\frac{8}{3}$长度的时间内使全部运动被抵消或生成的力，极其近似地等于流体的密度比球体的密度。

由于球体比其外接圆柱体等于2∶3；因而在圆柱体划过其直径四倍长度的时间内使该柱体全部运动被抵消的力，可以在球体划过其长度三分之二，即，其自身直径的三分之八长度期间抵消球体的全部运动。现在，柱体的阻力比这个力非常接近等于流体的密度比柱体或球体的密度（根据命题37），而球体阻力等于柱体的阻力（根据引理5、6、7）。由此得证。

推论1 球在压缩的无限介质中，阻力与速度平方、直径平方与介质密度三者乘积成正比。

推论2 球体受其相对重力在有阻力介质中下落的最大速度，与相同重量的球体在无阻力介质中下落的速度相等，下落划过的距离比其直径的$\frac{4}{3}$等于球密度比介质密度。由于球体以其下落所获得的速度运动时，划过的距离比其直径的$\frac{8}{3}$等于球密度比流体密度；而它的生成这一运动的重力比在球以相同速度划过其直径的$\frac{8}{3}$的时间内生成同样运动的力，等于流体密度比球体密度；因而（根据本命题）重力等于阻力，不能加速球。

推论3 若已知球的密度和它开始运动时的速度，和球在其中运动的静止压缩流体的密度，则可以求出任意时间球体的速度和阻力，以及它所划过的距离（命题35推论7）。

推论4 一个球在与其密度相同的压缩且静止的流体中运动时，在划过其二倍直径的长度之前会失去其运动的一半（也根据推论7）。

命题39 定理31

若一球体匀速向前穿过密封于管道中的一种压缩流体，其阻力比在它经过自身直径的$\frac{8}{3}$长度的时间内使其全部运动被抵消或生成的力，约等于管口面积比管口减去球最大圆一半的差、管口面积比管口减去球大圆的差、流体密度比球体密度三者的乘积。

这可以根据命题37推论2，此命题显然成立，且与前一命题相同的方法进行证明。

附注

在以上两个命题中，我们假设（与前述引理5中一样）先于球且其流动性能使阻力作同样增加的全部水都已冻结。现在，若这些水变为流体，它将使阻力有一些增加。但在这些命题中这种增加如此之小，以至于可以忽略不计，由于球体的凸面与水的冻结所产生的效果几乎非常相同。

命题40　问题9

一球体从完全的流动的和压缩的介质中运动通过，通过现象求其阻力。

令A为在真空中球体的重量，B为其在有阻力介质中的重量，D为球直径，F为某一距离，它比$\frac{4}{3}D$等于球体密度比介质密度，即等于A比$A-B$，G为球以重量B无阻力地下落划过距离F所用的时间，而H为球下落所获得的速度。则根据命题38推论2，H为球体以重量B在有阻力介质中下落所能获得的最大速度；而当球体以该速度下落时，它遇到的阻力等于其自身重量B；根据命题38推论1可知，球以其他任意速度运动时遇到的阻力比重量B等于该速度与最大速度H之比的平方。

这是源于流体物质的惰性所生成的阻力。根据源于其弹性、黏性和摩擦所产生的阻力，可以以此方法求出阻力。

令球体被放开并在流体中以重量B下落；设P表示下落时间，时间表示为以秒为单位，若G是以秒计时给定。求出对应于对数$0.4342944819\frac{2P}{G}$的绝对数N，设L为数$\frac{N+1}{N}$的对数；则下落所获得的速度为$\frac{N-1}{N+1}H$，划过高度为$\frac{2PF}{G}-1.3862943611F+4.605170186LF$。若流体有足够深度，可以忽略$4.605170186LF$项；$\frac{2PF}{G}-1.3862943611F$为划过的近似高度。这些可以根据卷二命题9及其推论得出，显然为真，其前提是球体遇不到阻力，除非源自物质的惰性。若它确实遇到了其他任何种类的阻力，则下落变慢，并可根据变慢量求出这种新的阻力的量。

为了求出在流体中物体下落的速度和下降，如下表格，第一列表示下落时间；第二列表示下落所获得的速度，最大速度为100000000；第三列表示在这些时间里下落划过的距离，$2F$为物体在时间G内以最大速度划过的距离；第四列表示在相同时间里以最大速度划过的距离。第四列中的数为$\frac{2P}{G}$，此数减去数$1.3862944-4.6051702L$得到第三列数；要得到下落划过的距离必须将这些数乘以距离F。此处增加第五列数，表示物体在真空中相同时间内以其自身相对重量的力B下落所划过的距离。

时间P	物体在流体中下落速度	在流体中下落距离	以最大速度下落距离	在真空中下落的距离
$0.001G$	$99999\frac{29}{30}$	$0.000001F$	$0.002F$	$0.000001F$
$0.01G$	999967	$0.0001F$	$0.02F$	$0.0001F$
$0.1G$	9966799	$0.0099834F$	$0.2F$	$0.01F$
$0.2G$	19737532	$0.0397361F$	$0.4F$	$0.04F$
$0.3G$	29131261	$0.0886815F$	$0.6F$	$0.09F$
$0.4G$	37994896	$0.1559070F$	$0.8F$	$0.16F$
$0.5G$	46211716	$0.2402290F$	$1.0F$	$0.25F$
$0.6G$	53704957	$0.3402706F$	$1.2F$	$0.36F$
$0.7G$	60436778	$0.4545405F$	$1.4F$	$0.49F$
$0.8G$	66403677	$0.5815071F$	$1.6F$	$0.64F$
$0.9G$	71629787	$0.7196609F$	$1.8F$	$0.81F$
$1G$	76159416	$0.8675617F$	$2F$	$1F$
$2G$	96402758	$2.6500055F$	$4F$	$4F$
$3G$	99505475	$4.6186570F$	$6F$	$9F$
$4G$	99932930	$6.6143765F$	$8F$	$16F$
$5G$	99990920	$8.6137964F$	$10F$	$25F$
$6G$	99998771	$10.6137179F$	$12F$	$36F$
$7G$	99999834	$12.6137073F$	$14F$	$49F$
$8G$	99999980	$14.6137059F$	$16F$	$64F$
$9G$	99999997	$16.6137057F$	$18F$	$81F$
$10G$	$99999999^{3/5}$	$18.6137056F$	$20F$	$100F$

附注

为通过实验探究流体阻力，我得到一方形容器，其内侧长宽均为9英寸，深$9\frac{1}{2}$英尺，我用雨水充满；并被提供了一些含有铅的蜡球，我记录了这些球下降的时间，下降高度为112英寸。1立方英尺雨水重76镑；1立方英寸雨水重$\frac{19}{36}$盎司，或$253\frac{1}{3}$格令；直径1英寸的水球在空气中重132.645格令，在真空中重132.8格令；其他任意球体的重量与它在真空中的重量超出其在水中重量的部分成正比。

实验1　一个在空气中重$156\frac{1}{4}$格令的球，在水中重77格令，在4秒钟内划过112英寸高度。不断重复这一实验，该球下落所用时依然是4秒钟。

此球在真空中重$156\frac{13}{38}$格令；该重量比在水中的重量超出$79\frac{13}{38}$格令。因此球的直径为0.84224英寸。水的密度比球的密度等于该超出量比球在真空中的重量；也如同球直径的$\frac{8}{3}$（即2.24597英寸）比距离$2F$，所以$2F$为4.4256英寸。现在，球在真空中以其自身$156\frac{13}{38}$格令全部重量下落，一秒钟内划过$193\frac{1}{3}$英寸；而且在无阻力的水中以77格令重量在相同时间内划过95.219英寸；它在划过2.2128英寸的球获得它在水中下落所可能获得的最大速度H，而时间G比一秒钟等于距离F或2.2128英寸比95.219英寸的平方根之比。所以，时间G等于0.15244秒。而且，在这段时间G内，球以该最大速度H可划过距离$2F$，即4.4256英寸；因此球4秒钟内将划过116.1245英寸的距离。减去距离$1.3862944 \times F$，或3.0676英寸，则剩下113.0569英寸的距离，这就是球在放在很宽容器中的水里下落4秒钟所划过的距离。但由于上述木质容器较窄，这段距离应按一比值减小，即等于容器口比它超出球大圆一半的差值的平方根，乘以容器口比它超出球大圆的差值，即等于1比0.9914。求解，得到112.08英寸距离，它是球在盛于此木容器中的水里下落4秒所应划过的距离，应与此理论计算接近，但由实验得到的是112英寸。

实验2　三个球相等，在空气和水中的重量分别为$76\frac{1}{3}$格令和$5\frac{1}{16}$格令，令它们相继下落；每个球都用15秒钟穿过水中，下落划过112英寸高度。

通过计算，每个球在真空中重$76\frac{5}{12}$格令；该重量比在水中重量超出$71\frac{17}{48}$格令；球直径为0.81296英寸；该直径的$\frac{8}{3}$为2.16789英寸；距离$2F$为2.3217英寸；在无阻力时，重$5\frac{1}{16}$格令的球一秒钟内划过的距离为12.808英寸，得时间G为0.301056秒。因此，一个球体由其$5\frac{1}{16}$格令的重量通过水中下落所能获得的最大速度，在时间0.301056秒内划过距离2.3217英寸；在15秒内划过距离115.678英寸。减去距离$1.3862944F$，或1.609英寸，剩下距离114.069英寸；因此这就是当容器很宽时球在相同时间内应划过的距离。但由于容器较窄，该距离应减去0.895英寸。所以，该距离剩下113.174英寸,即球在这个容器中15秒钟内应下落划过的近似距离。但是实验得到是112英寸,差别可忽略不计。

实验3 三个相等的球,在空气中重121格令,在水中重1格令,令其相继下落;它们在水中通过时分别在46秒、47秒和50秒内划过112英寸的距离。

根据理论,这些球完成下落应在约40秒内。但它们下落得较慢是否归结于在缓慢的运动中源于惰性力的阻力与源于其他原因的阻力比值较小;或是是否归结于粘在球上的小水泡;或是由于天气或释放它们下落的手的温度而使蜡变稀薄;或者是在水中称量球体重量有感觉不到的误差,我不确定。因此,球在水中重量应大于1格令,这时实验才确定而可靠。

实验4 我在先于得到前述几个命题中的理论之前,着手上述流体阻力的实验研究的。此后,为了检验所发现的理论,我得到了一个木质容器,其内侧宽$8\frac{2}{3}$英寸,深$15\frac{1}{3}$英尺。然后制作了四个内含铅的蜡球,每一个在空气中都是重$139\frac{1}{4}$格令,在水中重$7\frac{1}{8}$格令。我让它们下落,并用一只半秒摆测量水中下落时间。球是冰冷的,且在称量和水中下落时保持温度;由于热度会使蜡稀薄,且减少球在水中的重量;而变得稀薄的蜡不会因冷却而立即恢复其先前的密度。在球下落之前,先把他们完全浸没在水下,以防其在下落初始时露出水面的某部分的重量加速了球的下落。当它们完全浸入水中并完全静止后,极小心地放手令其下落,以免受到手的任何冲击。它们相继以$47\frac{1}{2}$、$48\frac{1}{2}$、50和51次摆动的时间下落划过15英尺又2英寸的高度。但现在的天气比称量球时略冷,因此我后来一天又重做了一次实验,这一次的下落时间分别是49、$49\frac{1}{2}$、50和53次摆动,第三次尝试的时间是$49\frac{1}{2}$、50、51和53次摆动。在做完几次实验后,我得到球的下落时间大多是$49\frac{1}{2}$和50次摆动。当下落较慢时,我怀疑可能是由于碰到容器壁而受阻。

现在根据理论进行计算。球在真空中重$139\frac{2}{5}$格令;该重量比在水的重量超出$132\frac{11}{40}$格令;球直径为0.99868英寸;该直径的$\frac{8}{3}$为2.66315英寸;距离$2F$为2.8066英寸;在无阻力的水中重$7\frac{1}{8}$格令的球1秒可以划过9.88164英寸;时间G为0.376843秒。因此,球在$7\frac{1}{8}$格令的作用下以在水中下落所能获得的最大速度运动在0.376843秒内可以划过2.8066英寸长的距离,1秒内可以划过7.44766英寸,在25秒或50次摆动内,划过距离为186.1915英寸。减去距离$1.386294F$,或1.9454英寸,剩下距离184.2461英寸,即球体在此期间在非常宽的桶中下落的距离。由于我们的容器较窄，设该空间按容器口与该容器口超出球大圆的一半的平方的比值，再乘以容器口与容器口超出球大圆的比值缩小；我们得到距离为181.86英寸，此即根据我们的理论，球在50次摆动时间内应在容器中下落的近似距离。而通过实验得其在49$\frac{1}{2}$或50次摆动内划过距离182英寸。

实验5　四个球在空气中重154$\frac{3}{8}$格令，水中重21$\frac{1}{2}$格令，被释放下落数次，下落时间为28$\frac{1}{2}$、29、29$\frac{1}{2}$和30次摆动，有几次是31、32和33次摆动，划过的高度为15英尺2英寸。

依据理论它们应在约29次摆动时间内完成下落。

实验6　五个球，在空气中重212$\frac{3}{8}$格令，在水中重79$\frac{1}{2}$格令，被释放下落数次下落时间为15、15$\frac{1}{2}$、16、17和18次摆动，划过高度为15英尺2英寸。

依所理论它们应在大约15次摆动内完成下落。

实验7　四个球，在空气中重293$\frac{3}{8}$格令，在水中重35$\frac{7}{8}$格令，被释放下落数次，下落时间为29$\frac{1}{2}$、30、30$\frac{1}{2}$、31、32和33次摆动，划过高度为15英尺1$\frac{1}{2}$英寸。

依据理论，它们应在约28次摆动内完成下落。

这些球重量和大小相同，下落距离相同，但速度却有快有慢，究其原因，我认为如下：当球初次被释放并开始下落时关于其中心摆动，可能较重的一侧先下落，并产生一个摆动运动。与球完全没有摆动的下落相比，球通过自身摆动传递给水较多的运动；而这种传递使球失去自身部分下落运动；因而由于这种摆动的或强或弱，下落中受到的阻力或大或小。此外，球总是从其向下摆动的一侧退离，这种退离又使它逐渐靠近容器壁，甚至有时与其发生碰撞。球越重时这种摆动越强烈；球越大，它对水的搅动越强。所以，为了减小球的这种摆动，我又用铅和蜡制作了新球，把铅置于非常靠近球表面的一侧；并且用在开始下落时尽可能使球较重的一侧处于最低点，这样的方式加以释放。采用这一措施使得摆动比以前减小很多，球的下落时间不再如此不同：如在下列实验中所示。

实验8　四个球在空气中重139格令，在水中重6$\frac{1}{2}$格令，令其下落数次，绝大多数时间都是51次摆动，从没有超过52次或少于50次，划过高度为182英寸。

依据理论计算，它们的下落时间应该为52次摆动。

实验9　四只球在空气中重273$\frac{1}{4}$格令，在水中重140$\frac{3}{4}$格令，数次下落时间从没少于12次摆动，也从未多于13次。划过高度182英寸。

依据理论计算，这些球应在约$11\frac{1}{3}$次摆动中完成下落。

实验10 四只球在空气中重384格令，在水中重$119\frac{1}{2}$格令，数次下落时间为$17\frac{3}{4}$、18、$18\frac{1}{2}$和19次摆动，划过高度$181\frac{1}{2}$英寸。第19次摆动时，在落到容器底之前，有时听到它们与容器壁相撞。

根据理论计算，它们应在约$15\frac{5}{9}$次摆动完成下落。

实验11 三只球在空气中重48格令，在水中重$3\frac{29}{32}$格令，数次下落时间为$43\frac{1}{2}$、44、$44\frac{1}{2}$、45和46次摆动，大多数为44和45次，划过高度约为$182\frac{1}{2}$英寸。

根据理论计算，它们应在约$46\frac{5}{9}$次摆动中完成下落。

实验12 三只相等的球，在空气中重141格令，在水中重$4\frac{3}{8}$格令，数次下落时间为61、62、63、64和65次摆动，划过空间为182英寸。

根据理论计算，它们应在约$64\frac{1}{2}$次摆动内完成下落。

从这些实验可以明显看出，当球缓慢下落时，如第2，4，5，8，11和12次实验，下落时间与理论计算正确地展示；但当下落速度更快时，如第6，9和10次实验，阻力略大于速度平方比。由于球在下落期间略有摆动；而这种摆动，对于较轻且下落较慢的球，由于其运动微弱而很快停止；但对于较大且较重的球，由于运动较强且持续较久，需要经过数次摆动后才能被周围的水所阻止。此外，球移动越快，其尾部受流体压力越小；若速度持续增加，最终它们将在后面留下一个真空空间，除非流体的压力也能同时增大。由于流体的压力应与速度平方成正比增大（根据命题32和33），以保持阻力以相同的平方比。但这是不能发生的，移动较快的球后部的压力不如其他部位的大；而这种压力的减小，导致其阻力略大于速度的平方。

所以，此理论与物体在水中下落现象是一致的。剩下的是检验空气中的下落。

实验13 1710年6月，有人从伦敦圣保罗大教堂顶上同时落下两只玻璃球，一只充满水银，另一只充满气；它们下落划过的高度是220英尺。当时一张木桌一边悬挂在铁铰链上，另一边用木栓支撑。两只球放在该桌面上，通过一根延伸到地面的铁丝拉开木栓使两球同时向地面落下；于是，当木栓被移走时，仅靠铁铰链支撑的桌子绕铰链而向下转动，球从此开始下落。在铁丝拉开木栓的同一瞬间，一只秒摆开始计时。球的直径和重量，以及下落时间如下表所展示。

充满水银的球			充满空气的球		
重量 格令	直径 英寸	下落时间 秒	重量 格令	直径 英寸	下落时间 秒
908	0.8	4	510	5.1	$8\frac{1}{2}$
983	0.8	4−	642	5.2	8
866	0.8	4	599	5.1	8
747	0.75	4+	515	5.0	$8\frac{1}{4}$
808	0.75	4	483	5.0	$8\frac{1}{2}$
784	0.75	4+	641	5.2	8

但是，观测到的时间必须被修正；由于水银球（根据伽利略的理论）在4秒内可划过257英尺，而220英尺只需$3\frac{42}{60}$秒。因此，在木栓被拉开时木桌并不像它所应当翻转地那么快；这一迟钝在开始时阻碍了球体的下落。由于球置于桌子中间，而且确实距转轴而非距木栓较近。因此下落时间被延长了约$\frac{18}{60}$秒；应通过减去该时间差进行修正，尤其对大球来说，由于大球直径较大，在转动的桌子上停留时间较其他球更久。完成以后，得出六个较大球的下落时间变为$8\frac{12}{60}$秒、$7\frac{42}{60}$秒、$7\frac{42}{60}$秒、$7\frac{57}{60}$秒、$8\frac{12}{60}$秒、$7\frac{42}{60}$秒。

所以，按顺序第五只充满空气的球，直径为5英寸，重483格令，下落时间$8\frac{12}{60}$秒，划过距离220英尺。体积与此球相同的水重16600格令；体积相同的空气重$\frac{16600}{860}$格令，或$19\frac{3}{10}$格令；因此，该球在真空中重$502\frac{3}{10}$格令；该重量比体积等于该球的空气的重量为$\frac{502\frac{3}{10}}{19\frac{3}{10}}$；而$2F$比该球直径的$\frac{8}{3}$，即比$13\frac{1}{3}$英寸。因此得，$2F$等于28英尺11英寸。一个以其全部重量$502\frac{3}{10}$格令的球在真空中下落，在1秒内可划过$193\frac{1}{3}$英寸；而以重量483格令下落则划过185.905英寸；以该重量483格令在真空中下落，在$57\frac{3}{60}$又$\frac{58}{3600}$秒的时间可划过距离F，或14英尺$5\frac{1}{2}$英寸，并获得它能在空气中下落所达到的最大速度。该球以这一速度，在$8\frac{12}{60}$秒时间内划过245英尺$5\frac{1}{3}$英寸。减去1.3863F，或20英尺$\frac{1}{2}$英寸，剩下225英尺5英寸。因此，这一距离按理论，球应在$8\frac{12}{60}$秒内下落划过的。而由实验结果划过距离为220英尺。误差是可忽略不计的。

将类似计算应用到其他充满空气的球，我作出以下表格。

球重	直径	220英尺高度下落时间		依理论计算应经过距离		差值	
格令	英寸	秒	秒下单位	英尺	英寸	英尺	英寸
510	5.1	8	12	226	11	6	11
642	5.2	7	42	230	9	10	9
599	5.1	7	42	227	10	7	0
515	5	7	57	224	5	4	5
483	5	8	12	225	5	5	5
641	5.2	7	42	230	7	10	7

实验14 1719年7月，约翰·西奥菲勒斯·德札古利埃博士[①]曾用球形猪膀胱重做过此类实验。他把湿的膀胱放入凹的木球中，往膀胱中吹满空气，而使之膨胀成为球状，待膀胱干后取出。从同一教堂拱顶的灯笼上落下，即从272英尺高处下落；同时让一重约2磅的铅球下落；同时，站在教堂顶部在球下落处的人观测整个下落时间；另一些站在地面的人观测铅球与膀胱球下落的时间差。时间是由半秒摆测量。其中站在地面上的其中一人有一台计时机器每秒摆动四次；另一个人有另一台制作精密的机器也是每秒摆动四次的摆。站在教堂顶部的人中有一个也有着一台类似的机器；这些仪器被设计成可以随意地停止或开始。铅球的下落时间约$4\frac{1}{4}$秒；本次时间加上前述时间差后即可得到膀胱球的下落总时间。在铅球落地后，五只膀胱球的落地的时间，第1次为$14\frac{3}{4}$秒、$12\frac{3}{4}$秒、$14\frac{5}{8}$秒、$17\frac{3}{4}$秒、$16\frac{7}{8}$秒；第2次

① 约翰·西奥菲勒斯·德札古利埃（John Theophilus Desaguliers），法裔英籍物理学家。1683年3月12日生于法国拉罗歇尔；1744年3日10日逝于英国伦敦，毕业于牛津大学，是许多领域中热忱的实验者，同时又是牛顿观点的强烈的拥护者。他对电格外感兴趣，并重复和扩大了格雷在电学方面的实验。

为 $14\frac{1}{2}$ 秒、$14\frac{1}{4}$ 秒、14 秒、19 秒、$16\frac{3}{4}$ 秒。加上铅球下落的时间 $4\frac{1}{4}$ 秒,得五只膀胱球下落的总时间,第 1 次为 19 秒、17 秒、$18\frac{7}{8}$ 秒、22 秒、$21\frac{1}{8}$ 秒;第 2 次为 $18\frac{3}{4}$ 秒、$18\frac{1}{2}$ 秒、$18\frac{1}{4}$ 秒、$23\frac{1}{4}$ 秒、21 秒。在教堂顶部观测到的时间,第 1 次为 $19\frac{3}{8}$ 秒、$17\frac{1}{4}$ 秒、$18\frac{3}{4}$ 秒、$22\frac{1}{8}$ 秒、$21\frac{5}{8}$ 秒;第 2 次为 19 秒、$18\frac{5}{8}$ 秒、$18\frac{3}{8}$ 秒、24 秒、$21\frac{1}{4}$ 秒。但是膀胱球并不总是直线下落,而是有时在空气中有些飘动,并在下落中前后摇摆。由于有这些运动,使下落时间被延长,有时增加半秒,有时增加一整秒。在第 1 次实验中,第 2 和第 4 只膀胱球下落最直,第 2 次实验中的第 1 和第 3 只也最直。第 5 只膀胱球有些皱,因此这些皱使它有些被减慢。我用非常细的线在膀胱球外圆环绕两圈测出其直径。在下表中,我比较了实验结果与理论结果;取空气与雨水的密度比为 1 比 860,并计算球在下落中所应划过的距离。

膀胱球重	直径	272英尺高度下落时间	依理论计算应经过距离		理论与实验差值	
格令	英寸	秒	英尺	英寸	英尺	英寸
128	5.28	19	271	11	−0	1
156	5.19	17	272	$0\frac{1}{2}$	+0	$0\frac{1}{2}$
$137\frac{1}{2}$	5.3	18	272	7	+0	7
$97\frac{1}{2}$	5.26	22	277	4	+5	4
$99\frac{1}{8}$	5	$21\frac{1}{8}$	282	0	+10	0

所以,我们的理论确切地展示了其可以在极小的误差内,求出球体在空气中和在水中所遇到的所有阻力;对于速度与大小相同的球,该阻力与流体的密度成正比。

第 6 章的附注里,通过摆的实验我们证明过,在空气、水和水银中,大小相等速度相等的球的阻力与流体密度成正比。在此,通过物体在空气和水中的下落实验,我们更精确地做了证明。由于摆的每次摆动都会引起流体中的运动,与它的返回运动总是相反;而由于源于这种运动和悬挂摆体的细线所产生的阻力,使摆体的总阻力大于从落体实验中所求出的阻力。由于在该附注中所述的摆的实验,一个与水密度相同的球,在空气中划过其半径的长度时,会失去其运动的 $\frac{1}{3342}$,而根据第 7 章中所阐述并根据下落物体实验所证实的理论,同样的球在划过同样长度所失去的运动为$\frac{1}{4586}$,假设水与空气的密度比为860比1。所以,通过摆实验求出的阻力(依据刚刚描述的原因)大于下落球体实验中求出的阻力;其比值约等于4比3。但是,由于在空气、水和水银中摆动的阻力是出于类似的原因而类似地增加,因此这些介质中阻力的比例,可以足够正确地由摆的实验来展示,也可由下落球体实验展示。综上可以得出结论,在其他条件相同时,即使在极度流动性的任意流体中移动的物体,其阻力仍与流体的密度成正比。

在确立了这些后,我们现在可以来求一个在任意流体中被抛出的球体在已知时间所失去的运动部分大约是多少。设D为球直径,V是它运动开始时的速度,T是时间,在此期间球以速度V在真空中所划过的距离比距离$\frac{8}{3}D$等于球的密度比流体密度;则在此流体中被抛出的球,在另一个任意时间t失去其运动的$\frac{tV}{T+t}$,剩下$\frac{TV}{T+t}$;所划过的距离比在相同时间内以相同的速度V在真空中划过的距离,等于数$\frac{T+t}{T}$的对数乘以数2.302585093比数$\frac{t}{T}$,根据命题35推论7。运动缓慢时阻力略小,由于球形物体比直径相同的圆柱形物体更适于运动。在运动较快时阻力略大,由于流体的弹性力与压缩力并不以速度平方成正比的比例增大。不过这个细节我不打算理会。

虽然通过将空气、水、水银和类似的流体无限分解,使之细化为具有无限流动性的介质,但它们对抛出的球的阻力依然一样。由于前命题所考虑的阻力源于物质的惰性;而物质惰性对于物体是本质的,总是正比于质量。分解流体的确可以减小由于黏滞性和摩擦产生的阻力,但这种分解一点也不能减小质量;而若质量不变,其惰性力也不变;因此,相应的阻力也不变,并恒与惰性力成正比。要减小这阻力,物体穿过于其中的空间中的物质必须被减少;在太空中,行星与彗星等球体在其中向各方向极其自由地持续穿行,完全察觉不到它们的运动减小,所以太空中必定完全没有物质性的流体,除了也许存在着某种极其稀薄的气体与光线。

抛体在穿过流体时会激发流体的运动,这种运动是源于抛体前部的流体压力大于其后部流体的压力;相对于各种物质密度的比例来说,这种运动在无限流动性的介质中不能小于在空气、水和水银中。由于这种压力超出量与自身量成正比,它不仅激起流体的运动,还作用于抛体使其运动受阻;所以,在所有流体中,这种阻力与抛体在流体中所激起的运动成正比;即使在最精细的以太中,此阻力与以太密度的比值,也不能小于它在空气、水和水银中与这些流体密度的比值。

第8章 论通过流体传播的运动

命题41 定理32

压力不会通过流体沿着直线方向传播,除非在流体微量沿直线排列。

若微量a、b、c、d、e位于一条直线,压力的确可以由a沿直接传播到e;但此后微量e将斜向推动斜向放置的微量f和g,而微量f和g除非得到位于其后的微量h和k的支撑,否则不能承受传播过来的这个压力;但这些支撑着它们的微量又受到它们的压力;这些微量若得不到位于更远的微量l和m的支撑并对其传递压力的话,将也不能承受这压力,依次类推至于无穷。所以,当压力传递给不沿直线排列的微量,它将向两侧分散,并斜向传播到无穷远;在压力开始斜向传递后,如果碰到更远的不沿直线排列的微量时,会再次向直线方向两侧分散;每当遇到不是精确沿直线排列的微量时,常常会发生这种情况。由此得证。

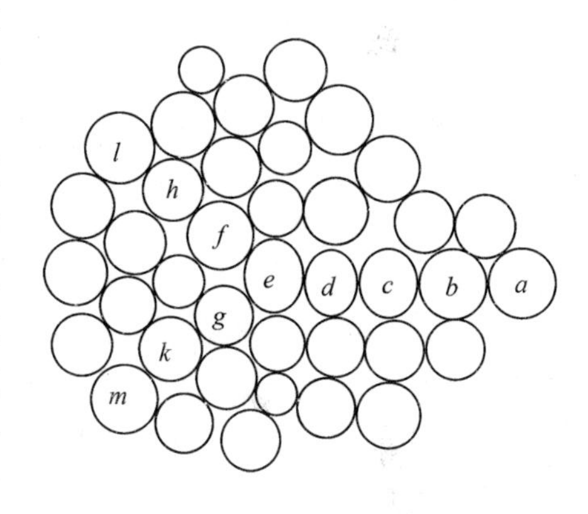

推论 在流体中若压力的任何部分从一已知点传播时,被任意障碍物阻断,则其余未受阻碍的部分将绕过障碍物而分散进入之后的空间。

这也可由如下方式证明。若可能的话,设压力由点A沿直线向任意方向传播;障碍物$NBCK$在BC处开孔,设所有压力被阻挡,除了其圆锥形部分APQ通过圆孔BC。设圆锥体APQ为横截面de、fg、hi分割为截顶圆锥。当传播压力的锥体ABC在de表面推动其后的截顶圆锥$degf$时,该截顶圆锥又在fg表面推动其后的截顶圆锥$fgih$,而该截顶圆锥又推动第三个截顶圆锥,以至无穷;显然,(由定律3)当第一个截顶圆锥$degf$推动并压迫第二个截顶圆锥时,由于第二个截顶圆锥$fgih$的反作用,它在fg表面也受到同样大小的推动和压力。因此,截顶圆锥$degf$受到来自两侧压迫,即受到锥体Ade与截顶圆锥$fhig$的压迫;因此(根据命题19情形6),不能保持其形状,除非它受到来自所有方面的同样大小压力。所以,它向df、eg两侧扩展的力,等于它在de、fg面上所受到的压力；而在这两侧（没有任何黏滞性与硬度，而有完全流动性）若没有环绕的流体抵抗这种扩展力，则它将向外流出。所以，它在df、eg两侧以与压迫截顶圆锥$fghi$相等的力压迫环绕流体；因此，压力从边df、eg向两侧传播入空间NO和KL，其大小等于由fg面传播向PQ的压力。由此得证。

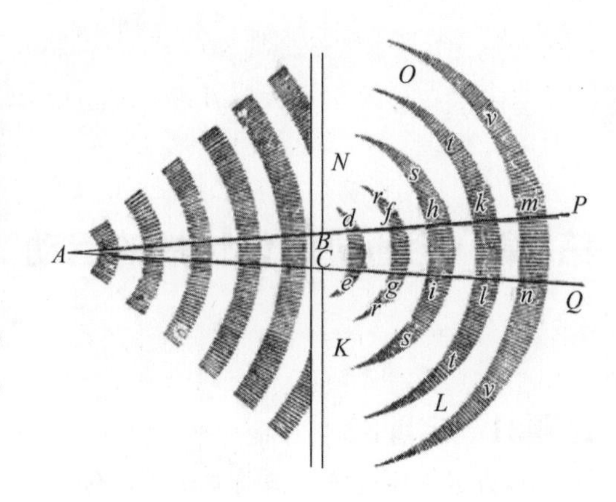

命题42　定理33

所有在流体中传播的运动，沿直线路径扩散而进入不动的空间。

情形1　设一个运动从点A通过孔BC传播，若可能的话，设它在圆锥空间中沿从点A的直线传播扩散。我们先设这种运动是在静止水面上的波；设de、fg、hi、kl等为各水波的波峰，彼此间由同样数目的波谷隔开。因波峰处的水高于流体KL、NO的静止部分，它将由这些波峰顶部e、g、i、l等及d、f、h、k等从两侧向着KL和NO流下；而因为在波谷的水低于流体KL、NO的静止部分，这些静止水将流向波谷。在第一种流体中波峰向两侧扩大，向KL和NO传播。因为由A向PQ的波的运动是由波峰连续流向邻近它们的波谷带动的，所以不可能比向下流动的速度快；而两侧向KL和NO流下的水必定也速度相同：因此，水波向KL和NO两边的传播速度，等于它们由A直接传播向PQ的速度。所以，指向KL和NO两侧的整个空间中将被膨胀波$rfgr$、$shis$、$tklt$、$vmnv$等占据。由此得证。

此即所述，任何人都可以在静止的水面上以实验证明。

情形2　设de、fg、hi、kl、mn表示由点A经由弹性介质相继向外传播的脉冲。想象脉冲是通过介质的相继收缩与舒张实验传播的，使得每个脉冲最致密的部分呈球面分布，球心为A，相邻脉冲的间隔相等。设直线de、fg、hi、kl等等表示通过孔BC传播的脉冲的最致密的部分；由于这里的介质密度大于朝向KL和NO两侧的空间，介质将与向脉冲之间的稀疏的间隔扩充一样也向朝向KL和NO两个方向的空间扩展；因此，介质总是在相邻，间隔

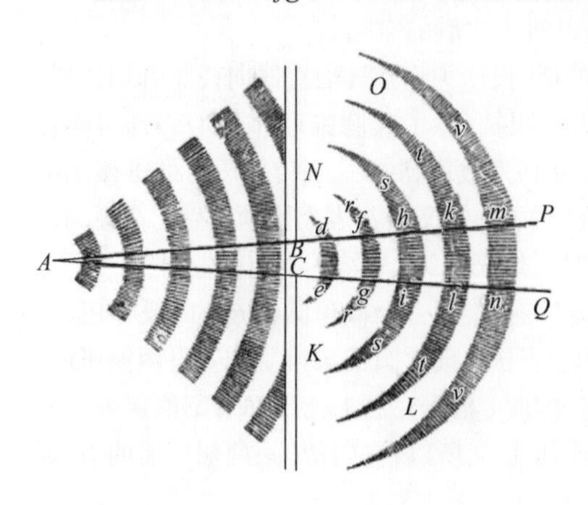

处稀疏，在相邻脉冲处密集，从而参与它们的运动。而且因为脉冲不断前进的运动的传播是源于介质的密集部分向邻近的稀疏间隔连续舒张；由于脉冲沿两侧向介质的 KL 和 NO 部分以接近的速度扩展；因此脉冲自身向所有方向膨胀而进入不动的部分 KL 和 NO，其速度差不多与从中心 A 直接向外传播相同，因此将充满整个空间 $KLON$。由此得证。

我们根据经验在声音中得到相同结论，比如，能隔着山听到声音，而且，若这声音通过窗户进入室内，并扩散到屋内的所有位置，则可以在每一个角落被听到；这并不是由对面墙壁反射回来的，而是由窗户直接传入的，就我们的感官判断而言。

情形3　最后，设任意一种运动从 A 通过孔 BC 传播。由于造成这种运动传播的原因是邻近中心 A 的部分介质扰动并压迫更远的部分介质；而且由于被压迫的部分是流体，因此运动沿所有方向向受压迫较小的空间扩散：它们将由于随后的扩散而传向静止介质的所有部分，在朝向 KL 和 NO 两个方向上与之前指向直线方向 PQ 的相同；由此得所有的运动，当通过孔 BC 后，将开始自行扩散，并因而将在其源头与中心一样，从此处直接向所有方向传播。由此得证。

命题43　定理34

每个在弹性介质中颤抖的物体都向所有方向沿直线传播其脉冲运动；而在非弹性介质中，则激发出一个圆运动。

情形1　颤抖物体的各部分交替地往复运动，在向前运动时压迫并推动最靠近其前面的介质部分，并通过脉冲使之收缩密集；在向后运动时则使这些收缩的介质重新舒张，发生膨胀。因此，紧靠颤抖物体的介质部分做往复运动，其方式与颤抖物体的各部分相同；而由于相同的原因该物体的各部分推动介质，受到类似颤抖推动的部分介质也转而推动靠近它们的其他部分介质，这些其他部分又以相似方式推动更远的部分，以至无穷。与第一部分介质在向前时被压缩，在向后时被舒张的方式相同，介质的其他部分也在向前时被压缩，向后时舒张。因此，它们并不总是在同一瞬间里全部同时往复运动（因为若是那样的话，它们将维持彼此间的确定距离，不可能发生交替的收缩和舒张）；而由于在收缩的地方相互趋近，舒张的地方相互远离，所以当它们一部分向前运动时，另一部分则向后运动，如此以至无穷。这种向前的运动产生收缩作用，就是脉冲，因为它们在传播运动中会冲击前面阻挡的障碍；所以，颤抖物体随后所产生的持续脉冲将沿直线方向传播；而且由于各次颤抖间隔的时间相等，在传播过程中又在近似相等的距离上形成不同脉冲。虽然颤抖物体各部分的往复运动是沿某个固定而确定的方向，但由前述命题，颤抖在介质中引起的脉冲却是向所有方向扩散；并将自行颤抖物体在此举个例子，像颤抖的手指在水面激起的水波那样，沿共心的近似球面向所有方向传播，水波不仅随着手指的运动而前后往复，还以环绕着手指的同心圆向所有方向传播。因为水的重力提供了弹性力。

情形2 若介质不是弹性的，则由于它各部分不能因颤抖物体的振动部分所产生的压力而压缩，运动将即刻向着介质中最易屈服的部分传播，即向着颤抖物体所留下真空的部分传播。这种情形与抛体在任意介质中的运动相同。屈服于抛体的介质不向无穷远处移动，而是以圆运动绕向抛体后部的空间。因此，一旦颤抖物体移向任何一部分，屈服于它的介质以圆运动趋向它留下的真空部分；而且物体回到其原先位置时，介质又被它从该位置驱逐开返回自己原来的位置。虽然颤抖物体并不牢固、坚硬，却是十分柔性的，尽管它不能通过其颤抖而推动不屈服于它的介质，却仍能维持其给定的大小，则离开物体受压迫部分的介质总是以圆运动绕向屈服于它的部分。由此得证。

推论 因此，那种认为火焰沿直线方向通过周围介质传播压力的看法是一个错误。这种压力不可能仅来自火焰部分的推力，而是来自整体火焰的扩散。

命题44 定理35

若水在一根管道或水管中沿竖直管子*KL*、*MN*交替地上升和下降；建造一只摆，其在悬挂点与摆动中心之间的摆长等于水在管道中长度的一半，则水的上升与下落时间与摆的摆动时间相同。

我沿着管道及其竖直管子的轴测量水的长度，并使之等于那些轴的和；源于水摩擦管壁的阻力不予考虑。所以，设*AB*、*CD*表示两根竖直管子中水的平均高度；当水在管子*KL*中上升到高度*EF*时，在管子*MN*中的水将下降到高度*GH*。设*P*为摆体，*VP*为悬线，*V*为悬挂点，*RPQS*为摆划过的摆线，*P*为最低点，*PQ*为等于高度*AE*的一段弧长。使水的运动交替加速和变慢的力，等于一只管子中水的重量减去另一只管子；因此，当管子*KL*中的水上升到*EF*时，另一只管子中的水下降到*GH*，那个力是水*EABF*的重量的二倍，所以水的总重量等于*AE*或*PQ*比*VP*或*PR*。而使物体*P*在摆线上任意位置*Q*加速或变慢的力，（由卷一命题51推论）比其总重量等于它离最低点*P*的距离*PQ*比摆线长*PR*。所以，划过相等距离*AE*、*PQ*的水和摆的运动力，与被移动的重量成正比；所以，若水和摆开始时是静止的，则那些力将在相等时间移动它们，并使它们共同往复的相互运动。由此得证。

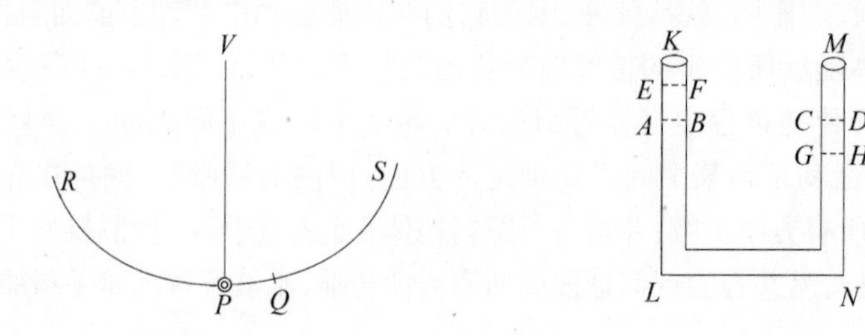

推论1 因此水升降往复全是在相等时间内进行的，不论这种运动是较强烈或较微弱。

推论2 若管道中所有水的总长度为$6\frac{1}{9}$尺（法制），则水在1秒内下降，也在1秒内上升，如此以至无穷；因为在该计量单位下$3\frac{1}{18}$尺长的摆的摆动时间为1秒。

推论3 若水的长度增或减，则往复时间与长度的开方成正比地增或减。

命题45 定理36

波速与波宽[①]的平方根成正比。

这可以从下一个命题构建得到证明。

命题46 问题10

求波速。

做一只摆，其悬挂点与摆动中心间距离等于波的宽度，摆完成一次摆动期间内，波前进的距离约等于波宽。

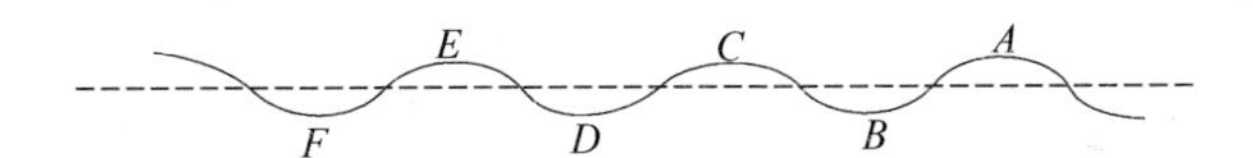

我所谓的波宽，指横向上波谷的最深处的间距，或波峰的间距测量值。设*ABCDEF*表示在静止水面上依次起伏的波；设*A*、*C*、*E*等为波峰；*B*、*D*、*F*等为间隔的波谷。因为波运动是由水的依次起伏实现，所以其中的*A*、*C*、*E*等点在某一时刻是最高点，随后迅速变为最低点；而使最高点下降或最低点上升的运动力，正是被提起的水的重量，因此这种交替起伏类似于管道中水的往复运动，观察到相同的上升和下降的时间规律；所以（根据命题44），若波峰*A*、*C*、*E*和波谷*B*、*D*、*F*的间距等于任意摆长的二倍，则波峰*A*、*C*、*E*将在一次摆动时间内变为波谷，而第二次摆动时间内又升到波峰。所以，每通过一个波介入两次摆动；即，波在二次摆动的时间里划过其宽度；但对于四倍于该长度的摆，其摆长等于波宽，则会在该时间内摆动一次。由此得证。

推论1 波宽等于$3\frac{1}{18}$法尺，则波在一秒时间内通过等于其波宽的距离；因此一分钟内将前进$183\frac{1}{3}$法尺的距离；而一小时前进距离约为11000法尺。

---

① 此处波宽即波长。

推论2 波或大或小,其速度与波宽的平方根成正比而或增或减。

上述结论的正确性以水各部分沿直线起伏为前提;但事实上,这种起伏表现更像圆。而且,我在本命题中确定的时间只是近似真实值。

命题47 定理37

若脉冲通过流体中传播,做交替最短往复运动的流体微量,总是按振动规律被加速或减速。

设AB、BC、CD等表示连续脉冲的相等距离;ABC为连续脉冲从A传播到B的直线运动的方向;E、F、G为静止介质中直线AC上的三个间距相等的物理点;Ee、Ff、Gg为三个极短的相等距离,上述三点在每次振动中交替往返通过它们;ε、φ、γ为那些点的任意中间位置;EF、FG为物理短线,或那些点与随后移入的位置$\varepsilon\varphi$、$\varphi\gamma$和ef、fg之间的介质的直线部分,作直线PS等于直线Ee。在O点将它二等分,并以O为圆心,OP为半径作圆$SIPi$。设一次振动的总时间及其成正比的部分由该圆的周长及其成正比的部分表示。这样使得当任意时间PH或$PHsh$结束时,若作HL或hl垂直于PS,并取$E\varepsilon$等于PL或Pl,则求出物理点E位于ε。按该规律做往复运动的点E,在由E经过ε到e,再通过ε回到E的过程中,将在每次摆动时间内完成一次振动,而且加速与减速程度相同。我们现在要证明介质不同的物理点会被这种运动推动。那么,让我们假设一种介质中有这样一种任意原因引起的运动,考虑由此会发生什么。

在圆$PHSh$上取相等的弧HI、IK,或hi、ik,它们与圆周长的比,等于相等直线EF、FG比整个脉冲间隔BC,作垂线IM、KN,或im、kn;因为点E、F、G受到类似运动相继的推动,在脉冲由B转移到C的同时,它们整个完成一次往复振动;若PH或$PHSh$为E点开始运动后的时间,则PI或$PHSi$是点F开始运动以后的时间,而PK或$PHSk$为点G开始运动以后的时间;所以,当点出去时$E\varepsilon$、$F\varphi$、$G\gamma$分别等于PL、PM、PN,而当该点返回时,又分别等于Pl、Pm、Pn。因此,当点出去时,$\varepsilon\gamma$或$EG+G\gamma-Ee$等于$EG-LN$,而当它们返回时,则等于$EG+ln$。但$\varepsilon\gamma$是位置$\varepsilon\gamma$的介质宽度或EG部分的扩张;因此在前移时该部分的扩张比其平均扩张等于$EG-LN$比EG;而在返回时,则等于$EG+ln$或$EG+LN$比EG。因此,由于LN比KH等于IM比半径OP,而且KH比EG等于周长$PHShP$比BC;即令V代表周长等于脉冲间隔BC的圆的半径,则上述比等于OP比V;根据错比,得LN比EG等于IM比V;EG部分的扩张,或位于$\varepsilon\gamma$的物理点F的扩张,比其在初始位置EG相同部分的平均扩张,等于$V-IM$比V,而在返回时等于$V+im$比V。因此,点F在$\varepsilon\gamma$位置的弹性力比在位置EG的平均弹性力,在出去时等于$\frac{1}{V-IM}$比$\frac{1}{V}$,而在返回时等于$\frac{1}{V+im}$比$\frac{1}{V}$。由相同论证,物理点E和G与平均弹性力的比,在出去时等于$\frac{1}{V-HL}$和$\frac{1}{V-KN}$比$\frac{1}{V}$;力的差与介质平均弹性力之比等于$\frac{HL-KN}{VV-V\times HL-V\times KN+HL\times KN}$比$\frac{1}{V}$，即等于$\frac{HL-KN}{VV}$比$\frac{1}{V}$，或等于$\frac{HL-KN}{V}$。若我们设（因为振动范围极小的原因）$HL$和$KN$是无穷小于量$V$的话。因此，由于量$V$已知的，力差与$HL-KN$成正比；即（因为$HL-KN$正比于$HK$，而$OM$正比于$OI$或$OP$；$HK$和$OP$已知的），与$OM$成正比；若$Ff$在$\Omega$二等分，则与$\Omega\varphi$成正比。根据相同的论证，物理点$\varepsilon$和$\gamma$上弹性力的差，在物理短线$\varepsilon\gamma$返回时，正比于$\Omega\varphi$。而该差（即点$\varepsilon$的弹性力超出点$\gamma$的弹性力部分）是使其间的介质物理短线$\varepsilon\gamma$在出去时被加速，以及返回时被减速的力；所以物理短线$\varepsilon\gamma$的加速力与它到振动中间位置Ω的距离成正比。因此（由卷一命题38），弧PI正确地表达了时间；而介质的直线部分$\varepsilon\gamma$则按照前述规律运动，即按照摆的振动规律运动；这种情形对于组成介质的所有直线部分都是相同的。由此得证。

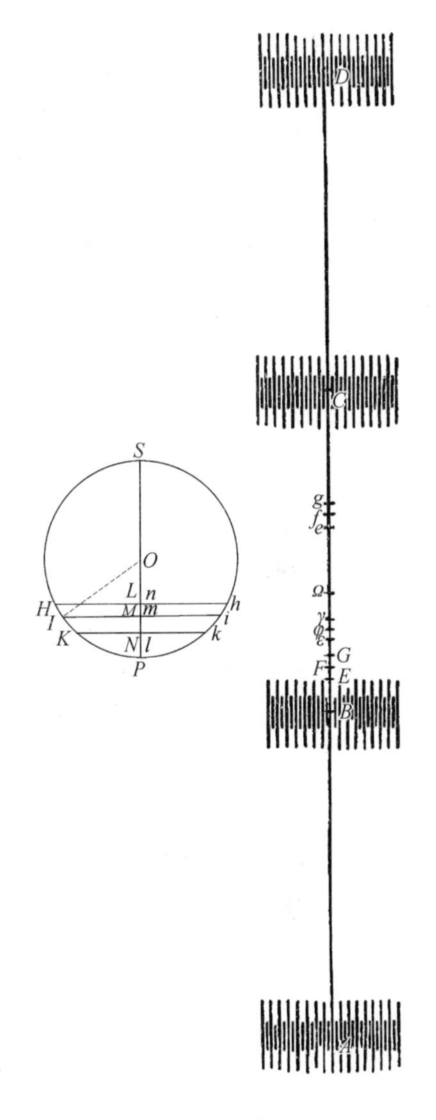

推论　由此显然可知，传播的脉冲数与颤抖物体的振动次数相同，且在传播过程中没有增加。因为物理短线$\varepsilon\gamma$一回到其初始位置就处于静止；在颤抖物体的脉冲，或该物体传播而来的脉冲到达它引发新运动之前，将不再运动。因此，一旦脉冲不再由颤抖物体传播过来，它将回到静止状态，不再运动。

命题48　定理38

设流体的弹性力与其密度成正比，则在弹性流体中传播的脉冲速度与弹性力的平方根成正比，与密度的平方根成反比。

情形1　若介质是同质的，介质中脉冲间距彼此相等，但在一种介质中的运动较在另一种介质中更强，则对应部分的收缩与舒张与该运动成正比；不过这种正比关系不是完全精确的。然而，若收缩与舒张不是极强烈，则误差不会被察觉；因此，该比例关系可认为在物理学中是精确的。现在，运动弹性力与收缩与舒张成正比；而相同时间内相等部分所产生的速度与该力成正比。所以，脉冲的相等的、对应部分同时往返，通过的距离与其收缩与舒张成正比，速度则与该空间成正比；所以，脉冲在一次往返时间内前进的距离等于其自身宽度，并总是紧邻其前一个脉冲进入它之前的位置，因为距离相等，脉冲在两种介质中以相等速度前进。

情形2 若脉冲的距离或其长度在一种介质中大于在另一种介质，让我们假设对应的部分在每次往复运动中所划过的距离与脉冲宽度成正比；则它们的收缩和舒张是相等的；所以，若介质是同质的，则以往复运动推动它们的运动力也相等。现在这种介质受该力的推动与脉冲宽度成正比；而它们每次往返所通过的距离有相同比例。而且，一次往返所用时间与介质的平方根与距离的平方根的乘积成正比；所以正比于距离。但是，脉冲在一次往返的时间内所通过的距离等于其自身宽度；即它们划过的距离与时间成正比，所以速度相同。

情形3 因此，在密度与弹性力相等的介质中，所有脉冲等速。若介质的密度或弹性力增大，则由于运动力与弹性力同比例增大，物质的运动与密度同比例增大，产生与之前相同的运动所需的时间与密度的平方根成正比增大，且又与弹性力的平方根成正比减小。所以，脉冲的速度仍与介质密度的平方根成反比，与弹性力的平方根成正比。由此得证。

本命题可以在以下问题的求解中解释得更加清楚。

命题49 问题11

已知介质的密度和弹性力，求脉冲的速度。

假设介质像空气一样受到其上部的重量的压迫；设A为同质介质的高度，其重量等于其上部的重量，其密度与传播脉冲的压缩介质密度相同。假设做一只摆，从悬挂点到摆动中心的长度是A：在摆完成一次往复全摆动的时间内，脉冲前进的距离等于以半径为A划过的圆周长。

因为，在命题47的求解被保持，若在每次振动中划过距离PS的任意物理短线EF，在每次往返的端点P和S都受到等于其重量的弹性力的作用，则它的振动时间，与它在长度等于PS的摆线上摆动的时间相同；这是因为相等的力在相同或相等的时间内推动相等的物体通过相等的距离。因此，由于摆动时间与摆长的平方根成正比，而摆长等于摆线的半弧长，一次振动的时间比长度为A的摆的摆动时间，等于长度$\frac{1}{2}PS$或PO比长度A的平方根。但推动物理短线EG的弹性力，当它位于端点P、S时，（在命题47的证明中）比其弹性力，等于$HL-KN$比V，即（由于这时K落在P上）等于HK比V；所有的这种力，或等价地，压迫短线EG的上部重量比短线的重量，等于上部重量的高度比短线的长度EG；因此，由错比得，使短线EG在点P和S受到作用的力比该短线的重量等于$HK \times A$比$V \times EG$；或等于$PO \times A$比VV；因为HK

比EG等于PO比V。因此,由于推动相等的物体通过相等距离所需的时间与力的平方根成反比,受弹性力作用而产生的一次振动时间比受重量冲击而产生的一次振动时间,等于VV比$PO \times A$的平方根,而其长度为A的摆的摆动时间,等于VV比$PO \times A$的平方根,乘以PO与A的比的平方根;即等于V比A。而在摆的一次往复摆动中,脉冲前进的距离等于其宽度BC。所以脉冲通过距离BC的时间比摆的一次往复摆动时间等于V比A,即等于BC比半径为A的圆的周长。但脉冲通过距离BC的时间比其通过该圆周的同等长度为相同比值,因此在这样的一次摆动时间内,脉冲走过的长度等于该圆周长。由此得证。

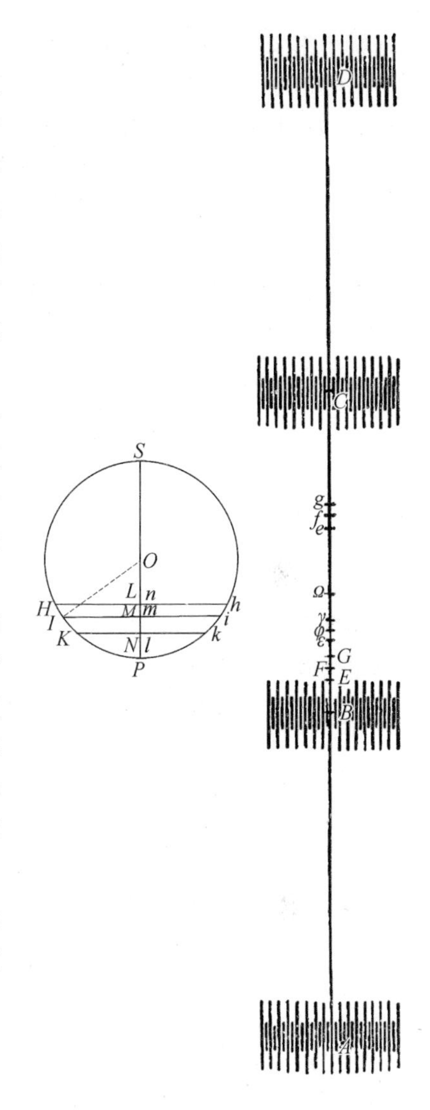

推论1 脉冲的速度等于一个重物体以相同加速运动的下落中,划过高度A的一半时所获得的速度。因为若脉冲以该下落获得的速度行进,那么在此下落时间内,划过的距离等于整个高度A;所以,在一次往复摆动中,脉冲前进的距离等于半径为A的圆周长;因为下落时间比摆动时间等于圆半径比其周长。

推论2 因此,由于高度A与流体的弹性力成正比,与其密度成反比,脉冲速度与密度的平方根成反比,与弹性力的平方根成正比。

命题50 问题12

求脉冲的距离。

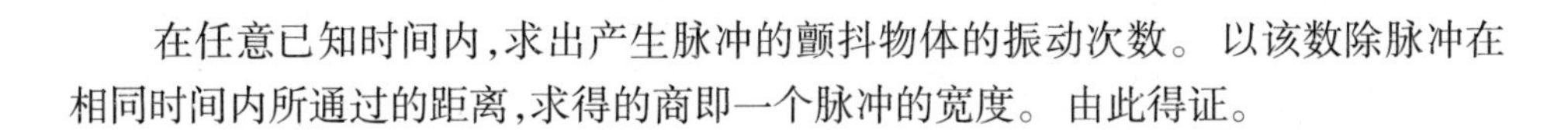

在任意已知时间内,求出产生脉冲的颤抖物体的振动次数。以该数除脉冲在相同时间内所通过的距离,求得的商即一个脉冲的宽度。由此得证。

附注

最后几个命题适用于光和声音的运动;因为光沿直线传播,它当然不能只由一个孤立的作用构成(根据命题41和42)。至于声音,由于它们是由颤动物体产生的,不过是在空气中传播的空气脉冲;这可以通过响亮而低沉的声音激发附近的物体震颤中得到证实，正如我们听鼓声所体验到的；因为快速而短促的颤动不易于激发。但众所周知的是，任何声音落在与发音物体同音的弦上时，可以激发这些弦的颤动。这同样可以由声音的速度证实；因为雨水与水银相互间的比重的比约为1比 $13\frac{2}{3}$，当气压计中的水银高度为30英寸时，空气与水的比重比值为约1比870，所以空气与水银的比重相互比值为1比11890。所以，当水银高度为30英寸时，均匀空气的重量应足以把我们的空气压缩到我们所求得的密度，其高度必定等于356700英寸，或29725英尺；这正是我在前一命题作图中称为A的那个高度。半径为29725英尺的圆其周长为186768英尺。而由于长 $39\frac{1}{5}$ 英寸的摆完成一次往复摆动的时间为2秒，众所共知。意味着长29725英尺，或356700英寸的摆，做一次同样的摆动需 $190\frac{3}{4}$ 秒。所以，在此期间，声音可行进186768英尺，所以一秒内传播979英尺。

但在此计算中，我们没有考虑空气固体微量的厚度，通过它们声音是即时传播的。因为空气的重量比水的重量等于1比870，而盐的密度约为水的2倍；若设空气微量的密度与水或盐相同，而空气的稀薄由微量间隔所致，则一个空气微量的直径比微量中心间距约等于1比9或10，而比微量间距约为1比8或9。所以，根据上述计算，声音在1秒内传播的距离，应在979英尺上再加 $\frac{979}{9}$，或约109英尺，以补偿空气微量体积的作用：则声音在1秒时间前进约1088英尺。

此外，空气中飘浮的水蒸气是另一种弹性和另一种声调，几乎或完全不参与真实空气中的声音传播运动。若水蒸气保持不动，则声音的传播运动在真实空气中变快，该加快部分与物质缺失的平方根成正比。所以，若大气中含有十成真实的空气，一成水蒸气，则声音的运动以11比10的平方根比率加快，或比它在十一成真实空气中的传播约等于21比20。所以，上面求出的声音运动必须加入该比值，由此方法得出声音在1秒时间里前进1142英尺。

会发现这些情形在春天和秋天是真实的，那时空气由于季节的合适的温度而稀薄，这使得其弹性力更强。冬天，寒冷使空气密集，其弹性力略为减弱，声音运动以密度的平方根比率变慢；另一方面，在夏天时则变快。

其实现在实验测定表明声音在一秒时间内前进1142英尺或1070法尺。

知道了声速，其脉冲间隔也可以知道。M.塞维尔通过一些他做的实验发现，一根长约5法尺的开口管子，其音调与每秒振动100次的提琴弦的音调相同。所以，在声音1秒时间内通过的1070法尺的距离中，有大约100个脉冲；所以，一个脉冲占据约 $10\frac{7}{10}$ 法尺的距离，即约为管长的二倍。由此，所有开口管子发出的声音，很可能其脉冲宽度都等于管长的二倍。

此外，命题47的推论还解释了声音为何随着发声物体的停止而立即停止，以及为什么在距发声物体很远处听到的声音不如在近处持续时间长。另外，根据前述原理，很直白地表明声音是如何在话筒里得到很大增强；因为所有的往复运动在每次返回时都被发声机制增强。在管子内，声音扩散受阻，运动衰减更慢，反射更强；所以在每次返回时都得到新运动的推动而增强。这些是声音的主要现象。

第9章　论流体的圆形运动

假设

在其他条件不变时，源于流体各部分缺乏润滑而产生的阻力与使该流体各部分相互分离的速度成正比。

命题51　定理39

如果一根长度无限的固体圆柱体，在均匀而无限的流体介质中关于一根位置已知的轴均匀转动，且流体只受到该柱体的冲击而被迫转动，流体各部分在运动中保持均匀，则我说流体各部分的运动周期与其到柱体轴的距离成正比。

设AFL为绕轴S均匀转动的圆柱体，设同心圆BGM、CHN、DIO、EKP等把流体分为无数个厚度相同的同心圆柱固体层。因为流体是同质的，相邻层彼此间的压力（依据假设）与它们彼此的相对移动成正比，也与产生该压力的相邻接的表面成正比。如果任意一层对其内凹部分的压力大于或小于对其外凸部分的压力，则较强的压力将占优势，并对该层的运动产生加速或减速的运动，这取决于它与该层的运动方向是一致还是相反。因此，每一层的运动都能保持均匀，两侧的压力大小相等、方向相反。所以，因为压力与邻接表面成正比，并与相互间的移动成正比，该移动将与表面成反比，即与该表面到轴的距离成反比。但关于轴的角运动量的差与该移动除以距离成正比；即两

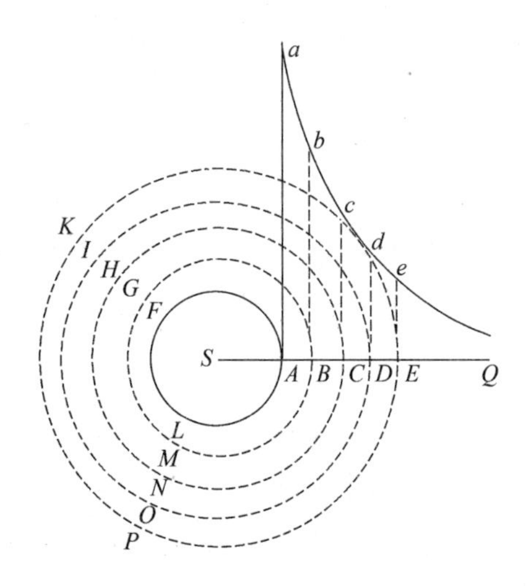

式相乘，与距离平方成反比。因此，如果作无限直线*SABCDEQ*不同部分上的垂线*Aa*、*Bb*、*Cc*、*Dd*、*Ee*等，则与*SA*、*SB*、*SC*、*SD*、*SE*等的平方成反比，设过这些垂线的端点作一条双曲线，则这些差的和，即总角运动量，将与对应线段*Aa*、*Bb*、*Cc*、*Dd*、*Ee*的和成正比，即（如果为了构成均匀介质的流体，无限增加层数而减小其宽度）与该和相似的双曲线面积*AaQ*、*BbQ*、*CcQ*、*DdQ*、*EeQ*等成正比；时间则与角运动成反比，也与这些面积成反比。所以，任意微量*D*的周期，与面积*DdQ*成反比，即（由已知的求曲线面积法）与距离*SD*成正比。由此得证。

推论1 流体微量的角运动与其到柱体轴的距离成反比，而绝对速度相等。

推论2 如果流体盛在无限的长柱体容器中，流体内又包含一柱体，两柱体绕公共轴转动，且它们的转动时间与直径成正比，流体各部分保持其运动，则不同部分的周期时间与到柱体轴的距离成正比。

推论3 如果在柱体和这样方式运动的流体上加上或减去任意共同的角运动量，则因为这种新的运动不改变流体各部分间彼此的摩擦，各部分间彼此的运动也不变；因为各部分间的相互移动取决于摩擦。两侧的摩擦方向相反，各部分的加速并不大于减速，其将维持运动。

推论4 因此如果外层圆柱的所有角运动从整个柱体和流体的系统中消去，我们将得到静止柱体内的流体运动。

推论5 因此如果流体与外层圆柱体静止，内侧圆柱体均匀转动，则会把圆运动传递给流体，并逐渐传遍整个流体；运动将持续增加，直至流体各部分都获得推论4中确定的运动。

推论6 因为流体倾向于将其运动传播至更远，其冲击将会带动外层圆柱与它一同运动，除非该柱体被强制静止不动，并加速其运动直至两个柱体的周期相等。但如果外柱体被强制静止不动，则它产生阻碍流体运动的作用；除非内柱体受某个外力推动而维持其运动，否则它将逐渐静止。

所有这些可以通过在静止的深水中的实验加以求出。

命题52 定理40

如果在均匀无限流体中，固体球绕一位置已知的轴匀速转动，且流体只受这种球体的冲击而转动；且流体各部分在运动中保持均匀；则流体各部分的周期与它们到球心的距离成正比。

情形1 令*AFL*为一个绕轴*S*均匀转动的球，同心圆*BGM*、*CHN*、*DIO*、*EKP*等把流体分为无数个厚度相等的共心球层。假设这些球层是坚固的。因为流体是同质的，相邻球层间的压力（由前提）与相互间的移动成正比，以及受该压力的邻接表面成正比，如果某一球层对其内凹侧的压力大于或小于对外凸侧的压力，则较强的压力将占优势,使球层的速度被加速或减速,这取决于该力与球层运动方向一致与否。因此,为使每一球层都保持其均匀运动,则必要条件是球层两侧压力相等,方向相反。所以,因为压力与邻接表面成正比,还与相互间的移动成正比,而移动又与表面成反比,即与表面到球心距离的平方成反比。但关于轴的角运动差与移动除以距离成正比,或与移动成正比,反与距离成反比;即将这些比式相乘,得与距离的立方成反比。所以,如果在无限直线$SABCDEQ$的不同部分作垂线Ab、Bb、Cc、Dd、Ee等,与差的和SA、SB、SC、SD、SE等即全部角运动的立方成反比,则将与对应线段的Aa、Bb、Cc、Dd、Ee等之和成正比,即(若球层数增加、厚度减小至无穷,则构成均匀流体介质),与类似于该和的双曲线面积AaQ、BbQ、CcQ、DdQ、EeQ等成正比;其周期与角运动的量、面积成反比。因此,任意球层DIO的周期时间与面积DdQ成反比,即与距离SD的平方成正比(根据已知方法求面积)。这正是首先要被证明的。

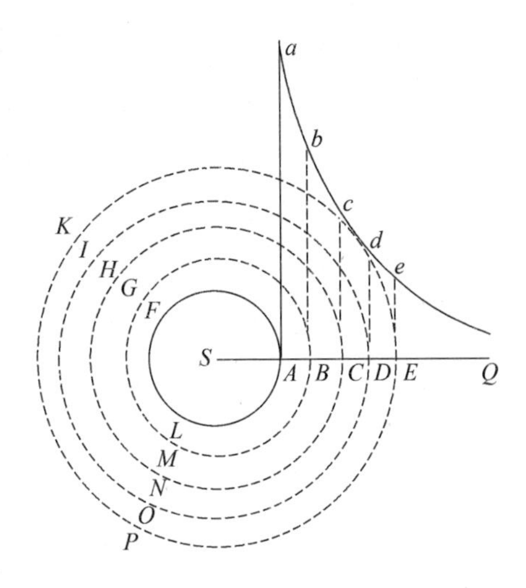

情形2 从球心作大量无限长直线,它们与轴所成角为给定的,彼此间的差相等;设这些直线绕轴转动,想象球层被分割为无数圆环;则每一个圆环都有四个圆环与它毗邻,即,里面一个,外面一个,两边也各有一个。现在,这些圆环不能受到相等的力推动,且内环与外环的摩擦方向相反。除非运动的传递按情形1所证明的规律进行,这显然可以由上述证明得出。所以,任意一组由球沿直线向前延伸的圆环,将按情形1的规律运动,除非设它受到两边圆环的摩擦。但根据这个规律,运动中不存在这种情况,所以按该规律运动不会阻碍圆环。如果到球中心的距离相等的圆环在靠近极点的转动比靠近黄道点更快或更慢,如果慢,相互摩擦会使其加速,而如果快,则使其减速;所以使周期时间逐渐趋于相等,根据情形1规律。所以,这种摩擦完全不阻碍运动按情形1的规律进行,因此该规律是成立的;即不同圆环的周期时间与它们到球心的距离的平方成正比。这是要被证明的第二点。

情形3 现设每个圆环又被横截面分割为无数构成绝对均匀流体物质的微量;因为这些截面与圆运动规律没有关系,只有产生流体物质的作用,圆形运动规律将保持像从前一样。所有极小的圆环都不因这些截面而改变其粗糙和相互摩擦,或都会作相同的变化。因此,原因的比例保持不变,效果的比例也保持不变;即运动与周期时间的比例不变。由此得证。

如果由此而产生的正比于圆运动的向心力在黄道点处大于在极点处,则必定有某种原因发生作用,把各微量维持在其轨道上;否则在黄道上的物质总是退离中心,并在涡旋外侧向极点移动,再由此以连续环绕沿轴回到黄道。

推论1 因此,流体各部分绕球轴的角运动量与到球心的距离的平方成反比,其绝对速度与同一平方除以其到轴的距离成反比。

推论2 如果一球体在相类似而无限的静止流体中以匀速运动绕位置给定的轴转动,则它以类似于涡旋的运动传递给流体的转动运动,该运动将逐渐传播至无限;并且,该运动将在流体各部分中逐渐增加,直到各部分的周期时间与到球的距离的平方成正比。

推论3 因为涡旋朝内部分,由于其速度较大而持续压迫并推动朝外部分,并通过该作用把运动持续传递给它们,与此同时朝外部分又把相同的运动量传递给更远的部分,并保持其运动量持续不变,很明显该运动逐渐由涡旋中心向外围传递,直到它被吸收并消失于其周边无限延伸的边际。任意与两个该涡旋共心的球面之间的物质永不会被加速;因为这些物质总是把它由靠近球心处所得到的运动传递给靠近边缘的物质。

推论4 因此,为了保持涡旋的相同运动状态,球体需要从某种动力来源获得与它连续传递给涡旋物质相等的运动的量。没有这一来源,不断把其运动向外传递的球体和涡旋内部,运动无疑将逐渐地减慢,最后不再被带着旋转。

推论5 如果另一只球在距中心某一距离处漂浮,并同时受某力作用绕一给定的倾斜轴持续匀速转动,则该球将驱使流体像涡旋一样转动;起初这个新的小涡旋将与其转动球一同绕另一中心转动;同时它的运动扩散得越来越远,逐渐传播向无限延伸,方式与第一个涡旋相同。由于同样原因,新涡旋的球体被卷入另一个涡旋的运动,而这另一个涡旋的球又被拖入新的涡旋运动,使得两只球都绕某个中间点转动并因这种圆周运动而相互远离,除非有某种力限制着它们。此后,如果使这两球维持其运动的不变的作用力停止,则一切将留给力学规律运动,球的运动将逐渐停止(即由推论3和4谈到的原因),涡旋最终将完全静止。

推论6 如果在给定位置处的几只球始终以给定速度绕位置给定的轴匀速转动,则将激起同样多的涡旋并以至无限。因为根据与任意一个球把其运动传向无限远处的相同的道理,每个分离的球单独都把其运动向无限远传播;这使得无限流体的每一部分都受到所有球的运动作用而运动。所以各涡旋之间不被固定边界限制,而是逐渐相互进入;而因为涡旋的互相作用,球将逐渐离开其原先位置,正如前一推论所展示;除非有某种力限制着它们,否则它们彼此之间也不可能维持一个确定的位置关系。但如果持续压迫球体使之始终运动的力中止,物质(由推论3和4中的理由)将逐渐停止,停止在涡旋中运动。

推论7 如果一种类似的流体盛放于一个球形容器内,并且被位于容器中心处的球的均匀转动而形成一涡旋;球与容器关于同一根轴同向转动,周期与半径的平方成正比:则流体各部分不会做既不加速亦不减速的运动,直到在其周期实现正比于到涡旋中心距离的平方。除了这种涡旋，没有一种涡旋构造能持久。

推论8　如果这个盛有流体和球的容器保持其运动，此外还绕一给定轴作共同角运动转动，因为流体各部分间的相互摩擦不因这种运动而改变，各部分彼此之间的运动也不改变；因为各部分之间的迁移取决于这种摩擦。任一部分都将保持这种运动，来自一侧阻碍它运动的摩擦等于来自另一侧加速它运动的摩擦。

推论9　因此，如果容器静止且球的运动为给定，则流体运动被给定。因为想象一平面通过球的轴，并以相反方向运动；设该平面转动与球转动时间之和比球转动时间等于容器半径的平方比球半径的平方；则流体各部分相对于该平面的周期时间将与它们到球心距离的平方成正比。

推论10　因此，若容器关于与球相同的轴运动，或以给定速度绕不同的轴运动，则流体的运动也被给定。因为，如果从整个系统的运动中减去容器的角运动的量，由推论8知，则剩下的所有运动彼此保持如之前，并可根据推论9被给定。

推论11　如果容器与流体静止，球以均匀运动转动，则该运动将逐渐通过全部流体传递给容器，容器则被它带动而转动，除非它被强制固定住；流体和容器则被逐渐加速，直到它们的周期时间等于球的周期时间。如果容器受某力阻止或受恒定且均匀运动旋转，则介质将逐渐地一点一点趋近于推论8、9、10所讨论的运动状态，而绝不会维持其他任何状态。但如果这种使球和容器以确定运动转动的力停止，则整个系统将按力学规律运动，容器和球体在流体的中介作用下，会相互作用，不断把其运动通过流体传递给对方，直到它们的周期时间相等，整个系统像一个刚体一起转动。

附注

以上所有推理中，我假定流体由密度和流动性均匀的物质组成；我的意思是，不论球体置于流体中何处，它都能以其自身的相同运动，在相同的时间间隔内，向流体内相同的距离连续传递相似且相等的运动。物质的圆形运动使它倾向于尽可能离开涡旋轴，因而压迫所有靠外面的物质。这种压力使得摩擦更大，各部分的分离更困难；导致物质流动性减小。再者，如果流体位于任意一处的部分密度、大小更大于其他部分，则该处流体性减小，因为此处能彼此分离的部分的表面较少。在这些情形中，我假设所缺乏的流体性由这些部分的滑润性或柔软性或其他条件所补足；否则流动性较小处的物质将联结更紧，惰性更大，因而获得的运动更慢，并传播得比上述比值更远。如果容器不是球形，微量将不沿圆周而是沿对应于容器外形的线运动；其周期时间将近似与到中心的平均距离的平方成正比。在中心与边界之间的部分，空间较宽处运动较慢，而较窄处较快；否则，流体微量将因为其速度较快而不再趋向边界；因为它们划过的弧线曲率较小，从中心退离的努力随该曲率的减小而减小，其程度与随速度的增加而增加相同。当它们从狭窄空间进入较宽空间时，稍微退离了中心，但同时也被减慢了速度；而当它们从较宽处而进入狭窄空间时，又被再次加速。因此每个微量都被无尽地减速和加速。这些会发生在坚硬容器中；对于无限流体中的涡旋的状态，已在本命题推论6中知晓。

我努力在本命题中研究涡旋的特性，为了想了解天体现象是否可以通过它们做出解释：这些现象是这样的，卫星绕木星运行的周期与它们到木星中心距离的$\frac{3}{2}$次幂成正比；行星绕太阳运行也有同样的规律。根据到目前为止已获得的天文观测发现来看，这些规律是极其精确的。因此，如果卫星和行星是由涡旋携带而围绕木星和太阳运转，则涡旋必定也遵从这一规律。但在此我们发现，涡旋各部分周期与到运动中心距离的平方成正比；该比值无法减小并化简为$\frac{3}{2}$次幂，除非该涡旋物质距中心越远流动性越大，或流体各部分缺乏润滑性所产生的阻力与使流体各部分相互分离的行进速度成正比，以大于速度增大率的比率增大。但这些假设没有一个看起来是合理的。较粗糙而流动性较小的部分若非超出一般地趋向中心，否则必倾向于边缘。在本章开头，我尽管为了证明方便，曾提出假说，即阻力与速度成正比，但实际上，阻力与速度的比很可能小于这一比值；若承认这个成立，涡旋各部分的周期将大于与到中心距离平方的比值。如果像某些人所设想的那样，涡旋在越靠近中心处运动较快，在某一界限处较慢，而在近边缘处又较快，可以确定的是不仅得不到$\frac{3}{2}$次幂关系，也得不到其他任何确定及肯定的比值关系。让哲学家去思考如何由涡旋来解释$\frac{3}{2}$次幂的现象吧。

命题53　定理41

被一个涡旋所携带的若干物体，并且返回到一条同样的轨道，其密度与涡旋相同，且其速度与运动方向按照与涡旋各部分相同的定律运动。

因为如果设涡旋的任意一小部分被凝结，其微量或物理点相互维持给定的位置关系，则这些微量仍按原先同样的定律运动，因为其密度、惯性及形状都没有改变。如果涡旋的一个凝结或固体部分的密度与其余部分相同，并被熔化为流体，则该部分也仍按照先前的定律，其变得有流动性的微量间相互运动除外。所以，因为微量间相互运动完全不影响整体运动，可以忽略不计，则整体的运动与原先一样。而这一运动，与涡旋中位于中心另一侧距离相等处的部分的运动相同；因为现熔化为流体的固体部分与该涡旋的另一部分完全相似。所以，如果一块固体的密度与涡旋物质相同，则它的运动与它所处的涡旋部分相同，与包围着它的物质保持相对静止。如果它密度较大，则它比原先更努力离开涡旋中心；并将克服把它维持在其轨道上、并保持平衡的涡旋力退离开中心并在环绕时划出一道螺旋线，不再回到相同的轨道上。同理，如果它密度较小，则将靠近中心。因此，除非它与流体密度相同，固体不返回到相同轨道。而我们在此情形中,也已经证明它的运行与流体到涡旋中心距离相同或相等的部分按照相同的定律。

推论1 因此,一个固体在涡旋中转动并总是沿相同轨道运行,与携带它运动的流体保持相对静止。

推论2 如果涡旋密度均匀,则同一个物体能在距涡旋中心任意距离转动。

附注

因此,显而易见,行星的公转并非由物质涡旋所携带引起的;这是因为,根据哥白尼猜想,行星绕太阳沿椭圆轨道运行,太阳在其共同焦点上;从行星指向太阳的半径所扫过的面积与时间成正比。但涡旋的各部分不可能做这样的运动。因为,假设AD、BE、CF表示三个绕太阳S的轨道,其中最外的圆CF与太阳同心;令里面两条轨道的远日点为A、B;近日点为D、E。这样,沿轨道CF运动的物体,其伸向太阳的半径所经过的面积与时间成正比,做匀速运动。根据天文学规律,沿轨道BE运动的物体,在远日点B较慢,在近日点E较快;而根据力学规律,涡旋物质在A和C之间的较窄空间里的运动应当比在D和F之间较宽的空间快:造成了在远日点较慢而在近日点较快。现在这两个结论是矛盾的。以室女座作为起点标记,

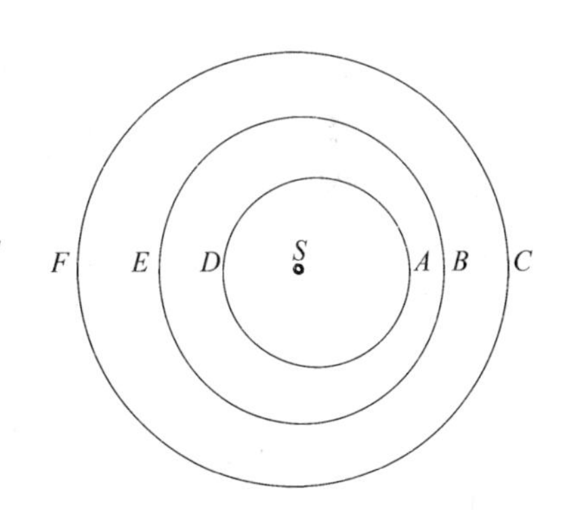

时下是火星的远日点,火星与金星轨道间的距离比以双鱼座为起点标记的相同轨道间的距离大约为3比2;因而这两个轨道之间的涡旋物质,在双鱼座起点处的速度应大于在室女座起点处,比值为3比2;因为在一次公转环绕中,相同的物质量在相同时间里所通过的空间越窄,则在该空间里的速度越大。所以,如果地球与携带它运转的天体涡旋物质保持相对静止,并共同绕太阳转动,则地球在双鱼座起点处的速度比在室女座起点处的速度比值应为3比2。所以太阳的视日运动在室女座起点处应长于70分钟,在双鱼座的起点处则应短于48分钟;然而根据人们的观测经验,结果恰恰相反,太阳在双鱼座起点的运动却比在室女座起点快;所以地球在室女座起点的运动比在双鱼座起点的运动快;这使得涡旋假说与天文现象非常不协调,不仅对解释天体运行毫无帮助,反而使情况更糟。这些运动在没有涡旋的自由空间中究竟是怎样进行的,可以在卷一中得到理解;并且我会在下一卷中更充分地对此做进一步论述。

卷三　论宇宙的体系(以数学方式)

在前面的两卷中,我已经用数学语言而非哲学语言制定了自然哲学的原理,这些是学习自然哲学所必备的基础。这些原理是某些运动以及功率或力的定律和条件,其大部分是与自然的哲学相关联。为了使这些原理看起来不是那么枯燥乏味,我用它们来解释了一些自然现象,这些自然现象都是最普遍且是自然哲学中最基本的命题,如物体的密度和阻力,真空现象,以及声和光的运动。这向我们展示了构成这个宇宙的系统使用的都是相同的原理。关于这些命题,我曾以通俗的方式写成了卷三,以使它可以被更多人传阅。但是那些没能充分理解这些原理的人,一定不会认识到这些结论的力量,因此他们也不会抛弃多年习惯而形成的偏见。所以说,为避免冗长的争论,我将早期的内容用数学语言重新做了改写,这样只有那些掌握了前述原理的人方能阅读。前两卷中出现了很多的命题,即使对于精通数学的读者阅读起来也是极其耗时的,我并不建议读者们都认真去学习前两卷中的每一个命题,有些读者可以在认真学习完卷一中的定义,运动定律以及前三节的内容后,便开始卷三的学习。当卷三中有引用前两卷的其他命题时,可以在阅读中随时翻回查阅了解。

哲学中的推理规则

规则1

我们必须承认自然界事物(发生)的原因要遵循以下两点:真实并足够解释其现象。

为这一目的,哲学家表示自然不做无用功,当较少的就能起作用时,做过多就是徒劳。因为自然喜欢简洁明了,不会赘述额外原因。

规则2

因而对于同样的自然现象,我们必须尽量找到同样的原因。

例如,人类的呼吸和野兽的呼吸,在欧洲的石头的下落和美洲的石头的下落,做饭之火的光和太阳光,地球的光反射和行星的光反射。

规则3

物体的属性,其程度不能增加或减小,且属于在我们的实验涉及范围内所有物体,则不管怎样都应视为所有物体的普适属性。

由于我们只能通过实验了解物体的属性,所以我们认为事物的普适属性只能在实验中适应,并且只能是既不能减少,也不能消失的理想状态。我们当然不会放弃实验的证据,而去追求梦想和不现实的幻想。另外,也不会抛弃简朴一致的自然共性。除了本身的视角,我们尚不能了解物体的延展性,也无法由此深入所有物体内部。但是,因为我们把所有物体的延展当作已知事物,所以我们也把这一属性普适赋予各个物体。我们由经验得知很多物体都是硬的,而整体的硬度来自部分的硬度,所以我们可以推论出不仅我们所感知的不可分粒子质地坚硬,其他所有粒子也如此。而认为所有物体是不可穿透的,得到这一结论是凭借我们的感觉而不是推理。我们拿着一件物体,当我们发现它有不可穿透性后,我们就下结论说所有物体都有这一特性。说所有的物体都能运动,并且有某种力量使它们运动或静止,保持其状态不变,这是由我们从观察到的物体中的相似特性推导出来的。整体的延展性、硬度、不可穿透性、流动性和惯性都是来自物体各部分的延展性、硬度、不可穿透性、流动性和惯性。因此我们得出结论即所有物体的最小微量也会全部是可延展的、硬的、不可穿透的、可运动的,且其被赋予了惯性。这就是所有哲学的基础。另外,通过观察,分离但又相邻接的物体粒子相互分离;在未被分开的粒子里,就像数学所证明的那样,我们的思维可以区分更小的部分。但是,这些已区分开但又未分离的部分,是否确实可以由自然力量分割并使彼此分离,我们还不知道。然而,我们哪怕只有一例实验证明,任何从坚硬的固体上取下的未分离的粒子都可以再分割,由此我们可以得出,未分离的粒子和已分离的粒子实际上都无限可分。最后,实验和天文观察普遍表明,地球附近的所有物体受地心引力吸引,且该引力与物体各自所含物质的质量成正比。月球同样由其质量受地球吸引,另一方面,我们的海洋受月球吸引,并且所有的行星也彼此互相吸引,彗星也以相似方式被太阳吸引,我们必须普遍地根据此规则给予一切任何物体以相互吸引的原理。因为这一论点是由现象得出的结论,并且所有物体普遍相互吸引比它们不可穿透更具说服力。对于这点,我们没有任何实验或任何形式的观察能对后者验证。我确信重力不是物体的基本特性。谈到固有的力时,我意思是只是它们的惯性,这是永恒不变的。它们的重力会因它们远离地球而减小。

规则4

在实验哲学中,我们将从现象所总结出的命题看作是准确的或是基本正确的,而不管想象到任何反面假设直至出现了其他可以使之更精确,或是可以推翻这些命题之时。

归纳法得出的结论不能脱离假设,这一规则我们必须遵守。

现象

现象1

有环绕木星的卫星,以其到木星中心所作的半径,扫过的面积与扫过的时间成正比;设固定的恒星静止,它们的环绕周期与其到中心的距离的$\frac{3}{2}$次幂成正比。

这是我们通过天文观测所得知的。由于这些卫星的轨道虽然不是与木星共心的圆，但极其接近，它们的运动在这些圆上是均匀的，所有的天文学家都认同其周期与其轨道半径的$\frac{3}{2}$次幂成正比，下表也表明了这一点。

木星卫星的周期时间：1天18小时27分34秒，3天13小时13分42秒，7天3小时42分36秒，16天16小时32分9秒。

卫星到木星中心的距离（见下表）：

各观测结果	1	2	3	4	
波雷里	$5\frac{2}{3}$	$8\frac{2}{3}$	14	$24\frac{2}{3}$	
唐利（用千分仪）	5.52	8.78	13.47	24.72	
卡西尼（用望远镜）	5	8	13	23	木星半径
卡西尼（通过卫星交食）	$5\frac{2}{3}$	9	$14\frac{23}{60}$	$25\frac{3}{10}$	
由周期时间推算	5.667	9.017	14.384	25.299	

庞德先生已经借助精确千分仪，通过以下方法测出木星的直径和它与卫星的角距。他用一个长15英尺的望远镜中的千分仪，在木星到地球的平均距离上，得到木卫四到木星的最大角距约为8′16″。在木星到地球的相同距离上，得到木卫三的角距用123英尺长的望远镜中的千分仪为4′42″。在木星到地球的相同距离上，由周期得到其他两个卫星的角距为2′56″47‴和1′51″6‴。

木星的直径由一个长123英尺的望远镜的千分仪反复测量数次，简化为木星到地球的平均距离时证实其总是小于40″，但从来不会小于38″，通常为39″，在更短一点的望远镜内为40″或41″。因为木星的光由于光线不同的折射性而稍有扩散，在更长且更好的望远镜中该扩散与木星直径之比要小于在更短且更差的望远镜中的比值。

木卫一和木卫三经过木星本体的时间，我们也用长望远镜观测过，它从开始进入到开始离开，以及从完全进入到完全离开。从木卫一经过木星为例，在木星到地球的平均距离上，得出其直径为$37\frac{1}{8}$″，而从木卫三的例子得出直径是$37\frac{3}{8}$″。同时也观测出了木卫一的阴影通过木星的时间，当木星处于到地球的平均距离上时，得出其直径为37″。让我们设木星其直径非常接近$37\frac{1}{4}$″，那么然后木卫一、木卫二、木卫三、木卫四的最大角距相应为木星半径的5.965，9.494，15.141和26.63倍。

现象2

环绕土星的卫星以其到土星中心的半径所经过的面积与扫过的时间成正比；设固定的恒星静止，它们的周期与到土星中心的距离的$\frac{3}{2}$次幂成正比。

因为,正如卡西尼从自己的观测中准确算的那样,它们到土星中心的距离和它们的周期时间如下。

土星卫星的周期时间:1天21小时18分27秒,2天17小时41分22秒,4天12小时25分12秒,15天22小时41分14秒,79天7小时48分00秒。

卫星到土星中心的距离(以土星环半径计算):

观测结果:$1\frac{19}{20}$,$2\frac{1}{2}$,$3\frac{1}{2}$,8,24。

由周期计算值:1.93,2.47,3.45,8,23.35。

土卫四到土星中心的最大角距,通常由观测得出其近似于半径的8倍。但是,当用惠更斯先生配备高精度千分仪的长123英尺的望远镜观测时,该卫星到土星中心的最大角为其半径的$8\frac{7}{10}$倍。从该观测结果和周期得,卫星到土星中心的距离分别为土星环半径的2.1,2.69,3.75,8.7和25.35倍。在同一个望远镜里观测出的土星的直径与土星环直径之比为3∶7;在1719年5月28日、29日两天观测到的土星环直径为43″;当土星在土星和地球的平均距离上时,土星环直径为42″,土星直径为18″。这些结果是在很长且相当精确的望远镜中观测得出的,因为在这种望远镜中,天体的像与像边缘的光线扩散比值比在较短的望远镜中的比值大。所以,如果我们排除全部这些虚光,土星的直径不会超过16″。

现象3

水星、金星、火星、木星、土星这五个主行星在它们各自轨道上环日旋转。

水星和金星是环日旋转的这一事实,从它们也像月亮一样有阴晴圆缺来证实。当它们像是满月闪耀时,从我们的角度来看,它们超过或高过太阳;当其半满时,它们在太阳水平线上的左右两边;当其为新月形时,它们低于太阳,或是在地球与太阳之间;它们有时与太阳和地球位于同一条直线上时,它们看起来就像是横穿日面的斑点。而火星环日旋转,从它在接近于相合时出现满月形状和在正交时出现凸月状证实。木星和土星环日旋转也可被证明,它们也出现在全部位置上,因为它们卫星的阴影有时会落在它们的圆面上,显然它们自己是不发光的,它们的光来自太阳光。

现象4

设恒星保持静止,则这五个行星周期和地球绕太阳的周期(亦或太阳绕地球的周期),与它们距太阳距离的$\frac{3}{2}$次幂成正比。

这一比率是由开普勒率先观测得出,现在被所有天文学家所认同;因为无论是太阳绕地球旋转还是反之,周期是一样的,轨道的尺寸相同。并且,所有其他天文学家推算出的周期都是一样的。但是,开普勒和波里奥对于轨道尺度的观测数据比其余所有天文学家都精确;对应于平均距离的周期和它们的推算值有些差异,但差值不大,而且大部分值都落在它们之间。由下表可见:

恒星静止时行星和地球绕太阳旋转的周期,以天为单位并保留小数点后几位。

♄	♃	♂	♁	♀	☿
10759.275	4332.514	686.9785	365.2565	224.6176	87.9692

行星和地球距太阳的平均距离见下表。

结果	♄	♃	♂	♁	♀	☿
开普勒的数据	951000	519650	152350	100000	72400	38806
波里奥的数据	954198	522520	152350	100000	72398	38585
按周期计算的结果	954006	520096	152369	100000	72333	38710

就水星和金星来说,它们距太阳的距离是无争议的。因为它们是由这些行星到太阳的距角决定的;至于地球以外行星到太阳的距离,木星卫星的交食已经让大家的意见统一了。因为这些交食可以决定木星在卫星上投下的阴影位置,据此我们可得出木星的日心经度长度。然后,综合分析它的"日心说"和"地心说"两种体系下的经度长度,我们就能求出它的距离。

现象5

行星指向地球的半径,经过的面积绝对不与时间成正比,但是它们指向太阳的半径经过的面积与经过的时间成正比。

由于相对于地球来说,它们显得有时是顺时针,有时停止,不仅如此,有时是逆时针运动。但对于太阳而言,它们一直看起来是顺时针旋转的,而且几乎是匀速运动,换言之,在近日点较快,在远日点较慢,这样才能保持扫过的面积相等。这是一项天文学家都知道的命题,特别是可以根据木星卫星的交食证明。正如我在前面所述,木星卫星的交食可以求出木星的日心经度长度和它到太阳的距离。

现象6

月球指向地球中心的半径所扫过的面积与扫过的时间成正比。

这一结论总结自月球的视运动和它的直径的对比。月球的运动自然也会一定程度上受太阳的影响，但我在总结这些结论时，忽略了那些无关紧要的误差。

命题

命题1　定理1

不断把木星卫星从直线运动中拉回来，并将其限制在恰当轨道上的作用力是指向木星中心的力，该作用力与卫星到木星中心距离的平方成反比。

本命题的前半部分由现象1和卷一的命题2或3得证，后半部分由现象1和卷一的命题4推论6得证。

木星卫星绕其旋转的相同原理可以由现象2推知。

命题2　定理2

不断把主行星从直线运动中拉回来，并将其限制在恰当轨道上的作用力是指向太阳的；该作用力与行星到太阳中心距离的平方成反比。

本命题的前半部分由现象5和卷一的命题2得证，后半部分由现象4和卷一的命题4推论6得证，但是命题的这一部分可由在远日点的静止来精确证明。因为距离平方反比产生的极小误差（由卷一的命题45推论1）也会导致每一次环绕中的远日点的可察觉到的运动，这样多次环绕就会产生极大误差。

命题3　定理3

把月球限制在适当轨道上的作用力是指向地球的，该作用力反比于月球到地球中心距离的平方。

本命题的前半部分由现象6和卷一的命题2或3得证，后半部分由月球在远地点处运动非常慢得证。月球每一次环绕中远日点向前移动3°3′，但是可以忽略不计。因为（根据卷一的命题45推论1）如果月地中心距与地球半径之比为D比1，则引起该运动的力反比于$D^{2\frac{4}{243}}$，即反比于D的幂，其指数为$2\frac{4}{243}$。这说明，该距离的比大于平方反比比值,但是它接近平方反比,比接近立方反比大$59\frac{3}{4}$倍。而考虑到这一移动是由太阳作用引起的(我们将在后面讨论),现在可忽略不计。太阳吸引月球绕地球旋转的作用力几乎正比于月球到地球的距离,因此(由卷一命题45推论2)该作用力比月球的向心力几乎等于2比357.45,即1比$178\frac{29}{40}$。所以,如果忽略不计太阳的这一小小作用力,把月球限制在其轨道上的主要作用力与D^2成反比,如果把该作用力与地心引力作比较,就像下面的这个命题一样,那这一点将得到更充分的证明。

推论　如果我们增大把月球限制在其轨道上的平均向心力,先以$177\frac{29}{40}$比$178\frac{29}{40}$的比率,然后以地球半径的平方比月地中心距,我们就可以得到月球在地球表面的向心力。假设月球在落往地球表面时,受到的引力反比于距离的平方,因而随距离的减少,引力不断加大。

命题4　定理4

月球受引力吸引向地球,且该引力不断把月球从直线运动拉回,并限制它处于轨道上。

在合冲点时,月球到地球的平均距离,以地球半径为单位,托勒密和大多数天文学家算出是59,凡德林和惠更斯计算出是60,哥白尼算出是$60\frac{1}{3}$,司特里特算出是$60\frac{2}{5}$,第谷算出为$56\frac{1}{2}$。但是,第谷和其他所有采用他那张折射表的人,都认为太阳和月球的折射(与光的本质不同)大于恒星的折射,约为地平线附近4或5弧分,这样就使月球的地平视差增加了相应的弧分,即整个视差拉大了$\frac{1}{12}$或$\frac{1}{15}$。如果校正这个错误,月球到地球的距离就会是$60\frac{1}{2}$个地球半径,接近于其他人的结果。我们假设在合冲点时地月距离是地球半径的60倍,并设月球完成一次公转的时间,按照恒星时间为27天7小时43分,就正如天文学家所求出的一样;而地球的周长是123249600法尺,正如法国人所测得的数据。如果假设月球不做任何运动,受限制其在轨道上的向心力(由命题3的推论)的影响,那它将会受该力作用而落向地球,且在一分钟时间里下降$15\frac{1}{12}$法尺。这是由卷一命题36,或是(同样道理)卷一命题4推论9所推导出来的。因为月球在平均一分钟时间里,在离地球半径60倍长的地方落下，所掠过的轨道弧长的正矢约为$15\frac{1}{12}$法尺，或者更准确地说是15尺1寸$1\frac{4}{9}$分。因为该力在指向地球时，与距离平方成反比，随距离减小而增加。因此，月球在地球表面所受的力是在月球本身轨道上所受力的60×60倍，如果地表附近一个物体受该力作用落向地球，在一分钟的时间里，降落的距离为$60\times60\times15\frac{1}{12}$法尺，那么在1秒的时间里，距离为$15\frac{1}{12}$法尺，更确切地说是15尺1寸$1\frac{4}{9}$分。我们发现，正是这个力让地球附近的物体下落，如同惠更斯先生观测到的结果，在巴黎纬度上的秒摆的摆长为3法尺$8\frac{1}{2}$分。重物在1秒内落下的距离与半个摆长之比，是圆的周长与它的直径（惠更斯先生已经证明过）之比的平方，所以为15法尺1寸$1\frac{7}{9}$分。所以，将月球约束在其轨道上的力，当月球落在地球表面时，就等于我们先前研究重物时的那个重力。所以，将月球约束在轨道上的力（由规则1和2）就是我们常说的重力。这是因为，如果重力是与那个力不同的力，则物体就会受到两个力的作用以加倍的速度落向地球，且在一秒钟的时间里，下降$30\frac{1}{6}$法尺，这样与实验结果矛盾。

此次计算是建立在假设地球静止不动的基础上的。因为如果地球和月球都在绕太阳运动的同时，又绕它们的共同重心运动，则月球中心到地球中心的跨度是地球半径的$60\frac{1}{2}$倍。这就与卷一命题60所计算出的结果相同。

附注

这个命题的证明还可以用以下几个方式更仔细地阐述。就像木星和土星有很多卫星绕它们旋转，设有好几个月球绕地球旋转，这些月球的周期（根据归纳论证）将遵守开普勒所发现的行星之间的运动规律；所以根据本卷命题1，它们的向心力将与到地球中心的距离平方成反比。如果它们中位置最低的那个非常小，且十分接近地球，就快要接触到地球上最高山峰的峰顶，则根据先前计算可知，把它约束在轨道上的向心力将几乎等于任何在那山峰顶上的物体重力，如果同样的小月球失去保持它处于轨道的离心力，而不断继续沿轨道前行，那么它会向地球坠落，且落下的速度与从山顶落下的重物速度一样，因为它们受同样的力下落。如果使那位置最低的月球下落的力与重力不同，而且该月球将像山顶重物一样向地球坠落，由于它受到两个力同时作用，它将以两倍的速度下坠。由于有这两个力，重物的重力和月球的向心力都指向地球中心，并且两者相似、相等，它们只有一个相同的原因；根据规则1和2。这样维持月球在它轨道上的力就是我们通常说的重力，因为否则那个在山顶之上的小月球只能处于以下两种情况，或是不存在重力，或是以重物下坠两倍的速度下坠。

命题5　定理5

木星卫星受木星吸引，土星卫星受土星吸引，环日行星受太阳吸引，且受到引力的影响后自身避免去做直线运动，保持在曲线轨道上运动。

无论是木星卫星、土星卫星绕木星和土星旋转，还是水星、金星或其他环日行星绕太阳旋转，都同月球绕地球旋转的运动相似，根据规则2，这必然属于相同的原理。尤其是我们已经证明了，带动这些运动的力是指向木星、土星和太阳的中心的；且随着间距的增大，这些作用力也以相同的比率减小，跟受重力吸引的物体远离地球时，其受到的引力也会减小的原理一样。

推论1　因此有一种引力对所有的行星和卫星都有吸引作用，因为毫无疑问，金星、水星和其他剩下的，都是和木星、土星一类的星球。因为根据定律3，所有的引力是相互的，所以木星也会受其全部卫星吸引，土星也一样，地球对月球也一样，并且太阳对所有行星也是。

推论2　对任何一个行星和卫星的引力都与其到行星中心距离的平方成反比。

推论3　根据推论1和2，所有行星和卫星相互吸引。因此，当木星和土星交会时，受其相互吸引的影响，它们明显互相干扰了彼此的运动。所以，太阳干扰了月球的运动，并且太阳和月球都干扰了地球海洋的运动，这一部分我会在后面解释。

附注

将天体维持在它自身轨道上的力，截至目前我们称为向心力，但是我们现在知道它只是一种引力，我们今后会称它为引力。根据规则1、2和4，维持月球在它轨道上的力可以推广到所有的行星和卫星。

命题6　定理6

所有物体都受到每一个行星的吸引，并且物体指向任意一个相同的行星的重力，在距这个星体中心等距处与物体各自的质量成正比。

长期以来，人们已经观测到了各类重物(忽略掉它们在空气中遇到的阻力造成的不相等的减速)在相同的高度里，以相等时间落下；用钟摆来做实验，我们可以精准地测出时间的相等性。我试过用金、银、铅、玻璃、沙子、食盐、木头、水和小麦来做实验。我用了两个木盒子，都是圆的且大小相等，我在一个里面装了木头，在另一个摆的摆动中心悬挂了等重的金子(尽量做到精准)。用11英尺长的线吊起这两个盒子,这样做成了两个质量和大小都完全相等的摆,它们遇到的阻力也相等。把它们并排放在一起,我观察到它们在很长时间里一直一起往复运动,做着相同的振动。所以,金子的质量(根据卷二命题24的推论1和6)与木头质量之比,等于作用于金子的作用力与作用于木头的作用力的力之比,即等于两个重力之比,用其他物质做实验结论也一样。用这些相同质量的物体做实验,如果有差异,我发现的物质差异不到千分之一。我可以毫不迟疑地说,行星的引力跟地球的引力是同类型的。这是因为,我们假设地球上的物体被移到了月球轨道上,并都失去了所有运动,然后它们一起落向地球。毫无疑问,根据前面已经证明的,在相同时间里,物体下落的距离与月球相等,因此,该物体质量与月球质量之比,等于它们的重力之比。因为木星的卫星公转一周的时间与到木星中心的距离的$\frac{3}{2}$次幂成正比,则它们受木星吸引的加速引力会反比于它们到木星中心距离的平方,即在相同距离时力也相等。因此,如果设这些卫星在相同高度落向木星,则它们会在相同时间里下落相同高度,就像地球上重物的下落一样。同理,如果设行星在相同高度落向太阳,则它们会在相等时间里下落同等的距离。但是,这些不相等物体的相等加速力正比于这些物体,即行星对于太阳的重力必须正比于其质量。而且,木星和它的卫星对于太阳的重力正比于它们各自的质量,这可以根据木星卫星的运动的规则性来证明(根据卷一命题65推论3)。因为如果其中一些卫星受太阳吸引,因其自身质量的比例较大而受吸引的力更强,则卫星的运动就会受到不相等引力的干扰(由卷一命题65推论2)。在到太阳距离相等的情况下,如果任何卫星受太阳的引力比上其质量,大于木星受太阳的引力比上其质量,设任意给定比率为d比e,则太阳中心到卫星轨道中心的距离将会总是大于中心到木星中心的距离,几乎正比于上述比率的平方根,就正如我之前所计算得出的那样。而且如果卫星受太阳的引力较小,值为e比d,则卫星轨道中心到太阳中心的距离会小于木星中心到太阳中心的距离,值为同一比率的平方根。所以,如果在到太阳距离相等的前提下,任何卫星受太阳作用的加速引力,大于或小于木星受太阳作用的加速引力的$\frac{1}{1000}$,则木星卫星轨道中心到太阳的距离就会大于或小于木星到太阳的距离的$\frac{1}{2000}$,即为木星最远卫星到木星中心的距离的$\frac{1}{5}$,这样就会使轨道的偏心变得非常明显。但事实是木星卫星的轨道和木星共心,所以木星和所有木星卫星指向太阳的加速力相等。同理,土星和它的卫星受到太阳的重力,在到太阳距离相等时,各自与其的质量成正比;月球和地球受太阳的重力,也一样精确地与其所包含的质量成正比。根据命题5推论1和3,它们中的一些有重力。

另外，每个行星指向其他行星的重力各自正比于行星的各个部分。这是因为，如果有些部分受到的重力与质量的比或大或小，则根据该行星的主要部分的重力情况，这整个行星的重力大于或小于它与总体质量的比例，无论这些部分是否在行星内部或外部都不影响什么。这是因为，如果我们假设地球上的物体升到月球轨道，和月球在一起；如果该物体的重力比月球外部重力，等于一个与另一个的质量之比；但比物体内部重力却大于或小于外部重力，等于一个与另一个的质量之比；但比物体内部重力却大于或小于该比例，这样，这些物体的重力与月球重力之比也将大于或小于原比值。这与我们之前证明的相矛盾。

推论1　物体的重力跟其形状和构造无关，因为如果重力要随形状改变，则它们在自身物质含量不变的情况下，重力随其形状改变而改变，这跟实验结果是相冲突的。

推论2　这条定理可推广到全宇宙，近地所有物体都受地球吸引，且在到地球中心距离相等处，它们的重力与其各自包含的质量成正比。这是在我们实验可探知的所有物体的特性；因此根据规则3，进而可以推广到所有物体。如果以太或是其他任何物体，是失去重力的，或受到的重力小于它的质量，根据亚里士多德、笛卡尔等人的说法，这些物体和其他物体除了在形状之外并无差别，如果不断改变它的形状，最后它一定会成为与那些按质量比例受到的重力最大者情况相同的物体；另一方面，这些最重的物体在变回最初形状时，也会逐渐失去它们的重力。这样物体的重力就会依据其形状的改变而改变，所以就和我们在前一推论所证明的相矛盾。

推论3　所有空间包含的物质都不相等，因为如果所有空间里的东西都一样，则在空气中的流体，因为物质的密度极大，它的密度就不会比水银、金或其他任何密度最大的物质密度小；无论是金或其他任何物体都不能从空气中下落；除非物体的密度大于流体的密度，否则物体是不能在流体中下落的。而且如果在一给定空间里，物质的密度通过稀释减小了，那又怎样阻止它无限减小呢?

推论4　如果一切物体的固体粒子都是同样密度，也必须通过气孔而得到稀释，那我们就得承认有虚空或真空存在。而我说的相同密度物体，是指那些惯性与体积之比相同者。

推论5　引力在本质上是不同于磁力的，因为磁力大小不会正比于它所吸引的物质质量。一些物体受磁铁吸引强一些，另一些弱一些，大多数物体根本不受吸引。一个物体的磁力可以增加或减小，有时物质的质量要比其磁力大很多，而且在远离磁铁的过程中，磁力不足以正比于距离的平方，而是以正比距离的立方减小，这一结论和我之前简单的观测结果差不多。

命题7 定理7

一切物体都会受到一种引力的吸引，该引力与所包含的若干物体的质量成正比。

我们在前面已经证明了，所有的行星都相互吸引，也证明了每一个所受的引力，分开考虑，是与其到行星中心距离的平方成正比。然后，我们证明了（由卷一命题69及其推论）物体受行星吸引的引力与其包含的质量成正比。

此外，由于任一行星A的所有部分被另一任意行星B的吸引，每一部分与整体的引力之比，等于部分物质与整体物质之比；而（根据定律3）每一个作用都能引起一个相等的反作用；这样行星B就会反过来受行星A的所有部分吸引，且其受任意一部分的引力与其受整个的引力之比，等于部分的物质与整体之比。由此得证。

推论1 任何行星整体所受的引力是由部分所受引力构成的。磁和电引力就是一个例子。因为整体所受的引力来自部分所受引力之和，如果我们把一个较大的行星看作是由许多较小的行星构成的，引力这一原理也容易理解。因为在此很明显，整体的引力源于部分。有人曾反对说，根据这一原理，地球上所有物体必须相互之间互相吸引，但为什么我们不曾在任何地方发现这一引力呢？我回答道，因为这些物体所受的引力与地球整体所受引力之比等于这些物体与地球的比，它们所受的引力远远小于我们能感知到的程度。

推论2 任何一个物体到几个相等粒子的引力反比于粒子距离的平方，卷一命题74推论3已清楚证明了。

命题8 定理8

两个互相吸引的球体，如果球体内到球心距离相等处的物质相似，则其中一个球体的重力与另一个的重力反比于它们的球心之间的距离平方。

在我们发现行星整个所受引力是由部分所受引力构成且指向各部分的引力反比于到该部分距离的平方之后，我仍然怀疑，在总引力由这么多的分引力构成的情况下，平方反比是否精确，还只是大致如此，因为很可能在距离较远处，这一比例是精确的，但在地球附近，这里粒子间的距离不相等，情况也不一样，这个比例就不适用了。但是，由于有了卷一命题75、命题76和其推论，我很开心最后还是证明了这一命题，结果正如我们所看到的那样。

推论1 这样我们可以求得并比较物体受不同星球作用的引力，因为物体绕行星旋转的引力（根据卷一命题4推论2）正比于轨道直径，反比于它们的周期平方；而且它们在行星表面，或是在到它们中心任何距离处的重力（根据本命题），随距离平方的反比关系而或大或小。金星绕太阳旋转的周期时间是224天$16\frac{3}{4}$小时、距木星最远的卫星公转的时间为16天16$\frac{8}{15}$小时、惠更斯卫星绕土星公转的周期时间为15天22$\frac{2}{3}$小时,月球绕地球公转的周期为27天7小时43分;这样将金星到太阳的平均距离与最远的木卫到木星中心的最大角距——8′16″,惠更斯卫星到土星中心的角距——3′4″和月球到地球的角距——10′33″比较,通过计算,我发现同一个物体在到太阳、木星、土星、地球的中心等距的地方,其重力之比分别为1,$\frac{1}{1067}$,$\frac{1}{3021}$和$\frac{1}{169282}$。然后因为距离增大或减小,重力以平方比减小或增大,同一物体相对于太阳、木屋、土星、地球的重力,在到它们的中心跨度为10000,997,791和109时,即在它们的表面时,分别与10000,943,529和435成正比。至于该物体在月球表面的重力为多少,我将在后面作阐述。

推论2　同样,可以发现物体在几个行星上的质量,因为它们的质量在到行星中心距相等处与其引力成正比,即在太阳、木星、土星、地球上的分别为1,$\frac{1}{1067}$,$\frac{1}{3021}$和$\frac{1}{169282}$。如果取太阳视差大于或小于10″30‴,则地球上的质量必须以该比值的立方比例关系增大或减小。

推论3　我们也求得行星的密度,因为(根据卷一命题72)相等且相似的物体在相似球体表面的重力正比于物体的直径,这样相似球体的密度正比于它们的重力除以球的直径。而太阳、木星、土星和地球之间直径之比分别为10000,997,791和109,同样的,重力之比分别为10000,943,529和435。所以,其密度之比为100,94$\frac{1}{2}$,67和400。本计算中的地球的密度不由太阳视差所决定的,而是由月球所求得的,所以这个计算是正确的。所以,太阳的密度比木星的大一点,木星比土星大,而地球的密度是太阳的四倍;太阳由于温度极高,保持了一种稀薄的状态。月球的密度大于地球,这在后面会提及。

推论4　行星越小,在其他条件不变的前提下,其密度越大,如是,它们各自表面的引力可以趋于相等。同样,在其他条件不变的情况下,当它们越靠近太阳,密度就越大。所以,木星的密度比木星的大,地球大于木星,因为行星运行在离太阳远近不同的轨道上,根据它们密度的不同,它们受太阳热的程度的比例也不同。如果把地球上的水移动到土星轨道上,则水会变成冰;而放在水星的轨道上,则会立刻变成水蒸气挥发掉。因为与太阳温度成正比的阳光,在水星轨道上是在地球上的七倍,而我曾用温度计测出过七倍于地球夏季的温度可以使水沸腾。我们也不用去怀疑水星物质能适应其极高的温度,所以其密度大于地球物质;因为在密度更高的物质里,自然的运转需要更高的温度。

命题9 定理9

行星内部的引力，接近于到中心的距离成正比减小。

如果行星的密度均匀，根据卷一命题73，则这一命题准确无误。所以，它的误差不可能比由于密度不匀所造成的误差更大。

命题10 定理10

太空中行星的运动可持续很久。

在卷二命题40的附注中，我已经阐明，一个水球冻成冰，在地球空气中划过其半径距离的时间内，会由于空气阻力失去其运动的$\frac{1}{4586}$，无论球有多大、以多大速度运动，都会是相同比例。但是，我们地球的密度只比它由水构成的密度大，我将对此证明。如果全是由水构成的，任何密度小于水的物体，由于自身密度更小，会浮在水面上。因此，如果地球里面的物质，表面上全是由水包裹，因为里面的物质密度小于水的密度，则会在某处漂浮；而下沉的水则会在另外一边聚集起来。而我们地球现在的状况是表面大部分覆盖的都是海水，地球如果不是密度大于海水，则会浮在海面上，并根据它轻的程度，将会一定程度浮在表面，而海水会退去另一边。同理，漂浮在明亮物质上的太阳黑子也轻于太阳；无论行星是怎样形成的，当其还是流质状态时，所有较重的物质就会下沉到球心。因为地表的普通物质的比重是水的两倍，而矿井更深处的物质会是水的比重的三四倍，或是五倍，这就使得地球的全部物质质量比全由水构成的物质质量大五六倍，特别是因为我在前面证明出了地球密度约比木星的密度大四倍。所以，如果木星的密度比水稍大，则在30天的时间里，木星划过459个半径长度的距离受与空气相同密度的介质中会大约失去几乎十分之一的动能。但是，由于介质的阻力随其重力或密度成正比减少，所以密度是水银的$13\frac{3}{5}$的水的阻力也会比水银的阻力小同等倍率；而空气是水密度的860倍，在空气中的阻力也比在水中的阻力小同等倍率。因而在太空中，行星运行于其中的介质的重力大大减小，阻力几乎为零。

在卷二命题22的附注中阐明过，地球之上200英里的空气比地表处稀薄，比值为0.0000000000003998比30，或约为1比75000000000000。因此，如果木星在与此高空空气的密度相等的介质里运转，则在100万年的时间里，介质的阻力只使它失去不超过运动的百万分之一。在近地处的阻力只是由空气、气体排放物的水汽所造成的。当容器底部的气泵把它们全部干净地抽走时，重物就会在容器里自由下落，并且不受一丝明显的阻力；令金和最轻的下落物一起下落，它们的速度一样；即使它们要下降4、6或8英尺的距离，也能同时到瓶底，从实验易得此结论。所以，星际空间中完全没有空气和气体排放物,行星和彗星在这些空间中不受任何明显的阻力,这样它们才能运动很久。

假设1

宇宙系统的中心是不可动的。

这一说法众所公认,但有些人主张该中心是地球,而其他人主张该中心是太阳。让我们看看下面可推出什么结果。

命题11 定理11

地球、太阳和所有太阳系行星的共同重心是不可移动的。

由于根据运动定理推论4,因为重力不是静止的,就是向前做匀速直线运动,但是如果此重心移动了,那么太阳系的重心也会移动,和假设不符。

命题12 定理12

太阳受到持续不断的运动的摄动,但永远不远离全部行星的共同重心。

根据命题8推论2,因为太阳与木星的质量之比为1067比1,木日距离比太阳半径稍稍大于这一比值,木星和太阳的共同重心位于太阳表层靠内一点的位置。同理,因为太阳与土星的质量之比为3021比1,且土日距离与太阳半径之比稍稍小于这一比值,所以土星和太阳的共同重心将会位于太阳表层靠内一点的位置上。而且通过运用该原理来计算,我们应发现地球及全部行星都位于太阳的一侧上,所有共同重心到太阳的距离几乎都不能达到太阳直径。在另一些情形下,这些重心的距离总是更短。因此该重心是一直静止的,根据行星的不同位置,太阳必须一直改变位置,但绝不会远离这一重心。

推论 因此,地球、太阳和全部行星的共同重心被看作是太阳系中心,因为地球、太阳和全部行星都彼此相互吸引,所以根据它们的引力大小,如运动定理要求的那样,它们会不断相互推动。很明显,它们的可移动的重心不能被看作是太阳系不可移动的中心。如果把一个天体放在该重心上,且对其他天体的引力最大(根据普遍观点),则太阳会是最佳选择,但是太阳本身是运动的,所以定点只能选择在离太阳中心距离最近处,且如果太阳的密度和体积变大时,该距离会更小,因此运动也更小。

命题13 定理13

行星运动在椭圆轨道上,且它们的共同焦点在太阳中心;故而引向该中心的半径，它们引过的面积与其划过的时间成正比。

我们已经在“现象”这一节中论述了有关运动。现在我们知道了它们所依据的原理，从中我们推导出了宇宙中的运动规律。因为行星受太阳的引力反比于它们到太阳中心的距离平方，如果太阳是静止的，其他行星不再相互作用，则它们的轨道将是椭圆的，太阳会在其共同焦点上；根据卷一命题1、命题11和命题13的推论1可知，它们所经过的面积正比于经过的时间。但是行星间的相互作用力很小，几乎可以忽略；且由卷一命题66可知，在太阳运动时，它们对绕太阳旋转的行星运动的干扰，要小于假设太阳静止时对绕太阳旋转的这些运动的干扰。

事实上，木星对于土星的作用力是不能忽视的：因为木星引力和太阳引力之比（在距离相等的情况下，由命题8推论2）为1比1067，土星到木星的距离比土星到太阳的距离约为4比9，土星对木星的引力与土星对太阳的引力之比为81比 16×1067，或约为1比211。这样在土星和木星的每次相合时，土星轨道就会产生明显摄动，以至于很多天文学家都迷惑不解。因为木星在交会点的不同位置，其偏心率时大时小；其远日点有时顺时针旋转，有时逆时针旋转，平均运动依次加快和减慢；尽管木星绕太阳运动的所有误差都是产生自这么强大的作用力，但通过把其轨道的低焦点放在木星和太阳的共同重心上，根据卷一命题67，则几乎能完全避免除了平均运动外产生的误差，当这一误差到了最大值时，几乎也不超过两分钟，在平均运动中的最大误差每年也不超过两分钟。但在木星和土星的交会点处，太阳对土星的加速引力、木星对土星的加速引力、木星对太阳的加速引力三者之间的比值约为 $16:18:\frac{16\times81\times3021}{25}$（或156609）；所以太阳对土星的引力与木星对土星的引力之差比木星对太阳的引力等于65:156609（或1:2409）。但是，土星干扰木星运动的最大作用力与这一差值成正比，所以木星轨道的摄动要比土星的小得多。其他行星的摄动更是远远小于土星的，除了地球的轨道明显受到月球干扰。地球和月球的共同重心绕太阳并以其为焦点做椭圆运动，且其引向太阳的半径所经过的面积与经过的时间成正比。此外，地球平均每月绕该共同重心运转一次。

命题14　定理14

行星轨道的远日点和交点是固定的。

由卷一的命题11可知远日点是固定的，且由卷一的命题1知道轨道的平面也是固定的。如果平面是固定的，则交点必然也是固定的。事实上，在行星和彗星环绕的相互作用中会产生平面的一些位置变动，但是这些变动都太小了，我们可以对它们忽略不计。

推论1　因为既然与行星的远日点和交点都保持位置不变，所以恒星是不动的。

推论2　因为在地球每年的周期运动中看不到恒星有明显视差，又因为它们与我们相距甚远，所以恒星不能对我们的天体系统产生任何明显的影响。而且，它们的反向引力抵消了它们的相互作用，恒星无规律地在宇宙中到处分布（由卷一命题70可知）。

附注

因为近日行星（水星、金星、地球和火星）都太小了，以至于它们之间几乎不能产生相互作用力。这样，它们的远日点和交点必然是固定的，除了受到一些木星、土星和其他更远星体的干扰。所以，我们可以通过引力理论得出，它们的远日点位置相对于恒星来说稍微前移，且该移动与其各自到太阳距离的$\frac{3}{2}$次幂成正比。因此，如果在一百年的时间里，火星的远日点相对恒星来说会前移33′20″，则地球、金星和水星在一百年里各自前移17′40″，10′53″和4′16″。但是，这些移动都太小了，在本命题中我们可忽略它们。

命题15　问题1

求行星的轨道主径。

由卷一命题15可知，取它们与周期的$\frac{2}{3}$次幂成正比。根据卷一命题60可知，其（行星）以太阳与其质量之和比太阳与其质量的比例中项的首项的比值增大。

命题16　问题2

求行星（轨道）的偏心率和远日点。

可根据卷一命题18得出本命题的解答。

命题17　定理15

行星的视运动是均匀的，且其卫星的天平动源于其视运动。

这一命题可根据卷一命题66的推论22来证明。相对恒星而言，木星的自转时间为9小时56分，火星是24小时39分，金星约为23小时，地球是23小时56分，太阳是25$\frac{1}{2}$天，月球是27天7小时43分，这些在现象一节已经说清楚了。太阳黑子回到其表面相同位置，相对于地球来说是27$\frac{1}{2}$天。这样相对于恒星来说太阳自转需要$25\frac{1}{2}$天。但是,因为源于月球绕它的轴均匀转动的月球日为一个月,即等于在轨道上公转一周的时间,所以相同月相总是出现在它轨道上焦点附近;但是依照该焦点位置的移动,朝离开下焦点的地球一侧或另一侧偏离,这就是经天平动;因为纬天平动是源于月球的纬度和其轴向黄道面倾斜。关于此月球天平动的理论,N.默卡特先生在他发表于1676年初的《天文学》一书中,更充分地对我给他写的信做了解释。土星最远的卫星似乎也在跟月球做一样的自转运动,对土星来说,该卫星呈现的总是同一面;因为在它绕土星公转时,只要它转到轨道东部,就基本不可见,通常情况下完全消失了;根据卡西尼的观测,这可能是由于面向地球的那部分有一些斑点。所以木星最远那颗卫星看起来也做相似的自转,因为在其背向木星的那一部分有斑点,而不管它在木星与我们视线范围之间的任何位置上,看上去总像是在木星球体上。

命题18 定理16

行星的自转轴短于与其垂直的直径。

如果行星各部分相等的引力不是让它在轨道上自转,那么会使它呈球形。由于自转运动,使得远离轴的那部分受力,在赤道附近隆起;这样如果该部分是流质状态,由于它在赤道附近隆起,则赤道部分行星的直径将会扩大,而且由于极点的下陷,行星的轴也会缩短。因此,木星的直径(根据天文学家共同观测)在两个极点之间比东西之间短。同理,如果地球赤道的直径短于轴长,海洋会在极点附近下陷,而在赤道附近隆起,并将湮没一切物体。

命题19 问题3

求行星轴长和与轴垂直的直径之比。

我们同胞诺伍德先生在1635年测出了伦敦和约克之间的一个距离905751英尺,且观测出纬度差2°28′,得出了纬度1度长367196英尺,即57300巴黎突阿斯。皮卡德测出在亚眠和马尔沃辛之间的子午线弧为22′55″,得出纬度1度长为57060突阿斯。卡西尼一世,卡西尼之父测出了在鲁西荣的科利尤尔镇到巴黎天文台的子午线距离;而卡西尼又把这一观测距离从天文台增加到敦刻尔克城堡,总距离为$486156\frac{1}{2}$巴黎突阿斯,且科利尤尔和敦刻尔克之间的纬度之差为$8°31'11\frac{5}{6}''$。所以,纬度1度长为57061巴黎突阿斯。从这些测量我们总结得出地球周长为123249600法尺,半径为19615800法尺,前提假设地球是正球体。

在巴黎的纬度上,重物在一秒内下降15法尺1寸$1\frac{7}{9}$分,同上,即$2173\frac{7}{9}$分。

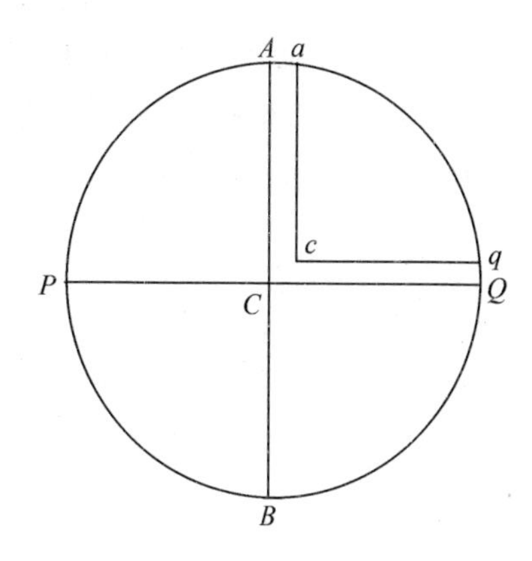

而由于周围空气的阻力,重物的重力会减小。设减去的重力为总重力的$\frac{1}{11000}$,那么重物在真空里一秒内下降2174分。

一个物体在每个23小时56分4秒的恒星日里,在离球心19615800英尺距离上做匀速圆周运动,1秒内划过的弧长为1433.46英尺,其正矢为0.05236561英尺或7.54064分,因此物体在巴黎所在纬度上下落的重力,与物体在赤道上源于地球的自转产生的离心力之比为2174比7.54064。

物体的离心力在赤道上与在巴黎纬度48°50′10″上的离心力之比,等于半径与纬度的余弦之比的平方,即等于7.54064比3.267。把该力加入物体在巴黎纬度上由其重力而下落的力中,则该物体在巴黎纬度上,1秒的时间里,受阻力不计的引力的作用而下落,则其将下落2177.267分或15法尺1寸5.267分。且在该纬度上的总引力与物体在地球赤道上的离心力之比为2177.267比7.54064或等于289比1。

因此,如果*APBQ*表示地球外形,现在它不再是球体了,而是由它较短的轴*PQ*旋转而形成的椭球;*ACQqca*表示装满水的管道,从极点*Qq*延伸到中心*Cc*,又延伸到赤道*Aa*;在管道*ACca*这一支的水的重力与另一支*QCcq*中水的重力之比为289比288,因为源于自转运动的离心力维持并抵消了重力的$\frac{1}{289}$(一支中),而另一支288份的则维持其余重力。但根据计算(根据卷一命题91推论2)我发现,如果地球的所有物质是均匀的,且无任何运动,而且轴*PQ*比直径*AB*为100比101,那么在*Q*处受到的地心引力,与在同样位置*Q*受到以*C*为球心,以*PC*或*QC*为半径的球体的引力之比是126比125。同理,在*A*处受轴*AB*旋转而成的椭圆*APBQ*的引力,与同样在*A*处受以*C*为中心,以*AC*为半径的球体引力之比是125比126。但是,在*A*处受地球的引力,是受椭球引力与受球体引力的比例中项;因为如果该球体的直径*PQ*以101比100的比例减小,该球体就会变成地球形状;而如果垂直于直径*AB*和*PQ*的第三条直径也以相同比例减小的话,则该球体形状就会变成先前所说的椭球形;而且在*A*处所受的引力也以接近相同比例减少。因此在*A*处*C*为球心,以*AC*为半径的球心引力,比上在*A*处地心引力为126比125$\frac{1}{2}$。在*Q*处以*C*为球心,*QC*为半径的球心引力,与在*A*处以*C*为球心,以*AC*为半径的球心引力之比的比值,等于其直径之比(根据卷一命题72),即100比101。如果我们把三个比值126比125,126比125$\frac{1}{2}$,和100比101相乘为一,则得到在*Q*处与在*A*处受的地球引力之比为$126\times126\times100$比$125\times125\frac{1}{2}\times101$,或501比500。

根据卷一命题91推论3，现在因为*ACca*和*QCcq*这两支管道中的引力现在因为与到地球中心的距离成正比，如果假设管道被横向的且平行的等距的平面分割成正比于整体的部分，则在*ACca*这一支中的任意几个部分的重力与另一支中相同数量部分的重力之比，等于它们的大小与加速引力的乘积之比，即等于101比100乘以500比501，或等于505比501。因此，如果在*ACca*这一支中任意一部分的自转运动产生离心力与同样部分的重力之比为4比505，假想其被分成的505等份，离心力可抵消其四份的重力，则两支中任意一支中的剩余重力相等，因而流体可以在均衡状态中保持静止。但是，任意一部分的离心力与相同部分的重力之比为1比289，即本应为重力的$\frac{4}{505}$的离心力，由此只占$\frac{1}{289}$。因此，我认为以比例的规则，如果离心力的$\frac{4}{505}$使得*ACca*这一支中的水面高度超过了*QCcq*我这一支中水面高度的$\frac{1}{100}$；则离心力的$\frac{1}{289}$仅仅会让*ACca*段中的水面高度超出另一支*QCcq*中水的高度的$\frac{1}{289}$；所以地球直径在赤道上的与在两极上之比为230比229。因为根据皮卡德的测量，地球平均半径为19615800法尺或3923.16英里（1英里估计约等于5000法尺），所以地球在赤道处要比在极点处高出85472法尺，或$17\frac{1}{10}$英里。且地球在赤道上的高度约为19658600法尺，而两极则为19573000法尺。

如果行星在自转运动中的密度和周期都保持不变，则比地球或大或小的行星，离心力与引力的比例，以及两极之间的直径与赤道上的直径也同样保持不变。但是，如果自转运动以任意比例加减速，因而离心力就会以几乎相同的平方比增减，直径的差以相同的平方比增减。而如果行星的密度以任意比例增减，它的引力也会以相同比例增减；另一方面直径差随引力的增大比例而减小，且随引力的减小比例而增大。因而相对恒星而言，地球自转要23小时56分，而木星需要9小时56分，其周期平方之比为29比5，且其密度之比是400比$94\frac{1}{2}$，木星的直径差与其较短直径之比为$\frac{29}{5}\times\frac{400}{94\frac{1}{2}}\times\frac{1}{229}$比1，或约等于1比$9\frac{1}{3}$。因此，木星从东到西的直径与极点之间的直径之比约等于$10\frac{1}{3}$比$9\frac{1}{3}$。这样因为木星最长的直径为37″，则其两极之间较短的直径为33″25‴。此外加上大约3″的光的无规律折射，这样该行星的表现直径为40″和36″25‴，这两个值之间的比约为$11\frac{1}{6}$比$10\frac{1}{6}$。这些都是建立在假设木星本身是有着均匀密度的基础上的。但是，现在如果其在靠近赤道面的密度大于靠近极点的密度，则彼此直径之比是12比11，或13比12，或14比13。

卡西尼在1691年观测到木星东西向的直径就比其他直径长约$\frac{1}{15}$。庞德先生在1719年用他的123英尺长的望远镜和精确千分尺测出了木星的直径,见下表。

时　间			最大直径	最小直径	直径比
月份	日期	小时	部分	部分	
一月	28	6	13.40	12.28	12比11
三月	6	7	13.12	12.20	$13\frac{3}{4}$比$12\frac{3}{4}$
三月	9	7	13.12	12.08	$12\frac{2}{3}$比$11\frac{2}{3}$
四月	9	9	12.32	11.48	$14\frac{1}{2}$比$13\frac{1}{2}$

因此,这一理论跟现象相符。因为行星赤道附近能受到更多的太阳光热,所以赤道处的密度要比极点处更大。

此外,随着地球的自转运动引力有减小,所以地球在赤道处要比在极点处隆起得更高(假设其物质的密度均匀),这可由以下命题相关的钟摆实验来证明。

命题20　问题4

求出并比较地球不同地区的物体重力。

因为管道*ACQqca*的两分支长度不相等,水的重力却相等,且部分的重力正比于整个管道的重力,处在相似位置的重力彼此正比于整体的重力,所以它们的重力相等;在管道中,重力相等且处在位置相似的部分反比于管道长,即反比于230比229。两支管道中所有位置相似的同类均匀物体都是这种情况。它们的重力与管长成反比,即与物体到地球中心的距离成反比。所以,如果物体处在管道的最上面,或是处在地表,则它们彼此重力反比于它们到球心的距离。同理,整个地球表面所有其他位置的重力都反比于它到球心的距离,所以,假设地球是椭球体,则比值已知。

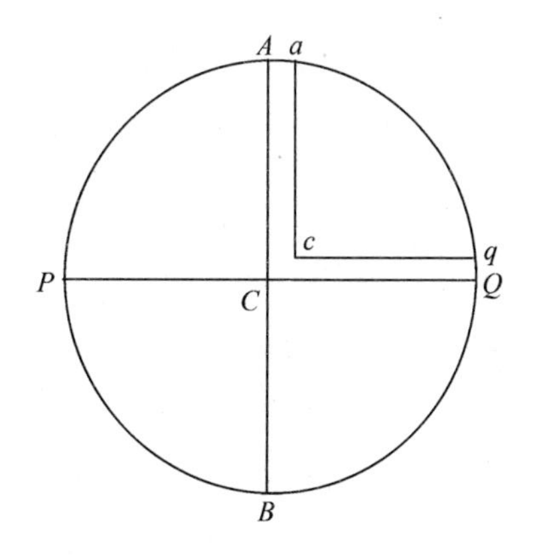

原理源于此,即从赤道移动到极点的物体增加的重力几乎正比于纬度正矢的两倍,或者同样得出,等于纬度正弦的平方成正比,且在子午线上的纬度弧长也几乎是以相同的比例增加。所以,因为巴黎纬度是48°50′,赤道处为00°00′,两极处纬度为90°;这些弧的两倍的正矢为

1133400000和20000,半径为10000,且引力在极点处与赤道处之比为230比229;极点引力超出赤道部分与赤道引力之比为1比229;在巴黎纬度处引力超出赤道值与赤道引力之比为$1\times\frac{11334}{20000}$比229,或者为5667比2290000。这些地方彼此总引力之比等于2295667比2290000,因此,由于等时摆长与引力成正比,所以在巴黎纬度上,秒摆摆长为3法尺$8\frac{1}{2}$分,或者更准确地说考虑到空气重力,摆长为3法尺$8\frac{5}{9}$分,在赤道上的等时摆长比前者短1.087分。以此计算方法制作如下表格。

位置纬度	钟摆长度		每度子午线长度	位置纬度	钟摆长度		每度子午线长度
度数	尺	分	突阿斯(约等于1.95米)	度数	尺	分	突阿斯(约等于1.95米)
0	3	7.468	56637	6	3	8.461	57022
5	3	7.482	56642	7	3	8.494	57035
10	3	7.526	56659	8	3	8.528	57048
15	3	7.596	56687	9	3	8.561	57061
20	3	7.692	56724	50	3	8.594	57074
25	3	7.812	56769	55	3	8.756	57137
30	3	7.948	56823	60	3	8.907	57196
35	3	8.099	56882	65	3	9.044	57250
40	3	8.261	56945	70	3	9.162	57295
1	3	8.294	56958	75	3	9.258	57332
2	3	8.327	56971	80	3	9.329	57360
3	3	8.361	56984	85	3	9.372	57377
4	3	8.394	56997	90	3	9.387	57382
45	3	8.428	57010				

从表格可以看出,每一度子午线的长的差异非常小。所以,从地理学角度,我们可以把地球外形看作球体,特别是如果地球在赤道平面处的密度比在极点处的密度大时。

现在几个天文学家被派往遥远国家做天文学观测,发现摆钟在赤道附近确实比在我们的气候区走得相对慢些。早在1672年,里尔在卡宴岛注意到这一现象。因为在8月时,当他正在观测恒星过子午线的运行,他发现他的摆钟走得偏慢,相对于太阳的平均运动来说它一天要慢2′28″。所以,他制作了一个简单的秒摆,由精确钟表校准,并测出了那个摆的摆长。他一个星期又一个星期地反复做这个实验,足足做了10个月。在他一回到法国后，他比较了前面测出的摆长和在巴黎测出的摆长（3法尺$8\frac{3}{5}$分），发现摆长要短$1\frac{1}{4}$分。

然后，我的朋友哈雷博士1677年左右在圣赫勒拿岛时，发现在条件相同的情况下，他的摆钟比伦敦时要走得慢。但是，当他缩短了摆钟的摆杆$\frac{1}{8}$寸，或$1\frac{1}{2}$分后，因为摆杆底部的螺丝滑丝了，为了实现这一点，所以他在螺母间插入了一个木环。

之后，在1682年，瓦兰先生和德斯海斯先生在巴黎皇家天文台测出了一个简单秒表的摆长为3法尺$8\frac{5}{9}$分。用同样的方法，在戈雷岛测出了等时摆的摆长为3法尺$6\frac{5}{9}$分，与前者相差2分。在同一年里去了瓜达卢佩和马提尼克岛，在那些岛上测出了等时摆的摆长为3法尺$6\frac{1}{2}$寸。

这之后，库柏莱二世1697年7月在巴黎皇家天文台以太阳的平均运动校准他的摆钟，使之在相当长的一段时间里与太阳运动相符。在接下来的11月，当他到达里斯本，在这里他发现他的摆钟一天里比以前慢了2分13秒。然后紧接着的3月，他去了帕拉伊巴，他的钟在这儿比在巴黎时一天要慢4分12秒；他断定秒摆的摆长在里斯本要比巴黎短$2\frac{1}{2}$分，比在帕雷巴要短$3\frac{2}{3}$分；如果他估算的这些差值为$1\frac{1}{3}$分和$2\frac{5}{9}$分的话，他会做得更完美，因为这些差异都是和时间差2分13秒和4分12秒相对应的。但是，这位先生做观测时过于令人失望，导致他的数据不值得信赖。

在随后的1699年和1700年，德斯海斯先生去了美洲，他测出了在卡宴岛和格拉纳达岛秒摆摆长稍微小于3法尺$6\frac{1}{2}$分，而在圣·克里斯托弗岛是3法尺$6\frac{3}{4}$分，在圣·多明戈岛为3法尺7分。

在1704年，弗勒在美洲的贝略港发现秒摆的摆长只有3法尺$5\frac{7}{12}$分，几乎比在巴黎要短3分。但这一观测结果是错误的，因为在之后去马提尼克岛，他发现等时摆的摆长在那儿是3法尺$5\frac{10}{12}$分。

现在帕拉伊巴的纬度是南纬6°38′，贝略港为北纬9°33′，卡宴岛、戈雷、瓜达卢佩、马提尼克岛、格拉纳达、圣·克里斯托弗和圣·多明戈岛分别为北纬4°55′，14°40′，15°00′，14°44′，12°06′，17°19′和19°48′。在巴黎的摆长超出在上述这些纬度上等时摆摆长的那部分长度要比在从上表中得出的要稍微多一点。所以，地球赤道要比前面计算的隆起更高，而且在球心处的密度比表面的更大，除非是热带的温度让摆长增加了。

因为皮卡德曾经观察过，在冬天寒冷结冰的日子里，一根铁条的长度有1英尺，而置于火上加热后，长度变成了1英尺$\frac{1}{4}$分长。此后德拉海尔发现在冬天同样的天气下，铁条有6英尺长，当暴露在夏天太阳之下，长度增加到了6英尺$\frac{2}{3}$分。温度在前一种情况中，比后一种高，但是后者温度要比人体外面部分温度高，因为金属暴露在夏天太阳下可得到相当多的热量；但是，摆钟的铁条从未暴露在夏日太阳下，也未获得等同于人体外部的温度；所以，尽管3英尺长的摆钟铁条长度确实在夏季里会比冬季的长，但这一差值还不到$\frac{1}{4}$分。所以，在不同气候下的等时摆长的差不能归因于热量的不同，也的确不能归因于法国天文学家的错误。尽管他们的观察结果不统一，但这些误差太小以至于可以忽略不计；他们一致的是等时摆的摆长在赤道处要比在巴黎皇家天文台要短，其误差在$1\frac{1}{4}$到$2\frac{2}{3}$分之间。里希尔在卡宴岛观测出的误差为$1\frac{1}{4}$分。而那一误差被德斯海斯修正为$1\frac{1}{2}$分或$1\frac{3}{4}$分。由其他人更不准确的观测，同样的观测误差为2分。这一不一致部分是源于观测误差，一部分是源于地球内部构造的差异和山的高度，部分是源于空气温度的差异。

我取一根3英尺铁条，在我们英格兰这里冬季要比夏季短$\frac{1}{6}$分。因为赤道处的温度很高，要从里希尔观测的$1\frac{1}{4}$分减去这一量，剩$1\frac{1}{12}$分，这就和本理论前面所得出的$1\frac{87}{1000}$分很符合。里希尔在卡宴岛反复做了这一观察，每周一次，做了10个月，还比较了在那边记录到铁条上的观测数据与他在法国的观测。这种勤奋和细心看起来似乎是其他观测者的不足之处。如果这位先生的观测数据值得信赖，那么地球在赤道就要比在极点更高，高出约17英里，正如本理论所证明的那样。

命题21　定理17

二分点后退：地轴由于在每年的公转中的章动，朝黄道摆动两次，并两次回。

这一命题由卷一命题66推论20证明；而章动运动必然很小，确实几乎不能察觉。

命题22　定理18

月球的所有运动和那些运动的所有不相等性，都是根据我们制定的以上原理得出的。

由卷一命题65可证明，较大的行星被太阳带动时，可能同时带动一些较小的卫星绕其自身旋转；而那些较小的卫星必须在以较大行星的中心为其焦点的椭圆轨道上运动。但是，它们的运动将会受到太阳作用引起的多种形式的干扰，并像月球所受的那样呈现不相等性。这样我们的月球（根据卷一命题66推论2，3，4和5）运动得越快，引向地球的半径在同一时间里经过的面积越大，而且轨道弯曲得越小，所以在合冲点时比在方照时更靠近地球，除了当这些干扰被偏心运动所阻挡的时候；因为（根据卷一命题66推论9）远地点和合冲点重合时，偏心率是最大的，而当远地点和方照重合时，偏心率最小，从而推导出近地点的月球在合冲点时运动得较快，更接近地球，而远地点的月球在方照时运动得较慢，并且离地球较远。此外，远地点向前移，而交会点向后退；原因不是规则的运动，而是由不均匀的运动造成的。（根据卷一命题66推论7和8）月球在合冲点时远地点前移得更快，而在方照时后退得更慢，这种顺逆行差造成了每年的前移。相反，交会点（根据卷一命题66推论11）在合冲点时是静止的而在方照时后退得最快。而且，月球的最大纬度（根据卷一命题66推论10）在方照时大于在合冲点时。根据卷一命题66推论6，月球的平均运动在地球近日点时比在远日点要慢。这些都是被天文学家所注意到的（月球运动的）主要不相等性。

但是，也有其他一些前面的天文学家没发现的不相等性，它们使月球的运动被干扰，至今我们也不能把它们归入任何确定的规律下。因为月球的远地点和交会点的速度或每小时的运动，和它们的均差，以及在合冲点的最大偏心率和在方照的最小偏心率之差，还有我们称为变差的不相等性，根据卷一命题66推论14，是本年度里随着太阳视直径的立方而正相关增减。而且（根据卷一引理10推论1，2和命题66推论16）变差几乎是随合冲之间时间的平方而正相关增减。然而，在天文学计算中，这种不相等性通常都归入月球中心差并与之混合。

命题23　问题5

从我们月球的运动得出木星和土星诸卫星的不相等运动。

从我们月球的运动，我们能以这种方式推导出相应的木星卫星运动，根据卷一命题66推论16，木星最外侧卫星交会点的平均运动与我们月球交会点的平均运动之比，是地球公转周期与木星公转周期之比的平方，和木星卫星公转与月球公转周期之比的乘积；因此，这些交会点在一百年的跨度，被带动后退或前行了8°24′。内侧卫星交会点的平均运动与外侧卫星交会点的平均运动之比，等于它们的周期与前者的周期之比，根据同样的推论，所以也可以给定。每个卫星回归点的前行运动与其交会点的后退运动之比，等于我们月球远地点的运动与其交会点之比（根据同一个理论），所以也给定。但是，这样求出的拱点运动必须以5比9或约等于1比2的比例减小，由于某种我在这不能解释得清的原因。每一个卫星的交会点和远地点的最大均差分别与月球交会点和远地点最大均差之比，等于前一均差一次环绕的时间里卫星的交会点和远地点的运动与在后一均差一次环绕的时间里我们的月球的交会点和远地点的运动。根据同样的推论，从木星上所看到的卫星变差与我们月球的变差之比，等于在卫星和我们月球（离开后）分别绕太阳公转的时间里这些交会点的总运动的比，因此最外侧卫星的变差不超过5.2秒。

命题24 定理19

海潮的涨落源于太阳和月球的作用。

根据卷一命题66推论19和20，证明海水一天中涨潮两次和退潮两次，包括在太阳日和月亮日。当太阳和月亮到达当地子午线6小时内，辽阔深邃的大海里海水会卷起最高的浪，这种例子发生在法国和好望角之间的大西洋、埃塞俄比亚以东海城，以及南太平洋的智利和秘鲁海岸。所有这些岸边涨潮发生在第2、第3或第4个小时，除非传播自大洋深处的海水运动被海峡的浅滩引向一些特定地点，这样会延迟到第5、第6或第7小时后，甚至更迟。我估计的小时数是从每一次两个日月到达当地子午线，也就是从高于或低于地平线时开始计算；我所理解的“月球时”是指月球日的24分之1，月球日即是月球通过其视自转运动至再次回到前一天留下的位置的子午线所需的时间。当日月到达当地子午线时，太阳、月球对海水涨潮的力是最大的；该作用于海水的力在作用后仍然能保持一段时间，且其随后由一种新的作用于其之上的力所增强，尽管这股作用力很小。这就使得海潮涨得越来越高，直到这一新的力变得越来越弱，以至于不能再使海水涨起来，海潮就涨到其最高的程度。这一过程也许需要一两个小时才能发生，但是通常是在靠近海岸的地方停留约3小时，当海水很浅时，甚至更久。

两个日月能够引起两个运动，这两个运动之间区别不明显，但是它们之间会引起一个复合两个运动的混合运动。在日月的合冲点，它们的作用力结合在一起，就引起最强的潮涨潮落。在方照时，太阳会使月亮退下去的潮水涨起来，或使月亮涨起来的潮水退下，并且它们力的差造成了最小的潮。因为（由经验可知）月亮的作用力大于太阳，所以在第三个月亮时前后会出现最高的潮水。除了在合冲点和方照，月亮独自引起的最大潮水应该落在第三个月亮时，而太阳独自引起的最大潮水应该发生在第三个太阳时。这两者合力引起的潮水必定落在一个中间时刻，并且相较于第三个太阳时，其更接近于第三个月亮时。因此，在月亮从合冲点移向方照点这段时间内，第三个太阳时发生于第三个月亮时之前，而且最高的浪潮到来的时间也发生第三个月亮时之前，以其最大间隔落在月球的八分点之后；当月球从方照点移到合冲，最高的浪潮以相同间隔落在第三个月亮时之后。在辽阔的海域如此发生，因为河入海口处的最高浪潮要比海面的最高浪潮更迟。

但是，日月的这些作用取决于其到地球的距离，因为当它们离地球距离较短时，它们的作用就较强，而当它们离地球距离较远时，它们的作用就较弱，即作用与其视直径的立方成正比。因此在冬季时，当太阳在近地点时有较大的作用，而且在合冲点时激起的潮水更高，而在方照时激起的潮水比夏季要小；而每月月亮在近地点激起的潮水要大于在离近地点15天前后当其还处于远地点时激起的潮水。由此可知，最大的两次潮水不是一个接一个地发生在两个相继的合冲点之后。

每个日月的作用还取决于其与赤道的倾斜度或距离，因为如果日月在极地位置上，则其就会始终吸引所有地方的水，其作用不会有任何强弱变化，且也不会引起任何运动交替。所以，在两个日月从赤道向两极移动的过程中，它们会慢慢失去作用力，这样当它们在合冲点时，在夏至和冬至时激起的潮水就比在春分和秋分时小。但是在方照时，它们在夏至和冬至时激起的潮水比在春分和秋分时大，因为在赤道时，月球作用力最大程度超过太阳，所以最大的潮水是在合冲点，最小的潮水在方照，在“二分”点时情况也如此。在合冲点时的最大潮水之后，通常紧接着在方照时的最小潮水，由经验得知。但是，因为太阳在冬季比夏季时距离更短，所以在春分之前最大潮水和最小潮水发生的频率要比在这之后发生得更高，而在秋分之前的频率则要比之后更小。

此外，日月的作用力也取决于地点的纬度。设$ApEP$代表表面覆盖深海的地球，C就表示地心，P、p是两极；AE是赤道，F为赤道外任意一点，Ff是赤道的平行线，Dd是相对应赤道另一边的平行线，L是月球三小时前所处的位置，H为月球正对着L的地球的点，h为H的地球另一面正对的点，K、k为90°处的距离；CH、Ch是海洋到地心的最大高度，CK、Ck是最小高度。如果以Hh、Kk为轴线作出一个椭圆，并绕其较长的轴线Hh自转，则椭球体$HPKhpk$就形成了，该椭球近似呈现了海的形状，CF、Cf、CD、Cd就表示在Ff、Dd处的海洋高度。而且，在前面所说的椭球体自转过程中，任意点N所划过的圆NM与平行线Ff、Dd相交于随MN移动的RT，与AE相交于S，CN表示在这个圆中R、S、T所代表的所有地方海面的高度。为此，在任意点F的自转中，最大涨潮将在F，在月球经过地平线上的子午线升后的第三小时；之后，最大的落潮又发生在Q处，在月球落下后的第三小时；然后又是在f处的最大涨潮，发生于月球落于地平线下子午线后的第三小时；最后在Q处发生最大涨潮，在月球升起之后第三小时；而且后者在f处的涨潮会小于前者在F处的海潮。因为整个海被分成两个半球的潮水，一个是在北部半球KHk上，而另一个是在南部半球

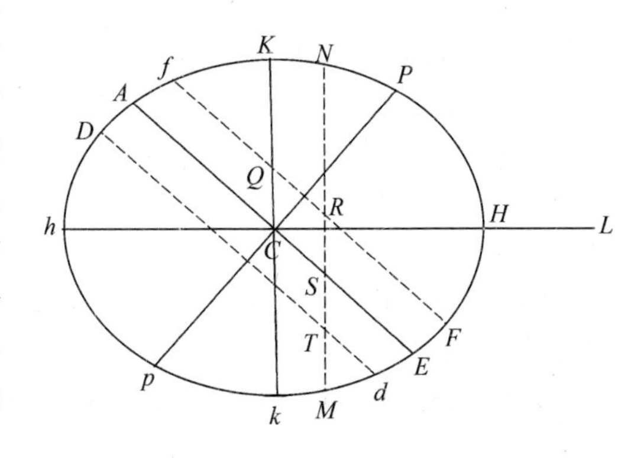

*Khk*上,对此我们可以分别称之为北部潮水和南部潮水。这是两部分永远彼此相反的潮水,以12月亮时的间隔,逐一到达各地的子午线。由于北半球国家更多受到北部潮水的影响,而南半球则更多受到南部潮水的影响,因此日月升落引起的大小不等的潮涨潮落,交替在赤道以外的任何地方发生。但是,最大潮会发生在月球朝向当地的天顶落下,约为月球从地平线到子午线后的第三个小时;当月球变得更倾向于赤道的另一边时,则本来较大的潮水会减小。这种最大的潮水差将会发生在二至六时。特别是当月球的交点是在白羊座的第一星附近时。由经验可知,在冬季时早潮要超过晚潮,而在夏季晚潮超过早潮。根据科尔普雷斯和斯托米的观测,在普利茅斯此高度差为1英尺,而在布里斯托为15英寸。

然而,我们所描述的运动也会受到相互作用而有一些改变,水一旦被移动,就会因其惯性而继续一段时间。因此,尽管日月的作用停止了,但潮水还是会持续一段。这种能持续驱动其运动的能力减少了交替潮水的差异,而且让那些紧接在合冲点大潮之后的潮水更大,而在方照点小潮之后的潮水更小。因此,在普利茅斯和布里斯托的交替潮水的高度差相互之间不大于1英尺或15英寸,而且在所有这些港口中最大潮水不是在合冲点大潮之后的第一天而是第三天。而且,所有的运动都在它们通过浅海峡而有所阻滞,因此在一些海峡和河流入海口处,往往最大的潮水是在合冲点大潮后的第四天,甚至是第五天。

进而,可能还会发生潮水通过不同的海峡到达同一个港口,且可能在通过一些海峡时,会比通过其他的要快一些;在此种情况中,同样的潮水分成了两道或一个接一个分出更多,最后它们可能会合成一道不同类的新运动。我们假设两支相等的潮水从不同地方汇聚到同一个港口,有一个要提前另一个六小时;又假设这前一个海潮发生在月球到达该港口的子午线之后的第三小时。如果月球在到达该子午线时是在其赤道上,那里每六小时会出现相等的涨潮,在遇到相等的退潮时,相互之间就抵消了,到那一天海水就会沉寂下来。如果月球接着从赤道落下,如同我们所说过的,潮水就会在较大和较小间交替,因此两个较大和较小的潮水会交替到达港口。但是这两个较大的潮水会在它们到达的时间之间产生最大的潮水,而这两种潮水能在它们的到达时间之间,产生这四股潮水的平均高度,然后这两个较小潮水之间能产生最低的潮水。因此,在24小时里潮水一般不会涨两次最高潮,而是只有一次到达了最高潮;如果月球倾向于上极点,则潮水的最高高度就会发生于月球到达地平线之后的第6或第30小时;当月球改变其倾角时,潮水会变成退潮。哈雷博士所给我们的例子的其中之一,根据位于北纬20°50′东京王国的巴沙姆港口的水手观测;在月球穿越赤道后的第一天里,在此港口里的海水不流动,当月球向北倾斜时,海水就如同其他港口那样开始涨落,每天一次,而非两次;而且在月落时开始涨潮,在月球升起时有最大退潮。潮水随月球的倾斜度增加而增强到第七或第八天;随后七八天潮水以涨潮时相同比率程度退潮,当月球越过赤道向南在改变倾斜度后,退潮。之后潮水迅速变为退潮；因此月落时退潮，升起时涨潮，直到月球重新越过赤道改变其倾斜度。有两条海湾通向此港口和邻近海峡，一条是从欧亚大陆与吕宋岛之间的中国海，另一条是从欧亚大陆与婆罗洲岛（今加里曼丹岛）之间的印度洋。但是，是否真的有两股潮水流经刚才所说的海峡，一条来自印度洋（12小时内），另一条来自中国海（6小时内），在第三个和第九个月球时混合在一起，产生这些运动；或者是否由这些海域的其他情况的条件产生，我把这留给了邻近海岸的观测来求得。

以上我已阐述了关于月球和海洋运动的原因，现在对这些运动进行定量讨论。

命题25　问题6

求太阳扰动月球运动的力。

令S为太阳，T为地球，P为月球，$CADB$是月球的轨道。SP上取SK等于ST，令SL与SK之比等于SK与SP之比的平方；作线LM平行于PT；如果设ST或SK表示地球指向太阳的加速引力，SL就会表示月球指向太阳的加速引力。但是，该力是由SM和LM合成的，其中LM和SM的由TM表示扰动月球的运动部分，正如我们在卷一命题66及其推论所已阐明的。鉴于地球和月球绕其共同重心旋转，地球的运动也会受到类似力的扰动，但是我们可以考虑把这些力的和与运动的和都看作是在月球上的，力的和用与其相似的线段TM、ML来表示。力ML（平均量）比使月球在距离PT处绕静止地球公转的向心力，等于月球绕地球公转的周期与地球绕太阳公转的周期之比的平方（根据卷一命题66推论17），即等于27天7小时43分与365天6小时9分之比的平方，或等于1000比178725，或等于1比$178\frac{29}{40}$。但是，在本卷命题4中我们得知，如果地球和月球都绕它们的共同重心旋转，那么它们彼此之间的平均距离约等于$60\frac{1}{2}$个地球的平均半径；在$60\frac{1}{2}$个地球半径的距离PT里，使月球维持在绕静止地球公转的轨道上的力，与使月球在相同时间里在距离60个地球半径处运转的力之比等于$60\frac{1}{2}$比60；而且这个力与我们附近的重力之比非常近似等于1比60×60。因此，平均力ML与地球表面的引力之比等于$1\times60\frac{1}{2}$比$60\times60\times60\times178\frac{29}{40}$或者为1比

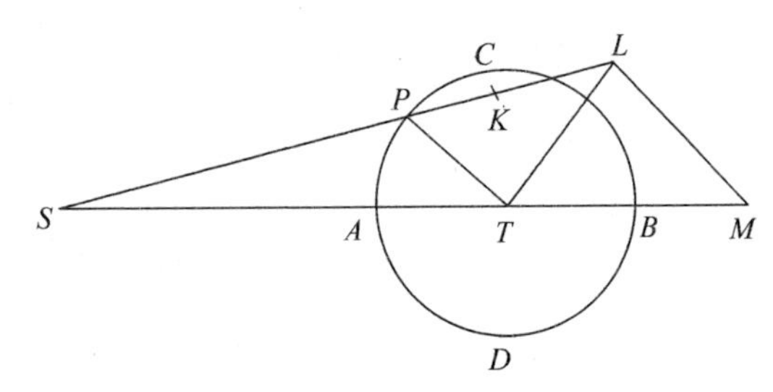

638092.6；因此，根据直线TM与ML的比，也可求出力TM。这就是太阳扰动月球运动的力。由此得证。

命题26　问题7

月球在圆形轨道上时，求引向地球的半径所扫过面积的每小时增量。

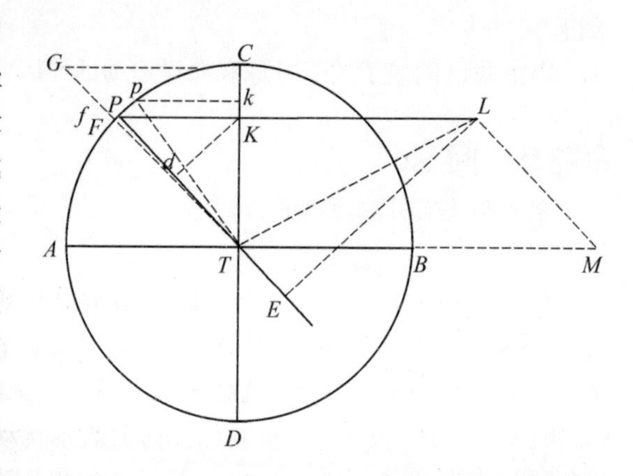

我们之前已经证明月球引向地球的半径经过的面积与经过的时间成正比，月球的运动受太阳作用的扰动除外；在此，我们拟探究瞬的不相等性，或受扰动的该面积或运动的每小时的增量。为了使计算表达得更为简便，我们假设月球的轨道是圆，且忽略掉其他所有不相等性，现在要考虑的除外；因为与太阳有极大的距离，所以我们可以进一步设直线SP和ST是平行的。由此，力LM总会简化为其平均量TP，力TM也会简化为平均量$3PK$。这些力（根据运动定律推论2）合成力TL。作LE垂直于半径TP，这个力又可分解为力TE和EL；其中力TE一直作用于半径TP径向，且不使半径TP在扫过面积TPC时加速或减速；但是EL，作用于半径TP的法向，这使得经过该面积的加、减速与月球运转速度的加、减速成正比。在从方照C移动到合点A的路径中，月球的加速度在每一瞬都与生成的加速力EL成正比，即正比于$\frac{3PK\times TK}{TP}$。令时间由月球的平均运动表示，或是（等价地）由角CTP来表示，甚至是用弧CP来表示。作CG垂直于CT，且CG等于CT；设直角弧AC被等分成无穷个部分Pp……，这些部分表示同样数量大无限个相等的时间部分。作pk垂直于CT，延长TG交KP、kp的延长线于点F和f，则FK等于TK，Kk比PK等于Pp比Tp，即比值是给定的；所以$FK\times Kk$，或是面积$FKkf$将正比于$\frac{3PK\times TK}{TP}$，即正比于EL；复合之，整个面积$GCKF$将正比于在整个时间CP里，所有作用在月球上的力EL之和；所以，也正比于这个和所生成的速度，即，正比于扫过面积CTP的加速度或是瞬的增量。使月球保持在距离TP上以27天7小时43分的周期$CADB$绕静止地球的力，可以使一个物体在时间CT里下落并划过$\frac{1}{2}CT$长的距离，与此同时，也获得一个月球在其轨道上运动的相等速度。由卷一命题4推论9这是显而易见的。但因为垂直于TP的Kd是

EL的长度的三分之一,又在八分点处等于TP或ML的一半,所以在力EL最大的这个八分点处,超出力ML的部分与力ML之比为3比2;所以比使月球在其周期内绕静止地球公转的力,等于100比$\frac{2}{3}\times 17872\frac{1}{2}$,或11915,而且在时间$CT$里生成的速度等于月球速度的$\frac{100}{11915}$;而在时间$CPA$里可以生成一个正比于$CA$比$CT$或是$TP$的更大速度。令在八分点的最大力$EL$由面积$FK\times Kk$表示,或由相等的乘积$\frac{1}{2}TP\times Pp$来表示,在任意时间$CP$里,那个最大力能生成的速度比同样时间里任意较小力$EL$能生成的速度之比,等于乘积$\frac{1}{2}TP\times CP$比面积$KCGF$。但是,在总时间$CPA$里产生的速度彼此之比等于乘积$\frac{1}{2}TP\times CA$比三角形$TCG$,或等于直角弧$CA$比半径$TP$,所以在总时间里,后一个生成的速度等于月球速度的$\frac{100}{11915}$。对于这个正比于面积的平均瞬的月球速度(设该平均瞬由数字11915表示),如果我们在该速度上增加或减去另一速度的一半,则和11915+50,或11965就表示在合冲点A面积的最大变化率;而差11915−50,或11865表示在方照面积的最小瞬率。所以,在相等时间里,在合冲点和方照经过的面积之比为11965比11865。如果我们给最小瞬11865再加上一个瞬,它比前面两个瞬的差100等于四边形$FKCG$比三角形TCG,或等于正弦PK的平方比半径TP的平方(即等于Pd比TP),则所得到的和表示月球位于任意中间位置P时的面积的瞬。

但是,这一切的发生只建立在一个假设上即太阳和地球都是静止的,月球会合周期是27天7小时43分。但是由于月球的会合周期实际是29天12小时44分,所以瞬必定按时间相同的比例增加,即以1080853比1000000的比例增加。基于这个原因,之前平均瞬$\frac{100}{11915}$的整个增量,就会变为平均瞬$\frac{100}{11023}$;因此,月球在方照的面积的瞬和在合冲点的瞬之比为(11023−50)比(11023+50),或等于10973比11073,而月球在任意中间位置P的瞬则为10973比(10973+Pd),设TP=100。

月球引向地球的半径在若干相等时间里画出的面积,在一个单位圆上时近似正比于数219.46与月球到最近一个方照的两倍距离的正矢之和。因而当变差在八分点时其为其平均量。但是如果那一位置的变差或大或小,则那个正矢也要以相同的比例增大或减小。

命题27　问题8

由月球的小时运动求其到地球的距离。

月球引向地球的半径在每一瞬间过的面积，正比于月球的小时运动与月球到地球距离的平方的乘积。因此，月球到地球的距离等于与面积的平方根成正比，与小时运动的平方根成反比。由此得证。

推论1 由此月球的视直径可求出，因为它反比于地月距离。让天文学家尝试这些规律是否和现象相符。

推论2 由现象可求出比迄今为止所作的月球轨道更精确。

命题28 问题9

求月球运动在无偏心率轨道的直径。

如果物体受垂直于轨道的方向吸引，则其划过轨道曲率与该引力成正比，与速度的平方成反比。我估计曲线的曲率之比等于相切角的正弦或正切与相等半径的最终比，设那些半径无限减小。但是，月球在合冲点对地球的引力是其对地球的引力超过太阳引力$2PK$的部分（见命题25的图），太阳引力$2PK$是月球指向太阳的加速引力超出或被超出地球指向太阳的加速引力的差。而在方照时，引力就是月球指向地球的引力和太阳引力KT的和，太阳引力KT使月球趋向于球。设N等于$\frac{AT+CT}{2}$，则这些引力接近正比于$\frac{178725}{AT^2}-\frac{2000}{CT\times N}$和$\frac{178725}{CT^2}+\frac{1000}{AT\times N}$，或正比于$178725N\times CT^2-2000AT^2\times CT$和$178725N\times AT^2+1000CT^2\times AT$。因为如果月球指向地球的加速引力由数字178725表示，则把月球拉向地球的平均力ML在方照时为PT或TK等于1000，而在合冲点的平均力TM等于3000；如果我们从中减去平均引力ML，则剩余2000，这就是合冲点时牵引月球的力，也就是我们曾称为$2PK$的力。但是，月球在合冲点A和B的速度与在方照C和D的速度之比为CT比AT与月球引向地球的半径在合冲点时所扫过面积的变化率，比上在方照所经过的面积的瞬的乘积等于$11073CT$比$10973AT$。该比值倒数的平方乘以前一个比值的一次力，则月球轨道的曲率在合冲点时与在方照时的曲率之比为$120406729\times178725AT^2\times CT^2\times N-$

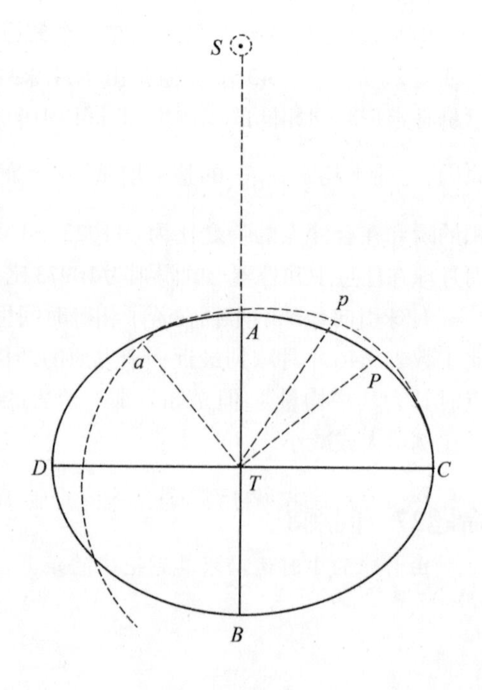

$120406729\times2000AT^4\times CT$比$122611329\times178725AT^2\times CT^2\times N+122611329\times1000CT^4\times AT$，即等于$2151969AT\times CT\times N-24081AT^3$比$2191371AT\times CT\times N+12261CT^3$。

因为月球轨道的形状未知，我们设一个椭圆$DBCA$来代替，地球位于椭圆中心，且长轴DC位于方照之间，短轴AB位于合冲点之间。但是，由于该椭圆的平面以角运动绕地球旋转，而我们现在所求曲率的轨道就应在没有这种角运动的平面上划过。我们要考虑月球旋转在该平面上划过轨道的图形，那就是图形Cpa，其上点p是这样求出：设轨道上任意一点P表示月球位置，作Tp与TP等长，且使得角PTp等于太阳最后一个方照C以后的视运动，或者（等价地）使得角CTp比角CTP等于月球的会合运动周期比循环运动周期，等于29天12小时44分比27天7小时43分。因此，如果我们以这个比值取角CTa比直角CTA，而且取Ta与TA等长，这样我们就可得a为轨道Cpa的下拱点，而C为上拱点。但是，根据计算，我求得在顶点a处的轨道Cpa的曲率与以T为圆心，TA为半径的圆的曲率之差，比在顶点A处的椭圆的曲率与同一个圆的曲率之差，等于角CTP与角CTp之比的平方，且椭圆在A处的曲率与此圆的曲率之比等于TA与TC之比的平方。此圆的曲率比以T为圆心，以TC为半径的圆的曲率等于TC比TA，但与椭圆在C处最后一个圆的曲率之比为TA比TC的平方，且椭圆在顶点C处的曲率与最后一个圆的曲率之差，比图形Cpa在顶点C处的曲率与同一个圆的曲率之差，等于角CTp与角CTP之比的平方。所有这些比例都能很容易从相切角的正弦和那些角之间的差的正弦中推导出。但是，把那些比例一起进行比较，我们可求得，图形Cpa在a处的曲率比其在C处的曲率等于$AT^3-\frac{16824}{100000}CT^2\times AT$比$CT^3+\frac{16824}{100000}AT^2\times CT$，这里数$\frac{16824}{100000}$表示角$CTP$与角$CTp$的平方差除以较小的角$CTP$的平方；或表示（等价地）时间27天7小时43分和29天12小时44分之平方差除以时间27天7小时43分的平方。

因此，由于a表示月球的合冲点，而C为方照，现在求得上述比例必定等于上面我们求出的月球在合冲点的曲率与其在方照的曲率的比值。因此，为了求出CT比AT的比，让外项与内项各自相乘，得出的项除以$AT\times CT$，就可得$2062.79CT^4-2151969N\times CT^3+368676N\times AT\times CT^2+36342AT^2\times CT^2-362047N\times AT^2\times CT+2191371N\times AT^3+4051.4AT^4=0$。现在如果我们取$AT$和$CT$的和$N$的一半为1，取$x$是它们之差的一半，因此$CT=1+x$，$AT=1-x$。然后把这些值代入等式中，我们解出$x=0.00719$；因此半径$CT=1.00719$，半径$AT=0.99281$，这些数之间的比约等于$70\frac{1}{24}$比$69\frac{1}{24}$。所以，月球在合冲点比其在方照时到地球的距离为$69\frac{1}{24}$比$70\frac{1}{24}$，或者圆整以后等于69比70。

命题29　问题10

求月球的二均差。

这种不相等性部分归因于月球轨道是呈椭圆形，部分归因于月球引向地球的半径所扫过的面积的瞬的不相等性。如果月球P绕静止在椭圆$DBCA$中心的静止地球旋转，且引向地球的半径TP所扫过的面积CTP正比于扫过的时间，椭圆的长半轴CT与短半轴TA之比为70比69，则角CTP的正切比从方照C处算起的平均运动角的正切，等于椭圆的短半轴TA与长半轴TC之比，或等于69比70。但是扫过的面积CTP应该随着月球从方照点向合冲点前进，以这种方式加速，使月球在合冲点的与其在方照的面积的瞬等于11073比10973，并且在中间任意位置P的瞬的超过量比在方照的瞬的超过量正比于角CTP的正弦的平方；如果我们令角CTP的正切以10973与11073的比的平方根减少，即以68.6877比69的比值减少，则我们可以足够精确地求出它。基于此原因，现在角CTP的正切比平均运动角的正弦等于68.6877比70；角CTP在平均运动角为45°的八分点处会得出为44°27′28″，用平均运动角45°减去该度数，就剩下最大二均差32′32″。这样，如果月球从方照点到合冲点只扫过90°的角CTA。但由于地球运动造成太阳的视移动，这样月球在超过太阳之前扫过的角CTa大于直角，比值等于月球旋转的会合周期比其自转周期，等于29天12小时44分比27天7小时43分。由此所有以圆心T为顶点的角也以相同比例扩大。且因本应为32′32″的最大二均差，现在也以流动相同的比例增大到35′10″。

这就是在日地平均距离上月球的二均差的大小，忽略掉可能源于地球公转轨道曲率所引起的差异，太阳在凹月和新月时比在凸月和满月时的作用更强。在其他日地距离中，最大二均差与月球转动会合周期成正比（一年的时间是给定的）的平方，且与太阳到地球距离的立方成反比。如果太阳的偏心率比地球公转轨道的长半轴等于$16\frac{15}{16}$比1000，则太阳最大二均差在远地点为33′14″，在近地点为37′11″。

迄今为止，我们已经了解到一个无偏心的轨道的二均差，其中月球在八分点总是在其到地球的平均距离上，如果由于月球轨道的偏心率，如果月球到地球的距离或多于或少于其位于轨道上时的距离，由此法则可知，其二均差也或者略大，或者略小。但是，我把二均差的盈亏留给天文学家通过天象观测做出推算。

命题30　问题11

求月球在圆轨道交会点的小时运动。

令S表示太阳，T为地球，P为月球，NPn为月球轨道，Npn为轨道在黄道面上的正投影；N、n为交点，$nTNm$为交点连线的不定延长线；PI、PK垂直于直线ST、Qq；Pp垂直于黄道面；A、B为月球在黄道平面的合冲点；AZ垂直于交点连线Nn，Q、q为月球在黄道面的方照，pK垂直于方照之间的连线Qq。扰动月球运动的太阳作用力（根据命题25）是由两部分组成的:(在这个命题的图中)一部分正比于直线LM，另

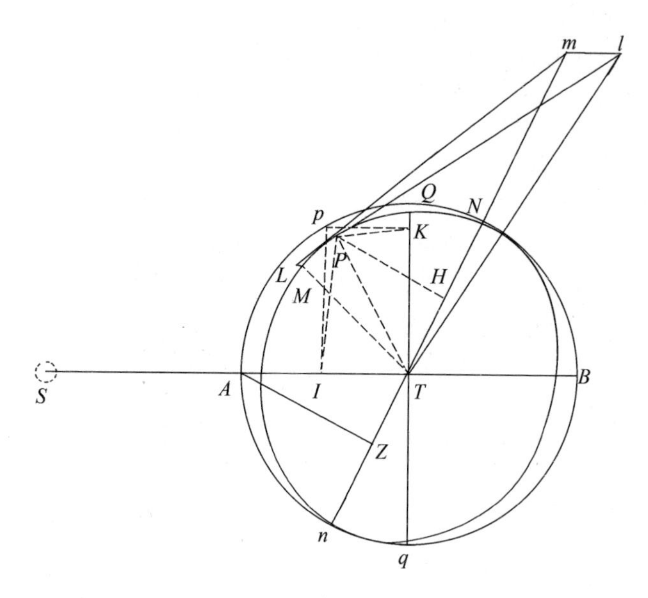

一部分正比于直线MT;在平行于地球与太阳的连线ST的方向,月球受前一个力的作用被吸引向地球,受后者的作用被吸引向太阳。前一个力LM沿月球轨道平面方向作用,因此对位置没有改变,它可以被忽略;而使月球轨道受扰动的后一个力MT与力$3PK$或$3IT$相同。该力(根据命题25)比使月球围绕静止的地球圆轨道以自己周期做匀速转动的力,等于$3IT$比圆轨道半径与178.725的乘积,或等于IT比半径与59.575的乘积。但在本计算中以及以后的所有情况中,我都认为所有日月连线平行于地日连线;因为这儿的倾斜使在所有情况下减少的作用,与其在另一些情况中增加的作用几乎一样;我们现在是在研究交会点的平均运动,忽略掉那些无关紧要而只会使计算更困惑的细节。

现在设PM表示月球在最短时间间隔内所划过的弧,ML是一小段线段——在先前所说的力$3IT$的推动下,月球可以在相同时间里划过它的一半;延长PL、MP交黄道面于m、l,然后作PH垂直于Tm。现在,因为直线ML平行于黄道面,所以ML永远不能和该平面上的直线ml相交,而又因为这两条直线都在同一个平面$LMPml$上,因此它们也平行,所以三角形LMP、lmP相似。由于MPm在轨道平面上,当月球在此平面的P点运动时,点m落在轨道交点N、n的连线Nn上。如果生成线段LM一半长度的力的全部大小施加于P点一次,会生成整条线段,而且使月球在以LP为弦的弧上运动;也就是说,使月球从平面$MPmT$转移到平面$LPlT$;所以该力产生的交会点角运动等于角mTl。但是,ml比mP等于ML比MP,而由于时间是给定的,MP也是给定的,因此ml正比于乘积$ML \times mP$,即正比于乘积$IT \times mP$。如果Tml是直角,则角mTl正比于$\frac{ml}{Tm}$,因此正比于$\frac{IT \times Pm}{Tm}$(由于Tm和mP,TP和PH成正比),所以它也正比于$\frac{IT \times PH}{TP}$，且因为TP给定，因此正比于$IT \times PH$。但是，如果角Tml或角STN非直角，则角mTl更小，并以角STN的正弦与半径之比，或于AZ与AT之比。所以，交会点的速度与$IT \times PH \times AZ$成正比，与角TPI、PTN和STN的正弦的乘积成正比。

如果交会点在方照、月球在合冲点时它们都是直角，则线段ml就会远离到无限远的距离，且角mTl就会等于角mPl。但是在此情形中，角mPl比在相同时间里月球绕地球的视运动所扫过的角PTM，等于1比59.575。因为角mPl等于角LPM，等于月球偏离直线运动的角；如果月球的引力消失，则先前所说的太阳力$3IT$会单独在给定时间里生成该角。角PTM等于月球偏离直线运动的角，如果太阳力$3IT$消失，则月球被保持在轨道上的力能在相同时间里单独生成该角，且这两个力（就是前面所说的）彼此比值为1比59.575。因此，因为月球的平均小时运动（相对于恒星）是$32'56''27'''12\frac{1}{2}^{iv}$，所以在这一情况中交会点的小时运动为$33''10'''32^{iv}12^{v}$。但是在另一些情况中，小时运动比$33''10'''32^{iv}12^{v}$，等于$TPI$、$PTN$和$STN$这三个角的正弦（或者是月球到方照的距离、月球到交会点的距离和交会点到太阳的距离）的乘积比半径的立方。每当任意角的正弦的符号从正到负，又从负到正，退行一定变为前行，而前行又变为退行。因此，当月球运行到任意方照与方照附近的交会点之间的位置上时，交会点就会是前行的。在另外的情况中它们是退行的，而又因为退行会超过前行，所以交会点逐月向退行方向移动。

推论1 如果从极短弧PM的端点P和M，向连接方照点的直线Qq作垂线PK、Mk，延长垂线与交点连线Nn交于D和d，则交会点的小时运动就会与面积$MPDd$与线段AZ平方的乘积成正比。令PK、PH和AZ为上述三个正弦，即PK为月球到方照的距离的正弦，PH为月球到交会点的距离的正弦，AZ为交会点到太阳距离的正弦；所以交会点的速度与$PK \times PH \times AZ$成正比。但是，由于PT比PK等于PM比Kk，又因为PT和PM给定，所以Kk正比于PK。类似地，由于AT比PD等于AZ比PH，因此PH正比于乘积$PD \times AZ$；通过这些比例相乘，得到$PK \times PH$正比于$Kk \times PD \times AZ$，$PK \times PH \times AZ$正比于$Kk \times PD \times AZ^2$，即正比于面积$PDdM$与AZ^2的乘积。由此得证。

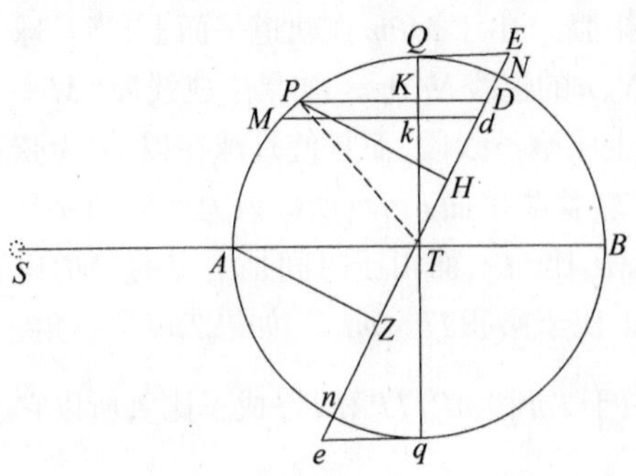

推论2 在交会点任意给定的位置上，它们的平均小时运动是它们在月球合冲点的小时运动的一半，所以它们比$16''35'''16^{iv}36^{v}$，等于交点到合冲点的距离的正弦的平方比半径的平方，或等于AZ^2比AT^2。由于如果月球以匀速划过半圆QAq，则在月球从点Q运动到点M期间，

面积PDdM的总和就会等于面积QMdE，其到圆的切线QE处为止；且在月球运动到达点n时，该和就会等于由线PD划过的面积EQAn；但是，当月球从点n前往点q时，直线PD会落在圆外，而且划过到圆的切线qe为止的面积nqe，而因为之前交会点是退行，现在变为前行，所以该面积必须从前一个面积中减去，而因为该面积等于面积QEN，因此剩下的就等于半圆NQAn。因此，当月球划过一个半圆期间，所有面积PDdM的总和等于半圆的面积；而当月球划过一个完整的圆，所有面积的总和就会等于整圆的面积。但是当月球在合冲点时，面积PDdM为弧PM和半径PT的乘积；在月球划过一个整圆的时间里，每一个与月球面积总和相等的面积，都会等于圆周长与圆半径的乘积；而这个乘积等于圆面积两倍时，该乘积也成为前乘积的两倍。所以，如果交会点继续以它们在月球合冲点的速度匀速运动，则它们就会划过它们实际划过距离的两倍；这就可以得出，如果持续匀速运动，则平均运动划过的距离等于实际上不平均运动所划过的距离，则该平均运动是月球在合冲点的运动的一半。因此，由于当交会点在方照时，它们的最大小时运动为$33''10'''33^{iv}12^{v}$，在这种情况下它们的平均小时运动就会为$16''35'''16^{iv}36^{v}$。由于在每一处交会点小时运动都与AZ^2与面积PDdM的乘积成正比，所以在月球的合冲点，交会点的小时运动也与AZ^2与面积PDdM的乘积成正比，即（因为在合冲点所扫过的面积PDdM是给定的）正比于AZ^2，所以平均运动也正比于AZ^2；因此，当交会点在方照之外时，该运动比$16''35'''16^{iv}36^{v}$等于AZ^2比AT^2。由此得证。

命题31　问题12

求在椭圆轨道上的月球交点的小时运动。

令Qpmaq表示以长轴Qq和短轴ab所作的椭圆；QAqB是该椭圆的外接圆；T表示处于两者共同中心的地球；S为太阳，p为在椭圆上运动的月球；pm为月球在最小的时间瞬里掠过的弧；N和n是交会点，连线为Nn；pK和mk垂直于轴Qq，并双向延长与圆相交于P和M，与交会点连线相交于D和d。如果月球引向地球的半径扫过的面积与所扫过的时间成正比，则在椭圆交会点处的小时运动就会正比于面积pDdm和AZ^2的乘积。

令PF与圆相切于P，延长交TN于F；令pf与椭圆相切于p，延长交TN于f，这两条切线在轴TQ相交于Y。令ML表示月球受前面所说的力3IT或3PK的推动在绕轨道运行中掠过弧长PM的时间里，做横向运动所掠过的距离；且ml表示月球在相同时间里由同样的力3IT或3PK的推动沿椭圆转动的距离；令LP和lp延长交黄道面于G和g，连接FG和fg，其中FG被延长并分别交pf、pg和TQ于c、e和R；而fg的延长线与TQ相交于r。因为在圆上的力3IT或3PK比在椭圆上的力3IT或3pK，等于PK比pK，或等于AT比aT，由前一个力所生成的距离ML比后一个力生成的距离

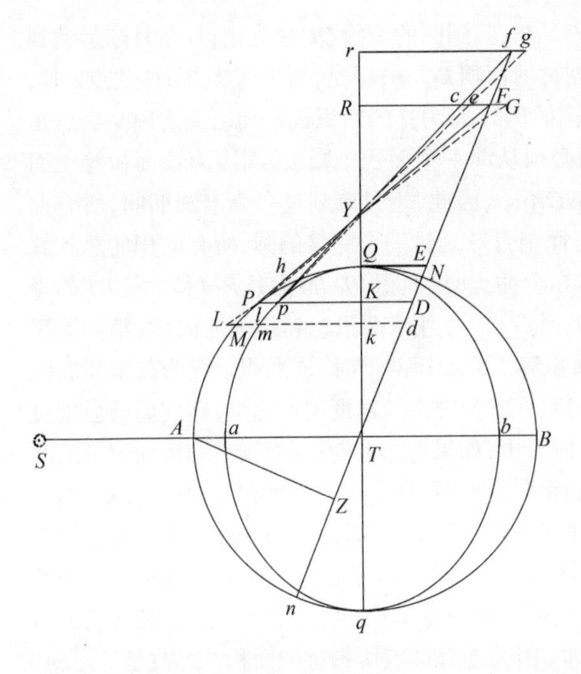

ml等于PK比pK，即，由于图形$PYKp$和$FYRc$相似，也等于FR比cR。但是（由于三角形PLM和PGF相似），ML比FG等于PL比PG，即（由于Lk、PK、GR平行）等于pl比pe，也即（因为三角形plm、cpe相似）等于lm比ce；且反比于LM比lm，或等于FR比cR，所以等于FG比ce。因此，如果fg比ce等于fy比cY，即等于fr比cR（即等于fr比FR与FR比cR的乘积，也即等于fT比FT与FG比ce的乘积），因为两边除去的比例FG比ce，剩fg比FG和fT比FT，则fg比FG就会等于fT比FT，因此FG和fg对向地球T成的角彼此相等。但是，这些角（由前一命题我们所证明的得知）是当月球划过圆的弧PM和椭圆的弧pm时交会点的运动，所以交会点在圆和椭圆上的运动彼此相等。由此我说，如果fg比ce等于fY比cY，即如果fg等于$\frac{ce\times fY}{cY}$，就会是这样。但由于三角形fgp、cep相似，fg比上ce等于fp比cp，因此fg等于$\frac{ce\times fp}{cp}$。因此，实际上由fg所成的角比由FG所成的前一个角，即在椭圆上交会点的运动比圆上交会点的运动，等于fg或$\frac{ce\times fp}{cp}$比前一个fg或$\frac{ce\times fY}{cY}$，即等于$fp\times cY$比$fY\times cp$，或等于fp比fY乘以cY比cp；即如果ph平行于TN且与FP交于h，则等于Fh比FY乘以FY比FP，即等于Fh比FP或Dp比DP，因此就等于面积$Dpmd$比面积$DPMd$。因此，根据命题30推论1，因为后一面积与AZ^2的乘积与圆中交会点的小时运动成正比，所以前一面积与AZ^2的乘积将与椭圆中的交会点的小时运动成正比。由此得证。

推论 因此，因为在任意给定交点的位置上，在月球从方照运行到任意位置m的时间里，所有面积$pDdm$的和等于以椭圆的切线QE为终止边界的面积$mpQEd$；且在一次完整的自转中，所有这些面积之和等于整个椭圆的面积；在椭圆上的交会点的平均运动比圆上交会点的平均运动等于椭圆与圆之比，即等于Ta比TA，或69比70。因此，（根据命题30推论2）由于圆上交会点的平均小时运动比$16''35'''16^{iv}36^{v}$等于AZ^2比AT^2，如果我们取角$16''21'''3^{iv}30^{v}$与角$16''35'''16^{iv}36^{v}$之比等于69比70，则椭圆上交会点的平均小时运动与$16''21'''3^{iv}30^{v}$之比就会等于AZ^2比AT^2，即等于交会点到太阳距离的正弦的平方比半径的平方。

但是，月球引向地球的半径，在合冲点扫过面积的速度大于其在方照的速度。因此，在合冲点的用时缩短了，而在方照的用时延长了，交会点的运动随时间一起相应增减。但是，由于月球在方照的面积的瞬比其在合冲点的瞬等于10973比11073，所以月球在八分点的平均的瞬比其超出在合冲点的部分和比其少于方照的部分，等于这两个数字之和的一半11023比上两者差的一半50。因为月球在其轨道的几个相等间隔部分的时间反比于它的速度，所以在八分点的平均时间与它在方照的时间超出部分的比值，和它比在方照少的部分的比值，由于此原因约等于11023比50。但是，我发现从方照到合冲点一些位置的面积的瞬之差，几乎正比于月球到方照距离的正弦的平方；所以在任意位置的瞬与在八分点的平均瞬之差，正比于月球到方照的距离的正弦的平方，即45°正弦的平方之差，或是与半径的平方的一半之差；而在八分点和方照之间几处的时间增量，与八分点和合冲点之间的时间减量有相同比。但是，当月球划过轨道上几段相等部分时，交会点的运动以正比于该划过的时间而加速或减速，因为当月球划过PM，该运动（等价地）正比于ML，而ML正比于时间的平方。因此，在月球划过轨道上给定的小段间隔的时间里，交会点在合冲点的运动以11073与11023比值的平方减少，且减少量与剩下的运动之比等于100比10973，但是与整个运动之比约等于100比11073。但是八分点和合冲点之间位置上的减少量，与八分点和方照之间位置上的增加量比该增量，比该减少量约等于在这些位置上的运动总量与在合冲点的运动总量的比值，乘以月球到方照距离的正弦的平方和半径平方的一半之差与半径平方的一半的比值。因此，如果交会点在方照，我们可取两个点，分别在它的两边，它们距离八分点相等，又以相同间隔距离到方照和合冲点，将合冲点和八分点之间两处的运动减量减去八分点和方照之间两处的运动增量，剩余的减量就等于在合冲点的减量，这由计算可以很容易证明，所以应从交会点的平均运动中减去的平均减量，等于在合冲点的减量的四分之一。交会点在合冲点的整个小时运动（当月球引向地球的半径所扫过的面积正比于扫过的用时）为$32''42'''7^{iv}$。且我们已经证明在月球以最大速度划过相同距离时，交会点的运动减量比该运动等于100比11073，所以该减量为$17'''43^{iv}11^{v}$。从上面求出的平均小时运动$16''21'''3^{iv}30^{v}$中减去上面求出减量的四分之一，即$4'''25^{iv}48^{v}$，剩余$16''16'''37^{iv}42^{v}$就是它们正确的平均小时运动。

如果交会点在方照之外，取两位置，位于其两边，距离合冲点相等，当月球位于那些位置时，交会点运动的和比当月球位于相同位置而交会点在方照点时它们的运动之和，等于AZ^2比AT^2。源于这些原因的运动减量彼此之比等于运动本身，因此，剩余的运动彼此之比等于AZ^2比AT^2；而平均运动也正比于剩余运动。因此，在任意交会点给定的位置，它们的正确平均小时运动比$16''16'''37^{iv}42^{v}$，等于AZ^2比AT^2，也等于交会点到合冲点的距离的正弦的平方比半径的平方。

命题32 问题13

求月球交会点的平均运动。

年平均运动就是这全年中所有平均小时运动之和。设交会点为N,每流逝一小时后,它又会退回到其原先位置,因此尽管它有符合规则的运动,它还是始终待在相对于恒星来说不变的位置上。与此同时,由于地球的运动,太阳S被视为离开交会点,并以均匀运动继续前行,直到完成它周年视运动。令Aa表示以给定极短弧长,总是引向太阳直线TS,其与圆NAn相交处,在极短的给定时间的瞬里划过的就是该弧长,平均小时运动(由以上所证)正比于AZ^2,即(由于AZ正比于ZY)正比于AZ与ZY的乘积,也即正比于面积$AZYa$。从最开始的所有平均小时运动之和正比于所有面积$aYZA$之和,即正比于面积NAZ。但是面积最大的$AZYa$,等于弧Aa与圆半径的乘积,所以整个圆中所有这些乘积之和与所有这些最大乘积之和的比值,等于圆的整个面积比圆周长与半径的乘积,即等于1比2。但该最大乘积对应的小时运动为$16''16'''37^{iv}42^{v}$,而在一个完整的恒星年365天6小时9分的时间里,该运动等同于$39°38'7''50'''$,所以其一半$19°49'3''55'''$就是整个圆所对应的交会点的平均运动。在太阳从N运行到点A的时间里,交会点的运动比$19°49'3''55'''$等于面积NAZ比整个圆的面积。

如果交会点每小时退回到其原先所在位置,如是结论才会成立。因此,在完成一次转动后,太阳在每一年年底就会重新出现在其年初离开时的同一个交会点上。但与此同时,由于交会点也在运动,所以太阳必定要更早与交会点相遇。现在,我们仍然需要计算的时间缩短。太阳在一整年内前行了360°,而在此期间交会点的最大运动是$39°38'7''50'''$,或39.6355°;任意位置N的交会点平均运动比其在方照的平均运动,等于AZ^2比AT^2;太阳运动与在N处的交会点运动之比等于$360AT^2$比$39.6355AZ^2$,即等于$9.0827646AT^2$比AZ^2。因此,如果我们设整个圆的周长NAn等分为若干部分,比如Aa。如果圆是静止的,在太阳划过这一小段弧Aa所用的时间,比假设圆与交会点一起绕中心T掠过相同距离的时间,反比于$9.0827646AT^2$与$9.0827646AT^2+AZ^2$的比;由于划过这一小段弧的时间反比于其速度,又该速度为太阳和交会点速度之和,所以,如果扇形NTA表示在没有交会点的运动下,太阳自身划过弧NA的用时,而无穷小的扇形ATa表示太阳划过最小弧Aa的时间;作aY垂直于Nn,如果我们取AZ上的长度dZ,使dZ与ZY的乘积比极小扇形ATa等于AZ^2

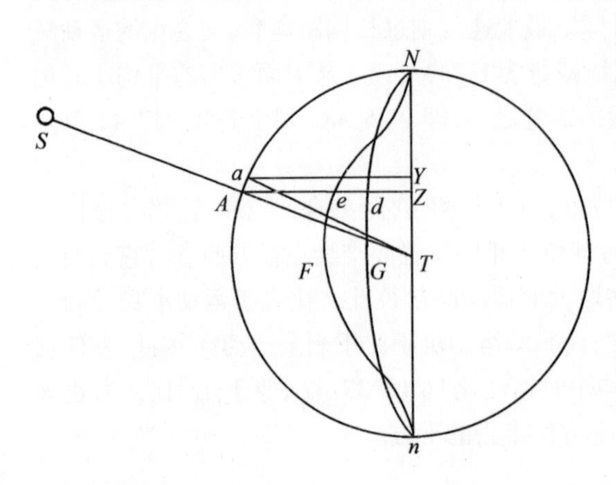

比$9.0827646AT^2+AZ^2$，换言之，dZ比$\frac{1}{2}AZ$等于AT^2比$9.0827646AT^2+AZ^2$，dZ与ZY的乘积表示源于交会点的运动划过弧Aa所减少的时间，而如果曲线$NdGn$始终是点d的轨迹，则曲线所形成的面积NdZ就会正比于划过整个弧长NA的全部时间减量，所以扇形NAT超出面积NdZ的部分正比于全部时间。但由于交点的运动在较短时间里与时间的比值较小，所以面积$AaYZ$必定也会以相同比例减小。这可如下完成：在AZ中取直线eZ，使其比AZ等于AZ^2比$9.0827646AT^2+AZ^2$。因而eZ与ZY的乘积比面积$AZYa$等于划过弧Aa的时间减量比在交会点静止时划过的总时间，因而乘积就会正比于交会点运动的时间减量。而如果曲线$NeFn$始终是点e的轨迹，则点e运动的减量之和，即面积NeZ正比于划过弧AN的总时间流量；剩余面积NAe正比于剩余的运动，其为在太阳和交会点的联合运动所划过弧NA的时间里交会点的真实运动。现在由无穷级数的方法可以得半圆的面积比图形$NeFn$的面积约等于793比60。但对应或正比于圆的运动是19°49′3″55‴，因此对应图形$NeFn$面积两倍的运动是1°29′58″2‴，前一个运动减去这一运动剩余18°19′5″53‴，相对恒星来说，这就是交会点在它与太阳的两个会合点之间的总运动；而从太阳的年运动360°中减去该运动，剩余341°40′54″7‴，就是在相同会合点之间太阳的运动。但是由于该运动比年运动360°，等于刚求出的交会点运动18°19′5″53″比它的年运动，因此得出19°18′1″23‴，这就是交会点在恒星年中的平均运动，而在天文表中其为19°21′21″50‴。这一差异小于总运动的$\frac{1}{300}$，看似源于月球轨道的偏心率以及倾斜于黄道面。由于该轨道的偏心率，交会点的运动被极大加速；另一方面，由于轨道的倾斜，交点的运动有点被阻碍，减少到了适当的速度。

命题33　问题14

求月球交会点的真实运动。

在正比于面积$NTA-NdZ$的时间里，因为这个运动正比于面积NAe，因此是给定的。但由于计算太困难，最好是如下解题：以C为中心，任意间距CD作圆$BEFD$；延长DC到A，以使AB比AC等于平均运动比当交点在方照时的一半真实平均运动（等于19°18′1″23‴比19°49′3″55‴），所以BC比AC等于这些运动之差0°31′2″32‴与后一运动19°49′3″55‴之比，即等于1比$38\frac{3}{10}$。然后过点D作无限直线Gg，与圆相切于D，如果我们取角BCE或BCF等于太阳到交会点距离的两倍，而该距离可由平均运动求出。作AE或AF与垂线相交于G，我们取另一个角，其与交点在合冲点之间的总运动（和9°11′3″）之比必定等于切线DG比圆BED的周长，而当交会点从方照移动到合冲点时，在交会点的运动中加入这最后一个角（可用角DAG表示），并在交会点从合冲点移动到方照时,从它们的平均运动中减去该角,因此我们可以得到其真实运动,因为求出的真实运动几乎等于我们在假设时间正比于面积$NTA-NdZ$,且交会点运动正比于面积NAe的情况下的真实运动。不论是谁乐于检验和计算都会发现,这就是交点运动的半月均差。但是也有一个月均差,它对求月球纬度不是必要的,因为月球轨道相对于黄道面的倾斜度变差受两个不相等作用的双重影响,一个是半月的,另一个是每月的。而该变差的月均差与交会点的月均差能够相互调和与修正,所以在计算月球纬度时两者均可忽略。

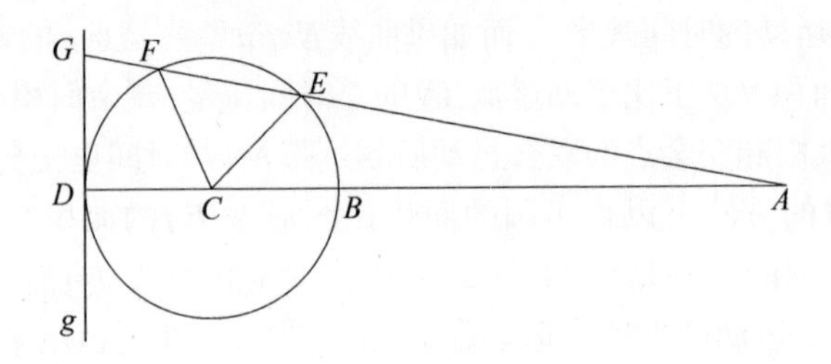

推论 由本命题和前一个命题可知,显然交会点在合冲点是静止的,而在方照时是以$16''19'''26^{iv}$的小时运动退行,且在八分点的月球交会点均差为$1°30'$。所有这些都完全符合天文现象。

附注

格雷欣学院的天文学教授马金先生和亨利·彭伯顿博士分别用不同方法发现交会点的运动。本方法曾在其他地方论述过。我所见过的他俩的论文都包含两个命题,而且它们彼此完全一致。马金先生的论文先到我手,所以我在此附上。

月球交会点的运动

命题1

太阳离开交点的平均运动是由太阳平均运动与太阳在方照点以最快速度远离交会点的平均运动的几何(比例)中项所确定的。

令T为地球位置,Nn为在任意给定时间里月球交会点的连线,KTM垂直于它,

TA为绕球心旋转的直线并拥有与太阳和交会点远离彼此的相同的角速度，静止直线Nn和旋转直线TA之间的角可以总是等于太阳到交会点的距离。现在如果把任意直线TK分成TS和SK，而且这两部分之比等于太阳的平均小时运动比在方照的交会点平均小时运动，取直线TH为TS和TK的比例中项，所以该直线与太阳远离交会点的平均运动成正比。

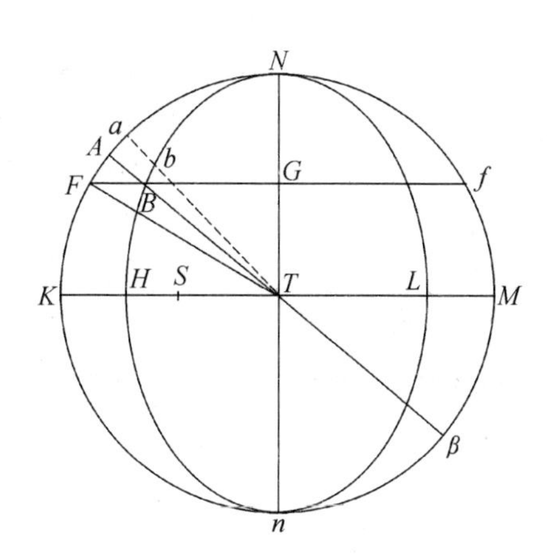

以T为圆心，TK为半径，作圆$NKnM$，而又以TH和TN为半轴，绕同样的圆心作椭圆$NHnL$。在太阳沿着弧Na离开交会点的时间里，如果作直线Tba，让扇形NTa的面积等于太阳和交会点在相同时间的运动之和。所以，令极小弧aA为直线Tba按上述规则在一给定时间微量里匀速旋转所划过的弧，则该极小扇形TAa就会正比于在那段时间里太阳和交会点向两个不同方向运动的速度之和。现在太阳的速度几乎是匀速，其不相等性太小以至于几乎不能在交会点的平均运动中生成极小的不相等性。而和的另一部分，也就是所谓的交会点速度的平均量，在离开合冲点的过程中以其到太阳距离的正弦的平方比率增大（根据本卷命题31的推论）。又当其位于方照且太阳位于点K时为最大，它与太阳速度之比等于SK比TS，即等于TK和TH的平方差或KHM与TH^2之比。但椭圆NBH把扇形ATa（这两个速度之和），分成分别正比于速度的两个部分$ABba$和BTb。因为，延长BT交圆相交于β，过点B作BG垂直于长轴，且BG向两边延长，交圆于点F和f；因为空间$ABba$比扇形TBb等于$AB\beta$比BT^2（因为直线$A\beta$被T等分而被B不等分，所以该乘积等于TA与TB的平方差），因此当空间$ABba$在点K达到最大时，该比例等于乘积KHM比HT^2。但是，我们上面所述的交会点最大平均速度比太阳速度恰好等于该比值，所以在方照点时扇形ATa被分成正比于速度的若干部分。又因为乘积KHM比HT^2等于FBf比BG^2，以及乘积$AB\beta$等于乘积FBf，所以当小面积$ABba$达到最大时，其比剩余扇形TBb等于$AB\beta$与BG^2的比。但是，因为这些小面积的比值总是等于乘积$AB\beta$与BT^2，所以，当在位置A时，小面积$ABba$要小于当其在方照时的面积，这两个面积之比等于BG比BT的平方，即等于太阳到交会点距离的正弦的平方之比。所以，所有这些小面积之和，也就是面积ABN，正比于在太阳离开交点划过弧NA的时间里交会点的运动；而剩余的空间，也就是椭圆扇形NTB的面积正比于在相同时间里太阳的平均运动。又因为交会点的平均年运动也就是交会点在太阳完成一个完整周期的运动，交会点离开太阳的平均运动比太阳本身的平均运动，等于圆与椭圆的面积之比，即，等于直线TK比TH，即是TK与TS的比例中项，或也等于比例中项TH比直线TS。

命题2

月球交点的平均运动给定,求它们的真实运动。

令角A为太阳到交会点平均位置的距离,或为太阳离开交会点的平均运动。如果我们取角B,其正切比角A的正切等于TH比TK,即,等于太阳的平均小时运动比太阳离开交会点的平均小时运动的平方根,则当交会点在方照时,角B等于太阳到交会点真实的距离。因为根据上一命题的证明,连接FT,则角FTN等于太阳到交会点平均位置的距离,而角ATN为太阳到交会点真实位置的距离,这两个角的正切彼此之比为TK比TH。

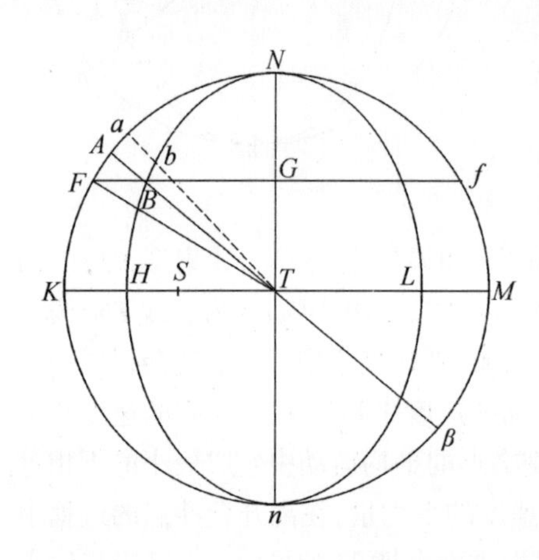

推论 角FTA为月球交会点的均差,该角的正弦,它在八分点的最大值比半径等于KH比$TK+TH$。但在任意位置A该均差的正弦与最大正弦之比,等于角FTN与角ATN之和的正弦比半径,即,约等于太阳到交会点平均位置距离的两倍的正弦比半径。

附注

如果交会点在方照的平均小时运动为$16''16'''37^{iv}42^{v}$,即在一恒星年里为$39°38'7''50'''$,则TH比TK等于9.0827646与10.0827646之比的平方根,即等于18.6524761比19.6524761,因此,TH比HK等于18.6524761比1,即等于在一恒星年里太阳运动比交会点平均运动$19°18'1''23\frac{2}{3}'''$。

"但如果在20个儒略年里,月球交会点的平均运动为$386°50'15''$,作为通过收集自天文观测而后用于月球理论,则交会点的平均运动在一恒星年里为$19°20'31''58'''$,且TH比HK等于$360°$比$19°20'31''58'''$,即等于18.61214比1,因此交会点在方照的平均小时运动为$16''18'''48^{iv}$。交会点在八分点的最大均差为$1°29'57''$。"

命题34 问题15

求月球轨道相对于黄道面倾角的小时变差。

令A和a表示合冲点,Q和q表示方照,N和n表示交会点,P为月球在其轨道上的位置,p为点P在黄道面上的正投影,mTl是跟上述运动一样的交会点运动的瞬。

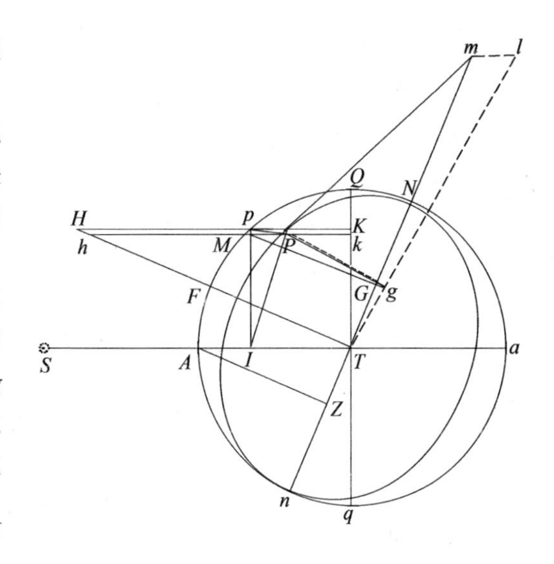

如果我们作PG垂直于Tm,而且连接pG并延长,交Tl于g,再连接Pg,则角PGp就是月球在点P时,月球轨道相对于黄道面的倾角;而角Pgp是一时间小微量后的相同倾角;因此角GPg就为倾角的瞬的变差。但是,角GPg比角GTg等于TG比PG乘以Pp比PG。所以,如果我们假设时间的瞬为一小时,根据命题30,角GTg比角$33''10'''33^{iv}$等于$IT\times PG\times AZ$比AT^3,角GPg(或倾角的小时变差)比角$33''10'''33^{iv}$等于$IT\times AZ\times TG\times\dfrac{Pp}{PG}$比$AT^3$,由此得证。

月球是在圆形轨道上匀速旋转,结果即为这样。但如果轨道是椭圆的,则交会点平均运动将按短轴与长轴的比而减少,就像我们前面展示的一样,且倾角的变差也会以相同比例减少。

推论1 作TF垂直于Nn,且令pM为月球在黄道面的小时运动,作pK、Mk垂直于QT,并延长交TF于H和h,则IT比AT等于Kk比Mp,而TG比Hp等于TZ比AT,因此$IT\times TG$等于$\dfrac{Kk\times Hp\times TZ}{Mp}$,即等于面积$HpMh$乘以$\dfrac{TZ}{Mp}$,因此倾角的小时变差比$33''10'''33^{iv}$,等于面积$HpMh$乘以$AZ\times\dfrac{TZ}{Mp}\times\dfrac{Pp}{PG}$比$AT^3$。

推论2 因此,如果地球和交会点每小时从它们的新位置迅速恢复其原位置,以使它们的位置在一整个周期月里都是给定的,在那个月里倾角的变差为$33''10''33^{iv}$,等于在点p的一次旋转的时间里(考虑它们的适当符号+或-的总计)产生的所有面积$HpMh$之和,乘以$AZ\times TZ\times\dfrac{Pp}{PG}$比$Mp\times AT^3$的比值的乘积,即,等于整个$QAqa$乘以$AZ\times TZ\times\dfrac{Pp}{PG}$比$Mp\times AT^3$的比值,即等于周长$QAqa$乘以$AZ\times TZ\times\dfrac{Pp}{PG}$比$2MP\times AT^2$。

推论3 因此,在交会点的给定位置上,如果一整月里都匀速运动生成的月变差的平均小时变差比$33''10'''33^{iv}$等于$AZ\times TZ\times\dfrac{Pp}{PG}$比$2AT^2$,或等于$Pp\times\dfrac{AZ\times TZ}{\frac{1}{3}AT}$比$PG\times 4AT$,(因为$Pp$比$PG$等于上述倾角的正弦比半径,且$\dfrac{AZ\times TZ}{\frac{1}{2}AT}$比$4AT$等于两倍

角 ATn 比四倍半径),所以等于相同的倾角的正弦乘以交会点到太阳距离的两倍的正弦比上半径平方的四倍。

推论4 考虑到交点在方照点,倾角的小时变差比角 $33''10'''33^{iv}$,等于 $IT \times AZ \times TG \times \frac{Pp}{PG}$ 比 AT^3,等于 $\frac{IT \times TG}{\frac{1}{2}AT} \times \frac{Pp}{PG}$ 比 $2AT$,等于月球到方照距离两倍的正弦乘以 $\frac{Pp}{PG}$ 比两倍半径,在交点的这个位置上,在月球从方照到合冲点的时间(也就是 $177\frac{1}{6}$ 小时)里所有小时变差之和比同等数量的角 $33''10'''33^{iv}$ 之和或 $5878''$,等于月球到方照所有两倍距离的正弦的和乘以 $\frac{Pp}{PG}$ 比同等数量的直径之和,等于直径乘以 $\frac{Pp}{PG}$ 比周长,即如果倾角为 $5° 1'$ 时,等于 $7 \times \frac{874}{10000}$ 比22,或等于278比10000。因此,在上述时间里由所有小时变差之和组成的总变差为 $163''$ 或 $2'43''$。

命题35 问题16

求在一给定时间里,月球轨道相对于黄道面的倾角。

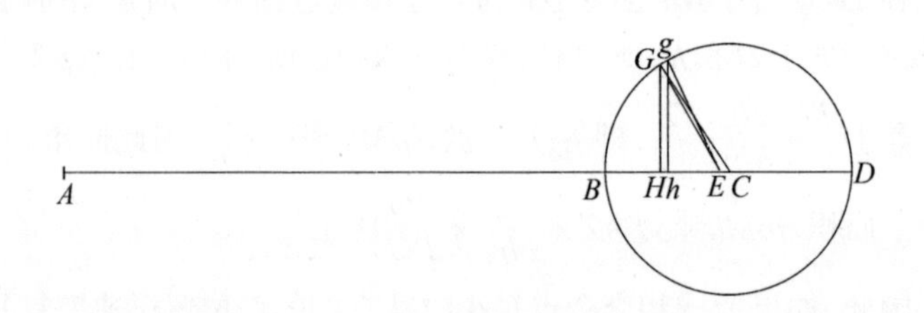

令 AD 为最大倾角的正弦,AB 为最小倾角的正弦。C 平分 BD。以 C 为圆心,BC 为半径,作圆 BGD。在 AC 上取 CE 比 EB 等于 EB 比两倍 BA。如果对于给定时间,我们设角 AEG 等于交点到方照距离的两倍,作 GH 垂直于 AD,则 AH 等于所要求的倾角的正弦。

因为 GE^2 等于 $GH^2+HE^2=BHD+HE^2=HBD+HE^2-BH^2=HBD+BE^2-2BH \times BE=BE^2+2EC \times BH=2EC \times AB+2EC \times BH=2EC \times AH$,因此,由于 $2EC$ 给定,GE^2 正比于 AH。现设 AEg 表示交点到方照距离的两倍,则在给定时间的瞬,由于角 GEg 给定,弧 Gg 正比于距离 GE。但 Hh 比 Gg 等于 GH 比 GC,因此 Hh 正比于 $GH \times Gg$ 或 $GH \times GE$,即正比于 $\frac{GH}{GE} \times GE^2$,或正比于 $\frac{GH}{GE} \times AH$,即正比于 AH 与角 AEG 的正弦的乘积。如果在任意一种情况下 AH 是倾角的正弦,由前一个命题的推论3可知,它会

以倾角正弦相同的增量增大，因此会一直与那个正弦相等。当点G落在点B或点D上时，AH与这个正弦相等，因此一直保持相等。由此得证。

在这个证明中我没有假设表示交会点到方照两倍距离的角BEG均匀增大，因为我不能考虑每时每刻不等性的情况。令BEG为直角，而Gg为交会点到太阳距离的小时增量的两倍，由上一个命题推论3，在相同情况下倾角的变差比$33''10'''33^{iv}$等于倾角的正弦AH乘以交会点到太阳距离两倍的直角BEG的正弦比半径平方的四倍，即等于平均倾角的正弦AH比四倍半径，即（由于平均倾角约等于$5°8\frac{1}{2}'$）等于其正弦896比四倍半径40000，或等于224比10000。但是，对应于BD的总变差（即正弦之差）比小时变差等于直径BD比弧Gg，即等于直径BD比半周长BGD与交会点从方照运动到合冲点的时间$2079\frac{7}{10}$比1小时的乘积，即等于7与11乘以$2079\frac{7}{10}$比1。因此，所有这些比例相成，我们可以得到总变差BD比$33''10'''33^{iv}$，等于$224\times7\times2079\frac{7}{10}$比110000，即等于29645比1000，由此可得变差BD为$16'23\frac{1}{2}''$。

这就是不计月球在其轨道上位置的倾角最大的变差，因为如果交会点在合冲点上，则倾角不受月球位置变化的影响。但如果交会点位于方照，当月球位于合冲点时的倾角比其在方照时要小$2'43''$。就正如我们在前一个命题的推论4里所论述的一样。而当月球在方照时，总平均变差BD就会减少$1'21\frac{1}{2}''$也就是减少上述差的一半，最后为$15'2''$；同样，当月球位于合冲点时，也会增加该数值，成为$17'45''$。如果月球位于合冲点，交会点在从方照移向合冲点的过程中的总变差为$17'45''$，所以，如果当交会点位于合冲点时，其倾角为$5°17'20''$，则当交会点位于方照而月球位于合冲点时，倾角为$4°59'35''$。这些都是通过观测验证过的真实数据。

现在，当月球在合冲点，而交会点位于它们和方照之间的任意位置，如果需要求轨道的倾角，令AB比AD等于$4°59'35''$的正弦比$5°17'20''$的正弦，并取角AEG等于交点到方照距离的两倍，则AH就是需要求的倾角的正弦。当月球与交点距离90°时，轨道倾角与该倾角相等。在月球的其他位置上，由倾角的变差引起的月均差，在计算月球黄纬时可通过交会点运动的月均差（就如我们在前面说过的）予以消除的方式得到平衡，因此在计算月球黄纬时将其忽略。

附注

通过对月球运动的这些计算，我希望可以证明通过引力原理，月球的运动可以由其物理原因计算出。根据相同理论，我进一步发现源于太阳运动而引起的月球轨道扩大，从而产生的月球平均运动的周年差（根据卷一命题66推论6）。该太阳作用力在近地点时较大，扩大月球轨道；而在远地点时较小，缩小月球轨道。月球在扩大的轨道上运动得较慢，而在缩小的轨道上较快；在这种不相等性中被调节的周年差，在远地点和近地点消失。在太阳到地球的平均距离里，它生成11′50″，在到太阳的其他与太阳中心的均差成正比的距离里，当地球从远日点向近日点行进的过程中，它被加入到月球平均运动中，而当地球运动在另一半轨道上时，则被从中减去。地球公转轨道半径为1000，$16\frac{7}{8}$为地球偏心率，则当均差为最大值时，由引力原理得出均差为11′49″。但地球偏心率似乎有些大，且有此偏心率增大则均差也会以相同比例增大。设偏心率为$16\frac{11}{12}$，则最大均差为11′51″。

更进一步，我发现由于太阳作用力在地球的近日点要强些，所以月球的远地点和交会点的运动比地球在远日点运动得更快，且反比于地球到太阳距离的三次方，由此产生出那些正比于太阳中心均差的运动周年差。现在太阳的运动反比于地球到太阳距离的平方，这种不相等性产生的最大均差为1°56′20″，与前面所说的太阳偏心率$16\frac{11}{12}$对应。但如果太阳的运动反比于距离的立方，则这种不相等性产生的最大均差为2°54′30″，所以月球远地点和交会点不相等的运动事实上生成的最大均差比2°54′30″等于月球远地点的平均日运动和交会点的平均日运动比太阳的平均日运动。因此，远地点平均运动的最大均差为19′43″，而交点平均运动的最大均差为9′24″。当地球从近日点到远日点运行时，前一均差增加，后一均差减小，但当地球运动在轨道的另一半轨道时情况正好相反。

根据引力原理，我类似地发现当月球轨道的横向直径横穿太阳时，太阳在月球上的作用大于当月球轨道的横向直径垂直于地球和太阳连线时的作用，所以前者月球轨道比后者更长。因而产生的月球平均运动的另一个均差，取决于月球的远地点相对于太阳的位置，而该均差在当月球的远地点在太阳的八分点时最大，当远地点到达方照或合冲点时为零；当月球远地点由太阳的方照移向合冲点时，该均差加在平均运动上，而当远地点由合冲点移向方照时从中减去。我称这种均差为半年均差，当其在远地点的八分点时达到最大，尽我所能对其现象的收集分析，生成约3′45″，这就是其在太阳到地球平均距离上的量。但它以反比于到太阳距离的三次方而增大或减小，所以，当距离最大时约为3′34″，而在距离最小时约3′56″。但当月球的远地点在八分点之外时，其变得较小，它比它的最大值等于月球远地点到最近的合冲点或方照的距离的两倍的正弦比半径。

根据同样的引力理论，太阳于月球上的作用在当月球的交会点连线穿过太阳时，略大于当月球的交会点连线与太阳和地球的连线成直角时；由此产生的另一个月球平均运动的均差，我把它称作第二半年差；当交会点在太阳八分点时最大，在合冲点或方照时为零；然而当在交会点的其他一些位置上时，就正比于交会点到最近的合冲点或方照点的距离的两倍的正弦。如果太阳位于离它最近的交会点前面，则把它加入月球的平均运动中；而当太阳位于后面，就把它从中减去；而得到最大值的八分点，在太阳到地球的平均距离里，它生成47″，正如我用引理理论推算出的。在到太阳的其他距离上，在交会点位于八分点达到最大的均差反比于太阳到地球距离的三次方，所以在太阳的近地点约为49″。而在远地点约为45″。

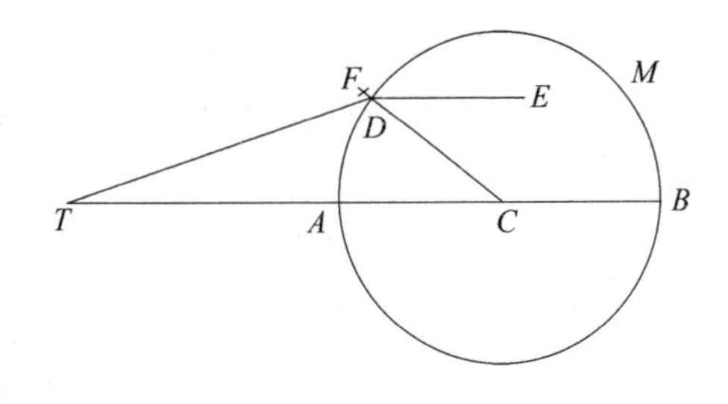

根据同样的引力理论，当月球的远地点位于与太阳的会合点或相反处时，它以最大速度前行，但当它相对于太阳在方照时，就会退行；根据卷一命题66推论7、推论8和9，前一种情况中偏心率最大，在后一种情况中最小。根据我们所提到的上述推论，那些不等性差异很大并生成我称之为远地点半年差的原理；该半年差在取得最大值时约为12°18′，这是尽我所能收集的天文观测推算的结果。我们英国同胞霍罗克斯第一个提出月球是在以地球为下焦点的椭圆轨道上运行的理论。哈雷博士对这个观点进行了完善，他提出椭圆的中心在一个中心绕地球均匀旋转的本轮上；由于该本轮上的运动，产生了前述在远地点前行或退行不相等性，和偏心率不等性。设月球到地球的平均距离被分成10万等份，并以*T*表示地球，*TC*为有着5505份该部分的月球平均偏心率。延长*TC*到*B*，使得最大半年差12°18′的正弦比半径*TC*正比于*CB*；圆*BDA*是以*C*为中心，*CB*为半径所划过的圆，也就是前述本轮，月球轨道也在其内部，它以字母*BDA*的顺序旋转。作角*BCD*等于年角距的两倍，或等于太阳真实位置距月球远地点一次校准后的位置的距离的两倍，*CTD*则为月球远地点的半年差，而*TD*为其轨道的偏心率，其趋近于现在已二次校准的远地点。但由于有月球的平均运动、其远地点的位置、偏心率，以及它的轨道长轴为200000，则通过这些数据和众所周知的方法求出月球在其轨道上的实际位置和它到地球的距离。

在地球的近日点太阳的作用力最大，所以月球轨道的中心绕中心*C*的运转速度要比在远日点的运转速度更快，而且该作用力反比于太阳到地球距离的三次方。但由于太阳中心差是包括在年角距中，所以月球轨道的中心在其本轮*BDA*上要运动得更快，反比于太阳到地球距离的平方。因此，如果设其反比于到轨道中心点*D*的距离，则可以运动得更快，向月球第一次校准的远地点作直线*DE*，平行于*TC*。设定角*EDF*等于前述年角差减月球远地点到太阳前行近地点的距离超出量，或等价地，取角*CDF*等于太阳的真实近点角在360°中的补角；令*DF*比*DC*等于大轨道的偏心率的两倍比太阳到地球的平均距离乘以太阳到月球的远地点的平均日运动比太阳到其本身远地点的平均日运动，即等于$33\frac{7}{8}$比1000乘以52′27″16‴比59′8″10‴，或等于3比100；想象月球轨道的中心位于点F，在以D为中心，以DF为半径的本轮旋转，与此同时，点D在圆周$DABD$上运动。用这种方法，月球轨道的中心以C为中心，以近似正比于太阳到地球距离立方的速度，划过某种曲线，正如其应当的那样。

计算这一运动很困难，但如果按下面的近似法就会简单得多。像前面一样，假设月球到地球的平均距离分为10万等份，偏心率TC有5505个等份，直线CB或CD有$1172\frac{3}{4}$等份，而DF有$35\frac{1}{5}$等份。该线段在离地球TC处对着地球的张角是因为其是由轨道中心从点D移动到点F生成，在平行的位置将该线段DF距离翻倍，在由月球轨道上焦点到地球的距离上对着地球的张角与DF的张角相同，该张角是由上焦点的运动生成；但是在月球和地球的距离上，两倍直线$2DF$位于上焦点处（平行于第一条直线DF）对着月球的张角，是由月球的运动而生成，因此该角可以被称作月球中心的第二中心差。而在月球到地球的平均距离上，该差近似正比于直线DF与点F引向月球的线所夹角的正弦，它最大时达2′55″。但是，直线DF与点F引向月球连线所形成的夹角既可以用从月球的平均近点角中减角EDF求得，或者可以用月球到太阳的距离加月球远地点到太阳远地点的距离求得。而由于已经求出半径比该角的正弦，即等于2′25″比第二次中心差。如果前述和小于半圆，就要相加；反之，则要相减。因为月球在其轨道上的位置已校准，月球在它的合冲点的经度就能求出。

地球大气层在高度直到35或40英里能折射阳光。这种折射使光线散射并扩散到地球阴影地方，阴影边缘附近的散射光会使阴影扩大；因此，由视差引起扩大的阴影直径，我在月食里增加了1或$1\frac{1}{3}$分。

但月球的原理应由天文现象来检查和验证，首先是在合冲点，而后在方照，最后是所有的八分点；无论是谁想做这件事都会发现，在格林尼治皇家天文台以旧历1700年12月的最后一天的正午，设太阳和月球如下的平均运动是没错的：太阳的平均运动为♑20°43′40″，其远地点为♋7°44′30″；月球的平均运动为♒15°21′00″，它的远地点平均运动为♓8°20′00″，其上升交会点为♌27°24′20″；而格林尼治天文台和巴黎皇家天文台的子午线差为$0^h9'20''$，但月球和它的远地点的平均运动尚未足够精确地获得数据。

命题36 问题17

求太阳移动海洋运动的作用力。

（根据命题25）在月球的方照，太阳干扰月球运动的作用力ML或PT与地表重力之比等于1比638092.6；而有月球合冲点上的力$TM-LM$或$2PK$是在方照的力的两倍。但若降到地球表面，这些力以其到地心的距离成正比减小，即以$60\frac{1}{2}$比1的比例，所以，在地球表面的前一个力比引力等于1比38604600，由于该力海水在离太阳90°远的地方受到挤压。但受另一个两倍大小的力，海洋不仅在正对太阳的位置时被抬起，而且在背对太阳的位置也可以，这两个力之和与重力的比等于1比12868200。而同样的力会激发同样的运动，不管是在距太阳90°的地方受到挤压海水的力，还是在正对及背对太阳的地方受到的抬起力，前述力之和就是太阳扰动海洋运动的合力，而且会产生把全部力用于在正对和背对太阳处抬起海水的同样作用，而在距太阳90°的地方一点也不起作用。

这就是太阳在给定位置上扰动海洋运动的力，此处既在天穹的垂直处，同时又处于地球到太阳的平均距离上。在太阳的另一些位置上，这份抬起海水的力与其正对地平线的两倍高度的正矢成正比，反比于到地球距离的立方。

推论　由于地球各部分的离心力源于地球的周日运动，该力比重力等于1比289，在赤道处抬起的海潮要比在两极处的高85472法尺，如上我们已经在命题19中证明过，太阳的作用力比重力等于1比12868200，因此它与离心力之比等于289比12868200或等于1比44527，由于这一量比85472尺等于1比44527，它在正对和背对太阳的地方抬起的海水比在距太阳90°的地方所抬起的仅高出1法尺$113\frac{1}{30}$寸。

命题37　问题18

求月球移动海水运动的作用力。

月球移动海水运动的作用力可以由它与太阳作用力的比例推导出，且这个比例可由受这些力产生的海洋运动得出。在布里斯托尔下面三英里的阿文河口前面的涨潮，在春秋季的日、月合冲点时，（根据塞缪尔·斯特米的观测）高达约45英尺，而在方照时只有25英尺。前一个高度源于前述力之和，后者源于它们之差，因此，设S和L分别表示当太阳和月球在赤道且到地球为平均距离上的作用力，则我们可得$L+S$比$L-S$等于45比25，或等于9比5。

在普利茅斯（根据塞缪尔·科尔普雷斯的观测）潮水的平均高度是16英尺，而在春秋两季的合冲点时的高度与方照时的高度之差为7或8英尺。设那些高度的最大差值为9英尺，所以$L+S$比$L-S$等于$20\frac{1}{2}$比$11\frac{1}{2}$，或等于41比23，是一个与前者相符的比例。但由于布里斯托尔的潮水很高，我们更偏向用斯特米的观测数据；所以，我们使用比值9比5，直到我们找到更确信的数据。

但因为水的往复运动，最大潮水不会在日月的合冲发生，但正如我们先前所说，它会发生在合冲之后的第三次潮水，或（从合冲开始计算）是合冲点之后月球第三次到达该处子午线之后；或更确切地说（根据斯托米尔德观测结果），是新月或满月后的第三次潮水，或更确切地说是新月或满月之后的约第12个小时，因而落潮发生在新月或满月后的第43个小时。但在这个港口，潮水在月球到达该处子午线后的第七个小时退下去；因此在月球距太阳或是其方照提前约18°或19°时，紧接着月球到达当地子午线之后。因此，在冬季或夏季有最大潮水并不在至点出现，而是发生在当太阳位于超过冬至或夏至之后，约十分之一总轨道时，即约为36°或37°时。类似，最大潮源于月球到达当地子午线后，当月球超过太阳或其方照点，约为产生一个最大海潮到下一次最大海潮的总运动的十分之一运动时候。设距离约为$18\frac{1}{2}$度，则在月球到合冲点和方照的距离上，太阳作用力会比月球在合冲点和方照时使海水运动增大或减小的力要小，这两个力之比等于半径比两倍距离的余弦，或等于37度角的余弦；即，等于10000000比7986355；所以在前一个比例中，S的位置我们必须写成$0.7986355S$。

此外，由于向赤道倾斜，所以月球作用力在方照时必定减小；因为月球在这些方照以及过方照的$18\frac{1}{2}$度处，向赤道倾斜约23° 13′；则日月移动海洋的作用力随着其向赤道的倾角的减小，以倾角余弦的平方的比例减少；所以月球在方照的作用力只有$0.8570327L$；由此我们得$L+0.7986355S$比$0.8570327L-0.7986355S$等于9比5。

进一步说，抛开偏心率的考虑，则月球移动所在的轨道的直径之比等于69比70；因此若其他条件不变，月球在合冲点上到地球的距离比其在方照上的距离等于69比70；而其距离，在月球过合冲点$18\frac{1}{2}$度时会激起最大潮水，它过方照$18\frac{1}{2}$度激起最小潮水，比平均距离等于69.098747和69.897345比$69\frac{1}{2}$。但是月球移动海洋的力反比于其距离的三次方，因此其作用力在最大和最小距离里，与平均距离之比分别等于0.9830427比1和1.017522比1。由此我们可得$1.017522L\times0.7986355S$比$0.9830427\times0.8570327L-0.7986355S$等于9比5，$S$比$L$等于1比4.4815。因此，太阳的作用力比重力等于1比12868200，所以月球作用力比重力等于1比2871400。

推论1　由于海水被太阳作用力激发而涨到1英尺$11\frac{1}{30}$英寸高，被月球抬起涨到8英尺$7\frac{5}{22}$英寸，所以这两个力联合作用可抬起海水涨到$10\frac{1}{2}$英尺，当月球在其近地点时此高度为$12\frac{1}{2}$英尺或更高，特别是当风向与涨潮方向相同时。这个体量的作用力激发所有类型的海洋运动是足够充分的，且与那些运动的比例相符，因为在从东到西自由开放的海洋里，比如太平洋，以及回归线以外的大西洋和埃塞俄比亚海的水域里，潮水通常可达6英尺、9英尺、12或15英尺。而由于太平洋更广更深，其潮水会比大西洋和埃塞俄比亚海的高；因此，要使潮水完全涨起来，需要该海域东西横跨不小于90度。而在埃塞俄比亚海，因其水域在非洲和南美洲之间，海面很窄，所以亚热带水域引起的潮水高度要小于温带水城。在开阔的海域中间，海水不能上涨除非与此同时东西两岸同时落潮，尽管这样，在我们狭长的海洋里，也只有两岸潮水的交替涨落才能引起中间海水的涨落，由此可知，通常在那些离大陆很远的海岛上只有很小的涨潮和落潮。相反，在那些海水交替涌入涌出的海湾港口里，由于海水受极大的压力被推进、推出狭长的海峡，所以涨潮和落潮必须比通常更大；就像在英格兰的普利茅斯和切普斯托大桥，在法国诺曼底的圣米歇尔山和阿夫朗什镇，在东印度群岛的坎贝和勃固，在这些地方海水急促而来，充满了力量。有时潮水覆盖海岸潮水，有时又遗留几英里干燥海岸。这种涌入和涌出的力也不会被削弱，直到它把水抬高或压低到30、40或50英尺及以上。对于长且浅的水道或海峡也可以做同样解释，就像麦哲伦海峡及英格兰周围浅滩的情况一样。潮水在这种港口或海峡里，受涌入、涌出海水的推动力而得到极大的加强。但在那些面朝深广海域且有着陡峭悬崖的海岸，海水可以在没有水涌入、涌出的推动下自由地涨落，潮水的大小与太阳和月亮的作用力成正比。

推论2 由于使海水运动的月球作用力比重力等于1比2871400，所以很明显这个力远小于在静力学和流体静力学实验，甚至是在那些摆动实验中所观察到的力。这种力只有在潮水中才能展现明显的效应。

推论3 由于使海水运动的月球作用力比太阳同类作用力等于4.4815比1，而且根据卷一命题66推论14，这些力正比于太阳和月球主体密度与它们视直径立方的乘积，所以月球密度与太阳密度之比等于4.4815比1，也等于月球直径的立方比太阳直径的立方的倒数，即等于4891比1000（因为月球和太阳的平均视直径为$31'16\frac{1}{2}''$和$32'12''$）。但太阳与地球密度之比为1000比4000，因此月球与地球密度之比是4891比4000，或等于11比9。因此，月球主体比地球的密度更大且陆地更多。

推论4 由于月球的真实直径（根据天文观测）比地球真实直径等于100比365，所以月球上的物质比地球上的物质等于1比39.788。

推论5 月球表面的加速引力比地球表面加速引力小三倍。

推论6 月心到地心的距离比月心到地月的共同引力中心的距离等于40.788比39.788。

推论7 月心到地心的平均距离（在月球八分点处）近似正比于地球最长半径的$60\frac{2}{5}$倍；因为，地球最长半径为19658600法尺，而月心到地心的平均距离为$60\frac{2}{5}$个地球最长半径，等于1187379440法尺。而这一距离比月心到地球和月球的共同引力中心距离等于40.788比39.788，因此后一距离为1158268534法尺。而又由于月球相对恒星的公转周期是27天7小时43$\frac{4}{9}$分，所以月球在1分钟里划过的角的正矢为12752341比半径1000000000000000，因此半径比该正矢等于1158268534法尺比14.7706353法尺。因此，月球在受到把其维持在轨道的力的作用落向地球，会在1分钟时间里掠过14.7706353法尺；如果我们以178$\frac{29}{40}$比177$\frac{29}{40}$的比例来扩大该力，则由命题3的推论，我们就能得到月球轨道总引力；而月球受这一力的作用，在1分钟时间里划过14.8538067法尺。在月地中心距离的$\frac{1}{60}$处，即，在到地心197896573法尺的距离里，物体受重力落下，在1秒时间里同样可划过14.8538067法尺。因此，在19615800法尺的距离里，即为一个地球平均半径，重物会在相同时间里落下15.11175法尺，或15法尺1寸4$\frac{1}{11}$分。这是物体在45°纬度处物体的下落。由前命题20中的表，比在巴黎纬度上下落距离略长，超出约$\frac{2}{3}$分。因此，通过该计算，在1秒的时间里，重物在巴黎纬度上且在真空落下的距离非常接近15法尺1寸4$\frac{25}{33}$分。而如果引力随消去一个等价于在该纬度上由于地球周日运动产生的离心力的量而减小，则在这儿重物在1秒时间里会划过15法尺1寸1$\frac{1}{2}$分的距离。重物以这个实际速度在巴黎纬度上下落，正如我们在命题14和19中已经证明过的。

推论8 在月球合冲点地心到月心的平均距离等于60个地球最大半径减去一个半径的$\frac{1}{30}$；而在月球方照点，这两个中心之间的平均距离等于60$\frac{5}{6}$个地球半径。根据命题28，这两个距离与月球在八分点的平均距离之比等于69和70比69$\frac{1}{2}$。

推论9 在月球合冲点，地球和月球中心的平均距离等于60个地球平均半径加$\frac{1}{10}$个半径，在月球方照点两个相同中心的平均距离等于61个地球平均半径减30分之1个半径。

推论10 在月球合冲点，月球在0°、30°、38°、45°、52°、60°和90°的纬度上的平均地平视差分别为57′20″、57′16″、57′14″、57′12″、57′10″、57′8″和57′4″。

在这些计算中，我并未把地球磁力考虑在内，它的量很小且未知，如果一旦能求出该值，则子午线度数、在不同纬度上等时摆的摆长、海洋运动的定律，以及月球视差等的测量（根据太阳和月球的视在直径求出），都能由天文观测更准确地求出，然后我们也能够让该计算更精确。

命题38 问题19

求月球主体的形状。

如果月球主体是像我们海洋一样的流质,则地球在离月球最近和最远地方引起月球上流体运动的力比月球在正、背对地球的地方所引起的地球海水运动的力,等于地球对月球的加速引力比月球对地球的加速引力,乘以月球与地球的直径比,即等于39.788和1的比值,乘以100与365,或等于1081比100。因此,由于我们海水受月球作用可以抬起$8\frac{3}{5}$法尺,所以月球上的流体受地球作用能涨到93法尺,由此可得,月球应该是椭球,其最长直径的延长线应会穿过地球球心,最长直径要超出垂直于该直径的那条直径186法尺。因此,月球影响这样的,且形状必定是一开始就表现出来的。

推论 因此,月球朝向地球永远是相同的那一面;月球主体在其他任何位置都不可能是静止的,但通过天平动总是回到该位置;但由于激发这种运动的力很微弱,所以这种天平动极其缓慢;根据命题17给出的原因可知,月球那个面本该总是背对着地球,在转向月球轨道的另一个焦点时,由于不能被即刻拉回来转而面向地球。

引理1

如果$APEp$表示密度均匀的地球,则以C为中心,点P和p是极点,AE为赤道。如果设以C为中心,CP为半径,作球面$Pape$,且QR是一个平面,太阳和地球的中心连线与该平面垂直,又设地球整个外部$PapAPepE$上的微量,高于前述球面,都尽力分别从两个方向退离平面QR,每个微量受的力与其距此平面的距离成正比。我认为,第一,位于赤道AE上并均匀分布于地球之外并以圆环形式围绕地球的所有微量,使地球绕其中心转动的合力与赤道上距离平面QR最远点A处同样多的微量,使地球绕其中心作类似转动的合力之比等于1比2。并且那个圆周运动绕赤道和平面QR上的共同部分的轴。

令以K为中心,IL为直径,作半圆INL。设半圆周长INL被分成无穷多个相等部分,过这其中的N向直径IL作正弦NM,则所有正弦NM平方之和等于正弦KM平方之和,而这两个和相加又会等于相同数目且多个半径KN平方之和,所以所有正弦NM平方之

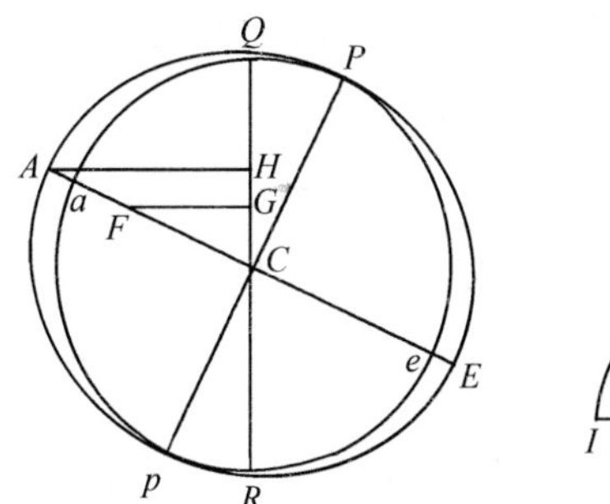

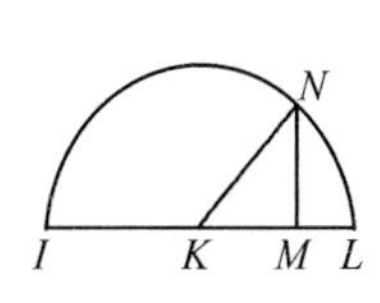

和仅为相同数目半径KN的平方之和的一半。

现设圆AE的周长被分成相同数目相等部分，过这些相等部分中的F部分向平面QR作垂线FG，同样，过点A也向平面作垂线AH，使微量F从平面QR退行的力（根据假设）正比于垂线FG；这个力与距离CG的乘积就表示微量F使地球绕球心运转的作用。所以，在位置F的微量的作用力比在位置A的微量的作用力等于$FG \times GC$比$AH \times HC$，即等于FC^2比AC^2，因此所有粒子F在其自身位置F处的全部作用，比相同数量微量在A处的力，等于所有FC^2之和比所有AC^2之和，而我们之前已经证明过，这个比值等于1比2。由此得证。

因为这些微量是作用于垂直平面QR的直线方向，而且在平面四周产生的作用是相等的，所以这些力能推动赤道所在的圆周，连同连带的地球球体一起，绕轴（平面QR和赤道的交线）转动。

引理2

假设条件相同，我认为，第二，所有位于球面各处的微量推动地球绕先前所说的轴转动的总的力或作用，比均匀分布于赤道AE所在的圆周各处并形成环形的同样数量的微量推动地球进行类似转动的总力，比值是2比5。

令IK为任意平行于赤道AE的稍小的圆，又令Ll为该圆上任意的两个位于球面$Pape$外的相等微量。如果在与引向太阳的半径形成直角的平面QR上作垂线LM、lm，则这些微量从平面QR离开时所受的力正比于垂线LM、lm。作直线Ll平行于平面$Pape$，且在点X二等分；过点X作Nn平行于平面QR，并分别与垂线LM、lm交于N和n；又过平面QR作垂线XY。微量L和l推动地球向相反方向转动的相反的力，分别与$LM \times MC$和$lm \times mC$成正比，即正比于$LN \times MC+NM \times MC$和$ln \times mC-nm \times mC$，或正比于$LN \times MC+NM \times MC$和$LN \times mC-NM \times mC$；而这两个力的差$LN \times Mm-NM \times (MC+mC)$就是这两个微量一起推动地球运转的合力。这个差的正数部分$LN \times Mm$或$2LN \times NX$，比两个位于点A的相同大小微量产生的力$2AH \times HC$，等于LX^2比AC^2；而这个差的负数部分$NM \times (MC+mC)$，或$2XY \times CY$，比同样大小的两个微量在点A产生的力$2AH \times HC$，等于CX^2比AC^2。因此，这两个部分的差，即微量L和l一起使地球运转的力，比这两个微量在前述在点A推动地球做类似运动的力，等于LX^2-CX^2比AC^2。但如果圆IK的周长被分成无穷多个相等的微量L，则

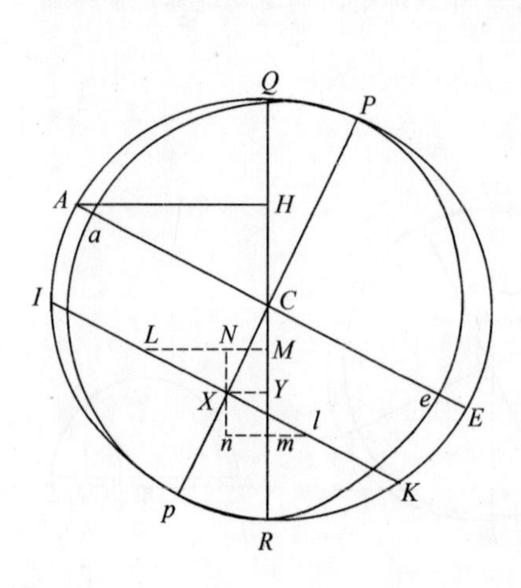

所有LX^2比同样多的IX^2等于1比2，而根据引理1，比同样多的AC^2等于IX^2比$2AC^2$，同样大小的CX^2比同样大小的AC^2等于$2CX^2$比$2AC^2$。因此，所有微量在圆IK的圆周上的合力比上数量一样的微量在点A的合力，等于IX^2-2CX^2比$2AC^2$，根据引理1，它与数量一样的微量在圆AE的圆周上的合力之比等于IX^2-2CX^2比AC^2。

现在如果球面的直径Pp被分成无限多个相等部分，其中每部分都有同样数量的圆IK，则每个圆IK的圆周上的物质就会正比于IX^2，所以该物质推动地球转动的力正比于IX^2乘以IX^2-2CX^2，因此如果相同的物质位于圆AE的圆周上，则产生的力会正比于IX^2乘以AC^2。所以，位于球面外所有圆的圆周上的所有微量的物质总量所产生的力，比位于最大圆AE的圆周上由同样多的微量所产生的力，等于所有IX^2乘以IX^2-2CX^2比同样大小的IX^2乘以AC^2，即等于所有AC^2-CX^2乘以AC^2-3CX^2比同样大小的AC^2-CX^2乘以AC^2，即等于所有$AC^4-4AC^2\times CX^2+3CX^4$比同样多的$AC^4-AC^2\times CX^2$，即等于流数为$AC^4-4AC^2\times CX^2+3CX^4$的总流量比流数为$AC^4-AC^2\times CX^2$的总流量，因此，可以由流数法得出$AC^4\times CX-\frac{4}{3}AC^2\times CX^3+\frac{3}{5}CX^5$比$AC^4\times CX-\frac{1}{3}AC^2\times CX^3$，如果全部用$Cp$或$AC$代替$CX$，则等于$\frac{4}{15}AC^5$比$\frac{2}{3}AC^5$，即等于2比5。由此得证。

引理3

仍然设相同条件，我认为，第三，地球受所有微量的作用而绕先前述轴转动的总运动，比前述圆环绕相同轴的运动，等于地球上物质比环上的物质，乘以任意圆的四分之一周长的平方的三倍比其直径的平方的两倍，即等于这两种物质之比乘以925275比1000000。

由于圆柱体绕其静止的轴转动比其与内切球一起旋转的运动，等于任意四个相等正方形比三个这种正方形的内切圆；而该圆柱体的运动比极薄的圆环绕球体和圆柱体的共同切线的运动，等于两倍圆柱体中的物质比上三倍环上的物质；而该环持续均匀绕圆柱体中轴的运动，比其绕它自己的直径在相同周期时间里做的相同运动，等于圆的周长比其两倍直径。

假设2

如果地球的其他部分被拿走，且剩圆环在地球轨道上绕太阳公转运动，在此期间它也绕自己的中轴自转，该轴线与黄道面成$23\frac{1}{2}$度角，则不管该环是流体的还是由坚硬刚性物体构成，二分点的运动都不会变。

命题39 问题20

求分点的岁差。

当圆形轨道上的月球交会点位于其方照时，它中间的小时运动为16″35‴16ⁱᵛ36ᵛ，它的一半8″17‴38ⁱᵛ18ᵛ是交会点在这种轨道上的平均小时运动（由以上已解释原因），此运动在一恒星年里为20°11′46″；如果有更多个月球，则根据卷一命题66推论16，每个月球的交会点运动会正比于其周期时间；如果月球在一恒星日里，在地球表面环绕一周，则这个月球交会点的年运动比20°11′46″等于一个恒星日23小时56分，比我们月球的周期27天7小时43分，即等于1436比39343。不管这些月球彼此有没有接触，或是熔化为一整体的环，也不管这个环是否必须为刚性的、无弹性的，都同样地环绕地球的月球环上的交会点运动。

现在设构成该环的物量等于位于球体*Pape*以外的整个地球外围*PapAPepE*的质量，又因为该球体比地球外围等于aC^2比AC^2-aC^2，即（由于地球的最小半径*PC*或*aC*比地球的最大半径*AC*等于229比230），这个比值等于52441比459。如果该环沿赤道环绕地球，并一同绕该环的直径转动，则环的运动（根据引理3）比球体的运动等于459比52441乘以1000000比925275，等于4590比485223；因此环的运动比环和球体运动之和，等于4590比489813；因此，如果环附于球体上，并把它的运动传递给球体，以至其交会点或分点后退，则环上剩余运动比其以前的运动等于4590比489813；因此，分点的运动也按相同比例减小。因此，以环和球体构成的物体，其分点的年运动比运动20°11′46″等于1436与39343乘以4590与489813的比值，即等于100比292369。但由于很多个月球的交会点的运动所产生的力（原因我们之前阐述过），因此使环的分点退行的力（根据命题30的图可知，即为力3*IT*），在各微量中都正比于那些微量到平面*QR*的距离；这些力使微量离开该平面。因此，根据引理2，如果环的物质散布于球体表面，并按照*PapAPepE*的形状来构成地球的外部，则所有微量的力或作用使地球绕任意赤道直径转动，并使分点运动的总力以2比5的比例减小。所以，分点的年逆进比20°11′46″等于10比73092，即为9″56‴50ⁱᵛ。

但由于赤道面倾斜于黄道面，又因为该运动以91706比半径100000的正弦（即$23\frac{1}{2}$°的余弦）减少，则剩余运动为9″7‴20ⁱᵛ，就是太阳作用所引起的分点的年岁差。

月球移动海洋的力比太阳移动海洋的力约等于4.4815比1；月球使分点运动的力比太阳的这个力也是相同比例。由于月球的作用分点的年岁差为40″52‴52ⁱᵛ，则由这两个力之和所引起的总岁差为50″00‴12ⁱᵛ。这个运动与现象是相符的。因为根据天文观测的结果，分点的岁差为每年约为50″。

如果地球在赤道的高度超出两极$17\frac{1}{6}$英里，则地球表面的物质密度要小于地球中心的物质密度，所以分点的岁差就会随着高度差的增大而增大，随着密度差的增大而减小。

至此,我们已经论证了太阳、地球、月球及行星的系统,接下来我们要加入一些有关彗星的内容。

引理4

彗星高于月球,且在行星的区域内。

彗星被天文学家置于月球之上,是因为它们被发现没有日视差,而它们的年视差是它们位置抬升到行星区域内令人信服的证据。这是由于当所有的彗星以黄道十二宫的顺序运动时,如果地球位于彗星和太阳之间,则其显现的末期会比正常时要慢或逆行,而如果地球和彗星处在相对的位置,就会比正常时要快;另一方面,在所有的彗星按黄道十二宫顺序做逆向运动时,如果地球位于彗星和太阳之间,在其显现的末期会比其本来的速度要快;如果地球位于其轨道另一侧,则更慢且可能逆行。这些彗星的这些现象主要是由于地球在其运动进程中的不同位置所引起的,这和行星所受地球位置变化的影响是相同的,行星会随着地球是与行星同向还是反向运动,有时逆行,有时较慢,有时又快又顺行。如果地球与彗星同向运动,但由于地球绕太阳的角运动较快,所以地球到彗星的直线会聚于彗星本身之外,又因为彗星的运动较慢,从地球上看彗星的运动就会显得是逆行的;甚至即使地球的运动慢于彗星,彗星的运动中减去地球运动的部分,其运动看上去也会变慢。但如果地球与彗星的运动方向相反,彗星的运动看上去就像是加速。彗星的距离也可以从这些加速、减速或逆行中用以下方法求出。

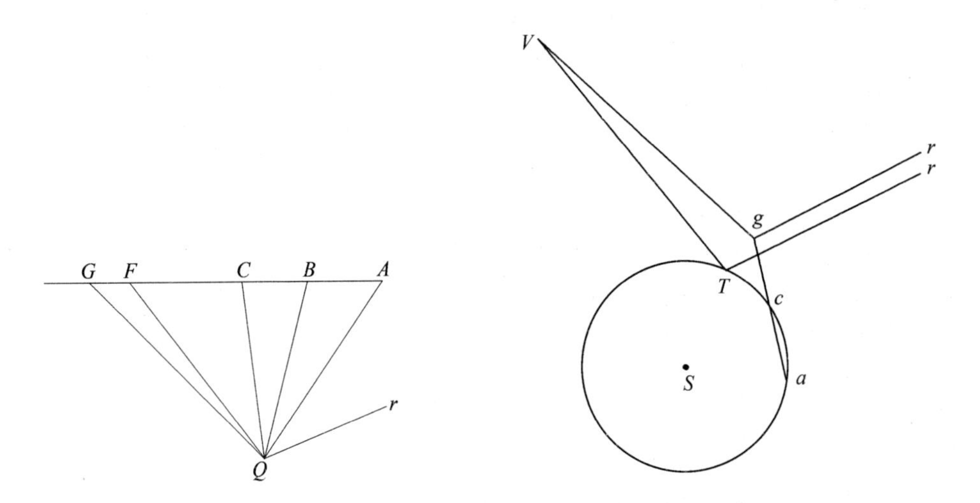

令rQA、rQB、rQC为彗星第一次显现的三个观测出的黄经,而rQF为彗星消失

前最后一次观测到的黄纬。作直线ABC,其中AB和BC为直线QA和QB,QB和QC分别切截得的部分,且AB和BC彼此之间比等于前三次观测中的两段时间间隔的比值。延长AC到G,则AG比AB等于第一次和最后一次观测之间的时间比第一次和第二次之间的时间;然后连接QG。现在如果彗星做匀速直线运动,地球或静止,或做类似的匀速直线运动,则角rQG为最后一次观测到的彗星黄经。所以,角FQG就为彗星和地球运动的不等性所产生的黄经差;如果地球和彗星的运动方向相反,则角FQG就要加到角rQG上,并会使彗星的视运动加速;但如果彗星与地球的运动方向相同,则角FQG就要从角rQG中减去,或使彗星运动减速,或使其逆行,正如同我们前述的现象。因此这个角主要由地球而产生,恰好可以看作是彗星的视差,亦即忽略一些彗星轨道上的不相等运动所引起的增量或减量;而且从这一视差我们可以得到彗星的距离。令S表示太阳,acT为地球公转轨道,a是第一次观测中地球的位置,c是第三次观测中地球的位置,T为最后一次观测中地球的位置,Tr为到白羊座首星的直线。设角rTV等于角rQF,则等于当地球在T处的彗星黄经;连接ac,并延长至g点,以使ag比ac等于AG比AC;那么如果地球持续沿直线ac匀速运动,g就会成为地球在最后一次观测的时间里所到达的位置。如果我们作gr平行于Tr,使得角rgV等于角rQG,则角rgV等于在点g看到的彗星黄经,而角TVg为地球从点g运动到点T所造成的视差,所以点V是彗星在黄道面上的位置。位置V通常都比木星轨道低。

同样,也可以由彗星路径的曲率求出上述结果,由于这些天体密度很大,它们几乎都在绕极大的圆转动。但当由视差所引起的视运动部分在总视运动中占了较大比重时,它们的路径的末尾部分通常会偏离那些圆,当地球偏向一侧时,它们偏向另一侧,而因为这一偏离与地球运动是相对的,所以其必定主要由视差而引起;由于这一偏离很大,根据我的计算结果,彗星的消失位置远低于木星。因此,当它们在近日点和远日点处接近地球时,它们通常移到火星轨道和内行星轨道之下。

彗星的接近也可进一步由彗星头部的光证明。由于一个被太阳照亮的天体的光离开得越远,就越精确地正比于距离的四次幂减小。亦即,由于到太阳距离的增大使得正比于它的平方,又由于视在直径的减小而又正比于另一个平方。如果彗星的亮度和视直径已知,则它的距离也可以通过取彗星到一行星的距离正比于它们的直径,反比于它们亮度的平方根而求出。因此,弗拉姆斯特德先生在1682年用16英尺长,配有千分尺的望远镜观测到的彗星头部的最小直径为2′00″;但其头部中间的彗核或星体几乎还不到该数值的$\frac{1}{10}$,所以它的直径实际只有11″或者12″,但它头部的光辉却超过其1680年时,可能还会和第一或第二恒星等的亮度相比。设土星环的亮度为彗星的四倍,因此环的光几乎等于它里面星体的光,又因为星体的视直径约为21″,因此环和球体合起来的光就会等于一个直径为30″的星体的光;于是得到彗星和土星的距离之比正比于12″比30″，反比于1比$\sqrt{4}$，即等于24比30，或4比5。然后，海威尔克告知我们在1665年4月的彗星的亮度超过了所有的恒星的光辉，它有极其强烈的色彩，甚至超过土星本身。该彗星要比上一年年底时出现的另一颗彗星更亮，而且已经可以和一星等的恒星亮度相比，其头部直径约为6′。但通过望远镜观测得知，该彗核的亮度和行星的接近，但小于木星；其大小与土星环内的球体相比，它有时略小，有时与之相等，因此彗星头部的直径几乎不超过8′或12′，而彗核或中心星的直径仅为头部直径的$\frac{1}{10}$或$\frac{1}{15}$。看来似乎这些恒星通常与行星有着相同的视星等，但它们的亮度通常可以与土星相比，有时甚至会超过土星。这证明了所有彗星在其近日点时必然或位于土星下方，或位于其上方不远处。那些认为它们远到几乎和恒星一样远的人是非常错误的，因为如果真是这样，那么彗星就不会从太阳处接收比行星从恒星处接收的光更多。

到现在为止，我们还没有考虑这一因素。由于它的头部被大量浓烟包围，彗星被遮蔽显得很暗淡，而其头部真是笼罩在烟尘当中的，它必然更接近太阳一些。因为其反射的亮度与行星接近，因此，彗星轨道很有可能远远低于土星轨道，正如我们在前面通过视差所证明的那样。但最重要的是，这可以由它们的彗尾来证明，因为彗尾或是由其产生的烟尘扩散到太空中反向的太阳光所表现的，或是由其头部的光亮造成的。前一种情况，我们必须把彗星的距离缩短，否则要让它的头部烟尘在如此无垠的太空里，以极大的速度传播是不可能的；而在后一种情况中，彗星的头部和尾部的总光亮都源于彗核的光亮。如果我们设所有的光亮都汇合凝聚在彗核中，毫无疑问，彗核本身的亮度就会远超木星自身，特别是当它散发出又大又亮的彗尾时。所以，如果它能在一个视在直径更短的星体上反射出比木星更多的光，它反射更多的光，则其必定被太阳光照得更多，所以其必定更接近太阳；由同样的论点可知，当彗尾被太阳光掩盖时，彗头有时会位于金星的轨道之内，它们会散发出那种又大又亮的彗尾，比如说有时会散发出像火焰一样的彗尾；这是因为，如果所有的光都聚集到一个星球上，其亮度有时不仅超过一个金星的亮度，甚至是极其多个金星会合成一个星体的亮度。

最后，同样的结论也可由彗头的光亮推断出，其亮度随着彗星远离地球趋向太阳而增加，又随着远离太阳趋近地球而减少；因为自1665年彗星第一次被观测到后（根据赫维留的观测），就一直在失去它的视运动，因此它已经过了近地点；但是它头部的亮度却与日俱增，直到隐藏在太阳光之下，彗星不再出现了。在1683年7月底首次出现的彗星（同样由赫维留观测到）以慢速运动，每天只在轨道上前进约40′或45′；但是从那时起它的周日运动就不断加快，直到9月4日达到了约5°时；因此，在所有这些时间段里，彗星一直在接近地球。这也可以用千分仪测量出其头部直径来证明，因为在8月6日，赫维留发现，加上彗发它也只有6′5″，而在9月2日，他观测为

9′7″,因此其头部看起来在开始时远大于其运动结束时,由于接近太阳,就算是才开始时,也要比结束时亮很多,正如赫维留宣布的那样。所以,因为彗星是渐渐在远离太阳的,尽管其趋于地球,在所有时间段里,它的亮度还是会渐渐减小的。1618年的彗星,在这一年的12月中旬及在1680年的12月底,它都以其最大速度在运动,所以那时是位于近地点的。但是它头部的亮度却是在两周前达到最大值,当时它才刚远离太阳光,而彗尾的最大亮度还要提前一点到来,那时它更接近太阳。前一个彗星的头部(根据赛萨特的观测),在12月1日比一等星的恒星还要亮;而在12月16日(在近地点),它的大小没有减小,亮度却大大减小了。在1月7日开普勒对彗星的头部不确定而放弃了观测。在12月12日,弗拉姆斯特德先生观测到了后一个彗星的头部,那时它到太阳的距离为9°,仅仅是三等星的亮度。到了12月15日和17日,由于被接近落日的云层遮挡,因此亮度减少,和三等星的亮度相等。到了12月26日,当它位于近地点时,以最大速度前进,它的亮度稍微小于三等星的飞马座之口的亮度。到了1月3日,它成了四等星的亮度。1月9日,就只有五等星的亮度。然后到了1月13日,它被月球的光辉所掩盖,那时月球的亮度正在增加。而到了1月25日,它的光辉就只是接近于七等星的亮度。如果我们把近地点两侧的相等时间间隔来进行比较,就会发现在这两个间隔很大的时间段里,彗头离地球距离是相等的,所以它们的亮度本该相等,但在近地点到太阳的那一侧呈现出的是最大亮度,而在另一侧却消失了。因此,从亮度在两侧情形的截然不同,我们得出的结论是,在前者中,太阳和彗星非常接近;因为彗星的亮度一直是有规律的,当它们头部运动最快时,亮度最大,因此它在近地点上;在它接近太阳时,亮度随之增大除外。

推论1 彗星受太阳光的反射而发亮。

推论2 按照上述讨论,我们也理解了为什么彗星通常出现在受太阳光照射的那一半球,而在另一半球却很少出现。如果它们出现在远高于土星的区域上,则它们会更频繁地出现在背对太阳的那一侧;因为在靠近地球的地方,太阳光必定会隐藏那些出现在正对太阳光的那一侧的光亮。然而,我通过查阅彗星出现的历史得知,彗星出现在面对太阳的那一侧的次数是背对太阳那一侧的4～5倍,而且显然被太阳光遮挡的次数也不少。因为彗星落入我们天体区域时既没有放射出彗尾,也没有受到太阳照射,所以我们用肉眼无法观测到,直到它们进入到离地球的距离小于木星到地球距离时我们才能发现。绕太阳以极小的半径划过的球形天体区域中,地球对着太阳的那部分区域占了其中的绝大部分,而彗星在那大部分区域里通常受到更强烈的照射,因为它们大多数时候更接近太阳。

推论3 显然,宇宙中没有任何阻力,尽管彗星沿倾斜轨道运动,有时还会与行星运行方向相反,但是它们还是以极大的自由向各个方向运动,并在很长时间里保持它们的运动,甚至是与行星的运动方向相反。如果它们不是那种永远沿着自己的轨道做环形运动的行星,我的判断就是错误的;部分学者主张彗星无非只是流星,他们这么想的原因是彗头会不断变化，似乎并没有根据；因为彗头包含巨大的大气，而该大气层的最里面必然也是最密的，因此我们所看到的这些变化只是发生在彗星大气层中，而不是发生在彗星主体。同样，如果站在行星上看地球，也只是大气层在发光，而地球主体很少能透过覆盖其上的云层显现出来。所以，也可推导出木星的小行星带也是由木星的云层而形成的，因为这些小行星之间不断改变相互位置，所以我们很难透过它们看到木星球体；因此彗星本体必然也是掩盖在更厚重的大气层下方。

命题40　定理20

彗星在以太阳为焦点的圆锥曲线上运动，它引向太阳的半径所扫过的面积正比于扫过时间。

该命题可用卷一命题13推论1和卷三命题8、命题12、命题13来证明。

推论1　如果彗星沿闭合轨道运行，那么轨道肯定是椭圆，而它们的周期与行星的周期之比等于它们主轴的$\frac{3}{2}$次幂，因此彗星的轨道大部分都比行星轨道更高，所以更长的轴划出彗星轨道，也就要用更多的时间才能完成一次公转。因此，如果彗星轨道的轴长为土星轴长的4倍，则彗星的环绕周期比土星的环绕周期（30年），等于$4\sqrt{4}$（或8）比1，所以彗星环绕周期为240年。

推论2　它们的轨道如此接近抛物线，以至于把抛物线当成它们的轨道也不会有明显误差。

推论3　根据卷一命题16推论7，每颗彗星的速度比在相同距离处沿圆形轨道绕太阳旋转的行星的速度，约等于行星到太阳中心的距离的两倍比彗星到太阳中心距离的平方根。设大轨道的半径或地球划过的椭圆轨道的最大半径是由100000000个部分构成，则地球的平均日运动划过1720212个部分，小时运动为$71675\frac{1}{2}$个部分。因此，在地球到太阳的相同平均距离处，彗星以比地球速度等于$\sqrt{2}$比1的速度，日运动划过2432747个部分，小时运动划过$101364\frac{1}{2}$个部分。但是在较大或较小距离，日运动和小时运动比这个日运动和小时运动都会反比于距离的平方根，因此速度是给定的。

推论4　如果抛物线的通径是大轨道半径的4倍，设该半径的平方包括100000000个部分，则彗星引向太阳的半径每日所扫过的面积就会有$1216373\frac{1}{2}$个部分，而小时运动的面积为$50682\frac{1}{4}$个部分。如果其通径以任意比例增加或减小，日运动和小时运动所扫过的面积就会以反比于该比例的平方根而减小或增加。

引理5

求通过任意数量给定点的抛物线类的曲线。

令这些点为A、B、C、D、E、F等，这些点到任意直线HN的位置是给定的，过这些点作同样多的垂线AH、BI、CK、DL、EM、FN等。

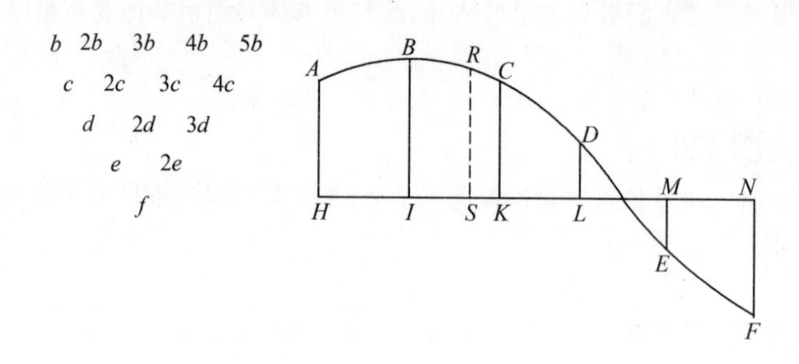

情形1 如果点H、I、K、L、M、N等的间距HI、IK、KL等相等，取b、$2b$、$3b$、$4b$、$5b$等为垂线AH、BI、CK等的第一次差，它们的第二次差为c、$2c$、$3c$、$4c$等，第三次差为d、$2d$、$3d$等，即，$AH-BI=b$，$BI-CK=2b$，$CK-DL=3b$，$DL+EM=4b$，$-EM+FN=5b$等；然后$b-2b=c$等，以此类推，直到最后一个差f。竖立任意垂线RS，该垂线可被看成所求曲线的纵坐标。为了求该纵坐标的长度，设间隔HI、IK、KL、LM等为单位，令$AH=a$，$-HS=p$，$\frac{1}{2}p\times(-IS)=q$，$\frac{1}{3}q\times(+SK)=r$，$\frac{1}{4}r\times SL=s$，$\frac{1}{5}s\times(+SM)=t$；如此进行下去亦即直到倒数第二根垂线$ME$，从$S$到$A$的各项$HS$、$IS$的前面加上负号；而在$S$的另一边的各项$SK$、$SL$等的前面加上正号，统计好这些符号后，$RS=a+bp+cq+dr+es+ft+\cdots\cdots$。

情形2 但如果点H、I、K、L等的间隔HI、IK等并不相等，取垂线AH、BI、CK等的第一次差b、$2b$、$3b$、$4b$、$5b$等，除以这些垂线之间的间隔；又取它们的第二次差c、$2c$、$3c$、$4c$等，除以每两个垂线间的间隔；再取它们的第三次差d、$2d$、$3d$等，除以每三个间的间隔；然后取它们的第四次差e、$2e$等，除以每四个间的间隔等，这样继续下去，可得出：$b=\frac{AH-BI}{HI}$，$2b=\frac{BI-CK}{IK}$，$3b=\frac{CK-DL}{KL}$等，又有$c=\frac{b-2b}{HK}$，$2c=\frac{2b-3b}{IL}$，$3c=\frac{3b-4b}{KM}$等，然后$d=\frac{c-2c}{HL}$，$2d=\frac{2c-3c}{IM}$等。当求出了那些差，令$AH=a$，$-HS=p$，$p\times(-IS)=q$，$q\times(+SK)=r$，$r\times(+SL)=s$，$s\times(+SM)=t$；进行下去直到倒数第二条垂线ME；纵坐标$RS=a+bp+cq+dr+es+ft+\cdots\cdots$。

推论 所有曲线的面积都可由上述方法近似求出。因为如果求出了要求的曲线上的一些点，并设一条抛物线通过了这些点，则该抛物线的面积就会与所求曲线的面积近似相等,而抛物线的面积总是可通过常规几何方法求出。

引理6

给定彗星某些观测点,求彗星在这些点间的任意时刻的位置。

令HI、IK、KL、LM(见上一图)表示观测时间的间隔,HA、IB、KC、LD、ME为彗星的五个观测到的黄经,而HS为第一次观测到所示黄经之间的给定时间。如果设曲线$ABCDE$通过点A、B、C、D、E,可通过引理5求得纵坐标RS,RS即为所示的黄经。

用同样方法,从这五个观测到的黄经,我们可求出任意指定时间的黄经。

如果观测到的这些黄经差很小,设为4°或5°,则三四次观测就足够求出新的黄经和黄纬;但如果这个差很大,比如有10°或20°,则需5次观测才能求出。

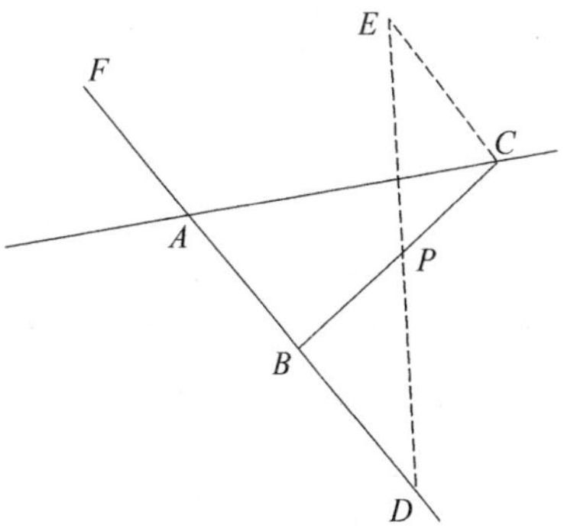

引理7

过一给定点P作直线BC,其PB和PC两部分与给定直线AB和AC相交,相互之间的比是给定的。

设任意直线PD是经过给定的P点的直线,它既与一条给定的直线相交(如AB),并向另一条给定直线AC延长至E,以使PE与PD之比为一给定比。令EC平行于AD。作直线CPB,则PC比PB等于PE比PD。由此得证。

引理8

令ABC为抛物线,焦点在S。在点I被二等分的弦AC所截取的弓形$ABCI$,其直径为$I\mu$,顶点为μ。延长$I\mu$,取μO等于$I\mu$的一半。连接OS并延长至ξ,使得$S\xi$等于$2SO$。现设一彗星沿弧CBA转动,作ξB交AC于E,我认为点E就会在弦AC上截取线段AE近似正比于时间。

因为如果我们连接EO,交抛物线弧ABC于Y,并作μX切同一个弧于顶点μ,且交EO于X,则曲线面积$AEX\mu A$比曲线面积$ACY\mu A$等于AE比AC。因此,由于三角形ASE与三角形ASC也成该比例,所以整个面积$ASEX\mu A$与$ASCY\mu A$之比等于AE比AC。但因为ξO比SO等于3比1,而EO比XO也是同样比值,SX平行于EB;因此,连接BX,三角形SEB等于三角形XEB。因此,如果从面积$ASEX\mu A$加上三角形EXB

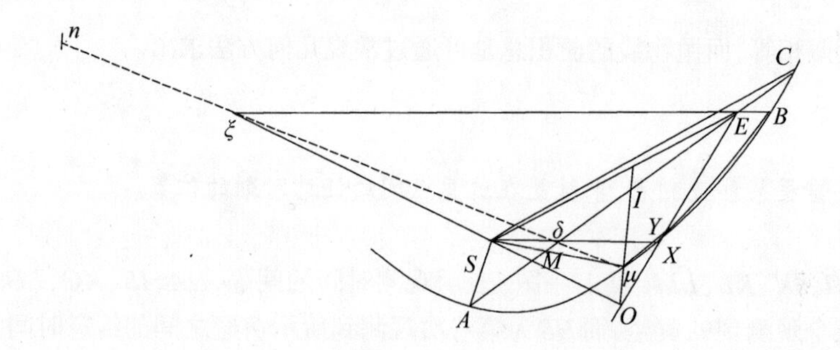

的和，再减去三角形SEB，剩余面积是$ASBX\mu A$，等于$ASEX\mu A$，因此面积$ASBX\mu A$比面积$ASCY\mu A$等于AE比AC。但由于面积$ASBY\mu A$近似等于面积$ASBX\mu A$，则面积$ASBY\mu A$比面积$ASCY\mu A$等于弧AB划过的时间比弧AC划过的时间，所以AE与AC的比值近似等于时间之比。由此得证。

推论 当点B落在抛物线顶点μ的位置上时，AE比AC之比精确地等于时间之比。

附注

如果我们连接$\mu\xi$交AC于δ，在其上取ξn，使得ξn比μB等于$27MI$比$16M\mu$，作Bn，此Bn截弦AC的比例较以前更精确地正比于时间之比。但若根据点B比点μ到抛物线的主顶点的距离是大还是小，来决定取点n是在点ξ的外侧还是内侧。

引理9

直线$I\mu$、μM和长度$\frac{AI^2}{4S\mu}$相互相等。

因为$4S\mu$是顶点为μ抛物线的通径。

引理10

延长$S\mu$到N和P，使μN可以等于μI的三分之一，而SP比SN等于SN比$S\mu$；在一颗彗星划过弧$A\mu C$的时间里，如果假设它总是以它在SP的高度上所具有的速度前进，则它划过的长度等于弦AC的长度。

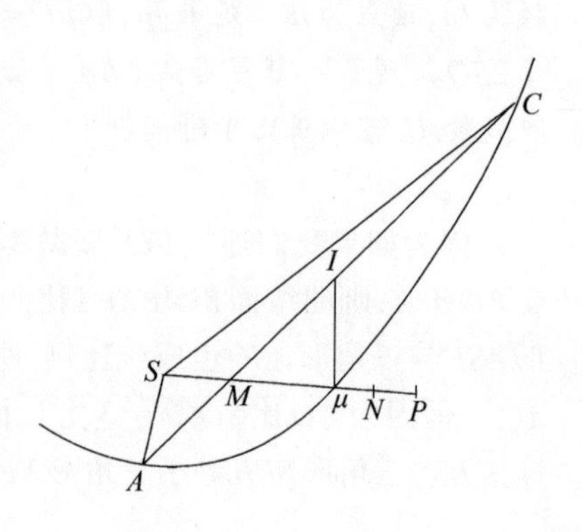

如果彗星在前述时间内，以其在点μ的速度，沿抛物线点μ处的切线匀速前进，则它引向点S的半径所扫过的面积等于抛物线面积

$ASC\mu A$，所以扫过切线的直线和长度$S\mu$所围成的面积比长度AC和SM围成的面积等于面积$ASC\mu A$比三角形ASC，等于SN比SM。因此，AC比划过切线的长度等于$S\mu$比SN。但由于彗星在SP的高度上的速度（根据卷一命题16推论6）比它在$S\mu$的高度上的速度反比于SP与$S\mu$之比的平方根，即等于$S\mu$比SN，所以以该速度划过的长度比在相同时间内在切线上划过的长度等于$S\mu$比SN。因为AC与在切线上划过的长度之比等于以新的速度划过的长度与切线上划过的长度之比，因此AC的长度与以新的速度划过的长度必然相等。由此得证。

推论　因此，彗星以在$S\mu+\frac{2}{3}I\mu$的高度所具有的速度，在相同时间里几乎等于划过的弦AC。

引理11

如果一颗失去所有运动的彗星从SN或$S\mu+\frac{1}{3}I\mu$的高度上向太阳坠落，在划过自己轨道上的弧AC的一半时间里，彗星还是会受到其最初被推向太阳的均匀且持续的力的推动，且下落中划过的距离等于长度$I\mu$。

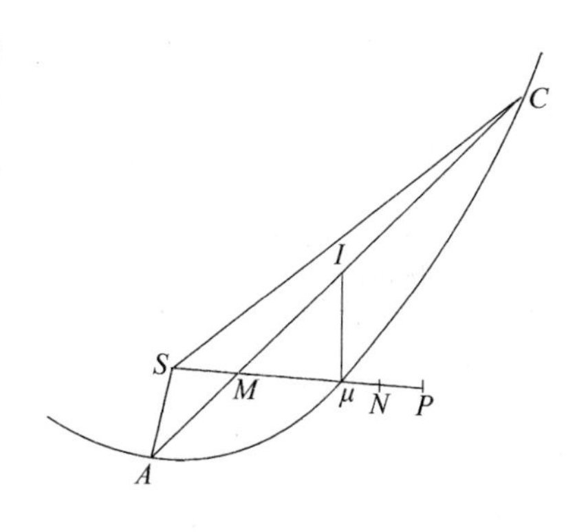

因为在与彗星划过抛物线弧AC所需的相同时间里，它（根据最后一个引理）以在SP的高度所具有的速度划过弦AC，因此（根据卷一命题16推论7），彗星在仅靠自己的引力绕半径SP的圆做圆周运动的相同时间里，它在该圆上划过的弧的长度比抛物线AC所对应的弦长等于1比$\sqrt{2}$。因此，如果以在SP的高度上所具有的引力落向太阳，则它会在（根据卷一命题16推论9）前述时间的一半里划过的距离等于前述的弦的一半的平方除以四倍的高度，即它会划过$\frac{AI^2}{4SP}$的距离。由于彗星在SN的高度上受指向太阳的重力比其在SP的高度上受指向太阳的重力等于SP比$S\mu$；所以彗星以其在SN的高度上所具有的重力在该高度上落向太阳的时间里划过距离，即$\frac{AI^2}{4S\mu}$，等于长度$I\mu$或μM。由此得证。

命题41　引理21

通过三次观测求以抛物线运动的彗星轨道。

这是一个难度很大的问题，我试过用多种方法解答，且有几个与此相关的问题，我在卷一里已作了相关阐述，倾向于这个目的。但后来我巧妙地找到了以下更为简单的解答方法。

选择三次时间间隔近似相等的观测，但令那个彗星运动更慢的时间间隔比另一个（时间间隔）更大。也就是使时间差比时间之和等于时间之和比约600天，或使点E可能落在接近M且偏向I的地方而非偏向A的地方。如果手头没有这些直接观测，那么就要根据引理6求出一个新的位置点。

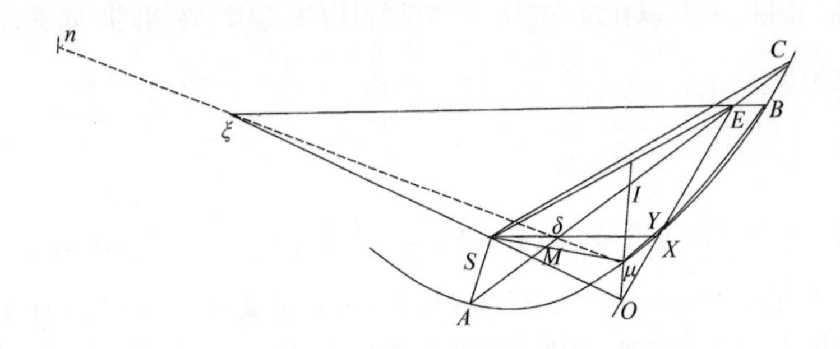

令S表示太阳，T、t、τ为地球在公转轨道上的三个位置；TA、tB、τC为彗星的三个观测黄经；V是第一次和第二次观测之间的时间；W为第二和第三次之间的时间；X为在$V+W$的整个时间里，彗星以在地日平均距离上的速度所划过的距离，这个距离可以由卷三命题40推论3求出；tV为弦$T\tau$上的垂线。在平均观测黄经tB上任意取点B为彗星在黄道面上的位置；从此处向太阳S引直线BE，并使其比垂线tV等于SB和St^2的乘积比直角三角形斜边的立方，而该直角三角形的直角边分别为SB和彗星在第二次观测时的黄纬相对于半径tB的切线。过点E（根据引理7）作直线AEC，其被直线TA和τC所截得的两部分AE和EC彼此之比等于时间V和W之比，如果B在第二次观测正确的位置上，那么A和C就会接近于彗星在黄道面上第一和第三次观测的位置。

在被I二等分的AC上作垂线Ii。过点B作直线Bi平行于AC。连接Si交AC于λ，使平行四边形$iI\lambda\mu$完整。取$I\delta$等于$3I\lambda$；又过太阳S作虚线$\sigma\xi$等于$3S\delta+3i\lambda$。删去字母A、E、C、I，从点B向ξ作一条新的虚线BE，它比原先的直线BE等于距离BS与量$S\mu+\frac{1}{3}i\lambda$之比的平方。同样根据前面的规则过点E作直线AEC，即使得AE和EC彼此之比等于观测时间间隔V和W之比。因此，A和C就会成为更精确的彗星位置。

在I点二等分的AC上，作垂线AM、CN、IO，其中AM和CN分别为第一次和第三次观测时的黄纬与半径TA和τC的切线。连接MN，交IO于O。像之前一样作长方形$iI\lambda\mu$。延长IA，取ID等于$S\mu+\frac{2}{3}i\lambda$。在MN上向N方向取MP，使MP比前面求

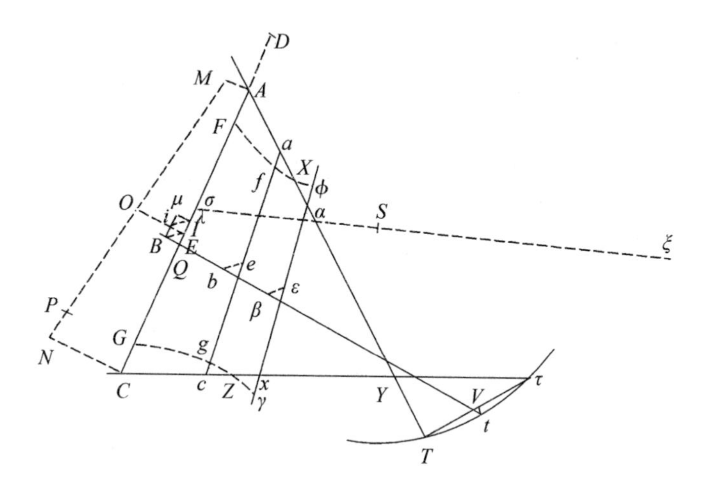

出的长度X等于地日平均距离（或地球公转轨道的半径）与OD之比的平方根。如果点P落在点N上，则A、B和C就会成为彗星的三个位置，通过这些点就可以在黄道面上划出彗星的轨道。如果点P没有落在点N上，在直线AC上取CG等于NP，则点G和P就会都位于直线NC同侧。

用假设点B求点E、A、C、G的相同方法，从任意假设另一些点b和β上，求新的点e、a、c、g和ε、α、κ、γ。然后过G、g和γ，作圆Ggy，交直线τC于Z；那么Z会成为彗星在黄道面上的一个位置。在AC、ac、$a\kappa$上，分别取AF、af、$a\phi$等于CG、cg、$\kappa\gamma$；又过点F、f和ϕ，作圆$Ff\phi$，交直线AT于X；那么X会成为彗星在黄道面上的另一个位置。在点X和Z上向半径TX和τZ作彗星黄纬的切线则就可以确定彗星在自己轨道上的两个位置。最后，如果（根据卷一命题19）以S为焦点作抛物线经过了这两个位置，则该抛物线就是彗星的轨道。由此得证。

这个图解的证明源自前一引理，由引理7可知，因为直线AC按时间比例在E点被截开，它如引理8一样；由引理11，BE是直线BS或$B\xi$在黄道面上介于弧ABC和弦AEC之间的总分；由引理10，MP是彗星在第一次和第三次观测之间在轨道上划过的弧对应的弦长，所以如果B是彗星在黄道面上的真实位置，那么MP等于MN。

如果不是任意设点B、b、β，而是近似真正的（位置），则计算就会更便捷。如果黄道面上的轨道的投影与直线tB的交角AQt是大致已知的，则在该角沿Bt作直线AC，使AC比$\frac{4}{3}T\tau$等于SQ比St的平方根；作直线SEB使EB等于Vt，则我们用于第一次观测的点B就能求出，然后删除直线AC，并根据前面作图法重新作直线AC，进一步就可以求出长度MP。在tB上取点b，根据规则如下，如果TA和τC相交于Y，则距离Yb比距离YB等于MP与MN之比乘以SB与Sb之比的平方根。如果你想重复这样的操作，那么同理你可以求出第三个点β；但通常按照这个方法两遍就足够了。因为如果距离Bb恰好很短，在求出点F、f和G、g之后，作直线Ff和Gg，则它们与TA

和τC的交点就是所示的X和Z。

例

令1680年的彗星为被研究的对象。下表显示了弗拉姆斯特德所观测并计算出的它的运动，哈雷博士也对这一结果作了校正。

日期	时间					太阳黄经			彗星黄经			彗星的北黄纬		
	视时间		真实时间			°	′	″	°	′	″	°	′	″
	时	分	时	分	秒									
1680年12月12日	4	46	4	46	0	♑1	51	23	♑6	32	30	8	28	0
1680年12月21日	6	$32\frac{1}{2}$	6	36	59	11	6	44	♒5	8	12	21	42	13
1680年12月24日	6	12	6	17	52	14	9	26	18	49	23	25	23	5
1680年12月26日	5	14	5	20	44	16	9	22	28	24	13	27	0	52
1680年12月29日	7	55	8	3	2	19	19	43	♓13	10	41	28	9	58
1680年12月30日	8	2	8	10	26	20	21	9	17	38	20	28	11	53
1681年1月5日	5	51	6	1	38	26	22	18	♈8	48	53	26	15	7
1681年1月9日	6	49	7	0	53	♒0	29	2	18	44	4	24	11	56
1681年1月10日	5	54	6	6	10	1	27	43	20	40	50	23	43	52
1681年1月13日	6	56	7	8	55	4	33	20	25	59	48	22	17	28
1681年1月25日	7	44	7	58	42	16	45	36	♉9	35	0	17	56	30
1681年1月30日	8	7	8	21	53	21	49	58	13	19	51	16	42	18
1681年2月2日	6	20	6	34	51	24	46	59	15	13	53	16	4	1
1681年2月5日	6	50	7	4	41	27	49	51	16	59	6	15	27	3

你们可以在这些数据中加入一些我的观测数据。

日期	观测时间		彗星黄经			彗星的北黄纬		
	分	时	°	′	″	°	′	″
1681年2月25日	8	30	♉26	18	35	12	46	46
1681年2月27日	8	15	27	4	30	12	36	12
1681年3月1日	11	0	27	52	42	12	23	40
1681年3月2日	8	0	28	12	48	12	19	38
1681年3月5日	11	30	29	18	0	12	3	16
1681年3月7日	9	30	♊0	4	0	11	57	0
1681年3月9日	8	30	0	43	4	11	45	52

这些观测结果都是用7英尺长配有千分仪的望远镜，并把准线调在望远镜的焦点上所得到的；我们用这些仪器确定了恒星相互之间的位置，以及彗星相对于它们的位置。令A表示英仙座左侧末端的一个第四亮星（按拜耳恒星命名法星序为o），

B表示左尾部的第三亮星（按拜耳恒星命名法星序为ξ），C表示同样在左侧末端的第六亮星（按拜耳恒星命名法星序为n），以及D、E、F、G、H、I、K、L、M、N、O、Z、α、β、γ、δ，为左侧其他较小的星；而令p、P、Q、R、S、T、V、X表示前面观测到的彗星的位置；设把距离AB分成$80\frac{7}{12}$份；AC占$52\frac{1}{4}$份；BC占$58\frac{5}{6}$份；AD占$57\frac{5}{12}$份；BD占$82\frac{6}{11}$份；CD占$23\frac{2}{3}$份；AE占$29\frac{4}{7}$份；CE占$57\frac{1}{2}$份；DE占$49\frac{11}{12}$份；AI占$27\frac{7}{12}$份；BI占$52\frac{1}{6}$份；CI占$36\frac{7}{12}$份；DI占$53\frac{5}{11}$份；AK占$38\frac{2}{3}$份；BK占43份；CK占$31\frac{5}{9}$份；FK占29份；FB占23份；FC占$36\frac{1}{4}$份；AH占$18\frac{6}{7}$份；DH占$50\frac{7}{8}$份；BN占$46\frac{5}{12}$份；CN占$31\frac{1}{3}$份；BL占$45\frac{5}{12}$份；NL占$31\frac{5}{7}$份。HO比HI等于7比6，延长这条线会从D星和E星之间穿过，以至D星到直线距离为$\frac{1}{6}CD$。而LM比LN等于2比9，延长该线，会经过H星。因此，恒星相互之间的位置就能确定。

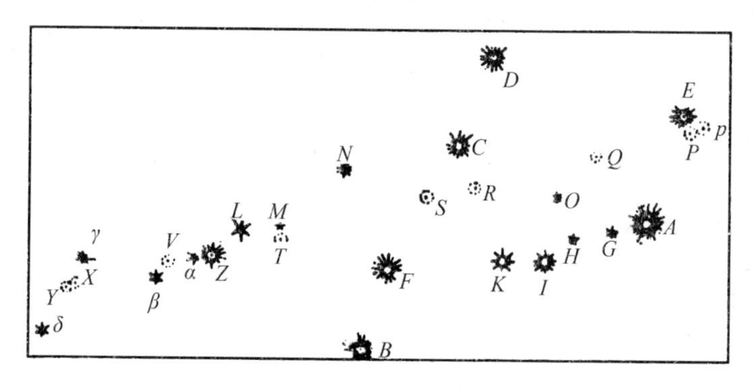

此后，庞德先生做了第二次恒星间相互位置关系的观测，并汇总了它们的黄经和黄纬，如下表：

恒星	黄经			北黄纬			恒星	黄经			北黄纬		
	°	′	″	°	′	″		°	′	″	°	′	″
A	♉26	41	50	12	8	36	L	♉29	33	34	12	7	48
B	28	40	23	11	17	54	M	29	18	54	12	7	20
C	27	58	30	12	40	25	N	28	48	29	12	31	9
E	26	27	17	12	52	7	Z	29	44	48	11	57	13
F	28	28	37	11	52	22	α	29	52	3	11	55	48
G	26	56	8	12	4	58	β	♊0	8	23	11	48	56
H	27	11	45	12	2	1	γ	0	40	10	11	55	18
I	27	25	2	11	53	11	δ	1	3	20	11	30	42
K	27	42	7	11	53	26							

观测得出的彗星相对于这些恒星的位置如下：

在旧历2月25日星期五，晚上8:30，彗星在点p，到E星的距离小于$\frac{3}{13}AE$，而大于$\frac{1}{5}AE$，所以约等于$\frac{3}{14}AE$；因为角ApE有一点偏向钝角，但近似为直角。从点A向pE作垂线，则彗星到该垂线的距离等于$\frac{1}{5}pE$。

而在当晚9:30时，彗星在点P，到E星的距离大于$\frac{1}{4\frac{1}{2}}AE$，而小于$\frac{1}{5\frac{1}{4}}AE$，所以约等于$\frac{1}{4\frac{7}{8}}AE$，或$\frac{8}{39}AE$。但彗星到过A星作的垂直于直线PE的垂线的距离为$\frac{4}{5}PE$。

在2月27日星期日，晚上8:15，彗星在点Q，到O星的距离等于O星到H星的距离，延长直线QO于K星和B星之间穿过。由于云层的干扰，我不能更精确地求出恒星的位置。

在3月1日星期二，晚上11:00，彗星在点R正好位于K星和C星之间的连线上，直线CRK的CR部分略长于$\frac{1}{3}CK$，又略短于$\frac{1}{3}CK+\frac{1}{8}CR$，所以等于$\frac{1}{3}CK+\frac{1}{16}CR$，或$\frac{16}{45}CK$。

在3月2日星期三，晚上8:00，彗星在点S，到C星的距离约等于$\frac{4}{9}FC$；F星到直线CS的延长线的距离为$\frac{1}{24}FC$，B星比F星到这条线的距离大5倍，NS的延长线过H星和I星之间，较I星距离H星更近5或6倍。

在3月5日星期六，晚上11:30，彗星位于点T，直线MT等于ML的一半，LT的延长线于B和F之间穿过，较B距离F近4或5倍，在BF上靠近F的一侧截取BF的$\frac{1}{5}$或$\frac{1}{6}$；MT的延长线过BF的外面，较F来说距B近4倍。M是很小的星，几乎不能用望远镜观测；但是L较暗，约为第八等星。

3月7日星期一，晚上9:30，彗星位于点V，直线$V\alpha$的延长线过B和F之间，在BF上向F点方向截取$\frac{1}{10}BF$，其比直线$V\beta$等于5比4。彗星到直线$\alpha\beta$的距离为$\frac{1}{2}V\beta$。

在3月9日星期三，晚上8:30，彗星位于点X，直线γX等于$\frac{1}{4}\gamma\delta$，过δ星在直线γX上作地垂线为$\frac{2}{5}\gamma\delta$。

同样还是当天晚上12:00，彗星位于点Y，直线γY等于与$\frac{1}{3}\gamma\delta$，或稍短为$\frac{5}{16}\gamma\delta$；从δ星到直线γY作垂线约等于$\frac{1}{6}\gamma\delta$或$\frac{1}{7}\gamma\delta$。但是，由于彗星极其接近地平线，几乎看

不见，所以它的位置不能像前面的观测那样精确求出。

根据这些观测，我通过作图和计算推导出彗星的黄经和黄纬；而庞德先生通过校准恒星位置而校准了彗星的位置，正确的位置记录如上。虽然我的千分仪不是最好的，但在黄经和黄纬上的误差（根据我的观测）很少超过一分。彗星（根据我的观测）在其运动的末期，从它在2月底划过的平行线开始明显朝北方倾斜。

现为了从上述观测结果来确定彗星轨道，我选取了弗拉姆斯特德的三次观测结果，做于12月21日的、1月5日的和1月25日。如果地球公转轨道半径平均分成1万份，则St为9842.1份，Vt为455份。然后在第一次观测中，设tB为5657个这样的部分，则求出SB为9747，BE在第一次观测中为412，$S\mu$为9503，$i\lambda$为413，BE在第二次观测中为421，OD为10186，X为8528.4，PM为8450，MN为8475，NP为25。因此，在第二次观测中我推算出距离tb为5640。由这个运算，我最后推算出距离TX为4775，τZ为11322。从这些数据限定的轨道，我发现其下降交点在♋，而上升交点在♑1°53′，其轨道平面对黄道面的倾角为$61°20\frac{1}{3}'$，所以顶点（或彗星的近日点）距交会点8°38′，在♐27°34′，南黄纬7°34′，其通径为236.8。如果设地球公转轨道半径的平方为100000000，则引向太阳的半径扫过的面积为93585。彗星在这个轨道上完全按照黄道十二宫顺序运动，在12月8日晚00:04时运动到其轨道的顶点或近日点处。所有这些是我用标尺和罗盘（角的弦都是在自然正弦表中求出）在一张巨大的图中取得的，在图中地球公转轨道的半径（包含有1万个部分）等于$16\frac{1}{3}$英寸长。

最后，为了发现彗星是否真的在这样求出的轨道上运动，我部分用算术方法，部分结合标尺和罗盘，研究了它在轨道上对应于观测时间的位置，如下表所示：

彗星数据											
日期	彗星与太阳的距离	计算黄经		计算黄纬		观测黄经		观测黄纬		黄经差	黄纬差
		°	′	°	′	°	′	°	′		
12月12日	2792	♑6	32	8	$18\frac{1}{2}$	♑6	$31\frac{1}{3}$	8	26	+1	$-7\frac{1}{2}$
12月29日	8403	♓13	$13\frac{2}{3}$	28	0	♓13	$11\frac{3}{4}$	28	$10\frac{1}{12}$	+2	$-10\frac{1}{12}$
2月5日	16669	♉17	0	15	$29\frac{2}{3}$	♉16	$59\frac{7}{8}$	15	$27\frac{2}{5}$	+0	$+2\frac{1}{4}$
3月5日	21737	29	$19\frac{3}{4}$	12	4	29	$20\frac{6}{7}$	12	$3\frac{1}{2}$	-1	$+\frac{1}{2}$

但之后哈雷博士确实用算术方法求出了比作图求出的更精确的轨道，保持了交会点在♋和♑的1°53′的范围内，轨道平面向黄道面的倾角为$61°20\frac{1}{3}'$，彗星在近日

点的时间为12月8日00:04,他发现近地点到彗星轨道上升交会点为9°20′,如果设地日平均距离为100000个部分,则抛物线的通径就为2430个部分。通过对这些数据进行更精确的算术计算,他求出了彗星在各观测时间里的位置,如下表。

彗星的数据													
真实时间			彗星与太阳的距离	计算黄经			计算黄纬			黄经误差		黄纬误差	
日	时	分		°	′	″	°	′	″	′	″	′	″
12月12	4	46	28028	♑6	29	25	8	26	0N	−3	5	−2	0
21	6	37	61076	♒5	6	30	21	43	20	−1	42	+1	7
24	6	18	70008	18	48	20	25	22	40	−1	3	−0	25
26	5	20	75576	28	22	45	27	1	36	−1	28	+0	44
29	8	3	84021	♓13	12	40	28	10	10	+1	59	+0	12
30	8	10	86661	17	40	5	28	11	20	+1	45	−0	33
1月5	6	$1\frac{1}{2}$	101440	♈8	49	49	26	15	15	+0	56	+0	8
9	7	0	110959	18	44	36	24	12	54	+0	32	+0	58
10	6	6	113162	20	41	0	23	44	10	+0	10	+0	18
13	7	9	120000	26	0	21	22	17	30	+0	33	+0	2
25	7	59	145370	♉9	33	40	17	57	55	−1	20	+1	25
30	8	22	155303	13	17	41	16	42	7	−2	10	−0	11
2月2	6	35	160951	15	11	11	16	4	15	−2	42	+0	14
5	7	$4\frac{1}{2}$	166686	16	58	55	15	29	13	−0	41	+2	0
25	8	41	202570	26	15	46	12	48	0	−2	49	+1	10
3月5	11	39	216205	29	18	35	12	5	40	+0	35	+2	14

该彗星在以前的11月也出现过,戈特弗里德·基尔希先生在萨克森的科堡于旧历这个月的4、6、11号观测过;考虑到科堡和伦敦的经度差11°,以及庞德先生所观测的恒星位置,哈雷博士求出了彗星的位置如下:

11月3日17:02,就是彗星出现在伦敦的时间,它位于♌29°51′,北黄纬1°17′45″。

11月5日15:58,彗星位于♍3°23′,北黄纬1°6′。

11月10日16:31,彗星与位于♌的两颗星距离相等,按拜耳恒星命名法其星序分别为σ和τ;但它又不完全接触这两颗星的连线,而是距此有一点距离。在弗拉姆斯特德的星表中,那时σ星在♍14°15′,近似北黄纬1°41′,而τ是在♍17°3$\frac{1}{2}$′,南黄纬0°34′。所以,这两颗星之间的中间点为♍15°39$\frac{1}{4}$′,北黄纬0°33$\frac{1}{2}$′。令彗星到该直线的距离为10′或者12′,因此彗星到这个中间点的黄经差为7′,黄纬差约为7$\frac{1}{2}$′;因此可知彗星就在♍15°32′,约为北黄纬26′。

彗星位置相对于某些小恒星来说第一次观测，具有所要求的所有精确度。第二次观测也够精确。第三次观测是最不精确的，可能有六七分钟的误差，但也不会更大了。就像在第一次也是最精确的一次观测中测出的那样，彗星的黄经由上述抛物线轨道计算得出♌29°30′22″，北黄纬为1°25′7″，且到太阳的距离为115546。

此外，哈雷博士还注意到一颗显著的彗星曾以575年为间隔出现过四次（即在尤利乌斯·恺撒遇刺后的9月；然后在531年，就是在兰帕迪乌斯和俄瑞斯忒斯执政时；之后是在1106年2月；最后是在1680年年底；并且它都拖着又长又亮的彗尾，除了在恺撒去世的那次，在那时由于地球位置的原因，彗尾不是很显眼），这让他求出了这样一个椭圆轨道，如果地日平均距离分为1万分，其最长轴应为1382957个部分，在这一轨道上彗星环绕一周的时间为575年；上升交会点位于♋2°2′，该轨道平面相对于黄道面的倾角为61°6′48″，在该平面上彗星的近日点为♐22°44′25″，到近日点的时间是12月7日23：09，近日点到位于黄道平面上的上升交会点的距离是9°17′35″，它的共轭轴是18481.2，因此，他计算出了彗星在该椭圆轨道上的运动，而由观测的推算和这条轨道的计算得出彗星的位置如下表所示。

观测时间			观测黄经			观测北黄纬			计算黄经			计算黄纬			黄经误差		黄纬误差	
日	时	分	°	′	″	°	′	″	°	′	″	°	′	″	′	″	′	″
11月3	16	47	♌29	51	0	1	17	45	♌29	51	22	1	17	32N	+0	22	−0	13
5	15	37	♍3	23	0	1	6	0	♍3	24	32	1	6	9	+1	32	+0	9
10	16	18	15	32	0	0	27	0	15	33	2	0	25	7	+1	2	−1	53
16	17	0							♎8	16	45	0	53	7S				
18	21	34							18	52	15	1	26	54				
20	17	0							28	10	36	1	53	35				
23	17	5							♏13	22	42	2	29	0				
12月12	4	46	♑6	32	30	8	28	0	♑6	31	20	8	29	6N	−1	10	+1	6
21	6	37	♒5	8	12	21	42	13	♒5	6	14	21	44	42	−1	58	+2	29
24	6	18	18	49	23	25	23	5	18	47	30	25	23	35	−1	53	+0	30
26	5	21	28	24	13	27	0	52	28	21	42	27	2	1	−2	31	+1	9
29	8	3	♓13	10	41	28	10	58	♓13	11	14	28	10	38	+0	33	+0	40
30	8	10	17	38	0	28	11	53	17	38	27	28	11	37	+0	7	−0	16
1月5	6	$1\frac{1}{2}$	♈8	48	53	26	15	7	♈8	48	51	26	14	57	−0	2	−0	10
9	7	1	18	44	4	24	11	56	18	43	51	24	12	17	−0	13	−0	21
10	6	6	20	40	50	23	43	32	20	40	23	23	43	25	−0	27	−0	7
13	7	9	25	59	48	22	17	28	26	0	8	22	16	32	+0	20	−0	56
25	7	59	♉9	35	0	17	56	30	♉9	34	11	17	56	6	−0	49	−0	24
30	8	22	13	19	51	16	42	18	13	18	28	16	40	5	−1	23	−2	13

续表

观测时间			观测黄经			观测北黄纬			计算黄经			计算黄纬			黄经误差		黄纬误差	
日	时	分	°	′	″	°	′	″	°	′	″	°	′	″	′	″	′	″
2月2	6	35	15	13	53	16	4	1	15	11	59	16	2	7	−1	54	−1	54
5	7	$4\frac{1}{2}$	16	59	6	15	27	3	16	59	17	15	27	0	+0	11	−0	3
25	8	41	26	18	35	12	46	46	26	16	59	12	45	22	−1	36	−1	24
3月1	11	10	27	52	42	12	23	40	27	51	47	12	22	28	−0	55	−1	12
5	11	39	29	18	0	12	3	16	29	20	11	12	2	50	+2	11	−0	26
9	8	38	♊0	43	4	11	45	52	♊0	42	43	11	45	35	−0	21	−0	17

对该彗星的观测从始至终与推算出的彗星在轨道上的运动完美契合，和行星的运动与原理推算出它们的运动一样；这种契合可以清楚地证明不同时间出现的彗星是同一个彗星，就连它的轨道也在此正确地确定了。

在前面的表中，我们删掉了11月16日、18日、20和23日的观测数据，因为它们不是足够精确。在这几次中，一些人对该彗星做过观测。旧历11月17日早上6:00，伦敦时间5:10，庞迪奥和他的同伴在罗马将准线对准恒星，观测到彗星在♎8°30′，南黄纬0°40′。他们观测的结果见于庞迪奥发表的关于这颗彗星的论文。切里奥当时也在场，在他与卡西尼交流的信中，他提到他看到彗星在同一时刻位于♎8°30′，南黄纬0°30′。同样，伽列特在同一时刻在阿维尼翁观测到彗星位于♎8°，没有黄纬，此时为伦敦清晨5:42。但根据原理，彗星那时位于♎8°16′45″，南黄纬0°53′7″。

11月18日早上6:30在罗马，伦敦时间是5:40，庞迪奥观测到彗星位于♎13°30′，南黄纬1°20′；而切里奥的结果是♎13°30′，南黄纬1°00′。但在阿维尼翁的清晨5:30，伽列特发现彗星在♎13°00′，南黄纬1°00′。在法国拉弗莱什大学的清晨5:00，伦敦时间5:09，安果神父观测到它位于两个小星之间，其中一个位于室女座南面的手上连成一线的三个星中间的那颗星，按拜耳恒星命名法其星序为ψ；而另一个是翅膀上最远的一颗，按拜耳恒星命名法其星序为θ。因此那时彗星位于♎12°46′，南黄纬50′。而哈雷博士告诉我，在那天的清晨5:00，位于北纬$42\frac{1}{2}$°的新英格兰的波士顿，此时伦敦时间是上午9:44，观测到彗星位于♎14°，南黄纬1°30′附近。

11月19日在剑桥清晨4:30，根据一个年轻人的观测，彗星距角宿一西北方向约2°。角宿一那时位于♎19°23′47″，南黄纬2°1′59″。在同一天，清晨5:00，新英格兰的波士顿，彗星距角宿一1°，黄纬相差40′。也是在同一天，在牙买加岛，彗星距离角宿一1°。也在同一天，亚瑟·斯托勒在弗吉尼亚地区的马里兰，靠近亨廷克里克的帕图森特河北黄纬$38\frac{1}{2}$度，在清晨5:00，伦敦时间上午10:00，看到彗星在角宿一之上，几乎和它融合，它们之间的距离有$\frac{3}{4}$度。通过比较这些观测数据，我得出在伦敦时间上午9:44分，彗星位于♎18°50′，南黄纬1°25′。如今根据理论得彗星当时位于♎18°52′15″，南黄纬1°26′54″。

11月20日，帕多瓦的天文学教授蒙坦雷在威尼斯早上6:00，伦敦时间5:10分，看到彗星位于♎23°，南黄纬1°30′。同一天在波士顿，彗星在角宿一偏东约4°，因此就是在近似于♎23°24′的地方。

11月21日，庞迪里奥和他的同伴在上午7:15观测到彗星位于♎27°50′，南黄纬1°16′；而切里奥观测得出彗星在♎28°；安果神父在清晨5:00测出彗星在♎27°45′；蒙坦雷的结果是♎27°51′。同一天，在牙买加岛看到的彗星位于天蝎座附近，几乎与角宿一的黄纬度相同，即为2°2′。同一天在东印度群岛的巴拉索尔的清晨5:00，伦敦时间为前一天晚上11:20，彗星位于角宿一以东7°35′。在角宿一和天秤宫的连线上，因此是在♎26°58′，南黄纬1°11′；过了5:40后，伦敦时间清晨5:00，彗星位于♎28°12′，南黄纬1°16′，现在由理论推算出彗星那时在♎28°10′36″，南黄纬1°53′35″。

11月22日，蒙坦雷看到彗星在♏2°33′；但在新英格兰的波士顿，发现它位于♏3°，黄纬几乎和从前一样，在1°30′。同一天清晨5:00在巴拉索尔，彗星位于♏1°50′；因此在伦敦，清晨5:00彗星近似位于♏3°5′。同一天在伦敦清晨6:30，胡克博士观测到彗星大约在♏3°30′，在角宿一和狮子座心脏（即轩辕十四）之间的连线上，完全不是位于线上，而是有一点偏向北边。蒙坦雷同样也在那一天及之后的几天里进行了观测，彗星到角宿一的连线经狮子座心脏（即轩辕十四）南边很近的距离通过。轩辕十四和角宿一的连线在♍3°46′处与黄道面所成的夹角为2°51′；而如果彗星在这条直线♏3°处，黄纬为2°26′；但由于胡克和蒙坦雷都认为彗星在该直线上偏北一点的地方，所以它的黄纬必定还要小一些。在20日时，通过蒙坦雷的观测，其黄纬几乎与角宿一的相同，即约为1°30′。但由于胡克、蒙坦雷和安哥都认为黄纬在不断增加，因此在22日，就会明显超过1°30′；取这些数据中极值（即为2°26′和1°30′）的中间值，则黄纬约为1°58′。胡克和蒙坦雷都认为彗星的彗尾是指向角宿一，但胡克认为这颗星有一点向南倾，而蒙坦雷认为是向北倾，因此这个倾斜几乎不可察觉；而该彗尾应近似平行于赤道，相对于太阳位置要略偏北。

旧历11月23日清晨5:00，在纽伦堡，伦敦时间清晨4:30，齐默尔曼先生观测到彗星位于♏8°8′，南黄纬2°31′。彗星其位置是通过它与恒星距离推算出。

11月24日日出之前，蒙坦雷看到彗星在轩辕十四和角宿一之间连线北侧的♏12°52′，所以其黄纬要小于2°38′；如我们前面说过，蒙坦雷、安哥和胡克都观测到黄纬在不断增加，所以到了24日，黄纬就会大于1°58′；因此取它的平均量，为2°18′，没有任何显著误差。而庞迪奥和切里奥认为黄纬在不断减小，但伽列特和新英格兰的观测者认为黄纬保持不变，即约为1°或$1\frac{1}{2}$°。庞迪奥和切里奥的观测很粗略，特别是那些用方位角和高度推算出的很不准确；伽列特的观测也一样。而蒙坦雷、胡克、安哥和那些在新英格兰的观测者们用的方法比较好，庞迪奥和切里奥有时也用这一方法，他们用相对于恒星位置来取彗星的位置。同一天清晨5:00在巴拉索尔，观测到彗星位于♏11°45′；所以在伦敦清晨5:00时近似于♏13°。而由理论可推算出，彗星在那时候在♏13°22′42″。

11月25日日出之前，蒙坦雷观测到彗星接近位于♏$17\frac{3}{4}$度；而同时切里奥观测到的却位于室女座右腿上的亮星和天秤座南秤盘上的亮星之间的连线；这条直线与彗星轨道的交角为♏18°36′。由原理推算彗星接近于♏$18\frac{1}{3}$度。

从上述数据能明显看出，这些观测结果与原理相符，就其彼此之间相符而论；由这种相符性证明从11月4日到次年3月9日一直出现的彗星是同一颗。这颗彗星的轨迹两次与黄道面相交，因此不是直线。它截黄道的位置不在天球两端，而在室女宫的末端和摩羯宫的初始，跨过的弧度为98°，因此彗星的路径确实偏离大圆很多，因为在11月它至少向南偏离黄道面3°；而后在接下来的12月它向北偏离了29°；这条轨道分两个部分，彗星于其上落向太阳又重新升起，根据蒙坦雷的观测，彗星的这种下落升起的视倾角大于30°。该彗星经过九个宫，也就是从狮子宫尾运动到双子宫首，彗星经过狮子宫后才被看见，我们还没有一个原理能解释为什么彗星能有极其大的一部分规则经过天空中这么大的部分。但是，该彗星的运动是非常不等的，因为在11月20日左右，它每天划过约5°。然后它的运动在11月26日到12月12日之间的时间里在减速，即在15天半的时间里它只划过了40°。但之后的运动就在增速，它每天划过约5°，直到它的运动又一次减速。而这个理论正好与一个如此不规律且穿越天空的运动完全相符，其与行星理论遵循同样规则，又与精确的天文观测精确地相符，那么这种理论除了真理不会是别的。

而且，我认为这不会有什么不妥，我在附图上面真实描述了彗星划过的轨道和它在几个位置喷出的彗尾，其在轨道平面上延伸。在图中*ABC*表示彗星的轨道，*D*为太阳。*DE*表示轨道的轴，*DF*为交会点的连线，*GH*为地球轨道与彗星轨道平面的交线，*I*为彗星在1680年11月4日的位置，*K*为同一年11月11日的位置，*L*为同一年11月19日的位置，*M*为同一年12月12日的位置，*N*为12月21日的位置，*O*为12月29日的位置，*P*为来年1月5日的位置，*Q*为1月25日的位置，*R*为2月5日的位置，*S*为2月25日的位置，*T*为3月5日的位置，*V*为3月9日的位置。在求彗尾的长度时，我做了如下观测。

11月4日和6日，彗尾没有出现。11月11日，彗尾刚刚出现，但其长度在10英尺长的望远镜中不会超过$\frac{1}{2}$°。11月17日，庞迪奥观测得彗尾长度大于15°。11月18日，在新英格兰测出彗尾约为30°长，且正对着太阳，并延伸至当时位于♍9°54′处

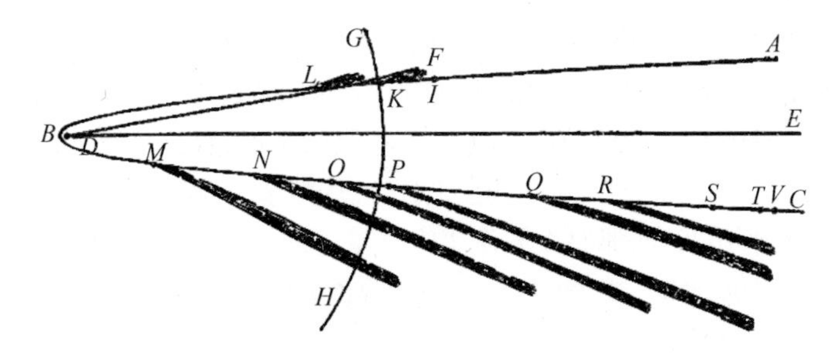

的火星处。11月19日,在马里兰岛发现彗尾有15°或20°长;根据弗拉姆斯特德先生的观测,12月10日彗尾从蛇夫座的蛇尾和天鹰座南翼的δ星中间穿过,终止于(按拜耳恒星命名法)星序为A、ω、b星附近,所以彗尾位于♑$19\frac{1}{2}$度,北黄纬约$34\frac{1}{4}$度。12月11日,它上升到天箭座头部(拜耳星序为α、β),终止于♑26°43′,北黄纬38°34′。12月12日,它从天箭座中间穿过,但没有延伸很远,终止于约♒4°,北黄纬$42\frac{1}{2}$度。但是,这些被理解为彗尾明亮部分的长度,因为在宁静的夜空中可能也可以看到一道微弱的亮光,在12月12日清晨5:40的罗马,根据庞迪奥观测,彗尾上升到了天鹅座尾上方10°的位置,彗尾指向西和北,距这颗星有45′,但此时彗尾上部的宽度有3°,因此彗星中间在该星偏南2°15′,而上部彗尾位于♓22°,北黄纬61°,因此彗尾约70°长。12月21日,它延伸到接近仙后座,距离与β星到王良四的距离相等,这两颗星分别到它的距离也与这两颗星的间距相等,所以彗尾终止于♈24°,黄纬$47\frac{1}{2}$度。12月29日它到达了室宿二,与其左侧相接触,并正好填满了在仙女座北部脚上54°长的距离,因此彗尾终止于♉19°,黄纬为35°。1月5日,彗尾接触到仙女座胸右侧的π星和腰带左侧的μ星;根据我们的观测彗尾有40°长,但它是弯曲的,且凸起的一侧朝南;接近彗星头部与穿过太阳和彗头的圆成4°角;但朝另一边的彗尾却与该圆成约10°或11°的角;彗尾的弦和该圆成8°角。1月13日,彗尾终止于天大将军一和大陵五之间,其亮度足够可见;但最后以微弱光亮终止于κ星靠英仙座的一侧。彗尾末端与划过太阳和彗星之圆的距离为3°50′;而彗尾的弦对这个圆的倾角为$8\frac{1}{2}$度。1月25日和26日,彗尾以微弱亮度发出的辉光长约6°或7°;经过一两个夜晚后,当有一个晴朗天空时,它以一个极为暗弱且几乎不可见的亮光延伸到12°或以上的长度;但是它的轴准确指向御夫座东肩上的那颗耀眼的星,所以与太阳反向的位置向北偏离10°。最后,2月10日,我用望远镜观测到彗尾长2°,因为我前述太微弱的光无法通过玻璃显现。但庞迪奥写到在2月7日看到彗尾长12°。2月25日,彗星失去彗尾,且如此持续到消失。

现在,如果一个人回顾描述的彗星轨道,并适时考虑彗星的其他外观,就会轻易地满足于了解了彗星是固态、紧密、固定且耐久的，就像行星的主体；因为如果它们只是地球、太阳和其他行星所形成的气体或喷出物，那么这颗彗星运行邻近太阳时应该会瞬间消失；因为太阳的热度正比于它光线的密度，反比于到太阳的距离的平方。因此，在12月8日，当彗星位于近日点时，从彗星位置到太阳中心的距离比日地距离约等于6比1000，而那时太阳作用在彗星上的热量比夏天的阳光作用在我们的热量等于1000000比36，或28000比1。我曾试验发现，把水烧开的热量是把泥土晒干的太阳热量的3倍，而烧红的铁的热量约等于沸水热量的3~4倍，如果我的猜测没错的话。因此，当彗星位于近日点时，彗星上的泥土受到太阳光线照射而晒干的热量等于烧红的铁的热量的2000倍。而在这样高的热量中，蒸汽和喷出物，以及任何挥发性物质，必定会被瞬间消耗和消散。

因此，这颗彗星必定从太阳那里吸收了大量的热量，并在相当长的时间里保持了那股热量，因为直径长1英寸的烧红铁球暴露在开放空气中，在一个小时的时间里几乎会失去全部热量；而体积更大的球体会以正比于其直径的比例保持热量更长时间，因为这一表面（正比于使它冷却的周围流动的空气的多少）比内部所含的热量要小。所以，一个大小等于地球的烧红铁球，直径约为4000万英尺的球体，在与地球冷却天数一样多的日子里，或在5万多年里，是不会冷却的。但我怀疑有一些潜在原因，使得热量持续时间的增加比例要小于体积增大的比例。我很期望看到能用实验测出真实比例。

我还观测到，彗星在12月，刚刚被太阳加热，它就会放射出比在11月当它还未到达近日点时更壮丽的彗尾。普遍地来说，最大又最灿烂的彗尾是紧随其后出现在它们经过相邻的太阳之后。因此，彗星接受的太阳光热最多，导致放射出最长的彗尾。由此我想我可以推出彗尾只是彗头或彗核受热所放射的非常细微的蒸汽。

但是关于彗尾，还有三种意见：一是有些人认为它们不是别的，就是太阳透过彗头（有人认为它是透明的）的光束；二是有些人认为是彗头向地球放射的光反射而成的；三是还有些人认为它们不断从彗头冒出的云雾或蒸汽背离太阳运动。第一种意见的提出者对光学不熟知，因为在暗屋里能看见太阳光束只是光束反射在空气中飘浮的尘埃和烟尘的微粒的结果。因此，如果使空气中布满浓烟，那么这些光束发出的光会极其亮，使感官受到更强的刺激；而在更纯净的空气中则显得更暗弱，更不容易被察觉。但是，在宇宙中没有物质来反射光亮，它们一点也不能被看到。光不是因为成为一束光而被我们看见，而是光反射到我们的眼睛而被看见，因为视觉不能被产生，除非光线落入我们眼睛，所以我们看见彗尾的地方必定有一些能反射的物质，否则由于太空中太阳光平均分布，不存在有些地方的亮度大于其他地方。第二种意见会面临很多困难。彗尾从来没有出现过通常与折射息息相关的多种色彩，而恒星或行星向我们清晰传播的光证明天空不能产生折射，至于所谓埃及人有时看到彗发或彗头包裹在恒星周围，这很罕见，应该归结为云层的偶然折射。

因此恒星的星芒和闪烁也是由于眼睛和空气的折射，因为把望远镜放到我们眼睛上时，这些星芒和闪烁就会立刻消失。由于空气和上升水汽的振颤，这就造成了光线交替在我们狭窄瞳孔里偏移；但是在望远镜物镜的更大光圈中就不会发生这种情况，因此闪烁只会发生在前一种情况中，而在后者中停止。在后一种情况中的这一（闪烁）停止证明光在天空中是均匀传播的，没有任何明显的折射。有的彗星的光太暗弱，以至看不到彗尾，好比次级光太弱以至眼睛无法感知一样。有人认为这就是为什么恒星没有尾巴，为了消除这种异议，我们应考虑恒星的光在望远镜下可以增加100倍，但仍然看不见尾巴。而行星的光则更充裕，但还是看不到任何尾巴，但是当彗头的光有时很暗弱阴沉时，我们还是能看见彗星有巨大的尾巴。这种情况发生在1680年，当时，在12月时它的光亮勉强达到二等星的亮度，但还是放射出明显的尾巴，并延伸到40°、50°、60°或70°甚至更长的长度。此后，在1月27日、28日，当时彗头的亮度等于七等星的亮度，还是可以看见彗尾（正如我们前面所说），尽管光亮很暗弱，但仍有6°或7°长，并且加上更难以看到的渐微的亮光有12°甚至更长。而到了2月9日和10日，那时肉眼已经看不到头了，但通过望远镜我看到彗尾有2°长。再进一步，如果彗尾是由天体的折射形成且偏离太阳，则根据其在天空中的形状，它在相同位置的偏离应该一直指向同一个地方。但是，1680年的彗星，在12月28日在伦敦晚上8:30时，它位于♓8°41′，北黄纬28°6′；当时太阳位于♑18°26′。1577年的彗星，在12月29日位于♓8°41′，北黄纬28°40′，而太阳和前面一样位于♑18°26′。在这两种情况中，地球的位置都相同，彗星出现在天空中的位置也相同；尽管在前一种情况中，彗尾（不管是我还是其他人的观测都一样）向北背向偏离太阳$4\frac{1}{2}$度；而在后一种情况中，它（根据第谷的观测）向南偏离21°。因此，尽管天空的折射被证明是不正确的，但彗星尾部的现象必须来自某种反射物质。

彗星尾部确实源于其头部，并指向太阳的反向，这些进一步由彗星遵循的规律所证实。因为，位于经过太阳的彗星轨道平面的彗星，它们不断地偏离太阳反向并朝向彗头在轨道上剩余部分的方向。对于位于那些平面的旁观者，彗星出现在位于正对太阳的地方；但随着旁观者们远离那些平面，其偏离就开始明显，且与日俱增。如果其他条件不变，在彗尾更向彗星轨道倾斜时，偏离会减小，当彗头更靠近太阳时，尤其是偏离角被估计靠近彗星的头时也是如此。如果没有出现偏离的彗尾，看起来是直的，但当它有偏离时呈现出曲线。偏离越大，曲率就越大。因此，如果彗尾越短，曲率越不容易看见，所以在其他条件不变的前提下，彗尾越长，曲率就越大；偏离角在接近彗头时较小，而在彗尾末端较大。而彗尾凸起的一侧就是朝向引起偏离的那一侧，而且这一侧是位于太阳到彗头的直线上的。那些又长又宽，光亮更强的彗尾，其凸起部分比凹陷部分更亮，轮廓更清晰。由此可知，彗尾的显现取决于彗头的运动，而非我们见到的彗头在天空中的位置；因此彗星的尾部并不是由天体的折射产生的，而是由其彗头提供的物质来形成彗尾。就像在我们空气中，燃烧的物体所产生的烟，当在物体静止时垂直上升，而在物体倾斜运动时斜向上升，所以在天空中，所有的天体都受太阳吸引，则烟雾和蒸汽必然向太阳方向升起，这也是我们以前提过的，当产生烟雾的天体静止时，烟尘就会垂直上升，而当天体在所有运动中离开那些较高部分的烟尘最初升起的位置时，烟尘会斜向上升；而当烟尘以最大速度上升时，倾斜度会最小，亦即，当产生烟雾的天体靠近太阳时，倾斜度最小。但是，由于倾斜度在变化，所以烟柱是弯曲的；又因为在前端的烟尘升起较晚，即比较晚才从天体中升起，于是前端的烟尘密度较大，也必定反射更多的光，轮廓也会更清晰。对于彗尾的突发不确定摆动，以及它们有时被学者描述为不规则的外形，我不补充任何内容。因为它们可能源于我们空气的流动和云层的运动，遮挡了这些彗尾；或许源于当彗星经过银河系时，把其中的某一部分当作了彗尾的一部分。

但是彗星的大气能够提供足够多的水汽来填满如此巨大的空间，我们很容易从地球空气的稀薄来理解。由于，在地球表面的空气所占据的空间是相同重量的水的体积的850倍，因此一个高850英尺的空气柱和一个有相同宽度却只有1英尺高的水柱的重量相同。而高度达到大气层顶端的空气柱的重量，与一个高33英尺的水柱的重量是相等的。所以，如果把这整个空气柱的较低部分的850英尺的空气移除，剩余较高部分等于高32英尺的水柱的重量。于是（根据多个实验验证的假设可知，空气压力相当于四周环绕大气的重力，重力反比于到地心的距离的平方），从卷二命题22的推论计算，我得出从地球表面算起，在高度为地球半径之处，空气要比地球表面稀薄，这两处的空气密度比例远大于土星轨道内的空间与直径为1英寸的球体体积之比。因为如果大气层，仅厚1英寸，并且它的空气稀薄程度和在地球半径的高度上的空气稀薄程度相同，但它也能填满行星们到土星轨道的所有空间，甚至更远。因为在距离越远的地方，空气越稀薄，所以从彗星中心算起，彗发或包裹彗星的大气层会普遍比彗核高10倍，而彗尾离彗星中心越远，彗尾的大气越稀薄；由于彗星表面的大气层密度较大，其主体又受到太阳的强大引力，而且它们的大气和烟尘的粒子相互吸引，所以可能在天体间的空间和彗尾中的大气不是那么极度稀薄，但是从这一计算明显可知，很少量的大气和烟尘就足够产生彗尾的所有状态；因为事实上根据周围星星透过它们的发光就能知道它们非常稀薄。尽管地球大气层只有几英里的厚度，在太阳光的照射下，它不仅使所有恒星的光变得模糊失去亮度，甚至使月球本身的光也变得模糊失去亮度；然而哪怕是最小的星星也能透过彗尾厚厚的大气层而让我们看见，并没有失去丝毫的亮度。大多数彗尾的亮度，通常都不会大于一个暗室里太阳光透过百叶窗的缝隙反射到1～2英寸厚的我们的空气上的亮度。

通过作从彗尾末端到太阳的连线并标记直线与彗星轨道的交点，我们可求出蒸汽从彗头升到彗尾末端上升的近似时间。由于现在位于彗尾末端的蒸汽，如果它以直线沿太阳方向上升，当彗头位于其交会点时，蒸汽必定从彗头上升。事实是，蒸汽并没有以直线沿太阳方向上升，而是保留了它在没有从彗星上升之前的运动，并将此运动与其上升运动合并，故而倾斜上升。因此，如果我们作与轨道相交的直线，且其平行于彗尾长度方向，或更确切地说（由于彗星的曲线运动）稍微偏离彗尾长度方向的直线，则这个问题的解会更精确。用这种原理的方法，我求出1月25日位于彗尾末端的蒸汽，在12月11日就开始从彗头升起，所以它用了上升总时间中的45天时间。但是，在12月10日出现的整个彗尾，在其到达近日点后的两天里就结束了上升。因此，在开始上升和在靠近太阳时会以最大速度上升，之后又会以一个持续地受其引力作用而减速的运动继续上升。它上升得越高，就使彗尾长度增加得越多，被持续看到的彗尾几乎全都是由彗星经过近日点以来所上升的蒸汽所组成，最早上升的形成彗尾末端的那部分蒸汽也未停止出现，直到其到离太阳距离，也即它从接受太阳光线位置如同到我们眼睛的距离太远，使得它不可见。因此，那些较短的其他彗尾不是以一个迅速且持续的运动从彗头升起以后又迅速消失，而是形成一个永久的蒸汽柱，里面的蒸汽是以一个缓慢的运动经过很多天从彗头升起，并同享了彗头开始就有的运动，一同继续划过天际。由此我们又得出了一个论据来证明天体空间是自由的，且没有任何阻力，因为在其中不仅像行星和彗星之类的固体，而且像彗尾这种极稀薄的气团，都在很长一段时间里以极大自由度保持其高速运动。

开普勒将彗尾的上升归因于其头部大气，并将彗尾方向指向背对太阳归因于彗尾中所带物质的光线的作用。如果我们可以毫无矛盾地假设在如此巨大的自由空间里，像以太这样如此微小的物质会受到太阳光线的作用，尽管受到明显的阻力，在地球上这些阳光不能对物质有明显作用。有一些学者认为可能有一种物质粒子遵循轻力原则，如同其他的遵循重力原则一样，而彗尾的物质可能就属于前者，所以它从太阳方向的升起归因于其轻力。但考虑到地球物体的重力正比于物体质量，因此相同质量的物体，物质既不能多也不能少，我倾向于认为这种上升更准确地说是由彗尾物质的稀薄造成的。烟在烟囱中升起归因于其中空气的推动。受加热而稀薄的空气上升，因为其密度减小，而在空气上升的同时，将与其混合的烟尘一起带走。为什么彗尾不能以同样方式从太阳方向升起呢？因为太阳光并不会作用在其弥漫的介质上，除非是通过折射和反射，然后那些反射的粒子被这种作用加热，进而加热了混合于其中的以太物质。而该物质因获得的热量而变稀薄，又因这种稀薄化使得其被稀薄化之前落向太阳的密度减小，由此它会上升，并且携带构成彗尾的反射（光线的）粒子。但水汽的上升因其绕太阳的旋转而进一步被提升，由此造成它们竭力远离太阳，而太阳的大气层和太空中的其他物质都静止，或只源于太阳的自转所做的较慢的旋转。这些都是彗尾在邻近太阳处上升的原因，在那儿它们轨道的曲率更大，所以彗星自身就坠入太阳大气层更密因而更重的部分，从而放射出巨大的彗尾。因为上升的彗尾既保持了它们正常的运动，与此同时又被太阳吸引，所以必定像彗头一样在椭圆轨道上绕太阳运动，而因这个运动使得彗尾必定永远自由地伴随着彗头。因为太阳对水汽的引力不能迫使彗尾离开彗头并坠向太阳，正如彗头的引力不能迫使其从彗尾坠落一样。所以，它们必定是在共同引力的作用下一起落向太阳，或在上升中一起受到减速。因此（无论从前述的还是其他任何原因），彗尾和彗头都能简单地被观测到并自由保持彼此间任意位置，而不被共同引力所干扰或阻碍。

所以，于彗星近日点升起的彗尾会跟随彗头进入遥远的深空，并同彗头一起经过漫长岁月之后再回到我们这里，或更确切地说，会在那里变稀薄，渐渐消失。因为在这之后，在彗头新的一次落向太阳时，新的短彗尾就会从彗头以缓慢的运动放出。而这些新的彗尾会逐渐增大至极大，在近日点时降到太阳大气层很近的那些彗星尤其如此。因为在自由空间里，所有水汽都会永远处于稀薄和膨胀的状态中，因此，所有彗星的尾巴在它们的最顶端处都要宽于接近彗头处。这种不断稀薄和膨胀的水汽最终可能会消散并扩散到整个太空，然后受行星引力的吸引一点一点逐步混入行星的大气层，成为大气层的一部分，这并非不可能。就像海洋对构建我们地球是绝对必需的一样，太阳的热度使得海洋蒸发大量水汽，这些水汽聚集在一起形成云，然后又以雨的形式落下而滋润土壤，并滋养了作物；或是在山顶上遇冷凝结（正如一些理性的哲学家判断的那样），奔涌流入泉水和河流中。因此，为了行星上海洋和流体的保持，彗星似乎不可或缺，通过其物质的蒸发和水汽凝结，行星上的流体因为作物生长和腐烂转而变干的土壤，会不断得以补充和恢复。因为所有作物的生长都依赖流体，而之后，又在很大程度上由于腐烂而变成干燥土壤；通常在腐败的流体底部总能发现稀泥之类物质。因此，地球固体部分的体积才会不断扩大，而流体如果没有得到补充，就会不断减少并最终消失。此外，我还怀疑这种主要来自彗星的精气，是地球空气中最小也最精华的部分，同时也是维系地球万物生命的必需品。

如果赫维留对彗星形状的描绘无误，彗星在坠向太阳时，其大气进入彗尾而消耗和减少并变窄，至少在对着太阳那边如此；而当它们远离太阳时，它们较少进入彗尾，它们又变宽了。但是，它们在受到最强太阳光加热并由此放射出最长最华丽的彗尾时，它们看起来最小。与此同时，包围彗核的大气层的最底部可能也是较厚较暗的烟，因为通常既多且强的热度产生的烟都是较厚较暗的。因此，在到太阳和地球距离相等的地方，我们描述过的彗头在经过近日点时会比以前显得更暗。因为在12月时它的亮度达到了三等星，但是在11月它的亮度就达到一二等星，以致那些都看过这两种状态的人，会认为后者是另一颗更亮的彗星。由于在11月19日，一个年轻人在剑桥看到这颗彗星虽然光线暗淡，但仍相当于室女座角宿一（的亮度）；在那时它的亮度比其之后更亮。而在旧历11月20日，蒙坦雷观测到其比一等星的亮度还要亮，其彗尾有2°长。斯多尔先生在寄给我的信中写道，在12月，当彗尾最大最亮时，其彗头远小于11月日出之前看到的大小。而在猜测产生这一现象的原因时，他判断是由于最初彗头有较大质量，之后它们逐渐消耗殆尽。

出于同样的目的，我发现其他彗星的头部，在放射出最大最亮的彗尾时，却看起来昏暗且渺小。因为在1668年3月5日傍晚7点的巴西，圣·瓦伦廷·伊斯坦塞尔神父在巴西发现彗星靠近地平线，朝向西南方，其彗头太小以至于不能看清楚，但是它的彗尾非常明亮，使得反射到海面上的倒影可以让那些站在岸上的人很容易看到，它就像一根从西向东长23°的火柱，几乎平行于地平线。但是，这种极亮的光辉只持续了三天，之后迅速减小。当亮度减小时，彗尾的体积却在增大。据说在葡萄牙，人们看到它占了四分之一的天空，即45°自东向西以一个很强的亮度延伸，尽管整个彗尾并不能在这个区域可见，因为彗头总是隐藏在地平线之下。从彗尾体积的增大和亮度的减小，表明那时彗头在远离太阳，而且非常接近近日点，正如1680年彗星的状况。我们在《撒克逊编年史》中可以读到，类似的彗星在1106年曾经出现过，这颗星又小又暗（如同1680年的），但其彗尾的光辉很明亮，就像一个巨大的火棍自东向北延伸，正如赫维留从达勒姆的修道士西米昂那里得到的观测记录。这颗彗星出现在二月初的傍晚，朝向天空西南方。所以，从它的彗尾位置我们推断其彗头在太阳附近。马太·帕里斯说："它距离太阳约有一腕尺，出现在三点（确切一点是六点）到九点之间，发出一条长彗尾。"这即是亚里士多德在《天象论》第6章第1节里描述过的那颗彗尾："它的头部不可见，因为它落于太阳之前，或至少隐藏在太阳光下，但是第二天可能就会看到它。因为它离太阳稍远了一点，然后又迅速落下。而其头部发出的光芒被（尾部的）超强光亮遮住而不可见。但之后，（正如亚里士多德所说）当（彗星的）光亮减弱后，彗星（的头部）恢复了其本来的亮度，而（彗尾的）亮度延伸到了天空的三分之一（即60°）。此现象出现在第101届奥运会的第四年冬季，当上升到猎户座腰带位置时就消失了。"1618年的彗星也一样，它带着巨大的彗尾直接从太阳光里显现出来，亮度等同于或超过一等星。但此后又出现了多个比它还亮的彗星，它们的彗尾较短，其中有一些据说和木星一样大，另一些和金星体积相仿，或者和月球差不多。

我们已证明了彗星是一种沿大偏心率轨道绕太阳公转的行星；且因为在没有尾巴的行星里，通常较小的沿较小的轨道运动，且更接近太阳，很可能在其近日点通常越接近太阳的彗星亮度越小，它们的引力不会对太阳造成太大影响。但至于它们轨道的横向直径和其公转周期，我留待它们在经过漫长的环绕后沿相同轨道回归后，再比较求出。与此同时，下一命题会对这个问题有启发。

命题42　问题22

校正前述求出的彗星轨道。

方法1 设轨道平面的位置是根据前一命题所求出。根据非常精确的观测，选取彗星的三个位置，而且彼此之间的距离很大。然后设A表示第一次观测和第二次观测之间的时长，而B是第二次和第三次之间的时长。但如果其中一段时间里，彗星位于其近日点或近日点附近，那么运算会更便捷。从那些视位置，用三角法求出三个在轨道平面上的点的真实位置；然后从这些找到的位置，以太阳中心为焦点，根据卷一命题21，用算术法作一圆锥曲线。令从太阳引向这个位置的半径所扫过曲线的面积为D和E，即D为第一次和第二次观测之间的面积，而E是第二次和第三次之间的面积；令T表示以卷一命题16求出的彗星速度扫过$D+E$的总面积所用的总时间。

方法2 保持轨道平面相对于黄道面之间的夹角，令轨道平面的交会点的黄经增加20′或30′，新的夹角为P。然后从前述观测到的彗星的三个位置，求出在这个新平面里彗星的三个实际位置（同上）；也求出通过这三个位置的轨道，两次观测之间由相同的半径分别扫过的面积设为d和e；又令t为扫过$d+e$的总面积所需的总时间。

方法3 保持在方法1中交会点的黄经不变，令轨道平面与黄道面之间的夹角增加20′或30′，新的夹角为Q。然后从前面所说的三个观测到的彗星的视位置，求出新的平面里的三个实际位置，以及通过它们的轨道，令两次观测之间由相同的半径分别扫过的面积为δ、ε；令τ为扫过$\delta+\varepsilon$的总面积所需的总时间。

然后取C比1等于A比B，G比1等于D比E，g比1等于d比e，γ比1等于δ比ε，设S为第一和第三次观测之间的实际时间，观察好符号＋和－，求出m和n，使得$2G-2C=mG-mg+nG-n\gamma$，以及$2T-2S=mT-mt+nT-n\tau$。如果在方法1中，I表示轨道平面与黄道面的夹角，K表示任意一个交会点的黄经，那么$I+nQ$就会为轨道平面与黄道面的实际夹角，而$K+mP$就是交会点的实际黄经。最后，如果第1、第2、第3个方法中，量R、r和ρ分别表示轨道的通径，量$\frac{1}{L}$、$\frac{1}{l}$、$\frac{1}{\lambda}$表示轨道的横向直径，则$R+mr-mR+n\rho-nR$就是实际通径，而$\frac{1}{L+ml-mL+n\lambda-nL}$为彗星掠过轨道的横向直径，而后从求得的横向直径也能求出彗星的周期时间。由此得证。

但是，彗星的公转周期时间和它们轨道的横向直径不能精准地求出，只是把它们出现的不同时间放在一起作比较。如果在几个相等的时间间隔里，发现有几个彗星沿着相同的轨道运行，我们就可以得出它们全都是同一个彗星绕着相同轨道公转的结论；然后从它们的公转时间可求出它们轨道的横向直径，并且从这些直径也可求出椭圆轨道本身。

为此，很多彗星的轨道理应计算出来。设轨道为抛物线，因为这种轨道总是几乎与天象相吻合，不仅是1680年彗星的轨道（我通过比较发现与观测相符），而且赫维留在1664年和1665年观测到的那颗著名彗星，他本人又计算出其黄经和黄纬，都是吻合的，只是精度偏低。但是，对同一个观测结果，哈雷博士重新计算了它的位置，而重新得出的位置来求出其轨道，他发现其上升交会点位于♊21°13′55″；轨道与黄道面的交角为21°18′40″，其近日点到交点的距离，在彗星轨道上为49°27′30″，其近日点在♌8°40′30″，日心南黄纬为16°01′45″。这颗彗星在伦敦旧历11月24日晚上11：52分，或是在格但斯克13：08观测到位于其近日点。如果设太阳到地球的平均距离包含有100000，则该抛物线的通径就包含有410286。而究竟计算出的彗星轨道与观测结果有多接近，见附表（由哈雷博士计算）。

在格但斯克的观测时间			观测彗星距离				观测位置				计算位置		
日	时	分		°	′	″		°	′	″	°	′	″
12月3	18	$29\frac{1}{2}$	距离轩辕十四	46	24	20	黄经	♎7	1	0	♎7	1	29
			距离角宿一	22	52	10	南黄纬	21	39	0	21	38	50
4	18	$1\frac{1}{2}$	距离轩辕十四	46	2	45	黄经	♎6	15	0	♎6	16	5
			距离角宿一	23	52	40	南黄纬	22	24	0	22	24	0
7	17	48	距离轩辕十四	44	48	0	黄经	♎3	6	0	♎3	7	33
			距离角宿一	27	56	40	南黄纬	25	22	0	25	21	40
17	14	43	距离轩辕十四	53	15	15	黄经	♌2	56	0	♌2	56	0
			距离参宿四	45	43	30	南黄纬	49	25	0	49	25	0
19	9	25	距离南河三	35	13	50	黄经	♊28	40	30	♊28	43	0
			距离天囷一	52	56	0	南黄纬	45	48	0	45	46	0
20	9	$53\frac{1}{2}$	距离南河三	40	49	0	黄经	♊13	3	0	♊13	5	0
			距离天囷一	40	4	0	南黄纬	39	54	0	39	53	0
21	9	$9\frac{1}{2}$	距离南河三	26	21	25	黄经	♊2	16	0	♊2	18	30
			距离天囷一	29	28	0	南黄纬	33	41	0	33	39	40
22	9	0	距离南河三	29	47	0	黄经	♉24	24	0	♉24	27	0
			距离天囷一	20	29	30	南黄纬	27	45	0	27	46	0
26	7	58	距离娄宿一	23	20	0	黄经	♉9	0	0	♉9	2	28
			距离娄宿三	26	44	0	南黄纬	12	36	0	12	34	13
27	6	45	距离娄宿一	20	45	0	黄经	♉7	5	40	♉7	8	45
			距离毕宿五	28	10	0	南黄纬	10	23	0	10	23	13
28	7	39	距离娄宿三	18	29	0	黄经	♉5	24	45	♉5	27	52
			距离昴星团	29	37	0	南黄纬	8	22	50	8	23	37
31	6	45	距离娄宿三	30	48	10	黄经	♉2	7	40	♉2	8	20
			距离昴星团	32	53	30	南黄纬	4	13	0	4	16	25
1665年1月7	7	$37\frac{1}{2}$	距离奎宿九	25	11	0	黄经	♈28	24	47	♈28	24	0
			距离昴星团	37	12	25	南黄纬	0	54	0	0	53	0
13	7	0	距离奎宿九	28	7	10	黄经	♈27	6	54	♈27	6	39
			距离昴星团	38	55	20	北黄纬	3	6	50	3	7	40

续表

在格但斯克的观测时间			观测彗星距离				观测位置				计算位置		
日	时	分		°	′	″		°	′	″	°	′	″
24	7	29	距离奎宿九	20	32	15	黄经	♈26	29	15	♈26	28	50
			距离昴星团	40	5	0	北黄纬	5	25	50	5	26	0
2月7	8	37					黄经	♈27	4	46	♈27	24	55
							北黄纬	7	3	29	7	3	15
22	8	46					黄经	♈28	29	46	♈28	29	58
							北黄纬	8	12	36	8	10	25
3月1	8	16					黄经	♈29	18	15	♈29	18	20
							北黄纬	8	36	26	8	36	12
7	8	37					黄经	♉0	2	48	♉0	2	42
							北黄纬	8	56	30	8	56	56

在1665年2月，白羊座的首星，以下我称为γ，位于♈28°30′15″，北黄纬7°8′58″；白羊座第二星位于♈29°17′18″，北黄纬8°28′16″；而另一颗我称之为A的七等星位于♈28°24′45″，北黄纬8°28′33″。旧历2月7日上午7:30在巴黎（在格但斯克为2月7日早8:37）观测到的彗星与γ星和A星连成一个三角形，其中在γ星处是直角；彗星到γ的距离等于γ到A的距离，即等于大圆的1°19′46″；因此它在平行于γ星的黄纬上位于1°20′26″，所以如果从γ星的经度中减去经度1°20′26″，剩下的就是彗星的经度♈27°9′49″。M.奥佐观测到彗星大约位于♈27°0′；从胡克先生描绘的它的运动图解中，我们可以看到它那时位于♈26°59′24″。我取了这两个极大值和极小值的平均值，于是为♈27°4′46″。

从同一个观测中，奥佐发现在那时彗星位于北黄纬7°4′或7°5′；但是如果设彗星与γ星的黄纬差等于γ星和A星的黄纬差，那么他会得到更好的结果，即7°3′29″。

伦敦2月22日早7:30，即格但斯克2月22日8:46，根据胡克博士的观测所绘制的星图，也根据M.奥佐的观测，派蒂特也作了类似星图，表明彗星到A星的距离是A星到白羊座第一星之间距离的五分之一，或15′57″；而彗星到A星的白羊座首星之间的连线距离，等于那个距离五分之一的四分之一，即4′；所以彗星位于♈28°29′46″，北黄纬8°12′36″。

3月1日早7:00在伦敦，在格但斯克为8:16，观测到彗星位于白羊座第二星附近，而它们之间的距离比白羊座首星和第二星之间的距离（即1°33′，等于4比45（根据胡克博士的观测），或等于2比23（根据M.哥提尼）。所以，根据胡克博士的观测，彗星到白羊座第二星的距离为8′16″，或根据M.哥提尼的观测为8′5″；或取平均值8′10″。但是，根据M.哥提尼的观测，彗星越过白羊座第二星约一天行程的四分之一或五分之一的距离，即约为1′35″（这与M.奥佐的完全吻合）；或根据胡克博士的观测没有这么多，只有1′。所以如果我们在白羊座第一星的黄经中增加1′，并在黄纬上增加8′10″，然后我们就能得到彗星位于♈29°18′，北黄纬8°36′26″。

3月7日7:30在巴黎（同日8:37在格但斯克），根据奥佐观测，彗星到白羊座第二星的距离等于这颗星到*A*星的距离，即52′29″；而彗星和白羊座第二星之间的黄经差为45′或46′，或取其平均值45′30″；所以彗星位于♉0°2′48″。根据M.奥佐的观测，由M.派蒂特绘制的星图，赫维留测出彗星黄纬为8°54′。但是M.派蒂特并没有完全正确描绘出彗星运动轨道末端的曲线；而赫维留根据M.奥佐自己绘制的星图，修正了这一不规则性得出黄纬为8°55′30″。又经过进一步的修正，得出黄纬为8°56′或8°57′。

这颗彗星也曾在3月9日出现过，在那时它的位置大致为♉0°18′，北黄纬$9°3\frac{1}{2}′$。

这颗彗星一共出现了三个月，在这段时间里，彗星一共经过了几乎六个宫，在其中一天里划过20°。其轨道极其偏离大圆，朝北弯曲，而它在运动末期时从逆行变为顺行；尽管它的轨迹如此罕见，但是根据上表所示，从头到尾彗星的理论与观测结果的吻合度不低于行星理论与其观测结果的吻合度；但是，应在当彗星运动最快时减去约2′，从上升交会点和近日点之间的交角中减去12″，或是使这个角为49°27′18″。这些彗星（这个和前一个）的年视差很明显，而这一视差也证明地球在地球轨道上的年运动。

这个理论同样也可以由1683年的彗星的运动得到证明，它在轨道平面与黄道面成直角的轨道上呈逆行，而且其上升交会点（根据哈雷博士的计算）位于♍23°23′；其轨道平面与黄道面的倾角为83°11′，其近日点位于♊25°29′30″；如果地球轨道的半径平均分成100000个部分，则其近日点到太阳的距离为56020个这样的部分；而其位于近日点的时间为7月2日3:50。哈雷博士计算得出的彗星在轨道上的位置，与弗拉姆斯特德先生所作的同样的观测的比较，见下表。

1683年赤道标准时间			相对太阳位置			计算黄经			计算北黄纬			观测到的彗星黄经			观测北黄纬			黄经差		黄纬差	
日	时	分	°	′	″	°	′	″	°	′	″	°	′	″	°	′	″	′	″	′	″
7月13	12	55	♌1	2	30	♋13	5	42	29	28	13	♋13	6	42	29	28	20	+1	0	+0	7
15	11	15	2	53	12	11	37	48	29	34	0	11	39	43	29	34	50	+1	55	+0	50
17	10	20	4	45	45	10	7	6	29	33	30	10	8	40	29	34	0	+1	34	+0	30
23	13	40	10	38	21	5	10	27	28	51	42	5	11	30	28	50	28	+1	3	−1	14
25	14	5	12	35	28	3	27	53	24	24	47	3	27	0	28	23	40	−0	53	−1	7
31	9	42	18	9	22	♊27	55	3	26	22	52	♊27	54	24	26	22	25	−0	39	−0	27
31	14	55	18	21	53	27	41	7	26	16	57	27	41	8	26	14	50	+0	1	−2	7
8月2	14	56	20	17	16	25	29	32	25	16	19	25	28	46	25	17	28	−0	46	+1	9

续表

1683年赤道标准时间			相对太阳位置			计算黄经			计算北黄纬			观测到的彗星黄经			观测北黄纬			黄经差		黄纬差	
日	时	分	°	′	″	°	′	″	°	′	″	°	′	″	°	′	″	′	″	′	″
4	10	49	22	2	50	23	18	20	24	10	49	23	16	55	24	12	19	−1	25	+1	30
6	10	9	23	56	45	20	42	23	22	47	5	20	40	32	22	49	5	−1	51	+2	0
9	10	26	26	50	52	16	7	57	20	6	37	16	5	55	20	6	10	−2	2	−0	27
15	14	1	♍2	47	13	3	30	48	11	37	33	3	26	18	11	32	1	−4	30	−5	32
16	15	10	3	48	2	0	43	7	9	34	16	0	41	55	9	34	13	−1	12	−0	3
18	15	44	5	45	33	♉24	52	53	5	11	15	♉24	49	5	5	9	11	−3	48	−2	4
									计算南黄纬						观测南黄纬						
22	14	44	9	35	49	11	7	14	5	16	58	11	7	12	5	16	58	−0	2	−0	3
23	15	52	10	36	48	7	2	18	8	17	9	7	1	17	8	16	41	−1	1	−0	28
26	16	2	13	31	10	♈24	45	31	16	38	0	♈24	44	0	16	38	20	−1	31	+0	20

这个理论还可以进一步由1682年的彗星的逆行运动而证明。其上升交会点(由哈雷博士的计算)为♉21°16′30″,其轨道平面向黄道面的倾角为17°56′00″,其近日点位于♒2°52′50″。如果地球轨道半径平分为100000个相等部分,则其近日点到太阳的距离包含有58328个部分;彗星到达其近日点的时间为9月4日7:39。而从弗拉姆斯特德所收集的对其位置的观测数据,与我们通过理论计算得出的数据的比较,见下表。

1682年观测时间			相对太阳位置			计算黄经			计算北黄纬			观测到的彗星黄经			观测北黄纬			黄经差		黄纬差	
日	时	分	°	′	″	°	′	″	°	′	″	°	′	″	°	′	″	′	″	′	″
8月19	16	38	♍7	0	7	♌18	14	28	25	50	7	♌18	14	40	25	49	55	−0	12	+0	12
20	15	38	7	55	52	24	46	23	26	14	42	24	46	22	26	12	52	+0	1	+1	50
21	8	21	8	36	14	29	37	15	26	20	3	29	38	2	26	17	37	−0	47	+2	26
22	8	8	9	33	55	♍6	29	53	26	8	42	♍6	30	3	26	7	12	−0	10	+1	30
29	8	20	16	22	40	♎12	37	54	18	37	47	♎12	37	49	18	34	5	+0	5	+3	42
30	7	45	17	19	41	15	36	1	17	26	43	15	35	18	17	27	17	+0	43	−0	34
9月1	7	33	19	16	9	20	30	53	15	13	0	20	27	4	15	9	49	+3	49	+3	11
4	7	22	22	11	28	25	42	0	12	23	48	25	40	58	12	22	0	+1	2	+1	48
5	7	32	23	10	29	27	0	46	11	33	8	26	59	24	11	33	51	+1	22	−0	43
8	7	16	26	5	58	29	58	44	9	26	46	29	58	45	9	26	43	−0	1	+0	3
9	7	26	27	5	9	♏0	44	10	8	49	10	♏0	44	4	8	48	25	+0	6	+0	45

这个理论还可以继续由1723年出现的彗星的逆行运动得到证明。其上升交会点(根据牛津大学的萨维里天文学教授布莱德雷先生的计算)位于♈14°16′,轨道平

面与黄道面的倾角为49°59′，其近日点位于♉12°15′20″。如果地球轨道半径平分为1000000个相等部分，则其近日点到太阳的距离包含有998651；其到达近日点的时间为9月16日16:10。布莱德雷先生计算的彗星在轨道上的位置，与他本人、他的叔叔庞德先生，以及哈雷博士的观测位置都在下表中。

1723年赤道标准时间			彗星观测黄经			彗星观测北黄纬			计算黄经			计算北黄纬			黄经差	黄纬差
日	时	分	°	′	″	°	′	″	°	′	″	°	′	″	″	″
10月9	8	5	♒7	22	15	5	2	0	♒7	21	26	5	2	47	+49	−47
10	6	21	6	41	12	7	44	13	6	41	42	7	43	18	−50	+55
12	7	22	5	39	58	11	55	0	5	40	19	11	54	55	−21	+5
14	8	57	4	59	49	14	43	50	5	0	37	14	44	1	−48	−11
15	6	35	4	47	41	15	40	51	4	47	45	15	40	55	−4	−4
21	6	22	4	2	32	19	41	49	4	2	21	19	42	3	+11	−14
22	6	24	3	59	2	20	8	12	3	59	10	20	8	17	−8	−5
24	8	2	3	55	29	20	55	18	3	55	11	20	55	9	+18	+9
29	8	56	3	56	17	22	20	27	3	56	42	22	20	10	−25	+17
30	6	20	3	58	9	22	32	28	3	58	17	22	32	12	−8	+16
11月5	5	53	4	16	30	23	38	33	4	16	23	23	38	7	+7	+26
8	7	6	4	29	36	24	4	30	4	29	54	24	4	40	−18	−10
14	6	20	5	2	16	24	48	46	5	2	51	24	48	16	−35	+30
20	7	45	5	42	20	25	24	45	5	43	13	25	25	17	−53	−32
12月7	6	45	8	4	13	26	54	18	8	3	55	26	53	42	+18	+36

这些例子可以非常明显得出由我们提出的理论所展现的彗星运动轨道的精确度并不亚于行星理论所展现的行星运动轨道的精确，因此通过这个理论，我们可计算出彗星轨道，并求出一颗彗星在任何轨道上公转的周期时间。因此，最后我们应得出它们椭圆轨道的横向直径和远日点的距离。

在1607年出现的逆行彗星划过的轨道的上升交会点（根据哈雷博士的计算）位于♉20°21′，轨道平面与黄道面的交角为17°2′，其近日点位于♒2°16′。如果地球公转轨道半径平分成10万个相等部分，则其近日点到太阳的距离含58680个部分。这颗彗星在10月16日3:50位于近日点，其轨道与1682年的彗星的轨道非常接近。如果它们不是两颗不同的彗星，而是同一彗星，那么彗星就要在75年时间里完成一次公转，而其轨道的长轴比地球公转轨道的长轴等于$\sqrt[3]{75\times75}$比1，或约等于1778比100，而彗星远日点到太阳的距离比地球到太阳的平均距离等于35比1，根据这些数据不难求出这颗彗星的椭圆轨道。但这些是在设彗星在75年时间里，又会沿同一个轨道再次回归的条件下得出的。其他彗星似乎上升到更远的高度，需要更长的时间来完成公转。

但是，由于彗星数量极多，其远日点到太阳的距离极远，且其在远日点的运动极慢，它们会受彼此引力的影响而相互干扰；使得它们的偏心率和公转时间会时大时小。因此，我们不能期望同一彗星在同样的周期时间里回归恰好相同的轨道，若我们发现的变化不大于源于上述原因的变化，就够了。

因此，我们找到了一个原因来解释为什么彗星不像其他行星一样分布在黄道带范围内，而是不受限制地以各种运动散布在太空中。也就是出于这个目的，在它们位于远日点时运动很慢，那里彼此间距离极其遥远，这样它们受到彼此引力的影响就会降低，所以那些落到最低点的彗星，在它们远日点运动得最慢，也应上升到最高点。

出现在1680年的彗星，其近日点到太阳的距离小于太阳直径的六分之一。因为它在接近太阳时速度最大，同时由于太阳大气一定的密集，它必然受到一定的阻力和迟滞，因此每次公转中都被吸引而越来越靠近太阳，最终落在太阳主体上。而且当它位于运动得最慢的远日点时，它有时会受到其他彗星的吸引而迟滞，造成了它落向太阳的速度更慢。因此，那些长时间以来放射出光和水汽而逐渐被消耗的恒星，就可以从落在它们之上的彗星那里获得补充；那些老的恒星在受到这些新燃料的补给后，呈现出新的光芒，可能被视为新星。这种恒星往往都是突然出现，初始时有很大亮度，之后就逐渐减少了。曾经在仙女座椅子处出现的那颗星也是这样，在1572年11月8日，尽管科尼利厄斯·杰马在那一晚观测天空中那一部分，并且那晚的夜空非常晴朗，但他还是没有看到这颗星。而在次日晚（11月9日）他看到它闪耀的亮度远远超过了任何恒星，明亮程度不亚于金星。第谷·布拉赫在同月11日当它最亮时看到了它，之后他又观测到它的亮度逐渐减弱，并在16个月内完全消失了。在11月当它刚刚出现时，它的亮度和金星的一样，在12月时稍稍减弱，与木星的相等。在1573年1月，它的亮度要小于木星而大于天狼星，而大约在2月底3月初时，亮度就与天狼星相等了。到了4月、5月时，其亮度等于二等星；在6月、7月、8月为三等星；9月、10月、11月时为四等星；而到了12月和1574年1月时，为五等星；2月为六等星；最后在3月完全消失。其颜色最初清晰明亮，偏白色，之后变得有些发黄，到了1573年3月它开始发红，就像火星和毕宿五那样；在5月转为灰白，就像我们观察到土星的颜色，之后一直保持这种颜色，但总是越来越暗。蛇夫座右足的那颗星也是如此，在旧历1604年9月30日由开普勒的学生首先观测到，尽管在前一晚它还不可见，在那晚其亮度就超过了木星。从那时起它的亮度渐渐减弱，在15到16个月内完全消失。正是根据这种有着非同寻常亮度的新星促使希帕克去观测，并且制作了恒星的星表。至于那些交替出现又消失，并且其亮度逐渐缓慢增加，很难超过三等星的恒星，它们似乎是另一种。它们绕自己的轴转动，交替出亮面和暗面。太阳、恒星和彗尾产生的水汽，最终会聚在一起，受行星的引力而落向其大气层，在那里凝结成水和湿气，并且由于缓慢的热量而逐渐形成盐、硫黄、酊剂、泥、黏土、沙子、岩石、珊瑚以及地球上的其他物质。

总释

涡旋猜想面临诸多困难。每颗行星引向太阳的半径扫过的面积正比于扫过的时间，涡旋各部分的周期时间都正比于它们到太阳距离的2次幂。但是，行星的周期时间可能得出正比于其到太阳距离的$\frac{3}{2}$次幂，则涡旋各部分的周期时间应该正比于其距离的$\frac{3}{2}$次幂。那么，可以维持其绕土星、木星和其他行星的较小自旋的较小的涡旋可以平稳不受干扰地飘浮在较大的太阳涡旋中，太阳涡旋各部分的周期时间应该相等。但是，太阳和其他行星绕它们自身的轴的自转，应当与它们的涡旋运动一致，却与这些比例相去甚远。彗星的运动极其规律，其运动遵循行星的运动原理，但绝对不能用旋涡猜想来解释。因为彗星可以以旋涡概念不相容的自由度在偏心率很大的轨道上在太空各处运动。

在地球空气中抛出的物体仅受到空气阻力。如果抽去空气，就像在波义耳先生所制作的真空中，阻力消失，因此在此真空里一片羽毛和一块金子的下降速度相等。在地球大气层之上的太空中本原理也同样有效。没有空气来迟滞其运动的空间里，所有的物体都以极大的自由度运动，而行星和彗星会按照前面阐释的定律，在种类和位置给定的轨道上不断地进行公转。尽管事实上这些天体仅靠引力就可以维持在自己的轨道上，但是它们不可能在刚开始就从那些定律中自行得到其轨道的规则位置。

这六颗主行星都绕与太阳同心的圆旋转，以同一运动方向且几乎都在一个平面。有十个卫星绕地球、木星和土星旋转，这些卫星是与行星同心的，以与行星相同的运动方向，且近似在这些行星的轨道平面。但不能认为仅仅是力学原因就可以产生如此多规律的运动，因为彗星沿偏心率极大的轨道运行在太空的各个部分。因为由那种运动能轻易地以极速穿越过各个行星轨道，当它们位于运动得最慢的远日点时，停留时间最长，它们彼此间距离最远，因此其受彼此引力的扰动最小。这个精美的太阳、行星和彗星系统只能由全能全知的造物主设计和主宰，如果诸恒星是其他类似系统的中心，这些也是由同样的智慧设计建造的系统，必定只能由造物主主宰。尤其是恒星的光与太阳光在本质上是一样的，而且光从每个系统都能进入其他所有系统，为了不让这些恒星系统受其引力而相互碰撞，他置这些系统彼此相距极远。

造物主不是作为宇宙灵魂，而是以万物之源的身份来支配万物。正是由于他的规范，他被称为"宇宙的规范"。因为"造物主"是一个相对词语，与常人相对，而"灵性"也指对常人的主宰，而不是如那些想象造物主代表宇宙的灵魂所认为的是对他自己本体的管理。至高无上的造物主是永恒的、无限的、绝对完美的存在，但如果这个存在没有统治权，则不管他如何完美，都不能被称为"宇宙规范"。我们常说，我的上帝，你的上帝，以色列人的上帝，众神之神，众王之主；但我们不会说，我的永恒者，你的永恒者，以色列人的永恒者，众神的永恒者。我们不会说，我的无限者，或是完美者，因为这些称谓都不对应常人。"造物主"一词通常指的是主，但不是每个主都是造物主。精神存在的规范权才构成真正的造物主：一个真实的、至高无上的或想象的规范权构成真实的、至高无上的或想象的造物主。从他的真实的规范可知真实的造物主是活着的全知全能的存在，又从他的其他完美处得出造物主是至高无上和最完美的，他是永恒和无限的，无所不能和无所不知的。即，他会从永恒延续到永恒，从无限存在到无限，他统治一切，知晓世间万物或知道如何行事，无论已发生或未发生。他不是永恒和无限，却是永恒的和无限的；他并非时间或空间，却是持续的和现实的；他永恒持续和无所不在，并且由他的永久存在和无所不在，使他成了时间和空间。由于空间中的每个粒子是永恒的，而每个不可分的时间的瞬是无所不在的，毫无疑问万物的造物主和主是无时不在和无处不在的。每个有感知的灵魂在不同的时间和在不同的感知和运动器官，仍然是同一个不可分割的主体。在时间中有连续的部分，在空间中有共存的部分，但这两者中没有一个存在于人的主体或思想原则中；更不可能存在于造物主的思想实体中。只要有感知，则每个人在其整个生命中的所有感官的每一个中，都是同一个人。造物主亦只有一个，永恒且无所不在。他不仅无形中无所不在，有形中也如此，因为无形离开有形无法生存。世间万物皆由他包容且于其中运动且互不影响。造物主不受丝毫物体运动的影响，物体不受到丝毫源自造物主无所不在的阻力。所有都允许至高无上的造物主存在的必然性，正是由同样的必然性使得造物主永恒存在且无处不在。因此，他的各处完全相似，眼睛、耳朵、大脑，手臂无处不在，每一处他都有感觉、理解和行动的力量；只不过用一种完全非人类的方式、一种完全非物质的方式和一种我们完全不了解的方式存在。如同盲人不知色彩，我们也对全知的造物主感知和了解万物的方式全然不知。他完全摒弃了任何躯体以及躯体形状，导致他不可见、不可闻、不可及；我们也不该对任何代表他的有形物做礼拜。我们有他的属性的观念，但我们不知任何事物的真正实质是什么。我们只能看到物体的形状和颜色，只听到它们的声音，摸到它们的外表，闻到它们的气味，尝到它们的味道，但它们深层次的实质我们既无法通过感官知晓，也无法通过我们思维反映知晓。那么，我们对造物主的实质了解得就更少了。我们只通过他对事物的最明智、最卓越的认知和终极大业来了解他；我们仰慕他的完美，但我们由于他的规范而敬畏和崇拜，我们仰慕他如同仰慕他的常人；没有对世界的主宰、庇佑和终极大业的造物主，只是命运和自然。盲目的形而上学的必然性，其必然是同样永恒且无所不在的，会使这个世界不再有多样性。我们能在不同时间、地点看见一切自然事物的多样性，不是源于别的，而是源于必然存在的一个造物主的想法与意志。而通过寓言，造物主被说成是能看见、能说话、能笑、能爱恨、能渴望、能给予、能接受、能高兴、能生气、能战斗、能创造、能工作、能建造，因为我们对造物主的一切观念皆是吸取自人类的行为方式中的某种相似性，虽然不完全一致，但有一些类似之处。关于造物主就这么多，从事物的表象来论述一个人，当然属于自然哲学。

至此，我们已经阐释了天空和海洋的现象是引力的作用，但尚未确定产生这些作用的原因。确定的是，它必然来自穿透太阳和行星中心的某种力量，而且这种力还没有丝毫减少；它的作用不是根据它所作用的微量表面的数量（像力学通常的原因），而是根据那些微量所包含的固体质量，并且它的作用可以向所有方向传播到极大距离，并随距离平方的反比减小。指向太阳的引力是由指向组成太阳的所有微量的引力形成的合力。在远离太阳时，引力精确地随着到太阳距离的平方反比而减小直至土星轨道，这些是由行星远日点的静止而清晰证明，而且甚至直至彗星最远的远日点，只要那些远日点也是静止的。但至此，我尚未可以从现象中找到这些引力属性的原因，我也不提出任何猜想，因为不论何事不是从现象推导出来的就叫作猜想，而不管是形而上的还是唯物的，不管它是关于神秘属性的还是力学的，猜想在实验哲学中都没有一席之地。在此哲学中特定的命题都是从现象中推论出，而之后又用归纳法来使之普适。因此，物体的不可穿透性、可运动性和冲击力，以及运动定律和引力定律得以被发现。对我们来说，这足以说明引力的确存在，并根据我们阐释的定律发生作用，充分说明天体和地球海洋的所有运动。

现在，我们可能补充一些关于某种最细微的精气的内容，它遍布并隐藏在所有大物体上；受力和精气的作用，距离很近的物体的微量彼此间会相互吸引，若接触则会凝聚。并且带电物体的作用距离更远，既能相互排斥又相互吸引邻近的小物体；光能被发射、反射、折射、衍射，以及加热物体。所有的感官都是被激发的，并且动物的肢体在遵从自身意志的命令而运动，即受到这种精气的振动，沿着神经牢固的纤维粒子相互传播，从外部感知器官到大脑，又从大脑到肌肉。但这些不是寥寥数语就能阐释的，我们也缺乏足够的实验来确定和证明这些带电弹性精气的作用规律。

图书在版编目（CIP）数据

自然哲学的数学原理 /（英）艾萨克·牛顿著；高宇译 . -- 长春：吉林科学技术出版社，2022.2

ISBN 978-7-5578-9163-3

Ⅰ . ①自… Ⅱ . ①艾… ②高… Ⅲ . ①物理学哲学—研究②牛顿运动定律—研究Ⅳ . ① O4 ② O301

中国版本图书馆 CIP 数据核字（2021）第 281484 号

自然哲学的数学原理

ZIRAN ZHEXUE DE SHUXUE YUANLI

著　　者　（英）艾萨克·牛顿
译　　者　高　宇
出 版 人　宛　霞
责任编辑　汤　洁
封面设计　胡椒设计
幅面尺寸　170mm × 240mm
开　　本　16
印　　张　22
字　　数　443 千字
页　　数　352
印　　数　1-5 000 册
版　　次　2022 年 12 月第 1 版
印　　次　2022 年 12 月第 1 次印刷

出　　版　吉林科学技术出版社
发　　行　吉林科学技术出版社
地　　址　长春市福祉大路 5788 号出版大厦 A 座
邮　　编　130118
发行部传真 / 电话　0431-81629529　81629530　81629231
　　　　　　　　　81629532　81629533　81629534
储运部电话　0431-86059116
编辑部电话　0431-81629380
印　　刷　三河市华润印刷有限公司

书　　号　ISBN 978-7-5578-9163-3
定　　价　82.00 元